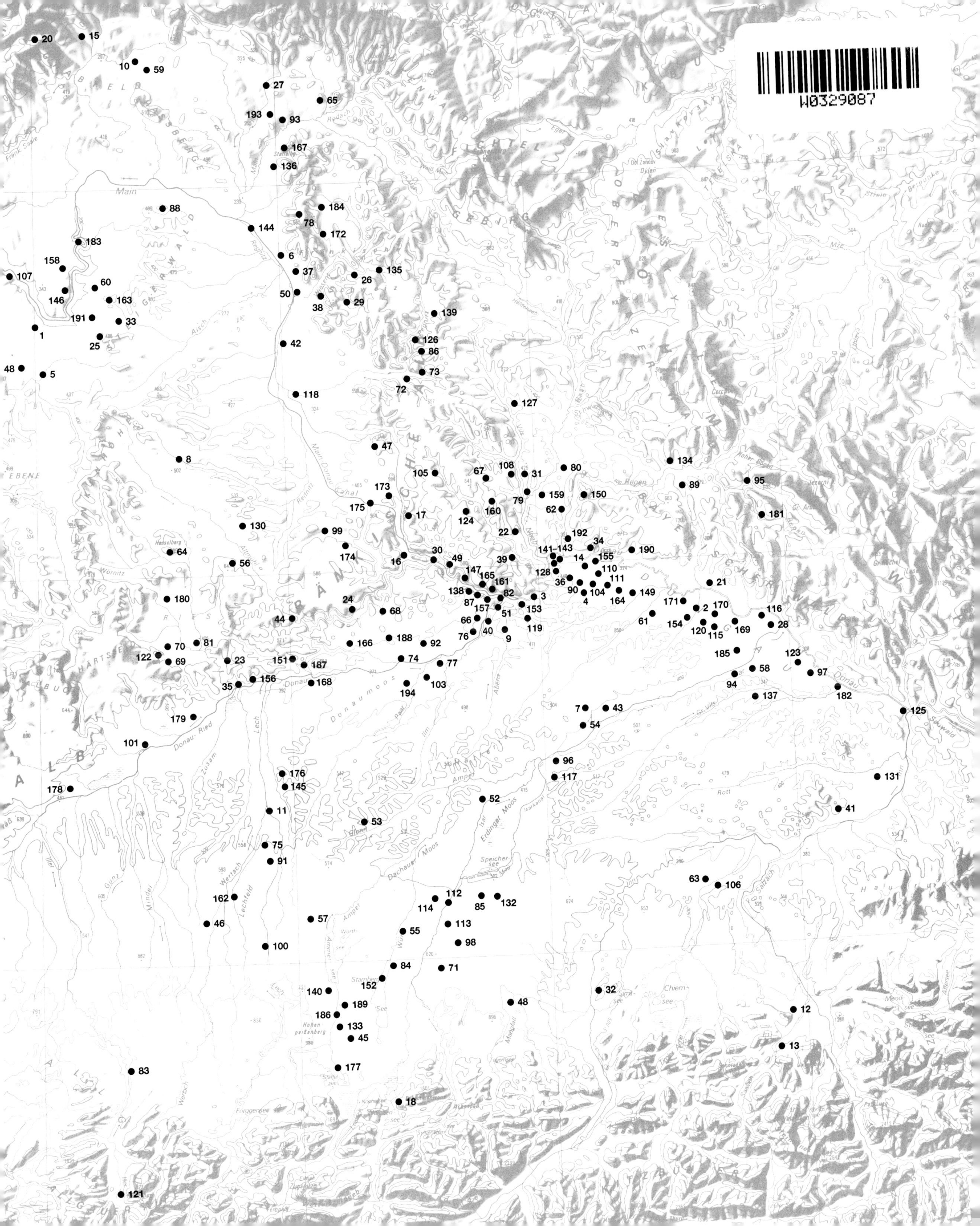

20
15
10
59
27
65
193
93
167
136
Main
88
144
184
78
172
183
158
6
107
60
37
135
26
146
163
50
38
29
191
33
139
1
25
42
126
86
48
5
73
72
118
127
47
8
105
67
108
31
80
134
89
95
173
79
159
150
175
17
124
160
62
181
130
99
22
192
64
174
30
16
49
39
141
143
34
190
56
14
155
147
165
128
110
21
180
161
36
111
138
82
3
90
104
164
149
24
68
87
157
153
171
2
170
44
51
116
66
61
154
120
169
28
40
119
115
76
9
70
81
166
188
92
185
122
151
74
77
123
69
23
187
58
97
156
168
35
103
94
194
182
137
7
43
125
179
54
101
96
117
131
176
178
145
52
41
11
53
75
91
63
106
112
85
132
162
114
57
113
46
55
98
100
84
71
152
140
32
48
189
186
12
133
45
13
83
177
18
121
Donau
Lech
Isar
Rott
Amper
Ilm
Paar
Abens
Wertach
Zusam
Mindel
Günz
Iller
Regnitz
Aisch
Wörnitz
Altmühl
Redach
Eger
Regen
Vils
Salzach
Inn
Main-Donau-Kanal
Donaumoos
Donau-Ried
Dachauer Moos
Erdinger Moos
Speicher see
Chiemsee
Forggensee
Hohenpeißenberg
Würm
Ammersee
Staffelsee
Hesselberg

Faszination Archäologie

Sabine Rieckhoff

FASZINATION ARCHÄOLOGIE

Bayern vor den Römern

Fotografie Wolfram Schmidt

Verlag Friedrich Pustet Regensburg

Umschlagmotiv Vorderseite:
Achsnägel vom keltischen Streitwagen aus Manching, Ldkr. Pfaffenhofen; um 200 v. Chr. Prähistorische Staatssammlung München.
Umschlagmotiv Rückseite:
Bronzepferdchen aus dem Grab einer Keltin im Donautal; um 450–400 v. Chr. Museum der Stadt Regensburg.

CIP-Titelaufnahme der Deutschen Bibliothek

Rieckhoff, Sabine:
Faszination Archäologie : Bayern vor den Römern / Sabine Rieckhoff. Fotogr. Wolfram Schmidt. – Regensburg : Pustet, 1990
ISBN 3-7917-1234-9

ISBN 3-7917-1234-9

Umschlaggestaltung: Burkard Pfeifroth, Reutlingen
Farbreproduktion: OSIRIS, München
Gesamtherstellung: Friedrich Pustet, Regensburg
Printed in Germany 1990

In Erinnerung an meinen Vater

Inhalt

Vorwort

Geschichte ist das Muster, das man hinterher in das Chaos webt.
Carlo Levi

Wenn man in dieser Welt etwas nicht auf eine irritierende Art sagt, kann man es ebensogut ungesagt lassen.
George Bernard Shaw

Es scheint so, als hätte sich die Archäologie inzwischen eingebürgert: vor 20 Jahren noch ein Orchideenfach an den Universitäten, heute das (fast) tägliche Brot der Medien. Sonderausstellungen ziehen Besucherscharen an – allerdings nur, wenn sie mit Gold oder ›fremden Schätzen‹ locken. Es scheint so, als hätte sich die Erkenntnis durchgesetzt, daß Archäologie die Fortschreibung der Geschichte mit anderen Mitteln ist – einer *Frühgeschichte,* die in Bayern über 100 000 Jahre alt war, bevor mit den Römern die ersten schriftlichen Zeugnisse auftauchten.

Aber immer noch verbinden sich mit ›Archäologie‹ zuallererst bunte Bilder von südlichen Ruinen, und *Bayern vor den Römern* scheint in grauer Vorzeit versunken. Die frühgeschichtlichen Funde in unseren heimischen Museen fristen ein Schattendasein, und die archäologischen Stätten unseres Landes, die untergegangenen Dörfer, jahrtausendealte Kultplätze und Gräber werden immer noch achtlos zerstört. Der Boden bewahrt ein Archiv besonderer Art, das im Begriff ist, verloren zu gehen, wenn nicht das Verständnis dafür wächst.

Offenbar stößt die Archäologie hierzulande dabei auf Hindernisse. Es ist wahr, ihre Zeugen sind stumm. Um sie zum Sprechen zu bringen, bedarf es einer eigenen Methodik. Dann aber werden sie beredter, unmittelbarer Niederschlag des handelnden Menschen. Auch die schriftlichen Quellen verdienen nicht mehr Glaubwürdigkeit: ob Hieroglyphe oder Rune, ob Gesetzestafel oder Urkunde, ob Dichtung, Offenbarung oder Zeitung – alles war und ist der selektierenden Ratio unterworfen.

Es ist wahr, die Zeugen bleiben anonym. Bajuwarisch, römisch, keltisch – nur wenn die Objekte der Alltagskultur einen Namen tragen, scheinen sie die Phantasie anzuregen. Unnahbar wirkt – verständlicherweise – die Anonymität eines abstrakten Ordnungsbegriffes wie ›Bronzezeit‹. Um ihn mit Leben zu füllen, bedarf es umsichtiger Vergleiche mit jüngeren Zeiten und anderen Völkern, mit den Erkenntnissen aus Biologie, Soziologie, Psychologie, Religionswissenschaft – mit all dem, was im angloamerikanischen Sprachgebrauch bezeichnenderweise zur Kulturanthropologie gehört, zur Lehre von der

menschlichen Kultur. Dann läßt das statische Gebilde archäologischer Kulturen die Bewegung zivilisatorischer Prozesse ahnen – das heißt das, was man gewöhnlich Geschichte nennt.
Ein drittes und vielleicht das wesentlichste Hindernis ist die Beschaffenheit der archäologischen Funde – auf der Ausgrabung wie im Museum. Da Archäologen üblicherweise in einer ehemaligen Fabrik, einem verlassenen Dorf, im Friedhof und in Müllkippen graben, da sie nur selten eine Bank finden, deren Tresore nicht geleert wurden – um einmal lauter moderne Begriffe für die Fundkategorien einzusetzen, aus denen die archäologischen Objekte stammen – ist es nicht überraschend, daß Schätze selten sind und Zerbrochenes die Regel. Dazu kommt hierzulande die Ungunst des Klimas, dem alles zum Opfer fällt, was organisch ist; es kommen hinzu die Grabräuber in alter Zeit und die moderne Raubgier der Sammler und Händler, der tiefgreifende Pflug, der Einsatz von Baumaschinen, die vielfältige Zerstörung aus Unachtsamkeit oder Geringschätzung. Angesichts dieser Summe von Widrigkeiten nimmt einen der Reichtum unserer archäologischen Vergangenheit fast schon wunder.
Das Buch unternimmt den Versuch, diese drei Hindernisse abzubauen: für denjenigen, der sich schon immer für Archäologie interessiert hat, der einen Überblick sucht – oder denjenigen, der es durch Zufall in die Hand nimmt. Die einführenden Kapitel dienen dazu, die Methodik der Archäologie zu vermitteln, auch wenn das gelegentlich ernuchternd wirkt. Handbuchartige Vollständigkeit habe ich nicht angestrebt, die Auswahl der Themen ist subjektiv und vor allem darauf gerichtet, größere Zusammenhänge herzustellen. ›Archäologie in Bayern‹ muß immer wieder die Regierungsgrenzen sprengen und führt mitten hinein in die *Frühgeschichte Europas*.
Der Bildteil versucht, die Erkenntnisbereiche der Archäologie zu illustrieren: in Schmuck, Waffen, Insignien, Kunst, Keramik, Architektur, Arbeitsgeräten, Geld und anderem mehr kommen gesellschaftliche, religiöse und wirtschaftliche Verhältnisse zur Sprache. Wenn es gelingt, mit Hilfe dieses Bildteils ein neues Verständnis für die bayerische Frühgeschichte zu wecken, ist es auch das Verdienst des Fotografen. Wolfram Schmidt hat nicht nur all sein technisches Können eingesetzt, sondern vor allem kreativ zur Umsetzung der Idee ins Bild beigetragen. Für sein Engagement bin ich ihm von Herzen dankbar. Großen Dank schulde ich allen Kolleginnen und Kollegen von nah und fern, die mich mit Rat und Tat unterstützten. Persönlich erwähnen möchte ich Oberstleutnant a. D. O. Braasch, der die Luftaufnahmen anfertigte, und diejenigen, in deren Museen ich fotografieren durfte, allen voran Dr. H. Dannheimer und Dr. H. P. Uenze (Prähistorische Staatssammlung München), ferner Frau Dr. I. Burger (Archäologisches Museum Kelheim), Dr. W. Menghin (Germanisches Nationalmuseum Nürnberg), die Kollegen der Naturhistorischen Gesellschaft Nürnberg, Dr. J. Prammer (Gäubodenmuseum Straubing), Frau Dr. E. Zahn (Mainfränkisches Museum Würzburg), sowie W. Villbrandt, der die meisten Grafiken erstellte. Frau H. Krinner-Jancsik und K. Wittmann vom Pustet Verlag danke ich für die verständnisvolle Zusammenarbeit.
Bücher benötigen Geduld, nicht nur die der Schreibenden. Mein Mann Ulrich hat diese Geduld nie verloren und dafür den größten Dank verdient.

Regensburg, Herbst 1989 — Sabine Rieckhoff

Autorin und Verlag danken der BMW AG Werk Regensburg, die die Drucklegung dieses Buches in großzügiger Weise gefördert hat.

ABRISS DER FRÜHGESCHICHTE

Sammlerinnen und Jäger

Wann beginnt Bayerns Geschichte? Mit drei Faustkeilen? Mit dem Auftreten des Menschen? In dem Augenblick, in dem dieses Buch entsteht, ist es ein Weisheitszahn aus einer fränkischen Höhle, der irgendwann vor über 130 000 Jahren dort zurück blieb. Aber schon morgen können neue Funde oder Erkenntnisse diese Zahl um Jahrhunderttausende erhöhen. Ganz abgesehen davon, daß man sich unter Geschichte mehr vorstellt als einen Backenzahn.

Erst vor etwa 100 000 Jahren, als sich menschliche Spuren im Altmühltal häufen, nimmt die bayerische Frühgeschichte Gestalt an. Sie beginnt allerdings nicht mit spektakulären archäologischen Objekten, sondern mit primitiven Steingeräten, für den Laien auf Anhieb nicht einmal als solche kenntlich. Und 95 000 Jahre lang – bis zum Beginn der Jungsteinzeit – scheint sich daran nicht viel zu ändern. Aber nur scheinbar, denn der Mensch hat in diesem Zeitraum mit ungeheurer Dynamik sich selbst verändert und seine Umwelt erobert.

100 000 Jahre! Die Zahl klingt wie ein Paukenschlag, ein fulminanter Auftakt – und ist doch nicht mehr als ein zufälliger Ton aus einem unendlich langen Stück, das schon vor Millionen Jahren begann.

ALTSTEINZEIT (800 000–8000 v. Chr.)

Mensch und Affe

Die Schätzungen bewegen sich zwischen 6 und 15 Millionen Jahren: In diesem Zeitraum haben sich die ersten menschenartigen Wesen (Hominiden) in Afrika vom Stammbaum der Menschenaffen abgespalten. Zwischen 1 und 6 Millionen Jahre alt sind die Knochenfunde von *Australopithecus*, dem ›Südaffen‹, wie er bei der Entdeckung bezeichnenderweise genannt wurde, weil sein Schädel noch wenig menschenähnlich ist (Abb. 58, 1). Zum ›Vormenschen‹ machen ihn indessen aufrechte Fortbewegung und die damit zusammenhängenden Veränderungen des Skelettes, sowie die Entwicklung der Greifhand (nur der Mensch kann seinen Daumen im Kreis bewegen); von ihm stammen die ersten primitiven Steinwerkzeuge vor 1 bis 3 Millionen Jahren. Dieser Vormensch verzweigte sich in verschiedene Linien, die alle ausstarben bis auf diejenige, die zu *Homo erectus*, dem ›aufrechtgehenden Menschen‹ führte (Abb. 58,2; eine irreführende Bezeichnung übrigens, da der aufrechte Gang viel älter ist). Mit dem Gattungsbegriff *homo* ist der ›Frühmensch‹ als Vorfahre des anatomisch modernen Menschen definiert. Tatsächlich fand die weitere Evolution bis zu dessen Erscheinen im wesentlichen in der Entwicklung des Gehirns und im gesellschaftlichen Verhalten statt. Der Frühmensch, dessen Auftreten vor mehr als 1 Million Jahren in Afrika und Asien gesichert ist, breitete sich über die gesamte alte Welt aus bis nach Europa, einer damals wenig einladenden Halbinsel, deren Klima von immer stärker ausgeprägten kalten Phasen des Eiszeitalters bestimmt wurde. Er eroberte diesen Lebensraum, weil er das Feuer zu nutzen verstand.

»Am Anfang war das Feuer«

Feuer besaßen alle Naturvölker, soweit bekannt ist, selbst diejenigen mit relativ unterentwickelten Technologien. Nutzung und Erzeugung sind allerdings nicht dasselbe. Wer letztere nicht beherrschte, mußte das einmal glimmende Herdfeuer sorgfältig hüten; er war auf natürlich entstandene Brände angewiesen, die durch Vulkanausbrüche, Blitzschläge oder intensive Sonneneinstrahlung auf leicht entzündbare Materialien verursacht wurden. Um aber ein Herdfeuer künstlich zu entfachen, bedurfte es entweder der Reibungswärme, die mit Hilfe eines zwischen den Händen gequirlten Holzstabes auf einer Holzunterlage erzeugt wird, oder eines Funkenschlags, den man mit Gestein und Pyrit erreicht, einem Stein mit hohem Schwefel- und Eisengehalt. Beide Techniken erfordern ziemliche Geschicklichkeit und Erfahrung mit geeigneten Materialien; denn um einen Holzstoß zu entzünden, braucht man erstens ein ›Zündholz‹, einen rasch glimmenden Zunder, zum Beispiel getrockneten Pilz, und zweitens ›Papier‹, einen leicht brennbaren Stoff, zum Beispiel Birkenrinde. Wie und wann der Mensch sich dieses Wissen aneignete, ist unbekannt. Die älteste Feuerstelle in Ostafrika soll 1,5 Millionen Jahre alt sein und würde einen sehr frühen und einschneidenden Entwicklungssprung anzeigen. Spätestens vor 350–400 000 Jahren, als Jäger an der Côte d'Azur ein Lager aufschlugen und Hütten mit Herdstellen bauten, war dieser Fortschritt jedenfalls erreicht. Behausung und Herdfeuer: sie erleichterten das Überleben und stärkten den Zusammenhalt der Gruppe; sie bildeten den Mikrokosmos, in dem sich Sprache, Logik und Ethik entwickelten (Taf. 1). Alles, was der Mensch sich in diesem Stadium seiner Entwicklung aneignete, bildete die Basis für die folgenden Generationen. Deshalb sind die Beobachtungen in den wenigen, über ganz Europa von England bis Italien, von Spanien bis Ungarn verstreuten Fundplätzen des *Homo erectus* auch für die Betrachtung eines kleinen Ausschnittes wie Bayern von Bedeutung, zumal der Zufall hier jederzeit ähnlich frühe Spuren des Menschen ans Licht bringen kann.

Das Kreuz mit den Zahlen

Man sollte eigentlich annehmen, daß Datierungen um so einfacher zu erhalten und um so zutreffender sind, je weiter wir uns dem Heute nähern. Doch das trifft nur bedingt zu. Die weitaus frühesten Funde aus Ostafrika liegen beispielshalber in vulkanisch entstandenen Schichten, die sich mit Hilfe der Kalium-Argon-Methode relativ exakt datieren lassen, die aber auf dieses Vulkangestein beschränkt ist. Die Grenze der bekannten Radiokohlenstoff- oder C14-Methode, die auf der meßbaren Zerfallszeit des radioaktiven Kohlenstoffes in organischer Materie beruht, ist bei etwa 60–50 000 Jahren vor heute erreicht, da das C14-Isotop vergleichsweise rasch zerfällt. Die altsteinzeitlichen C14-Daten sind überdies ungenau, weil sie nicht kalibriert, das heißt nicht durch die Jahresring-Chronologie der Bäume korrigiert werden können (S. 41). Für den Zeitraum zwischen 500 000 und 50 000 existieren zwar verschiedene Methoden, die fast alle auf dem radioaktiven Element Uran beruhen, sich aber größtenteils noch im Entwicklungsstadium befinden. Statt absoluter Zahlenangaben muß man sich daher meist noch mit Näherungswerten begnügen, und das mag die großen Differenzen erklären, auf die man in der Literatur stößt.

Es ist deshalb nicht erstaunlich, daß die Datierung des ältesten menschlichen Knochenfundes in Deutschland beziehungsweise in Europa, des berühmten Unterkiefers eines *Homo erectus* von Mauer bei Heidelberg, der 1907 in einer Sandgrube entdeckt wurde, zwischen 400 000 und 700 000 Jahren schwankt. Wenn wir uns auf Süddeutschland beschränken, ist als nächster Fund der Schädel einer jungen Frau aus Steinheim a. d. Murr (Baden-Württemberg) zu nennen, der auf 200 000–300 000 Jahre geschätzt wird und bereits die jüngere anatomische Entwicklungsstufe des ›Altmenschen‹ *(Praesapiens)* vertritt. Aus demselben warmen Klimaabschnitt stammt ein menschlicher Zahn von einem Rastplatz in Stuttgart-Bad Cannstatt, wo seit 1980 gegraben wird – und damit sind die ältesten Belege auch schon erschöpft.

Erste Spuren in Bayern

Aus der folgenden Zeit kennen wir eine kleine Anzahl isoliert gefundener Faustkeile, vor allem aus Bayern (Taf. 1), die noch schwieriger einzuordnen sind. Man kann sie nur durch den formalen Vergleich mit den zahlreichen Faustkeilen Westeuropas – einem viel dichter besiedelten Gebiet – ziemlich grob der Riß-Eiszeit (vor etwa 250 000–130 000 Jahren) zuweisen. Die altsteinzeitliche Chronologie hängt sehr stark von den Resultaten der geologischen, bodenkundlichen, zoologischen und botanischen Forschungen ab. Mit deren Hilfe lassen sich Klimaphasen rekonstruieren und Daten gewinnen – aber nur, wenn die Artefakte in Sedimente eingebettet blieben und diese natürlichen Ablagerungen schichtweise untersucht werden können. Das ist bei oberflächlich aufgesammelten Stücken nie der Fall, weshalb die Datierung der Faustkeile solch Kopfzerbrechen verursacht.

Günstige Bedingungen herrschen in Höhlen, in deren Schutz die Schichten ungestört emporwachsen konnten (Abb. 59). Sofern sie außerdem von unsachgemäßen Eingriffen verschont blieben, stellen sie ein ideales Forschungsobjekt dar. Ein solches scheint in der Höhle bei Hunas (LAU) wiederentdeckt worden zu sein, deren bisher älteste Geräte, einfache Schaber, verläßlicher und genauer als die Faustkeile in die Riß-Eiszeit datiert werden können. Von überregionaler Bedeutung ist sodann die Hohle Stein-Höhle bei Schambach (EI), weil hier die Schichtabfolge 100000 Jahre zurückreicht, bis in die letzte Warmzeit (vor 130000–80000 Jahren). Trotz der damals günstigen Klimaverhältnisse existieren aus diesem Abschnitt in Bayern nämlich nur spärliche Funde aufgrund schlechter Erhaltungsbedingungen: einerseits lagerte sich in warmen Zeiten im Freiland kein Löß ab, der die Rastplätze geschützt hätte, andererseits wurden die Höhlen durch starke Regenfälle vom Wasser ausgeräumt. Von dieser Zeit an, vor etwa 100000 Jahren, kann man in Bayern von einer ersten Besiedlung sprechen; vom Beginn der letzten Eiszeit an (vor 80000 Jahren) ist dann eine Fülle von Höhlenstationen bekannt, deren vergleichsweise junge Ablagerungen erhalten blieben und die Spuren der frühen Menschen bewahrten.

Klima und Umwelt des Eiszeitalters

Für einen Überblick genügt es festzuhalten, daß man aus Süddeutschland seit 800000 Jahren vier große Gletschervorstöße in das Alpenvorland kennt, die nach vier Flüssen und – leicht zu merken – in alphabetischer Reihenfolge von der ältesten zur jüngsten benannt sind: Günz, Mindel, Riß, Würm. Weil in Kaltzeiten mehr Wasser gebunden wurde, senkte sich der Meeresspiegel, und der Küstenverlauf änderte sich (Abb. 1). Tiefseebohrungen, die heutzutage wegen der Erdölsuche laufend stattfinden, bieten die Möglichkeit, diese unterschiedlichen Küstenlinien aufzuspüren.
Jede Klimaveränderung brachte einen deutlichen Wechsel der Vegetation mit sich, der an Pollenablagerungen ablesbar ist, die ebenfalls durch Bohrungen gewonnen werden. Die nur 0,05 mm großen Pollenkörner, die in feuchter Umgebung wie Mooren – durch Wasser von der Luft abgeschlossen und dadurch der Fäulnis entzogen – Jahrtausende überdauern, werden, chemisch aufbereitet, unter dem Mikroskop bestimmt, ausgezählt und die Ergebnisse zu Diagrammen umgezeichnet, die zu ›tragenden Säulen‹ für Erdgeschichte und Archäologie geworden sind. Aufgrund dieser Pollendiagramme weiß man, daß nicht einfach kalte ›Eiszeiten‹ mit öden Steppen und milde Warmzeiten mit dichten Laubwäldern einander abwechselten. Die eigentlichen Hauptvorstöße der Gletscher, kenntlich an den Endmoränenzügen im Alpenvorland, dauerten gar nicht allzu lange an; den größten Teil jeder ›Eiszeit‹ nahmen vielmehr die Klimaschwankungen der Kaltzeit ein, die von mehreren gemäßigten Phasen unterbrochen wurde, je nachdem, ob sich die Gletscher auf dem Vormarsch oder Rückzug befanden.
Und ebenso schwankte das Klima der Warmzeiten; es gab wärmere und kühlere Phasen, in denen der Wald sich ausdehnte beziehungsweise wieder zurückging. Auch wir leben heute in einer Warmzeit, ohne zu wissen, ob und wann die nächste Kaltzeit folgen wird ... Der Vegetationszyklus vom Kältemaximum bis zum Klimaoptimum spannte sich von baumarmen Steppen über Heiden mit Sträuchern, erste lichte Bestockung mit Kiefern und Birken, über zunehmenden Haselbewuchs und schließlich dichten Laubmischwald (vor allem Linde, Eiche, Ulme, Esche) bis hin zu extrem wärmeliebenden mittelmeerländischen Pflanzen wie Buchsbaum, Weinrebe, Stechpalme. In dieser Form handelt es sich allerdings um ein Schema, das im Einzelfall stark variieren konnte, je nach Dauer der Erwärmung, der Niederschlagsmenge und anderem mehr.
Veränderungen des Klimas und der Pflanzendecke mußten auch die Tierwelt beeinflussen. Tierknochen aus den letzten 500000 Jahren, die unter Sandbänken oder in alten Flußschottern erhalten geblieben sind und deshalb vor allem in Kiesgruben ausgebaggert werden, zeigen, wie stark die Fauna reagierte: Tiere wanderten ab, starben aus, neue kamen hinzu, und manche paßten sich an. Am eindrücklichsten reagierte der Elefant, der sich in unseren Breiten vom Waldtier zum Steppenelefanten und schließlich zum Mammut entwickelte (Taf. 2).
In den Höhlenablagerungen der letzten Würm-Eiszeit (vor 80000–10000 Jahren) sind genügend Tierreste enthalten, um auch kurzfristigere ökologische Wechsel erkennen zu lassen, wenn auch weniger an der Großsäugerfauna, als bei Kleinsäugern. Sie sind in Form von Eulengewölle meist in großen Mengen vorhanden und treten in charakteristischen kalt- beziehungsweise warmzeitlichen

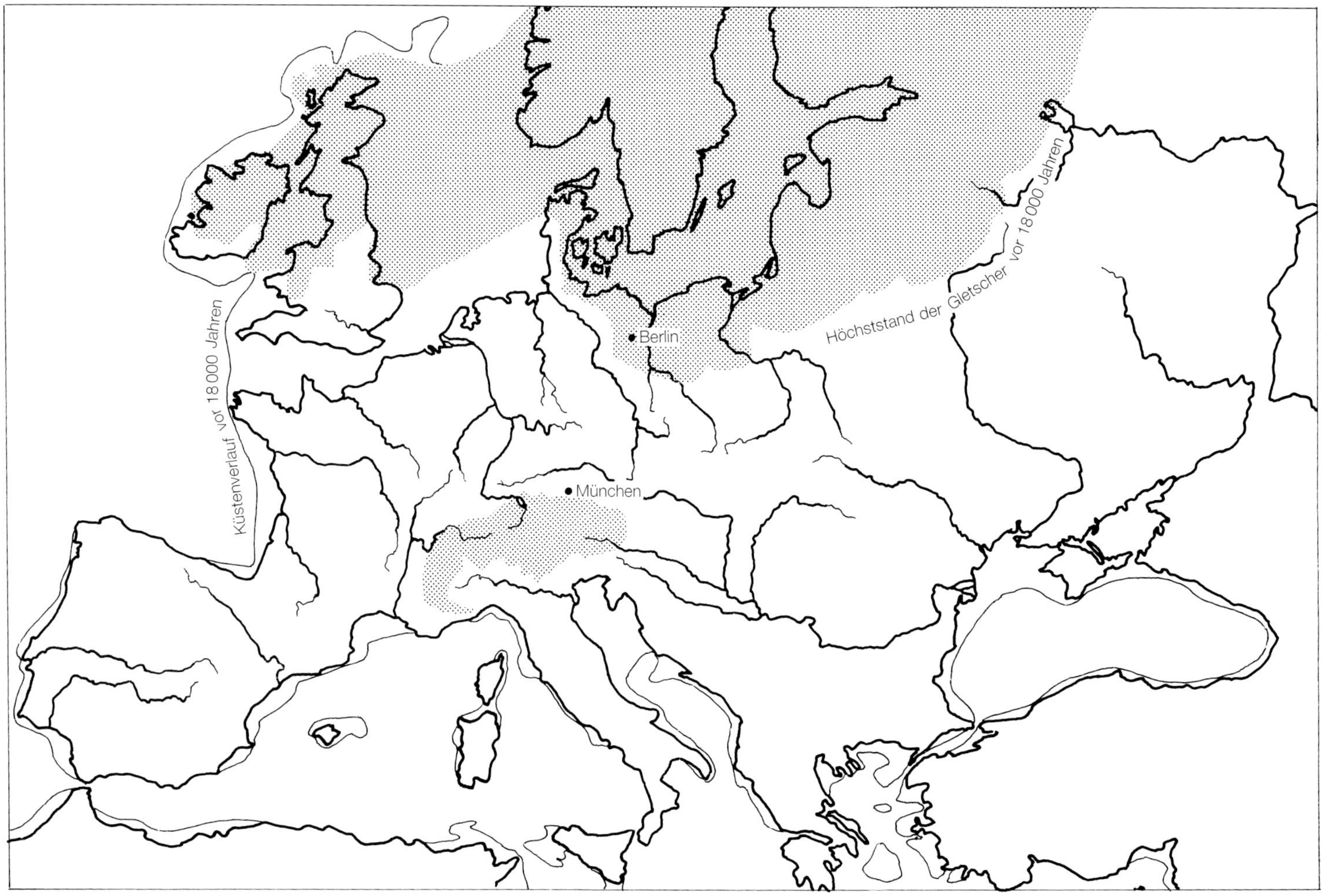

Abb. 1 Europa in der Eiszeit (nach Müller-Beck 1987).

Arten mit so hübschen Namen wie Halsbandlemming, sibirische Zwiebelmaus, Wimpernspitz- oder Kurzohrmaus auf. Vor etwa 10 000 Jahren kehrte die warmzeitliche Tierwelt endgültig zurück, die kältegewohnten Arten zogen sich in arktische Bereiche zurück oder starben für immer aus wie das Mammut. Die heutige Verteilung über die Erde ist das unmittelbare Ergebnis der damaligen Vorgänge.

Die Landschaft

Am nachhaltigsten formte das Eiszeitalter die Erdoberfläche. Wenn die Gletscher die Landschaft unter sich begruben, zogen sie tiefe Bahnen, hobelten Täler aus, schoben Gesteinsmassen mit sich; und wenn das Eis wieder schmolz, füllten sich diese Rinnen und Becken mit Wasser, und die Schuttkegel blieben als Hügel (Moränen) zurück. Diese Endmoränenzüge verraten heute die Grenzen der Eisvorstöße: zur Zeit des Eishochstandes vor 20 000–18 000 Jahren reichten die Alpengletscher bis kurz vor München (Abb. 1). Damals lag die Schneefallgrenze bei etwa 1200 m (heute bei 2700–3000 m), und die fast baumlose Tundra taute nur im Sommer oberflächlich auf. In solch extremen Kälteperioden rechnet man mit einer Durchschnittstemperatur von -14 bis -22 Grad im Januar und +5 bis +10 Grad im Juli (heute etwa +18 Grad). Als die Alpengletscher wieder abtauten und sich die tiefen Zungenbecken mit Wasser füllten, entstanden die Seen des Vorlandes, vom Ammer- bis zum Waginger See. Der Zauber der oberbayerischen Landschaft mit ihren Hügeln und Seen ist das Werk einer ungeheuren, über Jahrtausende wirkenden Kraft (S. 114).

Aber nicht nur einer der schönsten, auch einer der fruchtbarsten Landstriche Bayerns verdankt seine Entstehung den grimmigen eiszeitlichen Bedingungen. Am Rande der Eisflächen bildeten sich ständig Fallwinde, die feinen Moränenstaub aus dem vegetationsarmen Boden ausbliesen, weit hinaus in die offene Steppe trugen und dort als Löß ablagerten. Auf diese Weise ist die bis zu 9 m mächtige Lößdecke des Gäubodens zustande gekommen, der sich südlich der Donau zwischen Regensburg und Vilshofen erstreckt, die Kornkammer Bayerns, eines der ältesten und dichtesten Siedlungsgebiete Süddeutschlands. Im Süden des Gäubodens schließen sich die ebenfalls lößbedeckten Ausläufer des unterbayerischen Donau-Isar-Hügellandes an. Zusammenhängende Lößareale finden sich ferner in der schwäbischen Donauregion und im Ries sowie am Mittelmain – alles Regionen, die aufgrund ihrer Bodenqualität im 6. Jahrtausend v. Chr. Anziehungspunkte für die ersten Ackerbauern wurden.

Die frühen Vettern

Die ersten Menschen, die das Donautal regelmäßig aufsuchten, waren wohl die Neandertaler, auch wenn ihr körperlicher Nachweis vorerst nur aus einem Backenzahn der ausgehenden Riß-Eiszeit vor über 130 000 Jahren aus der Höhle von Hunas (LAU) besteht. Ihre stammesgeschichtliche Abkunft ist noch immer nicht eindeutig geklärt mangels gut datierter Skelette, obwohl inzwischen über 100 Funde aus der Alten Welt bekannt sind. Vieles spricht dafür, daß der Altmensch *(Praesapiens)* in der letzten Warmzeit vor 130 000–80 000 Jahren – aus welchen Gründen auch immer – zwei getrennte Entwicklungslinien ausgebildet hat. Die eine führte zu Neandertalvorformen (›Präneandertalern‹) und schließlich zum ›klassischen‹ Neandertaler (vor 100 000–35 000 Jahren), die andere Linie dagegen direkt zum Typ des heutigen Menschen, zu *Homo sapiens sapiens*, der vor 40 000–35 000 Jahren in Mitteleuropa einwanderte. Ob dessen Ursprung tatsächlich in Afrika liegt, wofür neue Daten sprechen, wird von der Wissenschaft noch uneinheitlich beurteilt. (Seit kurzem neigt man außerdem dazu, sämtliche Menschenformen zwischen *Homo erectus* und *Homo sapiens sapiens* generell als ›Präneandertaler‹ beziehungsweise als Neandertaler zu bezeichnen. Auch eine direkte Abstammung des heutigen Menschen vom Neandertaler wird diskutiert).

Der Neandertaler war klein und untersetzt, durchschnittlich nur 1,50–1,60 m groß, und das Auffälligste an ihm sein Schädel mit den starken Knochenwülsten über den Augen; hinzu kam – aber nicht bei allen – das fliehende Kinn (Abb. 58,3). Im großen und ganzen dürfte sich aber ein Neandertaler vom heutigen Menschen äußerlich nicht mehr unterschieden haben, als ein Uraustralier vom Europäer. Der allgemein verbreitete negativ-primitive Eindruck rührt wohl daher, daß üblicherweise der Schädel eines alten Mannes aus La Chapelle-aux-Saints (Frankreich) mit extrem ausgebildeten Merkmalen als typischer Neandertaler beschrieben und abgebildet wird. Man übersieht deshalb leicht die enge Verwandtschaft zum heutigen *Homo sapiens sapiens*, die auch in der wissenschaftlichen Bezeichnung *Homo sapiens neanderthalensis* zum Ausdruck kommt.

Werkzeug und Waffen

Das Donautal bildete ein stets eisfreies Durchzugsgebiet für Wild und Mensch. Dessen Niederlassungen konzentrierten sich daher nicht zufällig auf donaunahe Bereiche der Fränkischen Alb vom Ries über das Schuttertal bis zum Donaubogen mit den Unterläufen von Laaber und Naab, vor allem aber auf das Altmühltal. Seine höhlendurchlöcherten, steil abstürzenden Kalkfelsen gehören zu den wichtigsten Fundplätzen Süddeutschlands, die noch heute ein attraktives touristisches Ziel darstellen. Berühmt geworden sind die Klausen-Höhlen (Taf. 4), die Sesselfelsgrotte und die größte Höhle im Tal, das Schulerloch (mit der bekannten, mittlerweile eindeutig als nacheiszeitlich erwiesenen ›Höhlenzeichnung‹ am Eingang); sie lieferten die reichsten neandertalerzeitlichen Funde. Die ältesten stammen aus der Klausennische, eigentlich nur ein schützendes Felsdach (ein Abri) innerhalb des Vieretagen-Systems der Klausen-Höhlen. Die Kultur der Klausennische ist durch große, flache, bezeichnenderweise ›Faustkeilblätter‹ benannte Schneidegeräte bekannt geworden (Abb. 2, 1). Meist sind es Kerngeräte, das heißt das Rohstück wurde so lange bearbeitet, bis der Kern die gewünschte Form besaß. Gleichzeitig entwickelte der Neandertaler die Schlagtechnik weiter. Mit Hilfe eines Schlaginstrumentes, ob zähes Gestein,

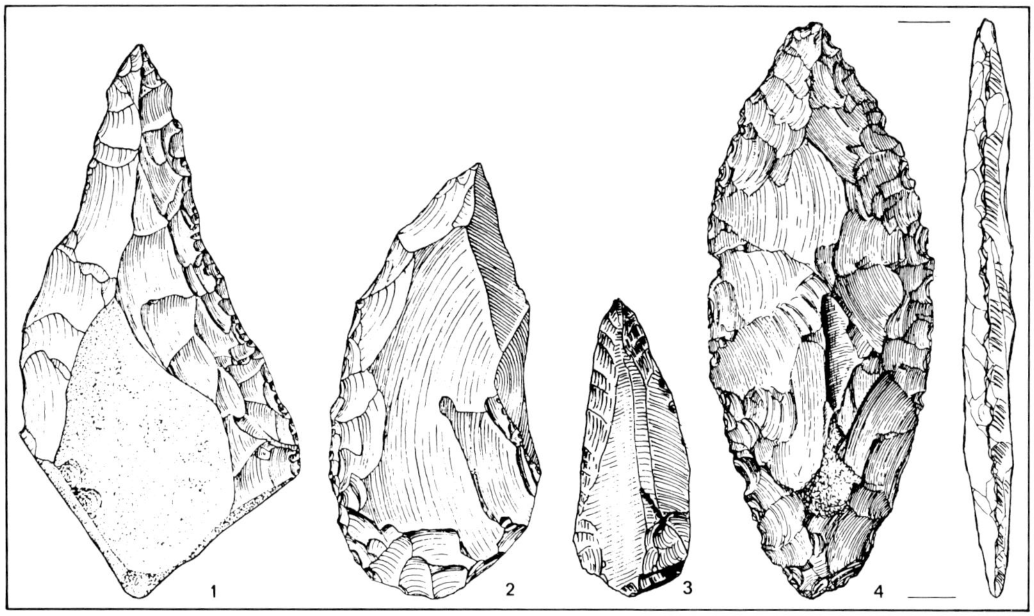

Abb. 2 Steinwerkzeuge der Neandertaler: 1 Faustkeilblatt (Kerngerät); Klausennische bei Essing (KEH). – 2 Schaber (Abschlaggerät) mit abgestumpfter Arbeitskante links; Obere Klausen-Höhle bei Essing (KEH). – 3 Spitze; Freilandstation bei Wiesent (R). – 4 Blattspitze; Weinberghöhlen bei Mauern (ND). – Maßstab 1:2 (nach Bosinski 1967; Museum der Stadt Regensburg; Bohmers 1951).

Geweih oder Holz, trennte er vom Rohstück dünne Abschläge ab, aus denen er flache Geräte zum Schneiden, Schaben, Bohren formte. Wenn erforderlich, wurden die scharfen, aber leicht aussplitternden Kanten mit kleinen Schlägen ›retuschiert‹. Dadurch ließen sich verschiedenste Formen gewinnen, die so serienmäßig in weit voneinander getrennten Gebieten wiederkehren, daß darin gemeinsame Traditionen und persönliche Kontakte über Hunderte von Kilometern hinweg zum Ausdruck kommen. (Zum Vergleich: Ein Nunamiut-Eskimo durchstreift im Laufe seines Lebens etwa 300000 qkm – das entspräche einem Gebiet von Freiburg bis Passau, von Garmisch bis Kassel.)

Die wichtigsten Werkzeuge waren Schaber und Spitzen (Abb. 2, 2–3). Schaber dienten aufgrund mikroskopisch nachgewiesener Gebrauchsspuren unter anderem zur Holzbearbeitung, zum Beispiel zur Herstellung hölzerner Speere, die schon der *Homo erectus* kannte und die vereinzelt erhalten geblieben sind. Durch die Erfindung der Neandertaler, Steingeräte zu schäften, das heißt mit Hilfe einer Kittmasse im Holzgriff zu befestigen, wurden die Werkzeuge handlicher, die Produkte exakter und Faustkeile allmählich überflüssig. Die Abschlagtechnik gipfelte in den durch feinste Absplisse zugerichteten ›Blattspitzen‹ (Taf. 3; Abb. 2, 4). Viele dieser Geräte sind von einem über das funktional Notwendige hinausgehenden formschönen ›Design‹, womit eine ästhetische Qualität erreicht wird, die das Handwerk von der reinen Technologie trennt. Den immer wieder vermuteten Beginn künstlerischen Gestaltens durch den Neandertaler muß man auf diesem Hintergrund fast voraussetzen.

Von Anfang an wurden auch Geräte aus Geweih, Knochen und Holz benutzt, dem, wie die erhaltenen Lanzen zeigen, besondere Bedeutung zukam. Sammlerinnen trugen Geweihhacken mit sich, mit denen sie Pflanzen ausgruben und Tierbauten öffneten und die im Falle eines Falles auch als Verteidigungswaffe taugten. An Werkzeugen ist sogar ein Faustkeil aus Elefantenknochen bekannt. In den Weinberghöhlen bei Mauern (ND) wurde eine geschliffene Knochenspitze entdeckt, das Fragment einer ehemals 20–30 Zentimeter messenden Speerspitze. Es dürften sowohl Stoßlanzen wie Wurfspeere benutzt worden sein, wie die vielfältige Jagdbeute nahelegt.

Mammutjagd

Der Beginn der letzten Eiszeit vor 80000 Jahren brachte zwar stetige Abkühlung und den allmählichen Rückgang der Laubbäume zugunsten einer waldarmen Tundra mit sich, aber deren kräuterreiche Vegetation ermöglichte eine artenreiche Tierwelt: Mammut und Wollnashorn, die großen kältegewohnten Grasfresser; Rentier- und Wildpferdherden, die die offene Steppe brauchten; klimaunabhängigere Arten wie Bison, Auerochs und Riesenhirsch; und auf den Höhen des Jura Steinbock, Gemse und Murmeltier. Dem Höhlenbären wird man lieber ausgewichen sein und erst recht Höhlenlöwe und Hyäne, den Konkurrenten der Jäger. Aber auch die Erlegung eines Mammuts blieb ein gefährliches Unternehmen, zu dessen Erfolg Geschick und Ausdauer gehörten. Ob man Fallen aufstellte, ist umstritten; in kalten Klimaabschnitten wird es der gefrorene Boden kaum erlaubt haben. Eine andere Möglichkeit bestand darin, ein junges oder geschwächtes Tier in den Sumpf einer Bachmündung zu treiben, um es wehrlos zu machen. Die begehrte Beute wurde bis auf den letzten Rest verwertet: Fleisch, Fett und Knochenmark als Nahrung, das Fell für Kleidung oder Zelte; Knochen für Waffen, Werkzeuge und als Brennmaterial; Sehnen als Schnüre.

Zelte und Hütten

Die Jagd in der offenen Landschaft setzt die Existenz von Zeltlagern voraus, die es im Übermaß gegeben haben muß, deren Nachweis im Unterschied zu einem Höhlenaufenthalt jedoch schwerer zu führen ist. Wind und Schmelzwasser haben ihre Spuren davongetragen, meterdicke Lößablagerungen und abgerutschte Berghalden bedecken sie. Nur gelegentlich künden zufällig auf der Ackeroberfläche entdeckte Steingeräte von einem der Rastplätze, der vor 50000, 60000 oder 70000 Jahren aufgeschlagen worden ist – am Rande des Ries (Brünsee bei Harburg, DON), in der Donauebene (Wettstetten, EI; Regensburg-Oberisling, R) oder auf den Ausläufern des Bayerischen Waldes (Wiesent, R; Abb. 2, 3), aber auch auf den Terrassen des Mains (Kösten, LIF). Am anschaulichsten ist ein Vergleich zwischen den Weinberghöhlen bei Mauern (ND) mit Spuren sehr unregelmäßiger Niederlassungen und den Funden vom Speckberg bei Meilenhofen, »einer Freilandstation mit Resten häufiger Jagdaufenthalte« (Müller-Beck 1973/74), die nur 10 km entfernt liegt. Die unterschiedliche Nutzung kommt bereits in der Quantität der Steinartefakte zum Ausdruck, von denen rund 400000 Stück in den Mulden und am Hang des Bergplateaus ausgegraben wurden, ein Vielfaches gegenüber den Stückzahlen aus den Höhlen. Das stimmt mit der inzwischen gewonnenen Erkenntnis überein, daß Höhlen meist nur kurzfristig, vielleicht nur für wenige Tage oder Stunden aufgesucht wurden (Taf. 4).

Die Neandertaler, die durch das Donautal zogen, fanden geradezu ideale Überlebensmöglichkeiten vor. Die Auewälder am Fluß boten genügend Material zum Feuermachen, für hölzerne Lanzen und den Zeltbau; die Frauen konnten im Sommer Beeren, Kräuter und Vogeleier sammeln; und im Winter suchte das Großwild hier Schutz. Niedergelassen hat man sich in dem versumpften, mückenverseuchten Talgrund im Sommer allerdings wohl nicht, und auch die Tiere werden in jahreszeitlichem Rhythmus die Höhen hinauf und hinunter gezogen sein. Die Neandertaler benötigten daher in jedem Falle stabile Schutzbauten und warme Fellkleidung, denn selbst in klimagünstigen Zeiten blies ein kalter Wind über die offenen Steppen, und die Temperaturunterschiede zwischen Tag und Nacht waren sehr groß – aber alles in allem waren die Bedingungen nicht so lebensfeindlich, wie man sich das gemeinhin vorstellt. Der Neandertaler, der aus seiner Höhle in eine Landschaft aus Eis und Schnee hinausblickt – dieses Bild gehört aufgrund unseres heutigen Wissens der Vergangenheit an.
Nur in den kältesten Perioden der letzten Eiszeit hat sich der Mensch wohl in wärmere Regionen zurückgezogen. Um Aussagen zur Bevölkerungsdichte in einladenderen Zeiten machen zu können, sind wir auf Beobachtungen bei neuzeitlichen Wildbeutern angewiesen. Ihre Gruppengröße liegt bei etwa 25 Personen; in der Altsteinzeit rechnet man aber mit kleineren Gruppen von ein oder zwei Familien mit durchschnittlich fünf Personen, die sich nur zu bestimmten Anlässen – zum Beispiel zur Jagd auf Großwild – zu größeren Einheiten zusammenschlossen. Die absolute Anzahl der Menschen ist kaum zu schätzen. Einigkeit herrscht darüber, daß die Bevölkerungsdichte allgemein sehr niedrig war. Berücksichtigt man unbesiedelbare Regionen, die Zahl der Fundstellen, die ja eine unwägbare zufällige Größe darstellen, sowie die aus der Völkerkunde bekannten Schweifgebiete, könnten sich in Bayern im Schnitt etwa 1100 Neandertaler aufgehalten haben. Die Lebenserwartung lag bei rund 30 Jahren, aber aus Gräbern sind auch über 60 Jahre alte Personen bekannt.

Was geschah mit dem Neandertaler?

Das Ende der Zeit der Neandertaler ist in Bayern archäologisch durch die Blattspitzen-Technik (vor 40 000–35 000 Jahren) definiert. Damals herrschte wieder ein milderes Klima, so daß sich ein lockerer Kiefer-Birken-Bewuchs ausbreitete, in geschützten Lagen auch Haselsträucher und Laubbäume. Von einem bemerkenswerten Platz bei Zeitlarn (R) – oberhalb des Regentales, nicht weit von der Flußmündung in die Donau – stammen die ersten archäologischen Spuren eines offenen Lagers aus diesem Zeitabschnitt (Taf. 3). Und erstmals in Süddeutschland lagen hier die Blattspitzen der Neandertaler mit Steingeräten zusammen, die auf die nachfolgende Kultur der späteiszeitlichen Jäger verweisen, auf die ersten Vertreter von *Homo sapiens sapiens*. Woher dieser plötzlich kam, und wie er sich so schnell ausbreiten konnte, ist eine immer noch ungelöste Frage.

Lange Zeit glaubte man an eine kriegerische Auseinandersetzung zwischen Neandertalern und den nach Mitteleuropa eingewanderten Jägern, und daß erstere ›natürlich‹ unterliegen mußten, weil sie die ›Primitiveren‹ zu sein schienen: Der Neandertaler, in halb gebückter Haltung wie ein Affenmensch, halbnackt, schräg über der Schulter ein Fell (den Pelz nach außen gekehrt, so daß er gewiß nicht wärmte), bewaffnet mit einer Keule – dieses Klischee geistert ja bis heute durch alle Schulbücher. In Wirklichkeit müssen diese frühen Jäger über eine umfassende Kenntnis der Natur – einschließlich Tier, Pflanze, Mineralien, Witterung und Gestirne – verfügt haben, um sich orientieren zu können und zu überleben. Ihre Intelligenz war nicht unbedingt kleiner, aber jedenfalls anders strukturiert als die des *Homo sapiens sapiens* (Abb. 58, 4). Dieser besaß tatsächlich eine neue geistige Überlegenheit, die sich archäologisch zuerst in der technischen Progressivität seiner ›Produktionsmittel‹ (Werkzeuge, Waffen, verwendete Materialien) ausdrückt (Taf. 5; 6). Zusammengenommen kann das allerdings Grund genug für die allmähliche biologische Verdrängung des Neandertalers gewesen sein. Beim Aufeinanderstoßen zweier technisch ungleichwertiger Zivilisationsniveaus stellt sich derartiges nicht selten ein – Beispiele dafür bietet die Geschichte des Kolonialismus übergenug.

Homo sapiens sapiens – der späteiszeitliche Jäger

Die Späte Altsteinzeit, der letzte Abschnitt der Eiszeit und die älteste Kultur des heutigen Menschen, wird anhand der Stein- und Knochengeräte in drei archäologische Stufen gegliedert, die nach französischen Fundorten benannt sind: das Aurignacien (vor 35 000–28 000 Jahren), das Gravettien (vor 27 000–20 000 Jahren) und das Magdalénien (vor 15 000–11 500 Jahren). Die Lücken zwischen den Daten sind wohl zum geringeren Teil auf echte Besiedlungslücken zurückzuführen, sondern mehr auf den Mangel an datierbaren Fundstellen. Die älteste Stufe, das Aurignacien, ist in Bayern nur spärlich vertreten. Lange Zeit war es auf einige Höhlen der südlichen Frankenalb beschränkt (Große und Kleine Ofnet im Ries, Fischleitenhöhle im Altmühltal), bis kürzlich durch einen aufmerksamen Heimatforscher die erste Freilandstation bei Irnsing (KEH) auf einem Geländesporn über der Donau entdeckt wurde. Es fehlen allerdings nach wie vor jegliche Reste von Behausungen und erst recht figürliche Elfenbeinschnitzereien wie aus den Höhlen der Schwäbischen Alb. In diesen ältesten Kunstwerken der Welt (Abb. 3) drückt sich die geistige Auseinandersetzung des Homo sapiens mit seiner Umwelt aus – er erreicht damit eine neue Ebene abstrakter Problembewältigung, verbunden vermutlich mit der Ausbildung von Sprache im heutigen Sinne. Da diese Kunst voll ausgebildet von Anfang an zusammen mit dem modernen Eiszeitmenschen auftritt, belegt sie einmal mehr dessen intellektuelle Überlegenheit über Weltbild und Lebensstrategien der Neandertaler.

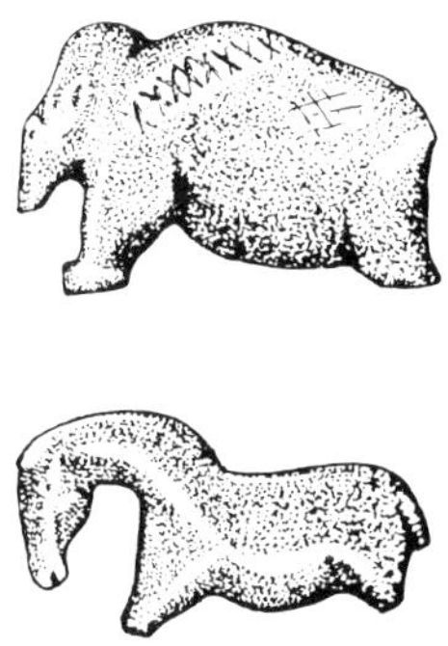

Abb. 3 Mammut und Wildpferd. Elfenbeinschnitzereien der Späten Altsteinzeit, 30 000–33 000 Jahre alt. Vogelherdhöhle, Schwäbische Alb; Länge des Pferdes 4,8 cm (nach Müller-Karpe 1966).

Immerhin stammt eines der originellsten altsteinzeitlichen Bildnisse, eine doppelgeschlechtliche Statuette (Taf. 7), aus dem bayerischen Raum (ihre vor kurzem bezweifelte Echtheit vorausgesetzt). Sie lag in einer der Weinberghöhlen bei Mauern in einer Fundschicht des Gravettien, der mittleren Kulturstufe, die in Bayern – bis auf eine Fundstelle im Altmühltal, wo man eine aufsehenerregende Elfenbeinschaufel fand – ebenfalls nur dürftig belegt ist. Als Freilandstation des Gravettien ist bisher lediglich der neuentdeckte Fundplatz bei Salching (SR) im Donautal von Bedeutung, das erste derartige Lager, von dem aus die Mammutjäger den Weg der Herden im Blick hatten, die im Sommer aus der Straubinger Senke hinauf auf die Anhöhen des Donau-Isar-Hügellandes zogen.

Ein Basislager

Im Gravettien kühlte sich das Klima von neuem merklich ab. Allmählich verschwanden die Waldelemente wieder; in der offenen Tundralandschaft weideten nur noch die kälteangepaßten Pflanzenfresser – Mammut, Wollnashorn, Bison, Moschusochse, Rentier und Wildpferd, während für den Riesenhirsch die Nahrung schon knapp wurde. Die zurückgehende Vegetation zwang die Herden zu rascherem Weiterziehen. Wenn möglich verfolgten die Jäger das Wild nicht, das sich viel zu schnell bewegte, sondern lauerten ihm an geeigneten Plätzen auf, wo sich auch Pflanzen sammeln, Fische fangen und Kleintiere jagen ließen – denn da man bei der Großwildjagd nur mit einer Erfolgsrate von etwa 50% rechnet, spielten Eisfuchs, Schneehase, Murmeltier und Schneehuhn eine ebenso wichtige Rolle für die Ernährung. Die Topografie des Lagers von Salching in einem kleinen Flußtal ist kennzeichnend für ein solches Basislager. Erst wenn die Vorräte erschöpft waren, vielleicht auch bevor sich der Tierbestand zu stark verringerte, zog man weiter. Das konnte schon nach wenigen Wochen der Fall sein, denn nach modernen Schätzungen benötigte eine fünfköpfige Familie im Jahresdurchschnitt für Nahrung, Kleidung und Zelte zum Beispiel 100 Rentiere.
Damals begann ein unstetes hartes Leben, und je schneereicher die Winter wurden, um so wahrscheinlicher ist es, daß sich der Mensch in der kalten Jahreszeit ganz aus Bayern zurückzog. Vermutlich galt das während des Gletscherhöchststandes vor 20 000–18 000 Jahren über einen längeren Zeitraum hinweg, aus dem in Süddeutschland bisher jegliche Spuren von Mensch und Tier fehlen.

Alte und neue Verluste

Mit wieder einsetzender Erwärmung begannen die Gletscher erneut zu schmelzen; in mehreren relativ kurzfristigen Klimaschwankungen näherte sich die letzte Eiszeit endgültig ihrem Ende. Die lange Kälteperiode hatte die Pflanzendecke aber inzwischen so stark reduziert, daß die Wiederbewaldung nur zögernd einsetzte. Vor 13 000 Jahren wurde der Klimaumschwung immerhin schon so spürbar, daß Mammut und Wollnashorn allmählich ausstarben, wozu die intensive Jagd allerdings auch beigetragen haben wird. Die wichtigsten Beutetiere des Magdalénien, der letzten Kulturstufe der Altsteinzeit, wurden Rentier, Wildpferd und gebietsweise die Saiga-Antilope. Sie bevölkerten die locker bewaldeten Wiesensteppen des Donauraumes und scheinen auch den Menschen wieder angelockt zu haben; zumindest werden dessen Spuren insbesondere ab der Spätphase des Magdalénien in Bayern wieder häufiger. Damals herrschte ein kontinentales Klima mit mehr Sonnentagen und geringeren Niederschlägen als heute; wieder kann man zahlreiche Freilandstationen voraussetzen, wenn auch fast ohne Chance, entdeckt zu werden. Abermals ist der Unermüdlichkeit eines Lokalforschers die Kenntnis des einzigen bisher ausgegrabenen Lagerplatzes an der Donau, auf einer Sanddüne bei Barbing (R), zu verdanken. Die Kalkarmut des Bodens hat leider nur die Steingeräte bewahrt (Taf. 5); die Knochen – ob Speisereste, Werkzeuge, Kunst oder Schmuckgegenstände – sind restlos verfault, von allen übrigen organischen Substanzen ganz zu schweigen. Welche Verluste für die Rekonstruktion urgeschichtlicher Lebensweise das bedeutet, geht aus den Ergebnissen hervor, die in den Höhlen Baden-Württembergs in den letzten Jahren gewonnen wurden: Pollen und Hölzer, Schnecken und Mäuseknochen, Fischgräten und Großsäugerknochen helfen mit, ein Bild von den Klimaverhältnissen, von Jagdbeute und -gewohnheiten der Bewohner, von Dauer und Anzahl ihrer Aufenthalte zu entwerfen, nicht zuletzt gestützt auf die exakte Radiokohlenstoffdatierung. Neben diesen Höhlen hat man zu bestimmten Anlässen – zum Beispiel zur großen Rentierjagd – vorübergehend zentrale Lager, oder – zum Überwintern – feste Hütten in den offenen Tallandschaften eingerichtet. Das Lager von Barbing fügt sich nicht recht in dieses Bild, denn es soll nur zu einem kurzen Aufenthalt, vielleicht für einige Wochen, angelegt worden sein.

Leider sind die magdalénienzeitlichen Höhlenfunde Bayerns nicht geeignet, die überregionale Bedeutung, die dem Altmühltal zukommt, anschaulich werden zu lassen: die Ausgrabungen vor 70–100 Jahren haben zu einer Zeit stattgefunden, als die Methoden des Suchens, Dokumentierens und Auswertens vergleichsweise so grob waren wie heute die Schaufel eines Baggers an Stelle des Spachtels eines Archäologen. Was uns geblieben ist, sind Steingeräte sowie Objekte aus Elfenbein, Geweih und Knochen: Schmuckanhänger, Geschoßspitzen und – als Paradebeispiele für den Erfindungsgeist jener Zeit – Harpunenspitzen und feine Nähnadeln mit Öhr (Taf. 6). Die serienmäßige Herstellung solch diffiziler Formen setzte längerwährende Vorarbeiten voraus. Besonders Geweih, ein zähes und stabiles Material, muß vor seiner Verwendung längere Zeit in Wasser aufweichen; erst in diesem (sehr übelriechenden) Zustand läßt es sich schnitzen wie Holz. Diese Verarbeitungstechnik muß so alt sein wie die ältesten ›Lochstäbe‹ aus Geweih (Abb. 4), ob es sich dabei nun um Arbeitsgeräte zum Geradebiegen (von Geschoßspitzen und -schäften aus Holz und Geweih) handelte, oder um zurechtgebogene Schleudern.

Die älteste Kunst in Bayern

Erhalten geblieben sind auch einige wenige Beispiele der ältesten Kunst Bayerns: Gravierungen von Wildpferd und Mammut in einem gleichsam flüchtigen, aber treffsicheren Strich und der schönste ›Lochstab‹ mit überdeutlich hervortretendem, aber dennoch rätselhaftem Abbild (Abb. 4) – alles aus den fundreichen Klausen-Höhlen stammend. Hinzu kommen eine Kalksteinplatte aus dem Hohlenstein im Ries mit hochstilisierten, fast bis aufs Gesäß reduzierten Frauenfiguren und, durch die Abstraktion der Darstellung mit dieser Gravur eng verknüpft, die schon erwähnte Statuette von Mauern (Taf. 7).
Solche altsteinzeitlichen ›Venusfiguren‹ werden gern als ›Symbole der Fruchtbarkeit‹ bezeichnet und sollen, ähnlich wie der ›Jagdzauber‹ mit Tierbildern, der Sicherung von Fortpflanzung und Nahrung gedient haben. Diese vordergründig-zweckgebundene Deutung wird nicht nur durch neue systematische Analysen der Tierfiguren und -malereien entkräftet (Taf. 7). Sie widerspricht auch der Tatsache, daß historisch bekannte Jägergesellschaften, um die Ernährung zu sichern, die Familie eher klein hielten (nötigenfalls sogar Kinder töteten, die in zu kurzem Abstand geboren worden waren) und das Revier vor Überjagung schonten. An der Fruchtbarkeit der Frauen zeigten sie deshalb kein sonderliches Interesse. Magische Handlungen, die sich um die ›Wiedergeburt‹ des Jagdwildes drehen, stehen in Bezug zu Schöpfungsmythen und enthalten deshalb nicht selten eine stark sexuelle Komponente, in der das Weibliche den schöpferischen (Geschlechts-)Akt schlechthin symbolisiert. Das gilt auch und gerade in Gesellschaften, die von patriarchalischen Mythen geprägt sind.
Alles spricht dafür, daß sich in den eiszeitlichen Schmuck-, Gebrauchs- und Kultgegenständen, vor allem

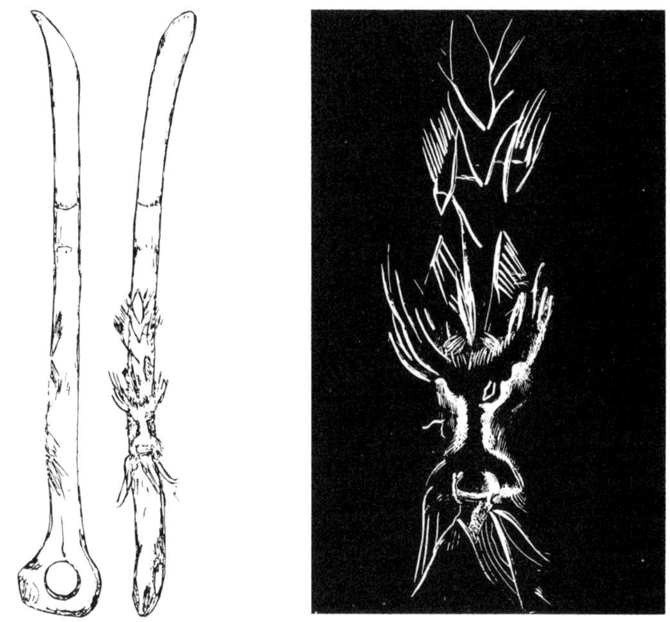

Abb. 4 ›Lochstab‹ aus Rengeweih, verziert mit dem Kopf eines Auerochsen und symbolischen Zeichen, 11 500–15 000 Jahre alt. Tiere verkörperten die Macht der Natur über den Menschen; im Tierbild war diese Macht darstellbar und durch magische Handlungen beeinflußbar. Eine solche Bedeutung schließt die praktische Verwendung des Gerätes nicht aus. Mittlere Klausen-Höhle bei Essing (KEH); Länge 43 cm; Prähistorische Staatssammlung München (nach Obermaier 1927; Müller-Karpe 1966).

aber in den Höhlenmalereien, die allesamt stark von sexueller Symbolik durchsetzt sind, nicht nur primitiver Fruchtbarkeitszauber ausdrückt, sondern vielmehr eine umfassende Begriffswelt spiegelt, ein großes kosmisches Weltbild, in das die soziale Ordnung des Homo sapiens eingebettet war. Welche gesellschaftliche Stellung die Frau darin einnahm, bleibt freilich unbekannt. Die Ethnologie zwischen Amazonas und Australien warnt allenfalls davor, aus einer religiösen Sexualsymbolik ohne weiteres auf eine starke weibliche Position zu schließen – im Gegenteil. Die Behauptung, daß »männliche Schamanen die weibliche Höhle betraten, um hier durch ... kopulationsartige Handlungen die Wiedergeburt der Jagdtiere einzuleiten« (Duerr 1984) und daß infolgedessen »der physischen und metaphysischen Macht des Jägers in symmetrischer Weise die Zeugungsmacht der Frau entspricht« (Badinter 1986), ist Kulturanthropologen und Soziologen zwar erlaubt, aber aus archäologischer Sicht reine Spekulation (S. 37).

Opfer und Tod

Jäger (im ursprünglichen Sinne) töten nicht um des Tötens willen, und wenn sie es aus gutem Grund tun, verlangt dieser Tod Sühne – diese weltweit existierende Vorstellung muß auch in die frühesten Mythen eingeflossen sein. Mythen erzählen von den Anfängen, und es sind die magisch-rituellen Wiederholungen dieser Anfänge – der Schöpfung, der ersten Jagd, jenes ersten Todes –, durch die all die unzähligen Kulthandlungen auf der Welt entstanden sind, zum Beispiel die Anfertigung der Tierbilder, zum Beispiel Tieropfer, obwohl diese für die Altsteinzeit bisher nicht einwandfrei bewiesen sind. Immer wieder werden die wie von menschlicher Hand aufgeschichteten Bärenknochen in einigen Höhlen dafür in Anspruch genommen, und immer wieder wird der ›Bärenkult‹ mit dem natürlichen Verhalten der Tiere selbst erklärt; selbst der einzige »ziemlich glaubhafte« Fall aus dem Hohlen Stein bei Schambach (EI) hat neuerlicher Prüfung nicht standgehalten. Die Bestattung eines jungen Mammuts in den Weinberghöhlen bei Mauern, das auf einer Rötelschicht gelegen und mit Elfenbeinperlen und Steingeräten bedeckt gewesen sein soll, galt bisher als ebenso einmaliges wie eindeutiges Zeugnis. Aber eben die Einmaligkeit erschwert die Deutung, und nach der letzten kritischen Sichtung der alten Grabungsberichte ist nur noch von »Küchenabfällen« die Rede, von Überresten von sechs Mammuten, die in der Höhle ausgebeint worden seien (v. Koenigswald 1974). Selbst der Rötel, ein mineralischer Farbstoff, dessen Verwendung bei Bestattungen und Kulthandlungen unwidersprochen ist, wurde darüber hinaus so häufig zum Einfärben von Schmuck, Geräten oder Kleidung benutzt, nicht zuletzt zusammen mit Fett zum Gerben des Leders, daß er sich auch auf profane Weise erklären ließe.

Wenn die Grabungsdokumentation unklar ist – und das ist sie bei alten Höhlengrabungen immer –, bewegt sich die Diskussion um Funde, die das Gemüt erregen, gern von einem Extrem ins andere, pendelt zwischen ausschweifender Phantasie und betonter Nüchternheit hin und her. Nicht weniger umstritten als das Mammutopfer ist das Grab eines etwa dreißigjährigen Mannes in der Mittleren Klausen-Höhle, nach wie vor die einzige vollständige altsteinzeitliche Bestattung Süddeutschlands, die deshalb nichts von ihrer sensationellen Bedeutung seit der Auffindung 1912 eingebüßt hat. Das Skelett war von einer starken Rötelschicht umhüllt, unter und über dem Kopf lagen Bruchstücke von Mammutstoßzähnen, und Spuren gewaltsamer Zerlegung an einigen Knochen deuteten die Ausgräber als Hinweise auf Kannibalismus. Mammut und Jäger sind seitdem oft miteinander in Verbindung gebracht und als Zeugnis ein und desselben Opfergedankens gesehen worden. Aber auch hier mahnt die erneute anthropologische Prüfung zur Vorsicht: zwar wurden mit Sicherheit Manipulationen am Körper des Toten vorgenommen, vielleicht zur Brechung der Leichenstarre, aber »schlüssige Hinweise auf Kannibalismus fehlen« – genau wie in allen anderen altsteinzeitlichen Befunden (Schröter 1979).

Die ungeheueren zeitlichen und kulturellen Dimensionen des Eiszeitalters zu erfassen, fällt am Beispiel Bayern besonders schwer – obwohl dieser Raum entlang der Donau eindrucksvolle Spuren bewahrt hat, weil er als klassisches Durchzugsgebiet stets eine Mittlerrolle einnahm zwischen den Siedlungszentren im Südwesten beiderseits der Pyrenäen und denjenigen im Südosten, in Österreich und der Tschechoslowakei. Doch diese Spuren sind allzu früh von begeisterten Gelehrten zwar erkannt, aber im Sinne unserer Zeit nicht mit gebührender Sorgfalt gesichert, die Funde selbst nur ungenügend oder gar nicht veröffentlicht oder sogar in alle Welt verkauft worden. So bildet Bayern, einst führend in der Altsteinzeitforschung, heute das Schlußlicht. Das wird sich erst ändern, wenn die Ergebnisse der inzwischen durchgeführten modernen Forschungsgrabungen veröffentlicht sind, die bisher noch in Magazinen schlummern.

MITTELSTEINZEIT (8000–5500 v. Chr.)

Um die Kenntnis der ersten nacheiszeitlichen Kultur ist es nicht besser bestellt als um die der Altsteinzeit; trotz Tausender von Feuersteingeräten, die inzwischen auf den Äckern eingesammelt worden sind, läßt sich immer noch kein Lebensbild dieser »in Bayern am wenigsten erforschten Epoche« entwerfen (Uenze 1982).
Den Grund dafür bildet vor allem die Fundsituation: die Wohnplätze lagen meist auf Kuppen, auf offenen Talterrassen oder Sanddünen entlang der Flußauen, wo sich keine Schichten anhäufen konnten wie in den Höhlen. Wenn die Jäger im Rhythmus der Jahreszeiten weiterzogen, verfielen ihre leichten Zelte oder Hütten rasch, alle organischen Stoffe, auch Knochen, vermoderten, und was zurückblieb, war der Erosion schutzlos preisgegeben. Fast immer überdauerte nur der Feuerstein, so daß sich die Mittelsteinzeit als reine Silex-Kultur präsentiert. In dieser Situation stellt der 1972 entdeckte Lagerplatz von Sarching (R) noch immer eine glückliche Ausnahme dar (Taf. 8).
Zwischen der letzten Rentierjägerkultur im Altmühltal und dem mittelsteinzeitlichen Fischerparadies am Donauufer scheint auf den ersten Blick ein krasser Bruch zu bestehen. In Wirklichkeit vollzog sich der kulturelle Übergang kontinuierlich über einen rund 1500 Jahre währenden Zeitraum. In dieser Übergangszeit (9500–8000 v. Chr.) weiteten sich unter stetiger Klimaverbesserung die lockeren Kieferbestände zu ausgedehnten Waldgebieten aus, die letzten Rentiere wanderten nach Norden ab, und wer den Herden nicht folgte, mußte sich den neuen Umweltverhältnissen anpassen. Man wich dem Wald aus, der die Jagd erschwerte, und suchte offene Höhen auf, oder zog sich an die lichter bewachsenen Ufer der fischreichen Flüsse zurück: Freilandstationen finden sich nicht nur entlang der Donau oder im unterfränkischen Maintal, sondern jetzt vermehrt auch in den Räumen um Ansbach und Nürnberg, im Obermain-Regnitz-Itz-Gebiet bis hinauf in den Landkreis Coburg, hinüber ins Fichtelgebirge und bis in den Bayerischen Wald hinein ins obere Regental, zwischen Viechtach und Kötzting (CHA). Im südwestlichsten Zipfel von Bayern, in der Nähe von Oberstdorf im Allgäu (OA), sind die Jäger hinter den Gemsen her bis in eine Höhe von 1400 m in die Alpen vorgedrungen. All diese Fundplätze verraten sich durch ein Feuersteininventar, das einerseits einwandfrei altsteinzeitlichen Charakter trägt, zum Beispiel die bekannten Stichel enthält (Abb. 60,5), andererseits in Größe und Ausformung der Geräte deutlich in die Mittelsteinzeit weist.
Deren Silex-Technologie ist das Endergebnis einer seit dem Aurignacien fortschreitenden Entwicklung: Präzisierung des Endproduktes, Rationalisierung der serienmäßigen Herstellung, optimale Ausnutzung des Rohmateriales. Was früher als Splitter abfiel, reichte jetzt aus für eine exakt zugeschlagene Miniaturklinge, aus der sich mit wenigen Schlägen Mikrolithen (griech. *mikros* = klein, *lithos* = Stein) gewinnen ließen, nicht größer als ein Daumennagel (Abb. 62). Ihre geometrischen Formen – Spitzen, Dreiecke, Vierecke – blieben auf ein eng begrenztes Typenspektrum beschränkt. Aber um so vielfältiger waren Waffen und Werkzeuge, die durch die unterschiedliche Art zustande kamen, diese Steineinsätze im Holzschaft zu befestigen, ob als Spitzen, Schneiden, Widerhaken oder Zähne einer Harpune.

Unter dem Felsschutzdach

Die Höhlen des Jura waren zu dieser Zeit meist schon verfüllt, aber die Natur bot als geeignete Aufenthaltsorte in geradezu verschwenderischem Maße wassernahe, sonnenoffene Grotten oder Felsschutzdächer der nördlichen Frankenalb an. Unter diesen Abris konnten sich Schichten bilden wie in Höhlen, und die Grabungen, die hier stattfanden, besonders in der Gegend um Pottenstein (BT), haben einige Anhaltspunkte für die Entwicklung der Mittelsteinzeit und deren natürliche Umwelt geliefert, belegt durch die Beute von Rotwild und Elch, Auerochs, Wildschwein, Biber und Dachs. Verglichen mit den modernen Forschungen in zehn Höhlen und Abris Baden-Württembergs, deren Veröffentlichung die Grundlagen zur Kenntnis spät- und nacheiszeitlicher Kulturentwicklung gelegt hat, sind die Ergebnisse in Bayern freilich kümmerlich. Daran ändert vorläufig auch die Kenntnis Hunderter, von Sammlerfleiß aufgespürter Lagerplätze nicht viel.
Erkenntnisse sind als erstes von der wissenschaftlichen Auswertung der neu entdeckten Freilandstationen und Felsschutzdächer im unteren Altmühltal zu erwarten. Hier bilden wenige Kilometer vor dem Talausgang steile

felsige Hänge einen Engpaß, eine günstige Geländesituation, die die Jäger angelockt hat. Am Fuß einer 15 m hohen Felspartie, der Schellnecker Wänd bei Essing (KEH), liegt ein Abri, in dem der bedeutsamste Fund, eine Doppelbestattung, zutage kam: eine Mutter (?), die ihr 3–4 Jahre altes Kind im Arm hielt. Reste eines Vogelskelettes lagen über das Grab verstreut, und es gäbe zu allerlei Mutmaßungen Anlaß, wenn sein mittelsteinzeitliches Alter gesichert wäre, was seit einiger Zeit bezweifelt wird. Aus all diesen Gründen ist uns die geistige Welt jener Menschen fremder als diejenige ihrer Vorfahren, nicht zuletzt, weil sie keine Kunstwerke hinterlassen haben und die Kopfbestattungen (Taf. 9) mehr Rätsel bieten als Erklärungen.

Das kulturelle Gesamtbild der Mittelsteinzeit unterscheidet sich von dem der Späten Altsteinzeit dem Wesen nach nicht, wohl aber in der Qualität der Lebensbewältigung. Nach wie vor wechselten Sammlerinnen und Jäger regelmäßig ihren Standort. Aber es ist anzunehmen, daß die verbesserten Lebensgrundlagen dazu beitrugen, daß die Schweifgebiete kleiner, die Gruppen größer, die Hauptlager länger genutzt wurden. Das Sammeln, mit dem jetzt bis zu 40% der Ernährung beschafft werden konnten, bot verstärkt die Möglichkeit, Vorräte anzulegen. All diese Erfahrungen machten die letzten Wildbeuter aufnahmebereit für eine ›wirtschaftliche Revolution‹: aus Jägern wurden Bauern. Kolonisten, die im 6. Jahrtausend aus dem Balkan kamen, brachten die bäuerliche Wirtschaftsweise mit, und sie setzte sich in so kurzer Zeit durch, daß wir nicht in der Lage sind, den Akkulturationsprozeß nachzuvollziehen. Über die Begegnung zwischen Kolonisten und jägerischen Ureinwohnern sind anhand bayerischer Funde geradezu abenteuerliche Thesen aufgestellt worden. Die Diskussion darüber erübrigt sich jedoch, weil sämtliche Theorien inzwischen von selbst gegenstandslos geworden sind durch die mit Hilfe der C14-Methode (S. 40) gewonnenen genaueren Daten der ältesten Bauernkultur. Es ist nun nicht mehr von der Hand zu weisen, daß im 6. Jahrtausend zwangsweise Kontakte bestanden haben müssen, im Laufe derer die Jäger Steinäxte oder Getreide eintauschen konnten, bis sie von der überlegenen Zivilisation der Bauern aufgesogen wurden – nicht ohne ihrerseits Wissen und Traditionen beizusteuern, die noch lange spürbar blieben. Nur in abgelegenen, für den Ackerbau ungeeigneten Landschaften wie auf der Frankenalb können kleine Wildbeutergruppen noch mehrere Generationen lang ihr traditionelles Leben weitergeführt haben.

Die ersten Bauern

JUNGSTEINZEIT (5500–3200 v. Chr.)

Die Kolonisation

Die ersten Bauern suchten gezielt nach den besten Böden. Die lößbedeckte, von zahlreichen Bächen durchflossene Donauebene bot einen idealen Siedlungsraum, ebenso der Rieskessel; die den Main und seine Zuflüsse begleitenden Lößplatten zwischen Spessart und Steigerwald standen in der Gunst der Landsucher nicht hintenan; und selbst kleine Lößinseln am Obermain wurden nicht verschmäht. Überall in diesen Naturräumen sind inzwischen Spuren der ältesten Ackerbaukultur entdeckt worden, die notgedrungen etwas umständlich nach ihrer charakteristischen Gefäßverzierung als ›Kultur der Linienbandkeramik‹ (5500–4900 v. Chr.) bezeichnet wird (Taf. 10; 11, links; Abb. 65,1). Die Bindung dieser Kultur an Lößböden ist so auffällig, daß daraus inzwischen fast eine Formel geworden ist. Sie ist nicht falsch, aber die agrarischen Kenntnisse der Kolonisten waren umfassender, als sie vermuten läßt. Man suchte nicht blindlings nach einer bestimmten Bodenart, sondern einen hohen Bodenwert, der sich gleichermaßen durch günstigen Wasserhaushalt (niedriger Grundwasserspiegel, geringe Staunässe, Niederschlagsarmut), durch reichen Nährstoffhaushalt und leichte Bearbeitungsmöglichkeiten auszeichnete. Lößvorkommen, die alle diese Vorzüge vereinen, sind meist zu Schwarz- oder Braunerden von hoher Bonität verwittert und haben deshalb seit Beginn des Ackerbaus ununterbrochen ›unter dem Pflug gestanden‹. Das hat zu entscheidenden Bodenveränderungen geführt, die unseren Erkenntnismöglichkeiten bestimmte Grenzen setzen. Ackerflächen sind der Erosion durch Wind und Wasser ausgesetzt, die das Erdreich laufend fortwehen und abschwemmen. Auf diese Weise verschwand bis zu einem Meter des ursprünglichen Bodens, und heutige Ausgrabungen erfassen daher meist nur noch die ›Fundamente‹ der Häuser und Gruben.

Die Entdeckung des Pfostenlochs

Nur unter günstigen Bedingungen haben sich noch ›Kulturschichten‹ erhalten, die nichts anderes darstellen als die Summe aller Abfälle, die im Dorfboden festgetrampelt oder einplaniert wurden, wenn ein Gebäude niederbrannte oder zusammenbrach. Die meisten Funde – Tongefäße, Tierknochen, Steingeräte – stammen aus Gruben. Sie dienten vorwiegend der Vorratshaltung oder Müllbeseitigung, manchmal offenbar auch einer speziellen Arbeit (wie die linienbandkeramischen ›Gerbergruben‹) oder einem kultischen Zweck (Opfergruben). Vor allem die fundreichen Abfallgruben tragen dazu bei, das Dorfleben von einst zu rekonstruieren. Die Kenntnis der bandkeramischen Häuser verdanken wir dagegen den ›Pfostenlöchern‹, die die massiven Hallenbauten hinterlassen haben (Taf. 12). »Nichts ist so dauerhaft wie ein Loch!« erklärte der Archäologe Carl Schuchhardt (1859–1943) einst Kaiser Wilhelm II., als man die Bedeutung der dunklen Flecken im Erdreich erkannt hatte: alle künstlichen Eingriffe in den gewachsenen Boden verursachen eine bleibende Spur, und selbst ein vor Jahrtausenden vermoderter Pfosten zeichnet sich unter Umständen noch zentimetergenau als Verfärbung ab (Abb. 5). Auf diese Weise kam das Luftbild der bandkeramischen Siedlung von Regensburg-Harting zustande (Abb. 6).

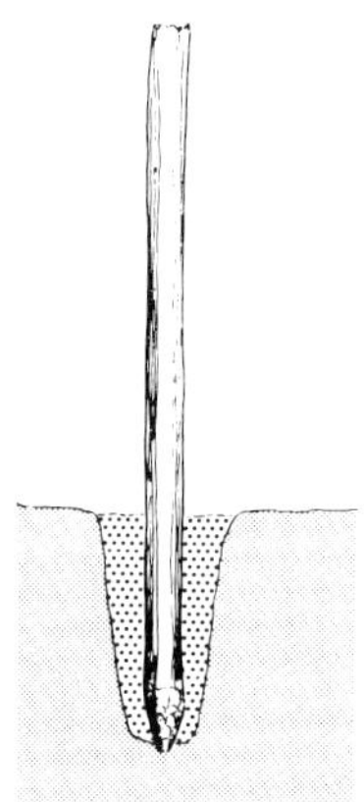

Abb. 5 Schema zur Entstehung eines Pfostenloches. Das vermoderte Holz und die Ränder der Grube sind noch nach Jahrtausenden an Farbunterschieden im Boden zu erkennen (nach Sangmeister 1983).

Abb. 6 Luftbild mit Hausgrundrissen und Siedlungsgruben. Besonders ins Auge fallen die Langhäuser der linienbandkeramischen Kultur des 6. Jahrtausends v. Chr. In der Mitte oben sind die schiffsförmig gebauchten Wände eines jüngeren stichbandkeramischen Hauses zu erkennen. Regensburg-Harting (R); Länge der modernen Halle 40 m.

Mit Flugzeug und Computer

Aus dem vergrößerten Abstand zur Erde kann der Flieger Farbunterschiede und Konturen im Boden wahrnehmen, die der Froschperspektive des Archäologen verschlossen bleiben müssen.

Leicht zu erkennen, aber in der Minderzahl sind oberirdische Denkmäler wie Grabhügel oder Wälle und Gräben von Befestigungen (die größte derartige Anlage Mitteleuropas ist der römische Limes). Solange diese Bauwerke gerade eben noch als Bodenrelief vorhanden sind, lassen sie sich im Sommer bei flach einfallendem Sonnenlicht durch Schattenmerkmale ausfindig machen. Im Winter zaubern Schnee-, Reif- oder Flutmerkmale durch Verwehungen, unterschiedliches Abtauen oder Schmelzwasserstau kontrastreiche, wenn auch meist nur kurzlebige Spuren hervor.

98% aller frühgeschichtlichen Bauten sind jedoch von der Erdoberfläche verschwunden und nur noch als unterirdische Denkmäler erhalten: Mauerfundamente, zugeschwemmte Gräben von Kult- und Wehranlagen, Grabschächte, verfüllte Siedlungsgruben und Pfostenlöcher. Sie werden als Boden- und Bewuchsmerkmale sichtbar. Bodenmerkmale treten besonders deutlich auf Lößflächen hervor. Wenn hier der Tiefpflug Mörtel und Steine oder Reste alter Verfüllungen an die Oberfläche reißt, zeichnen sich die verborgenen Mauern als helle Streifen, die Gruben als dunkle Flecken im Acker ab. Der ideale Untergrund für Bewuchsmerkmale sind Schotterböden, weil hier archäologische Hinterlassenschaften den natürlichen Feuchte- und Nährstoffhaushalt des Bodens und damit das Wachstum der Pflanzen am nachhaltigsten beeinflussen. Undurchlässige Hindernisse wie Mauern hemmen den Reifeprozeß der Halme, humusreiche Verfüllungen dagegen fördern das Wachstum. Farb- und Höhenunterschiede der Pflanzen lassen unter günstigen Umständen vollständige Grundrisse so klar wie eine Zeichnung auf dem Reißbrett hervortreten. Am deutlichsten reagiert Getreide, vor allem Gerste, weshalb es »für die Luftbildarchäologie ... ein Segen« ist, daß in Bayern der Gerstensaft so geschätzt wird, wie O. Braasch (1983) treffend bemerkte.

Bandkeramische Häuser sind allerdings trotz ihrer massiven Konstruktion auf diese Weise schwer kenntlich, weil sie fast durchweg auf tiefgründigen Lößböden liegen, deren homogene Strukturen nur selten Wuchsveränderungen ergeben. Eine Ausnahme bildete die Siedlung von Regensburg-Harting, die auf dem kiesigen, rasch entwässernden Untergrund der Niederterrasse lag, die nur noch von einer dünnen Lößschicht bedeckt war. Deshalb reagierte das Getreide deutlich mit positiven Bewuchsmerkmalen über der alten Bebauung, so daß sich die Häuser bereits im reifenden Korn Pfosten für Pfosten abhoben. Ihre Entdeckung zählt zu den sensationellsten Erfolgen der Luftbildarchäologie in Bayern; durch sie konnte die Bedeutung des Fundplatzes rechtzeitig erkannt und dessen ordnungsgemäße Ausgrabung gewährleistet werden. Bevor die Grabungen begannen, als die Bagger den Humus schon abgeschoben hatten, unmittelbar nach der Schneeschmelze, bot sich vom Flugzeug aus noch einmal ein faszinierender Blick auf die archäologischen Strukturen, die sich diesmal aufgrund unterschiedlicher Feuchtigkeitsspeicherung als Bodenmerkmale abzeichneten (Abb. 6).

Zur Ergänzung dieses Luftbildes bediente man sich einer geophysikalischen Methode: man vermaß in Halbmeterabständen das oberirdische Magnetfeld der Erde im Bereich der archäologischen Fundstellen, die sich als Störungen im natürlichen Magnetfeld zu erkennen gaben. Aus Tausenden von Messungen erstellte man mittels digitaler Bildverarbeitung über Computer ein Magnetogramm, das sich mit dem ebenfalls digitalisierten, entzerrten Luftbild zu einem maßgerechten Gesamtplan zusammenfügen ließ. In der archäologischen Forschung Bayerns ist dieses Verfahren erstmals am Beispiel Regensburg-Harting erfolgreich angewendet worden. Damit waren die Grundlagen für eine wesentliche Arbeitserleichterung der Staatlichen Denkmalpflege geschaffen: Luftbildarchäologie und Bodenmagnetik als kombiniertes Prospektionssystem, dessen Ortungsgenauigkeit im Dezimeterbereich liegt.

Mensch und Umwelt

Die hilfreichen Naturwissenschaften kommen in der Archäologie in der Erforschung sämtlicher Lebensbereiche zum Einsatz. Die Rekonstruktion der ehemaligen Pflanzenwelt ist Aufgabe der Archäobotanik. Ihre Spezialisten gehen heute in der Mehrzahl davon aus, daß die ersten Ackerbauern in Mitteleuropa auf eine geschlossene Bewaldung stießen, von der nur Uferzonen und Moore ausgespart blieben. Beweise dafür liefern Pollendiagramme (S. 13), indirekt auch der durch den Hausbau belegte Holzverbrauch sowie der Anteil der Waldtiere an der Jagdbeute. Eine abweichende Meinung wurde vor allem von Bodenkundlern und Schneckenspezialisten vertreten, denenzufolge die Bildung der Schwarzerden nur unter Steppenvegetation stattfinden konnte, mithin die Kolonisten also ein steppenähnlich offenes Land gesucht und angetroffen hätten, das leichte Urbarmachung erlaubte. Inzwischen ist diese spezielle Bodenentstehungstheorie zumindest für Süd- und Westdeutschland widerlegt.

Die Eingriffe des Menschen begannen mit systematischen Rodungen – ob mit Hilfe des Feuers oder nur mittels Steinbeilen, ist umstritten. Man brauchte Ackerland, Bäume für Brennholz und den Hausbau, trieb das Vieh in die Waldweide (Tierverbiß!) und fütterte es im Winter mit Laubheu. Das Laubschneiteln beschleunigte das Verschwinden der Ulme und förderte die Ausbreitung der Esche in den Auewäldern. Am besten zu übersehen ist die Entwicklung des Landschaftsbildes in Baden-Württemberg im Umkreis der jungsteinzeitlichen Uferrand- und Moorsiedlungen am Bodensee und in Oberschwaben. Aus diesen Gebieten liegen zahlreiche Pollenanalysen vor. Vergleichbare Forschungsprojekte in Bayern stehen erst am Anfang (S. 34); nur für die auf einer Lößterrasse über dem Donautal gelegene linienbandkeramische Siedlung von Hienheim (KEH) haben die Ausgräber versucht, die damalige Pflanzenwelt umfassend zu rekonstruieren. In dem für Süddeutschland entwickelten Modell herrscht zu Beginn in der frühen Jungsteinzeit ein reicher Laubmischwald aus Eiche, Ulme, Esche und Ahorn, vor allem aber aus Linde vor, ein Wald, dessen Kronen allmählich ein mehr oder weniger geschlossenes Dach bilden und in dem deshalb weder Strauch noch Kraut gedeihen. Weil es noch keine Wiesen gibt, ist der Bedarf an Waldweiden entsprechend groß. Rodung und Waldweide haben aber in den folgenden Jahrhunderten nicht nur die Auflichtung vorangetrieben, sondern schrittweise auch die Artenvielfalt der Wälder geändert: anspruchsvolle und schattenbedürftige Laubhölzer gingen zurück, lichthungrige Pionierhölzer wie Hasel und Birke breiteten sich aus. Im 4. Jahrtausend v. Chr. machten sich eine Klimaveränderung und die Folgen des ununterbrochenen menschlichen Zugriffs bemerkbar und sorgten für einen merklichen Rückgang der Bewaldung.

Lichte, gebüschreiche Gehölzbestände vermehrten sich, und die Buche verdrängte die Linde. Um 1000 v. Chr. bot sich das völlig veränderte Bild einer offenen Kulturlandschaft mit ausgedehnten Buchenwäldern, bis heute unser typisch deutscher Wald.

Die Ergebnisse aus Hienheim sind insofern ergänzungsbedürftig, weil sie Pollendiagrammen aus Mooren verdankt werden, die weiter als 1 km von der Siedlung entfernt liegen und deshalb nicht die unmittelbare Umgebung widerspiegeln. Trotzdem kann der gut erforschte Fundplatz in vielerlei Hinsicht als charakteristisch für die Aufsiedlung des donaubayerischen Raumes gelten. Die ersten Siedler kamen wohl stromaufwärts aus dem 30 km entfernten Regensburger Umland, in dem die bäuerliche Lebensweise schon vor längerer Zeit Fuß gefaßt hatte. Diese Kolonisationswelle in der jüngeren Stufe der Linienbandkeramik läßt sich überall in Bayern an einer sprunghaft zunehmenden Zahl von Dorfgründungen ablesen. Aufgrund unterschiedlicher Berechnungsformeln soll die durchschnittliche Einwohnerzahl eines Dorfes bei 24–60 beziehungsweise bei 100–150 Personen gelegen haben. Da aus Niederbayern inzwischen über 500 Siedlungsplätze bekannt sind, errechnen sich mindestens 10 000 gleichzeitig lebende Menschen allein in diesem Raum. Die explosionsartige Bevölkerungszunahme – die von nun an exponentiell verlief – im Vergleich zur Altsteinzeit ist offenkundig.

Man hat auch Berechnungen zur Größe des landwirtschaftlich genutzten Umfeldes eines linienbandkeramischen Dorfes angestellt. Sie beruhen auf dem Kalorienbedarf pro Kopf und Tag nach den Richtlinien der FAO (Welternährungsrat) sowie auf Schätzungen zur Zusammensetzung der Bevölkerung nach Alter und Geschlecht, zum prozentualen Anteil von Getreide an der Ernährung und zum Flächenertrag pro Hektar Lößboden, abzüglich der Saatgutrückhaltung und der Verluste durch Schädlingsfraß. Für ein durchschnittliches Dorf mit vier bis sechs Häusern würden demnach jährlich zwischen 5 und 36 ha Ackerboden benötigt. Die tatsächlich genutzte Wirtschaftsfläche kann aber um das zehnfache größer gewesen sein, wenn die Felder regelmäßig brach lagen und durch neu gerodete Flächen ersetzt wurden. Eine solche Brache bot den Vorteil, daß sie als Weide genutzt werden konnte (wobei das Vieh gleichzeitig für eine gewisse Düngung sorgte) und sich auf den Lichtungen Gebüsche und Kräuter entwickelten, die das Nahrungsangebot entschieden verbesserten (Nüsse, Kernobst, Beeren, Wildgemüse; Taf. 13). Lange Zeit war man der Ansicht gewesen, ein extensiver und primitiver Raubbau hätte die Menschen gezwungen, nach dem Muster des tropischen Wanderbauerntums regelmäßig ihre Wohnplätze zu verlassen, um erst nach einigen Generationen wieder zurückzukehren. Archäobotanik und experimentelle Archäologie haben aber inzwischen ausfindig gemacht, daß die Lößböden über lange Zeit ausreichende Erträge abwarfen; die Erschöpfung der Böden machte sich erst viel später bemerkbar (S. 51). Kurzfristige Siedlungsdauer ist daher nicht auf Bodenverarmung zurückzuführen; die Regel stellt sie im Lößgebiet ohnehin nicht dar.

Kontinuität und Wandel – das Problem der kulturellen Einheit

Die Hienheimer Lößterrasse beispielshalber war rund 500 Jahre lang kontinuierlich besiedelt. Auf die Urkultur der Linienbandkeramik folgten die Kulturen mit Stichband- und Oberlauterbacher Keramik (Abb. 65,2 und 3). Diese drei gehören zum großen bandkeramischen Kreis und sind zunächst durch Form und Verzierung ihrer Gefäße, aber auch durch ihre Siedlungsweise und Architektur, in eingeschränkterem Maße selbst noch durch die Bestattungssitten eng miteinander verknüpft – obwohl im 5. Jahrtausend Entwicklungen zum Tragen kamen, die das Zersplittern der Urkultur zur Folge hatten. In Südostbayern finden wir nun die erwähnten Kulturen mit Stichband- und Oberlauterbacher Keramik, in West- und Nordbayern dagegen Kulturgruppen, die sich von Südwestdeutschland her ausbreiteten (Großgartacher Kultur, Rössener Kultur). Ihre wenig anschaulichen Namen haben diese Gemeinschaften entweder nach der Gefäßverzierung erhalten (Stichband- und Oberlauterbacher Keramik werden deshalb auch als »Stich-Strich-Komplex« zusammengefaßt, aber dieser Zungenbrecher bringt einem die betroffenen Menschen wohl kaum näher), oder nach dem ersten bedeutenden Fundort.

Die Herausbildung dieser Kulturen spielte sich in natürlich vorgegebenen Landschaftsräumen und in Abhängigkeit von den ebenfalls naturgegebenen Verkehrswegen ab. Mainfranken beispielsweise hielt stets Verbindung mit dem thüringischen Becken beziehungsweise mit der

Rheinachse, die Oberpfalz dagegen mit Böhmen; der niederbayerische Donauraum war das Tor nach Südosteuropa und Südbayern dasjenige nach Süden, denn die Alpen stellten nie eine hemmende Schranke dar. Diese Wechselwirkung zwischen Mensch und Umwelt leitete einen zivilisatorischen Prozeß ein, in dessen Verlauf sich jede Gesellschaftsgruppierung äußerlich und innerlich veränderte – in ihrer Technologie und sozialen Struktur, in ihrer Religion und ihrem Selbstverständnis, das konservative oder progressive Züge entwickeln konnte, ausgelöst durch Tausende von Zufälligkeiten, aus deren Zusammenwirken ›Geschichte‹ entsteht.

So deutlich sich die jungsteinzeitlichen Kulturen Bayerns archäologisch auch abzeichnen, so verschwommen bleibt doch das reale Bild. Kulturen dürfen nicht unbesehen mit Stämmen oder Völkern gleichgesetzt werden. Es gibt genügend historisch bekannte Beispiele dafür, daß Sprache, Religion, Rasse und materielle Kultur nicht miteinander übereinstimmen. Auch Kulturwandel ist ein vielschichtiger Vorgang. Zwar drückt sich in der Keramik, besser als in zweckbestimmten Geräten, in Grab- oder Hausformen, das Individuelle einer Gemeinschaft und ihres Kommunikationssystems aus – unter Umständen so unmittelbar wie in Sprache! –, daß es erlaubt ist, von einer ungebrochenen Keramiktradition auf Bevölkerungskontinuität zu schließen. Umgekehrt gilt der Satz freilich nicht. Für Veränderungen der Gefäßformen und -muster kommen vielerlei Gründe in Betracht, interne und externe. Wanderung und Eroberung dürfen dabei weder aus der Erwägung ausgeschlossen, noch leichtfertig vorausgesetzt werden, wie es leider schon allzu oft geschehen ist, um moderne Gebietsansprüche zu legitimieren. Klassisch unheilvolles Beispiel dafür sind Gustav Kossinnas (1858–1931) methodisch irrige These »Scharf umgrenzte archäologische Kulturprovinzen decken sich zu allen Zeiten mit ganz bestimmten Völkern« und sein darauf gestützter Versuch, den Stammbaum der Germanen zurück bis zum indoeuropäischen ›Urvolk‹ zu verlängern (S. 51ff.). Kossinnas »siedlungsarchäologische Methode« erhielt im Nationalsozialismus eine gefährliche politische Brisanz; zurechtgestutzt auf die Rassentheorie diente sie schließlich der mörderischen Propaganda von der Überlegenheit der ›nordischen Herrenrasse‹. Die Folgen sind bekannt; über die zum Teil sehr unglückliche Rolle der Vorgeschichtsforschung im Dritten Reich kann man sich anhand der Zeitgeschichte informieren.

An dieser Stelle ist nur eine Anmerkung vonnöten, die das Grundproblem moderner Archäologie erklären mag, wenn es darum geht, Früh-Geschichte zu schreiben, statt frühgeschichtliche Keramikgruppen aufzuzählen. Rückblickend erwies sich nämlich das Bemühen der westdeutschen Nachkriegsforschung, die Archäologie wieder zu entpolitisieren, als das Haupthindernis, ethnische Probleme unbefangen erneut anzugehen. Weil Stämme und Völker tabuisierte Begriffe geworden waren, verschwanden auch die Menschen aus dem Blickfeld. Unmerklich rückten sie – obwohl eigentlich Ziel der Forschung – immer weiter in den Hintergrund und die Materialien statt dessen in den Vordergrund. Das verlagerte die Probleme aber nur; heute wandern statt Völkern meist personifizierte Töpfe (»die Bandkeramiker«). Dagegen hat sich die Schule der New Archaeology gewandt und behauptet: »Wandern« ist out, die »Kultur« ist tot, Geschichte besteht aus »sozialökonomischen Prozessen«. Wie alle radikalen Theorien scheitert auch diese an der Praxis, bietet aber nichtsdestotrotz viele Anregungen, wenn es darum geht, kulturelle Veränderungen zu erklären. In solchen Fällen wird in der traditionellen Archäologie zwar behutsam von ›eindringenden‹ oder ›sich überlagernden Kulturen‹ gesprochen. Aber wie man sich das vorzustellen habe, bleibt im Dunkel der Vorzeit. Letztlich entsteht doch wieder der Eindruck, Veränderungen in Keramik, Hausbau, Totenbestattung, Tracht oder Kult spiegelten das Schicksal einer Gemeinschaft, zum Beispiel eines Stammesverbandes, der von einem anderen abgelöst werde – eine Ablösung, die scheu, auf der Folie der alten Indogermanentheorien, nie mit ›Eroberung‹ oder ›Krieg‹ gleichgesetzt wird, obgleich die historische Überlieferung davon überquillt.

Um die Frühzeit zu beschreiben, bleibt mangels Kenntnissen tatsächlich nur der Kunstgriff, von ›archäologischen Kulturen‹ zu sprechen, von Gemeinschaften mit übereinstimmender materieller Hinterlassenschaft, wie auch immer diese entstanden sein mag. Nur über die genaue Analyse dieser Hinterlassenschaften können wir uns an die ehemalige Wirklichkeit herantasten und Veränderungen begreifen: als Auswirkung von Erfindungen, Naturkatastrophen, Klimaveränderungen, Wanderungen, Mission, Krieg – vorausgesetzt, wir vergessen nicht, daß wir es nicht nur mit Töpfen oder soziologischen Phänomenen zu tun haben, sondern mit handelnden und leidenden Menschen.

Von Bauerndörfern zu Tempelzentren

Die erste Bauernkultur Mitteleuropas im 6. Jahrtausend v. Chr. wurde von zwei Faktoren geprägt: intensive Kommunikation und genügend Land.
In allen Lebensbereichen, die sich durch Siedlungen, Hausbau, Keramik, Technologie, Bestattung, Kult erschließen lassen – und das heißt nicht weniger als in den wirtschaftlichen Grundlagen, Sozialstrukturen, Handwerkstraditionen und religiösen Vorstellungen dieser Kultur –, herrschte quer durch Mitteleuropa eine verblüffende Einheitlichkeit. Sie ist in diesem Ausmaß ohne gemeinsame Herkunft, sprachliche Verständigung und die Pflege freundschaftlicher Beziehungen kaum denkbar. Der Austausch von »Gaben auf Gegenseitigkeit« (Malinowski 1922) in Form exotischen Muschelschmucks (Taf. 16), der nicht im Direktverkehr von der Ägäis bis nach Bayern eingehandelt wurde, sondern im ›Zeremonialtausch‹ von Gruppe zu Gruppe wanderte, ist ein anschauliches Beispiel dafür. Bezeichnenderweise bleibt er auf die ältere Stufe der Linienbandkeramik beschränkt, denn mit wachsender Bevölkerung und immer weiter ausgreifender Kolonisation gingen die ursprünglichen Verbindungen zum Mutterland verloren. Diese Kolonisation scheint vergleichsweise rasch erfolgt zu sein, obwohl es sich dabei nicht um Koloniegründungen im historischen Sinne gehandelt haben kann, sondern nur um eine gleichmäßig voranschreitende Ausdehnung von Generation zu Generation.
Diese ständige Inbesitznahme neuen Ackerlandes war zunächst kein Problem. Es gab genug davon, so daß jede Gruppe im Prinzip gleich gut versorgt war – man brauchte ja beispielshalber bloß einen Tagesmarsch vom Regensburger Gäuboden bis zur Lößplatte bei Hienheim zurückzulegen (S. 26). Bereits gegen Ende des 6. Jahrtausends v. Chr. muß aber ein gewisser Bevölkerungsdruck entstanden sein, der dazu führte, daß sich regional Großgruppen bildeten, die sich gegeneinander abgrenzten (archäologisch faßbar in ihrer unterschiedlichen Keramik), um die Verteilung von Grund und Boden untereinander zu regeln. Auf diese Weise entwickelten sich neue soziale Systeme, deren Mitglieder wohl – wenn man von den aus der Völkerkunde bekannten archaischen Gesellschaften ausgeht – in einem verwandtschaftlichen Verhältnis zueinander standen, das besonders gut funktionierte, wenn es auf der – propagierten – Abstammung von gemeinsamen Ahnen beruhte. Ein solches System erlaubt eine hohe Mitgliedzahl und bleibt auch bei steigender Besiedlungsdichte lange stabil – und das muß im 5. Jahrtausend v. Chr. der Fall gewesen sein, denn die aus der Linienbandkeramik hervorgegangenen Kulturen haben großräumig und über mehrere hundert Jahre existiert.
Eine dieser Nachfolgekulturen bildete in Südostbayern den Oberlauterbacher Keramikstil aus (etwa 4900–4500 v. Chr.), benannt nach dem Fundort bei Landshut (Abb. 65, 3). Diejenigen Menschen, für die er verbindlich wurde – nicht zufällig wie eine Mode, nicht zwangsweise durch ein Gesetz, sondern als Tradition in der Folge ihres immer engeren Zusammenschlusses – bestellten Haus und Hof nicht anders als ihre Vorfahren, zumindest zum größeren Teil. Denn gleichzeitig spielte sich ein imponierender gesellschaftlicher Prozeß ab, der sich in einer alle bisherigen Dimensionen sprengenden Architektur ausdrückt, die oberiridisch längst verschwunden und erst durch den Einsatz von Luftbild und Bodenmagnetik bekannt geworden ist: Kreisförmige doppelte Gräben, bis zu 6 m breit und 5 m tief, umschlossen einen heiligen Platz; astronomisch orientierte Tore, die die Sonnenauf- und Sonnenuntergänge zu den Tagundnachtgleichen (Kothingeichendorf, DGF) beziehungsweise den Sonnenwenden (Künzing-Unternberg, DEG) anvisierten, verschafften Zugang dorthin; das Innere der unbewohnten Rondelle, deren Gesamtdurchmesser zwischen 60 und 110 m schwankt, war durch mehrere ringförmige hölzerne Palisaden vor unbefugten Blicken geschützt; die zugehörigen Siedlungen, nicht selten mehrere Hektar groß, erstreckten sich außerhalb der Rondelle und besaßen zum Teil ihrerseits eine Umwehrung aus Wällen und Gräben. Struktur und Größe dieser Anlagen und die Voraussetzungen zu ihrem Bau lassen nur eine Deutung zu: Hier entstanden die ersten Tempel, die ersten wirtschaftlichen und kultischen Zentren, die im Prinzip den Keimzellen der städtischen Hochkulturen im Vorderen Orient vergleichbar sind! Diese erstaunliche Entwicklung zu Beginn des 5. Jahrtausends v. Chr. auf bayerischem Boden stellt freilich kein Einzelphänomen dar, sondern den Ausläufer einer Welle gleichartiger Erscheinungen von Ungarn bis Mitteldeutschland (Abb. 7).
Wenn sich die Idee der Tempelzentren innerhalb der Oberlauterbacher Kultur so rasch durchsetzen konnte, muß diese bereits im Wandel von der einstigen Dorfgemeinschaft zu einer komplexeren Organisationsform ge-

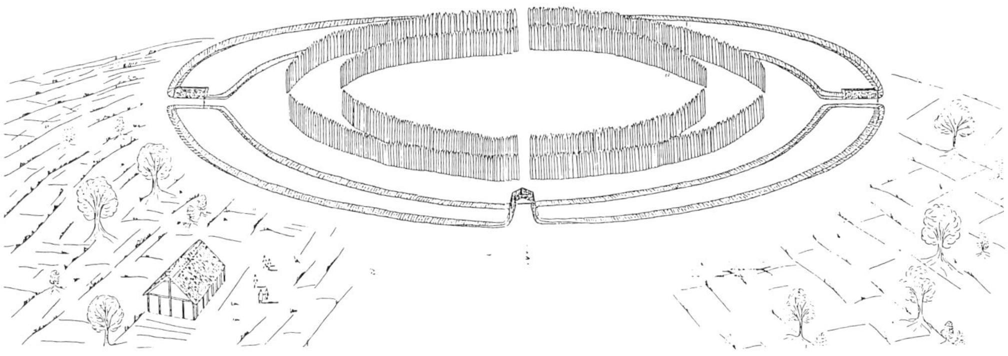

Abb. 7 Rekonstruktion des Tempelbezirkes von Künzing-Unternberg (DEG), eingegrenzt durch Graben- und Palisadenringe, 5. Jahrtausend v. Chr. (nach Engelhardt 1987).

steckt haben, denn nur dadurch konnten die Arbeitskräfte für den Bau mobilisiert werden. Das setzte dreierlei voraus: erstens eine umfangreichere Dorfbevölkerung als in der Vergangenheit; zweitens die nötige Solidarität, die zum Beispiel durch gemeinsame Ahnen hergestellt wurde; und drittens ein geeignetes System der Güterverteilung, so daß die Mittel für den Bau zustande kamen. Positive archäologische Indizien für diese Voraussetzungen sind die Größe der zugehörigen Siedlungsareale, sodann die Verzierung der Keramik mit »Ahnenreihen« in Form »endlos aneinandergereihter Strichmännchen«, die zu »Winkelband-Friesen« stilisiert werden (Maier 1964; vgl. Abb. 65, 2), und schließlich einschneidende wirtschaftliche Veränderungen wie Spezialisierung, die im Feuersteinbergbau und überregionalen Feuersteinhandel zum Ausdruck kommen (Taf. 15).

Solch komplexe Organisationsformen »scheinen auch verwundbar gewesen zu sein« (Christlein 1982). Der am besten erforschte Tempel von Künzing-Unternberg stand höchstens knapp hundert Jahre in Benutzung. Nur die schon seit den Grabungen 1919 bekannten Anlagen von Kothingeichendorf hatten bis in die Zeit der nachfolgenden Münchshöfener Kultur hinein Bestand. Mit 660 m × 300 m Umfang handelte es sich um die bisher größte derartiger Siedlungen, vielleicht einen Mittelpunktsort, dessen wirtschaftliche Bedeutung die der übrigen Tempelzentren überragte.

Warum war diesen ersten Ansätzen zur Urbanität keine Weiterentwicklung beschieden wie im Orient? Die Gründe dafür können nur wirtschaftlicher, das heißt letztlich klimatischer Art gewesen sein. Die orientalischen Bauernkulturen waren frühzeitig gezwungen, sich das knappe Land zwischen Wüste, Meer und Gebirge zu teilen und sich zur gemeinschaftlichen Regulierung der künstlichen Bewässerung eng zusammenzuschließen. Dies führte sehr rasch zur Herausbildung von despotischen Herrschaftsformen und zu dem, was Stadtkulturen kennzeichnete: zu einer Klassengesellschaft mit spezialisierten Handwerkern, einer Priesterkaste und einer Armee, zu Bürokratie und Schrift, aber auch zum Aufblühen von Kunst und Erfindungsgabe. In den gemäßigten Zonen Europas herrschte kein vergleichbarer wirtschaftlicher Druck. Hier war mit Bezwingung der Urwälder die ›wirtschaftliche Revolution‹ beendet: von nun an stand das Land den Menschen offen. Wenn ihre Gemeinschaften eine gewisse Größe überschritten hatten, entwickelten sie nicht eine höhere (staatliche) Organisationsform, sondern spalteten sich auf und besetzten neues Land. Äußerliche Beweglichkeit prägte ihre Geschichte, aber auch eine barbarische – ›nichtstädtische‹ – innere Trägheit. Es gab keinen Mangel zu leiden, aber auch keine Reichtümer zu erwirtschaften; es gab wohl einen verregneten Sommer, aber keine Naturkatastrophen wie im Orient. Das Klima dort führte zu Lebensbedingungen voller Gegensätze auf engstem Raum; in Mitteleuropa herrschte Weite und Gleichmaß. Das änderte sich erst im Zeitalter der Metalle.

Fußschale und Schöpfkelle

Der Beginn der Münchshöfener Kultur (etwa 4500–3800 v. Chr., benannt nach dem Fundort bei Straubing) markiert einen Bruch in der kulturellen Entwicklung Südostbayerns, am augenfälligsten in der Keramik (Abb. 65,5). An die Stelle bandkeramischer Kugeltöpfe treten jetzt kantige Gefäßformen, an die Stelle labyrinthischer Spiralen und horizontal gereihter Winkelbänder treten vertikale und diagonale Linienbündel in verschlungenen Zickzackmustern. Mit Flasche und Becher, Spendengefäßen –

den eigentümlichen Fußschalen (Taf. 11, rechts) – und Schöpfkellen (Abb. 8) taucht erstmals Geschirr auf, das zeremoniellem Trinken in festlich-kultischem Rahmen vorbehalten geblieben sein könnte, wie es so oft in späteren Epochen zu beobachten ist (Taf. 27; 52).

Verschwunden sind auch die großen Pfostenbauten. Die Siedlungen verraten sich nur noch durch die einstigen Vorrats- und Abfallgruben, in denen manchmal ein Toter liegt, mehr oder weniger verscharrt. Offensichtlich werden die alten Friedhöfe aufgegeben und viele Dörfer verlassen, ebenso die alten Tempelzentren, gleichzeitig aber auch neues Land erschlossen. Die Kolonisation greift über den bisherigen Siedlungsraum hinaus, und die zunehmende Zahl der Fundplätze zwischen Oberösterreich und dem Ries, zwischen dem Chiemgau und Oberfranken verrät einen deutlichen Bevölkerungsanstieg. Die wirtschaftlichen Grundlagen ändern sich offenbar kaum. Der Wandel betrifft die Religion, vielleicht auch gesellschaftliche Ordnung und Sprache, wenn man Bestattungssitten, Hausbau und das in der Keramik zum Ausdruck kommende Kommunikationssystem so deuten darf. Es sieht so aus, als sei für diese Überfremdung ursächlich ein dünner, aber anhaltender Zustrom von Menschen verantwortlich, der einer Aufbruchsstimmung entsprang, die überall den Beginn des Metallzeitalters ankündigte.

Das hatte in Südosteuropa zu jener Zeit schon begonnen, und seine Ausstrahlung erreichte Mittel- und Westeuropa tatsächlich bereits vor 4000 v. Chr. in ersten einzelnen Importen. Die ältesten Metallobjekte Bayerns – ein kleiner Meißel und ein Fingerring aus Kupfer – stammen

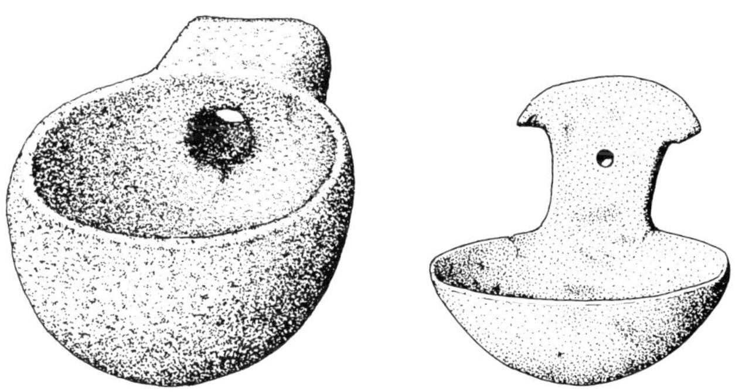

Abb. 8 Links Schöpfkelle, ehemals mit Holzstiel, der Münchshöfener Kultur; rechts Löffel der Michelsberger Kultur. Solche Geräte deuten auf Trinkzeremonien und Rauschgetränke, die in vielen Kulturen in Kult und Ritus unabdingbar sind. 5.–4. Jahrtausend v. Chr. Ton; Maßstab etwa 1:2.

aus einer Siedlung der Bischheimer Gruppe bei Schernau (KT), einer der vielen archäologischen Keramikgruppen am Übergang zwischen mittlerer und später Jungsteinzeit (Abb. 65, 4). In Schernau erlaubte die moderne sorgfältige Ausgrabungsmethode den bemerkenswerten Schluß, daß zwei verschiedene Keramikstile, der der älteren Rössener Kultur und der der jüngeren Bischheimer Gruppe, in ein und demselben Haus in Benutzung waren – streng getrennt nach Kochstellen, also wohl auch nach Generationen. Hier läßt sich der rasche Bruch mit der Tradition ebenso wie die friedliche Koexistenz von Alt und Neu mit Händen greifen: ein überzeugendes Beispiel dafür, daß Kulturwandel nicht gleich Bevölkerungswandel sein muß.

Henkelkrug und Tulpenbecher

Das heraufdämmernde Metallzeitalter verursachte eine Art gesellschaftlichen Gärungsprozesses, der zunächst in Mitteleuropa – gleich einer chemischen Reaktion – unsichtbar blieb, nur hier und da – wie eine Blase an die Oberfläche steigt und platzt – der festgefügten steinzeitlichen Welt Risse zufügte. Das spielte sich nicht von heute auf morgen ab, sondern im Laufe von Jahrhunderten, begleitet von einer Klimaveränderung, vom Rückgang der Wälder und der Ernteerträge sowie einer Bevölkerungsexplosion, die tiefgreifende gesellschaftliche Veränderungen und eine kräftige Binnenkolonisation auslöste. Im bayerischen Raum kreuzten sich die Wege von Kolonisten, Flüchtlingen und Metallhändlern, die Informationen brachten und Know-how verbreiteten. Direkte Importe aus den Kupferwerkstätten des Balkans blieben zwar nach wie vor selten, aber um so heftiger setzten ihre Nachahmungen in Keramik und Stein ein.

Vieles wirkt fremd und neu in den beiden großen Kulturen der späten Jungsteinzeit: der südwestdeutschen Michelsberger Kultur (4200–3200 v. Chr.), die West- und Nordbayern einschließt, sowie der südbayerischen Altheimer Kultur (3800–3200 v. Chr.). In beiden Bereichen gehören nun steinerne ›Streitäxte‹, Henkelkrüge und -tassen zum festen Inventar. Neu ist die Schmucklosigkeit sämtlicher Gefäßtypen, wenn man absieht von den durch Tupfenleisten betonten Rändern (Abb. 65,8). Neu ist auch der Michelsberger ›Tulpenbecher‹, ein rundbodiger Sturzbecher (Abb. 65, 7), der sich in gefülltem Zustand nicht absetzen ließ – er mußte also in einem Zug geleert werden! Es gab kleine Becher, die in eine Faust paßten, und stattliche Humpen, die zwei bis drei Liter faßten und – ihre Benutzung für Rauschgetränke, zum Beispiel Bier, vorausgesetzt – an die Trinksitten männerbündischer Gelage erinnern, bei denen ein ›Stiefel‹ herumgereicht wird.

Kreuz und quer

Die Grundausstattung der Altheimer Kultur ist der der Michelsberger in vielem ähnlich, wenn auch die Sturzbecher fehlen und die ›Streitäxte‹ (streng genommen die ›Streitbeile‹ – vgl. Taf. 18) anders aussehen. Die typische Altheimer Form ist die sogenannte Knaufhammeraxt (Abb. 71). Es lohnt sich, nach Vorbildern für diese markant symbolträchtige Waffe Ausschau zu halten, weil sie die weiträumig verschlungenen und freizügigen Kulturkontakte vor Augen führt, von denen das kupferzeitliche Europa erfaßt wurde – in einem Ausmaß, wie es derselbe Kontinent im Zeitalter des ›Eisernen Vorhangs‹ nur mit

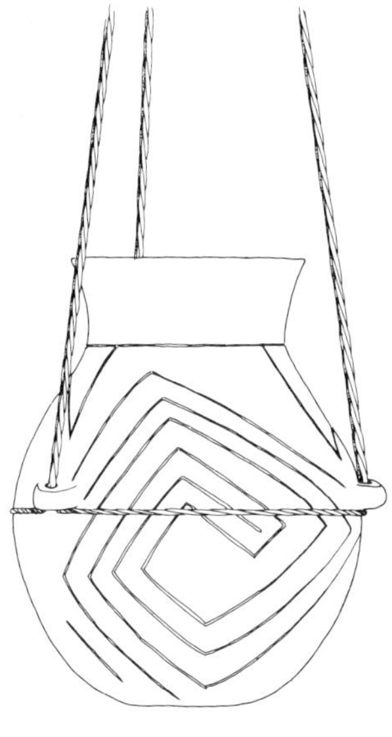

Abb. 9 Vorratsgefäß mit labyrinthartiger Rautenverzierung der Linienbandkeramik, 6. Jahrtausend v. Chr. Vorratsgefäße besaßen Ösen oder Griffe zum Aufhängen, um den Inhalt vor Verunreinigung und Ungeziefer zu schützen. Über diesen praktischen Zweck hinaus bewahrte das Gefäß in seiner Verzierung auch einen geistigen Inhalt. Ein Schlüssel zu dessen Deutung ist die Symbolik fortlaufender Rauten oder Mäander, der Grundformen des Labyrinths, das in den Fruchtbarkeitskulten historischer Zeit eine Rolle spielte. Grabbeigabe aus Sengkofen (R); Höhe 18 cm; Museum der Stadt Regensburg.

Mühe zuließ. Die Suche nach Vorbildern für jene Kampfäxte führt nämlich erstmals nicht geradewegs in den Balkan (woher nur einige wenige kupferne Stücke stammen), sondern nach Norden in den Umkreis der norddeutsch-südskandinavisch-polnischen Trichterbecher-Kultur, aus dem mehrere hundert Fundstücke bekannt sind. Die balkanischen Kupferäxte haben allenfalls deren Produktion angeregt, denn der Donauraum zwischen Wien und Schwarzem Meer, zwischen Belgrad und nördlichen Karpaten entwickelte mit Einsetzen der Metallurgie eine Sprengkraft, die – um wieder ein Beispiel aus der Neuzeit aufzugreifen – mit den grenzüberschreitenden Auswirkungen der Industrialisierung verglichen werden kann. Menschen aus diesem Raum haben in der 2. Hälfte des 5. Jahrtausends v. Chr. zur Kolonisation der großen Tiefebenen des Nordens und damit zur Entstehung der Trichterbecher-Kultur beigetragen, mit deren fortgeschrittenen Kenntnissen hier die Landwirtschaft endgültig heimisch wurde – die kürzeren Vegetationsperioden in diesen Breiten hatten wohl bis dahin keine ausreichenden Ernten erlaubt. Diejenigen Gemeinschaften, die deshalb noch vom Jagen und Sammeln gelebt hatten, änderten mit einiger Verspätung nicht nur Wirtschafts- und Lebensweise, sondern traten gleichzeitig in das Kupferzeitalter ein. Das löste zweifellos ganz andere gesellschaftliche Reaktionen aus, als die Kolonisierung des dünn besiedelten Donautales 2000 Jahre zuvor. Es sieht so aus, als hätte die Trichterbecher-Kultur binnen kurzem eine expansive Kraft entwickelt und prägenden Einfluß auf die mittel- und süddeutschen Kulturen ausgeübt – ein buchstäblich schlagendes Beispiel dafür sind die Altheimer Streitäxte.

Lustlose Töpferinnen?

Nicht immer geben sich Traditionen so deutlich zu erkennen, vielfach sind die verschiedenen Stränge so verknäult, daß sie sich (noch) nicht entwirren lassen. Die Schmucklosigkeit der Michelsberger und Altheimer Keramik beispielshalber ist ein großräumiges Phänomen, das in den frühen Kupferkulturen des Karpatenbeckens auftaucht, wenig später in der ältesten Trichterbecher-Kultur und, mit einer weiteren Verzögerung, auch in den Uferrandsiedlungen der Schweiz; Verbindungen hat der bayerische Raum nach allen drei Richtungen besessen. Der technische Abstieg von der reich verzierten, dünnwandigen Töpferware aus speziellen hochwertigen Tonen der Münchshöfener Kultur (Taf. 11, rechts) zur schmucklosen, grobtonigen und nachlässig gearbeiteten Ware der Altheimer Kultur gibt immer noch Rätsel auf: »lieblos« (Uenze 1982) und ohne ausreichende Muße hätten die Frauen von nun an ihre Arbeit getan, so vermutete man. Aber aus welchem Anlaß? Gerade weil

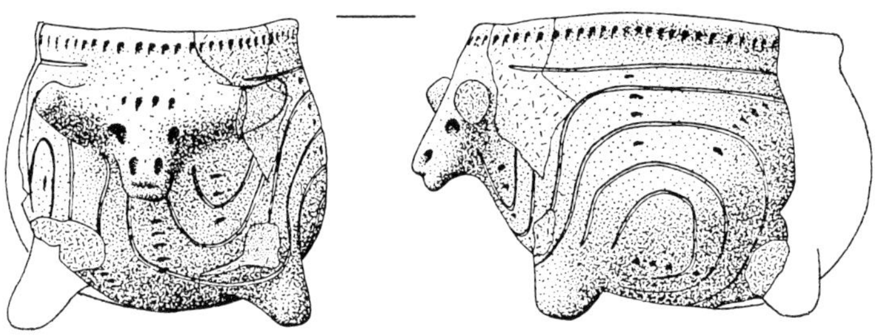

Abb. 10 Napf mit Rinderkopf aus Hienheim (KEH). Kultur der Linienbandkeramik, 6. Jahrtausend v. Chr. Ton; Höhe 6 cm (nach Modderman 1977).

Gemeinsamkeiten in der Keramik beider Kulturen zeigen, daß die Bevölkerung im Kern dieselbe geblieben ist, muß es einen solchen Anlaß gegeben haben.

Die Herstellung der Tongefäße änderte sich in Mitteleuropa jahrtausendelang nicht. Ob Kochtopf, Vorratsgefäß, Breischüssel, Wasserkrug oder Bierhumpen – alle wurden frei aus der Hand, das heißt ohne Drehscheibe, aus Bändern oder Wülsten aufgebaut und bei Temperaturen von 600 bis 800 Grad gebrannt. Dazu genügte es, die Gefäße in einer Grube mit gut qualmendem Brennmaterial (Ästen, Laub, Stroh) zu bedecken. Die Frage, wer für die Keramikproduktion zuständig war, läßt sich nach völkerkundlichen Vergleichen nur dahingehend beantworten, daß auch in der Jungsteinzeit eine Arbeitsteilung herrschte: daß Kochen Aufgabe der Frauen, das Braten dagegen Männersache war (wie im ägäischen Raum bei Dorffesten bis heute zu beobachten!). In Zusammenhang damit dürfte das Töpfern zunächst ebenfalls Frauenarbeit gewesen sein, bis mit Einführung der Drehscheibe Männer die Keramikherstellung übernahmen (in Europa nachweislich ab der Eisenzeit). An Keramik von Ulm-Eggingen, einer Siedlung der linienbandkeramischen Kultur, und an Gefäßen von Altheim selbst glaubte man sogar die feinen Spuren kleiner – weiblicher – Fingerkuppen zu erkennen (Kind 1988).

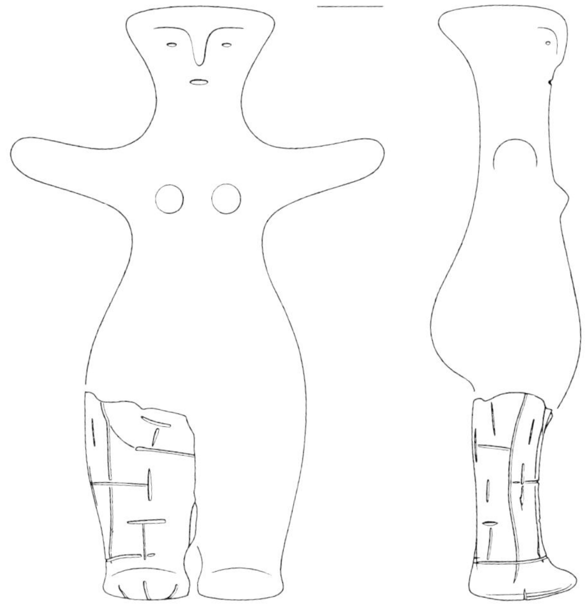

Abb. 11 Bein einer weiblichen Statuette mit Rekonstruktionsvorschlag nach balkanischen Vorbildern. Siedlung der Linienbandkeramik von Zilgendorf (LIF), 6. Jahrtausend v. Chr. Ton; Höhe 10 cm (nach Uenze 1982).

Wenn nun eine jahrhundertealte, aller Wahrscheinlichkeit nach weibliche Töpferkunst plötzlich zum Erliegen kam, so verschwand damit nicht nur ein reicher Musterschatz (Abb. 9). Jedes verzierte Gefäß war zugleich Informationsträger für die Gemeinschaft gewesen, deren geistig-religiöse Tradition im Symbolgehalt der Muster bewahrt wurde – wie später in heiligen Büchern. Wie auch immer man das Einzelornament im Rahmen eines archaischen Kultes um die ›Große Göttin‹ (Taf. 19) deutet, ob Spiralen nun die Schlange, ob Zickzackmuster die Wasserströme versinnbildlichten, ist weniger bedeutsam als die Tatsache, *daß* diese Ornamente Chiffren für ein überliefertes Wissen waren (in diesem Sinne verzieren sie auch tönerne Kultobjekte – vgl. Abb. 10 und 11). Mit dem Verschwinden der Muster (einschließlich der figürlichen Darstellungen) brach die Tradition dieses Wissens ab.

Was blieb, war die Funktion des Kochtopfes; das Gefäß als Symbol verschwand bis auf weiteres (Taf. 28). An seine Stelle trat die Streitaxt – als Statussymbol und Kultobjekt (Taf. 21). Das war ein Zeichen der Zeit, mit dem sich das Metallzeitalter ankündigte, und wahrscheinlich eines der vielen dafür, daß Männer die alten Traditionen auflösten, um an deren Stelle neue Inhalte, Wertvorstellungen und Ausdrucksformen zu setzen.

›Burgen‹ der Steinzeit

Ein anderes – kriegerisch-elitäres – Zeichen offenbart sich in der wachsenden Zahl befestigter Siedlungen wie derjenigen bei dem namengebenden Altheim (LA) selbst. Der Archäologe Rainer Christlein (1940–1983), ein Wissenschaftler mit dem nötigen Weitblick und zugleich der beste Kenner des niederbayerischen Gäubodens, hat zum ersten Mal die historische Bedeutung dieser spätjungsteinzeitlichen Befestigungen erkannt und sie – anhand eigener Ausgrabungen und ergänzender Luftbilder – den älteren Tempelzentren des 5. Jahrtausends gegenüberstellen können, von denen sie sich in mehreren Punkten unterscheiden: »Am auffallendsten ist ihre nunmehr wesentlich reduzierte Größe. Wall und Graben können bestenfalls zwei oder drei Höfe, in den meisten Fällen wohl nur eine Hofeinheit, wenn wir den Platz für das Vieh mit hinzurechnen, umschlossen haben. Die Gräben nahmen einen betont geraden Verlauf und bogen zumeist rechtwinkelig um; sie hatten im Gegensatz zu ihren Vorgängern eine breite Sohle . . . Es besteht kein Anlaß, an einer profanen Funktion dieser Befestigungswerke zu zweifeln und sie als Kultplätze zu erklären. In diesem Abschnitt jungsteinzeitlicher Geschichte und in diesen Grabenwerken der Altheimer Kultur wird zum ersten Male archäologisch eine Herrenschicht deutlich faßbar. Zum ersten Male lernen wir eine ›Burgenlandschaft‹ kennen, die der mittelalterlichen nicht unähnlich war.« (Christlein 1982)

Bei den Großgrabungen vor Ausbau des Rhein-Main-Donaukanals ist 1975/76 erstmals die fast vollständige Freilegung einer Festung der Altheimer Kultur bei Alkofen (KEH) gelungen. Sie grenzte unmittelbar ans Donauufer an; ein Verteidigungsgürtel auf der Landseite aus drei parallelen Gräben, durchschnittlich noch 250 m lang, und drei Wällen (die heute natürlich abgeschwemmt sind) boten einst einen imposanten Anblick. Freilich war nicht jeder Hof eine Burg. Aber das Bewußtsein feindlicher Bedrohung äußert sich auch in offenen Siedlungen auf exponierten Höhen, für die der Auhögl (BGL) am Westrand des Salzburger Beckens ein Beispiel ist. Eine Gemeinschaft der Michelsberger Kultur, die das an sich schon steil aufragende Gipfelplateau des Staffelbergs (LIF) besetzt hatte, warf sogar zusätzlich noch einen Schutzwall auf; 1967 wurde diese älteste Befestigung Oberfrankens ausgegraben (vgl. Taf. 65).

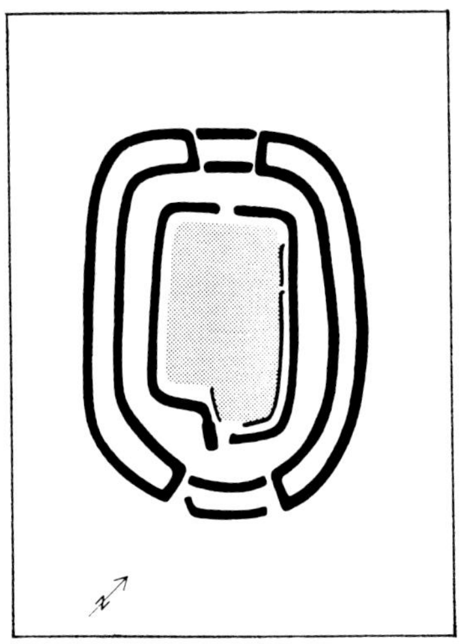

Abb. 12 Grundriß der namengebenden Befestigung von Altheim (LA), 4. Jahrtausend v. Chr. Den etwa 35 × 60 m großen Burghof umgab ein dreifacher Grabenring (nach Christlein 1982).

Diese Verteidigungsmaßnahmen erklären sich nur als Folge *gewaltsamer* Veränderung in Macht- und Besitzverhältnissen und aus Konfliktsituationen, die der bedrohliche Bevölkerungsanstieg verursacht haben muß. Den Raumbedarf primitiver Gesellschaften darf man sich auch bei niedriger Kopfzahl nicht zu knapp bemessen denken. Ihr Siedlungsareal schloß nicht nur die Siedlung an sich ein, sondern auch »Produktionsareale« – Ackerflächen, Brache, Weideland, Jagd- und Angelreviere, Waldgebiete (Beschaffung von Laubfutter, Bauholz, Brennstoff), ferner Rohstofflager (Gesteine), Handelswege, »Kultareale« (Neustupný 1981). Eine friedlichere Lösung dieses Raumproblems bestand in der Binnenkolonisation, in der Erschließung von bisher unbewohntem Land. Damals bildete sich die Pollinger Gruppe heraus (Abb. 65,6), Siedlungsgemeinschaften im westlichen Oberbayern und auf der angrenzenden Donau-Iller-Lech-Platte zwischen Weilheim und Augsburg; damals entstanden die Insel-, Seeufer - und Moordörfer des Alpenvorlandes, die zugleich das Schutzbedürfnis jener Zeit ausdrücken. Was sonst hätte die Menschen bewegen können, weit weg von ihren Feldern an naßkalten Seeufern Pfahlbauten zu errichten oder in mückenverseuchten Mooren zu bauen? Zumal dies aufwendigere Holzkonstruktionen erforderte, die trotzdem doppelt so schnell verrotteten wie auf dem Trockenen?

Erste Erkenntnisse im bayerischen Raum, in dem diesbezüglich noch erhebliche Forschungslücken bestehen, versprechen die 1985 begonnenen Untersuchungen bei Kempfenhausen am Starnberger See. Im dortigen Uferbereich liegt 3–4 m unter dem heutigen Wasserspiegel eine jungsteinzeitliche Siedlung, deren Pfähle zwischen

3728 und 3719 v. Chr. geschlagen worden sind. Ein 1988 begonnenes Schwerpunktprogramm zur ›Siedlungsarchäologie im Alpenvorland‹, getragen vom Bayerischen Landesamt für Denkmalpflege und der Deutschen Forschungsgemeinschaft, soll der systematischen Erforschung solcher Feuchtbodensiedlungen dienen.
Wie berechtigt die Vorsichtsmaßnahmen waren und wie kriegerisch die Zeiten vor über 5000 Jahren wurden, zeigen diejenigen Plätze, die Spuren gewaltsamer Zerstörung bewahrt haben – am eindrücklichsten die Burg von Altheim (LA) selbst, um die ein erbitterter Kampf getobt hatte: über 170 steinerne Pfeilspitzen blieben zurück und in den Gräben die Überreste einiger Gefallener, die meisten in der Nähe des inneren Tores (Abb. 12), als ob sich hier die Bedrängten in letzter verzweifelter Gegenwehr zusammengeschlossen hätten. Die übrigen Bewohner müssen geflohen oder gefangengenommen worden sein, denn ihr ganzer Hausrat blieb zurück, sogar das wertvollste Gut, einige Kupfergegenstände – der Ausgräber von 1914 berichtete überschwenglich von ganzen »Waggonladungen« an Scherben, Steingeräten und Knochen (Abb. 13). Auch hatte man die Toten in den Gräben liegen lassen müssen, so daß die Leichen ein Opfer der Tiere wurden. Das erklärt, warum einige Skelette bei der Ausgrabung nicht mehr in natürlicher Ordnung angetroffen wurden, und es besteht daher kein Grund mehr zu der lange gehegten Vermutung, es habe sich um religiöse Opfer oder Bestattungen gehandelt wie im Falle der Skelettschächte von Inningen (A), regelrechten Massengräbern mit Erschlagenen.
Die Diskussion um die Toten von Altheim konnte nur entbrennen, weil ›normale Friedhöfe‹ in jener Zeit fehlen (Taf. 22). Auch die Bestattungssitten der vorangehenden Kulturen im bayerischen Raum wirken so vielfältig und unregelmäßig, daß wir bis in die Kultur der Linienbandkeramik zurückgehen müssen, um einen Eindruck von dem Verhältnis der frühen Ackerbauergesellschaft zum Tod zu gewinnen.

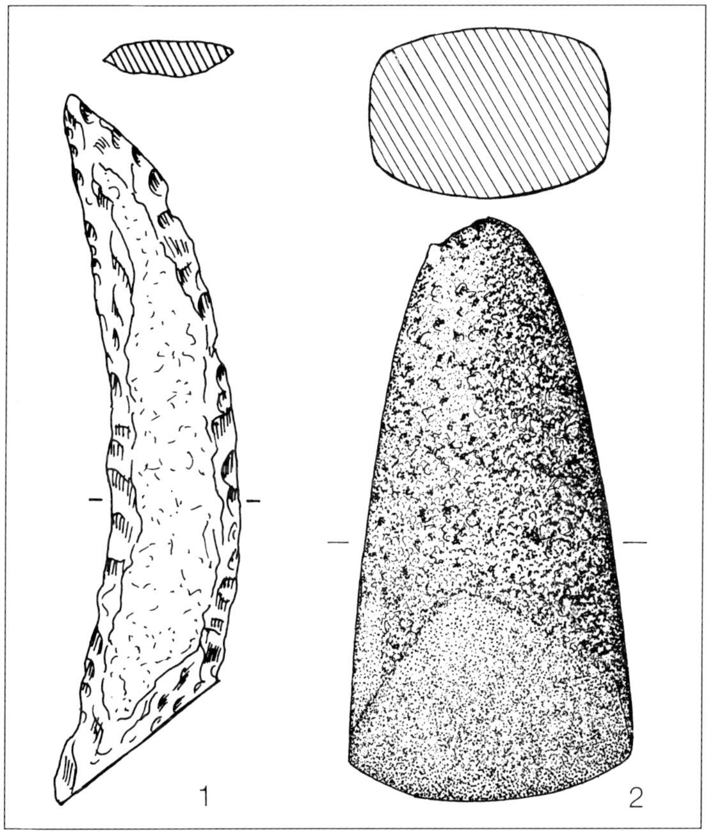

Abb. 13 Zum technisch progressiven Erscheinungsbild der Altheimer Kultur gehört die rationellere Steinbearbeitung. Ein Beispiel sind Sichelmesser: die empfindlichen Sichelzähne, die häufig ausbrachen (vgl. Taf. 13), ersetzte man durch das einteilige Blatt, mit dem sich schneller arbeiten ließ (1). Ein anderes Beispiel sind Beilklingen (2), die exakt in Form geschlagen und nur an den Schneiden zugeschliffen wurden, unter Verzicht auf jedes überflüssige ›Design‹ wie den Totalschliff der Dechsel (vgl. Abb. 69). 1 Köfering (R); 2 Auhögl bei Ainring (BGL); Maßstab 2:3.

Schlaf – Geburt – Reise: Die Idee des Todes

Für die Griechen war der Tod nur der Bruder des Schlafs. Dahinter steht eine Vorstellung, die sich in den meisten Kulturen und Religionen findet: der Tod als Eintritt in ein zweites Leben und die Wiederverkörperung der Toten. Meist wurde das Jenseits dabei als eine Welt gedacht, in der die Gesetze des Diesseits herrschen.
Um dem Toten den Eintritt zu ermöglichen, wurde er in fast allen Epochen mit Beigaben ausgestattet, seinem persönlichen Besitz sowie Speise und Trank, die ihm die Reise ins Jenseits erleichtern sollten. Unabhängig von der Beigabensitte änderte sich die Bestattungsform nach der jeweils herrschenden Religion. Körperbegräbnis, Verbrennung und unbekannte Bräuche, auf die das Fehlen der Gräber weist, wechselten einander ab.
Mit den ersten Dorfgemeinschaften entstanden auch regelrechte Friedhöfe, verbindliche Riten bildeten sich heraus. Fast vier Jahrtausende war die ›Hockerbestattung‹ üblich (Abb. 14), bei der der Tote auf der Seite liegt mit

angezogenen Knien, die Hände vor dem Gesicht – als ob er nur schliefe (man deutet die Armhaltung auch als die eines betenden oder essenden Menschen, Vermutungen, die sich weder beweisen noch entkräften lassen). Im allgemeinen herrscht bei den Bestattungen des 6. Jahrtausends v. Chr. eine natürliche stumpfwinklige Beinhaltung vor, aber zuweilen ist die Lage der Knochen nur durch ehemalige Umschnürung zu erklären. Dahinter verbarg sich die Furcht vor dem Toten als ›Wiedergänger‹ oder ›Zombie‹, der bis in die Neuzeit in Sagen und Vampirgeschichten herumspukte. Am Übergang Steinzeit – Metallzeit (S. 55) überwiegen Körper mit stärker

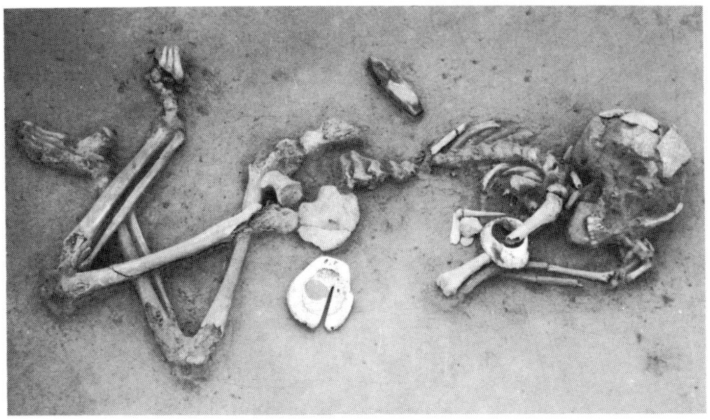

Abb. 14 Ausstattung eines jungen Mannes mit Armring und Gürtelanhänger aus der Spondylusmuschel, vor der Brust ein ›Schminkservice‹ aus Knochen- und Steingeräten, im Rücken ein Steinbeil. Grab der Linienbandkeramik, 6. Jahrtausend v. Chr. Aiterhofen (SR); Gäubodenmuseum Straubing.

angezogenen Beinen, die diese gefesselte Haltung nachzustellen scheinen. Das läßt den Schluß zu, daß im Laufe der Zeit die Vorstellung überhandnahm, den Toten im Grab festhalten zu müssen und stimmt mit der Beobachtung überein, daß mit dem Ende der bandkeramischen Kulturen die Grabsitten zunehmend von der Angst vor ›gefährlichen Toten‹ geprägt werden. Das waren Personen, deren Rache man fürchtete, weil sie ein vorzeitiges und damit unnatürliches Ende genommen hatten, zum Beispiel Kinder, Verunglückte oder Selbstmörder, aber auch die, die schon im Leben Außenseiter gewesen waren – Schamanen, Geisteskranke oder Fremde. Nicht selten zeichnen sich gerade diese Gräber durch reiche oder merkwürdige Beigaben aus (Taf. 22).

Die ersten Friedhöfe

Friedhöfe verraten nur selten etwas von dem, was vor oder nach der Beerdigung geschah – Aufbahrung, Trauerklage, Leichenschmaus, Entsühnung von der Berührung mit dem ›unreinen‹ Toten und anderes mehr –, aber sie spiegeln die Gemeinschaft der Lebenden, deren soziale und geistige Welt. Zu den wichtigsten Bestattungsplätzen der frühen Jungsteinzeit, der Kultur der Linienbandkeramik, zählt ein Fundort im bayerischen Donautal, Aiterhofen im Landkreis Straubing: 229 Bestattungen des bisher größten derartigen Friedhofes in Deutschland mit reichen Beigaben stellen ein einzigartiges Quellenmaterial zur frühen Landesgeschichte dar. Die kleinen Grabplätze von Mangolding und Sengkofen (R), von Stephansposching (DEG) und Essenbach-Ammerbreite (LA), obwohl nur Ausschnitte der ehemaligen Friedhofsareale, ergänzen das in Aiterhofen gewonnene Bild:
Die Untersuchung der Skelette erwies, daß sich die Fremdlinge aus der Zeit der Kolonisation durch ihren grazilen Körperbau auch äußerlich von der einheimischen Bevölkerung unterschieden: die Körpergröße der Frauen lag bei durchschnittlich 1,58 m, diejenige der Männer bei 1,65 m. Deren Lebenserwartung betrug 30–40 Jahre, die der Frauen nur 20–30 Jahre, ein Unterschied, der auf den häufigen Tod im Wochenbett zurückzuführen ist, der noch im letzten Jahrhundert vielen jungen Frauen das Leben gekostet hat. Im übrigen war der allgemeine Gesundheitszustand, soweit er am Skelett ablesbar ist, gut, und trotz einer nicht allzu abwechslungsreichen Ernährung, feuchter Wohnräume und mühseliger Feldarbeit, blieben heutige Zivilisationskrankheiten wie Karies, Arthritis und Bandscheibenschäden auf Einzelfälle beschränkt.
Die Verteilung der Grabbeigaben läßt von Anfang an Unterschiede zwischen den Geschlechtern erkennen, die sich nur aus der Arbeitsteilung erklären: Frauen sorgen für die Ernährung, sie können säen, ernten, Getreide mahlen und Vorräte anlegen; Männer dagegen sind Holzfäller, Zimmerleute, Jäger, die Söhne kümmern sich – vielleicht – um das Vieh. Männer erhielten deshalb Äxte und Beile, Feuersteingeräte, Pfeil und Bogen mit auf den Weg ins Jenseits. Nach den Gebrauchsspuren zu schließen, handelte es sich bei den typischen Dechseln oder Querbeilen um Werkzeuge (Abb. 69). Die Rüstung des Kriegers gab es (noch) nicht; Feindseligkeiten trug man

mit der Jagdwaffe, mit Pfeil und Bogen, oder mit dem Werkzeug, mit Hacken und Beilen, aus, die einige Opfer unter den Bestatteten hinterließen. Tödliche Kampfhandlungen entsprangen (noch) nicht aggressiven Eroberungsgelüsten, sondern glichen blutigen Ritualen, wie ein 1983 entdecktes Massengrab aus Talheim (Lkr. Heilbronn) zeigt.

Zum ›Matriarchat‹ der frühen Ackerbaukulturen

Alle Fakten sprechen – vorsichtig ausgedrückt – dafür, daß die Gesellschaft der frühen Ackerbauern mutterrechtlich organisiert und gleichzeitig die Geschlechter einander im gemeinschaftlichen Leben so gut wie gleichgestellt waren. Das ökonomische Grundprinzip hatte sich geändert und mit ihm die »soziale Grundlage der Kultur« (Taf. 11), im besonderen die wirtschaftliche Bedeutung der Fruchtbarkeit (S. 20). Die Rolle der Frau kommt in Mythos und Kult zum Ausdruck, in schriftlichen Quellen wie in bildlichen Darstellungen (Taf. 19), sowie in Bestattungssitten. Diese bieten innerhalb der bandkeramischen Kultur die einzigen Hinweise auf die gesellschaftliche Stellung der Frau.
Diese Stellung war neu. Denn nichts – weder die Primatenforschung, noch die Völkerkunde, noch die archäologischen Funde selbst – weist darauf hin, daß in den frühen Jägergesellschaften mehr als bestenfalls ein Gleichgewicht zwischen den Geschlechtern geherrscht hätte; schlechterenfalls waren die Frauen sogar benachteiligt. Weil Schwangerschaft und Aufzucht der Kinder bei ihnen lagen, kam es zur Arbeitsteilung, und je größer der Anteil der Jäger an der Nahrungsbeschaffung wurde, desto kleiner mochte der Einfluß der Frauen werden. Umgekehrt konnte dieser Einfluß um so höher steigen, je wichtiger das Sammeln pflanzlicher Nahrung wurde. In der Mittelsteinzeit der gemäßigten Zonen mag daher ein grundsätzlicher Wandel im Verhältnis der Geschlechter zueinander eingetreten sein, der die Angleichung an die matriarchalen Bauernkulturen aus Südosteuropa erleichtert hätte – aber das bleibt Vermutung; die Archäologie gibt darüber keine Auskunft.

Das weibliche Prinzip

Im Unterschied zu Jägervölkern werden agrarische Lebensgemeinschaften auf der ganzen Welt vom Vegetationszyklus der Natur beherrscht und entwickeln daraus ihren Fruchtbarkeitsmythos. Aus dem indoeuropäischen Raum sind zahlreiche solcher Mythen überliefert, allerdings regelhaft – das heißt nach dem immer gleichen Schema – verzerrt durch den späteren Prozeß der Patriarchalisierung. Die religionswissenschaftliche Analyse (Göttner-Abendroth 1980) hat gezeigt, nach welchen Regeln diese Prozesse abliefen, so daß sich die ursprünglichen religiösen Strukturen rekonstruieren lassen. Diese aber spiegeln nichts anderes als die ursprünglichen jungsteinzeitlichen Gesellschaftsstrukturen.
Im Mittelpunkt aller vorderasiatisch-südosteuropäischen religiösen Überlieferungen, von sumerischen Tontafeln bis zur griechischen Dichtung, stand die Heilige Hochzeit:
»Ja, Demeter gebar, die heilige Göttin, den Plutos, als mit Iasios sie auf dreimal gepflügtem Feld zärtlicher Liebe gepflogen in Kretas fetten Gefilden ...« (Hesiod, um 700 v. Chr.)
Wachstum, Ernte (Tod) und Wiederkehr der Vegetation bestimmten den Jahresrhythmus der Menschen und ihre rituellen Handlungen, den magischen Nachvollzug des Mythos. In diesen Riten repräsentierte die oberste Priesterin die ›Große Göttin‹, und deren Heros und Geliebter wurde vom König des Volkes vertreten. Die Priesterin verlieh ihm die Königswürde (›Gesetzgebung‹) und feierte mit ihm öffentlich die Heilige Hochzeit (›Befruchtung des Landes‹). Weil die Ernte – die Ähre – im Augenblick ihrer Reife unter dem Erntemesser einen gewaltsamen Tod sterben mußte, Teile von ihr jedoch als Saatgut in den Schoß der Erde zurückkehrten, um nach einer gewissen Zeit wiederzuerstehen, handelte auch der Mythos vom gewaltsamen Tod des Geliebten und seiner Wiederauferstehung. Dieser Tod des Königs war freiwilliges Selbstopfer für Land und Volk, das Urbild des Heroischen (Idee des Menschenopfers); die Wiedergeburt des Königs vollzog sich durch die Wiederkehr im Nachfolger (Idee der Seelenwanderung). Mit der jährlichen physischen Erneuerung des Königs sicherte sich die Gemeinschaft jene unerschöpfliche männliche Zeugungskraft, »deren die Erde bedurfte, um Frucht tragen zu können« (Müller 1973/74).

Die zentrale Bedeutung des Königsopfers bestätigt sich allein dadurch, daß es als Idee auch im Patriarchat und bis in historische Zeit hinein ritueller Zwang blieb, aber eben nur als Idee – im Knabenopfer (Taf. 20), im Tieropfer (wie im ägyptischen Apis-Stierkult) oder im Doppelgängeropfer. Die Hethiter beispielsweise nahmen ihrem König Kleidung und Würdezeichen und schlugen ihn ins Gesicht, sie entmachteten und entheiligten ihn; an seiner Stelle setzten sie einen Verbrecher ein und töteten diesen Ersatzkönig; in neuen Kleidern und mit neuen Würdezeichen wurde schließlich der alte König wiedergeboren, »physisch zwar derselbe, als soziale Person aber neu« (Marazov 1988). Die Idee verlangte nur, daß der Herrscher symbolisch starb; ein Mensch oder ein Gegenstand konnten ihn in diesem symbolischen Tod ersetzen. Bisher ist dieser Gedanke nur in der Überlieferung der Hochkulturen zu erkennen. Aber es erhebt sich die Frage, ob nicht das Begraben und Versenken von Statussymbolen, all der steinernen Prunkäxte, Riesendolche und Bronzeschwerter nördlich der Alpen die gleiche Idee spiegeln: die Erneuerung herrscherlicher Macht im Opfer derjenigen Insignien, die die Institution symbolisierten, in Ritualen, durch die diese Macht gleichnishaft erlosch und der Herrscher gleichzeitig wiedergeboren wurde – mit einer neuen Axt, einem neuen Schwert. Vor allem Flußopfer lassen an Reinigungszeremonien denken, die der Wiedergeburt vorausgingen (Taf. 35). Und nicht von ungefähr sprechen Mythen und Legenden von den polaren Kräften des Wassers, denn »der Fluß bewahrt Leben, aber zugleich ist er Totenweg« (Torbrügge 1970/71).

Die ›Große Göttin‹ bewohnte einen dreifach gegliederten Kosmos: der Himmel gehörte der jugendlichen und kämpferischen Göttin; die mittlere Region, Land und Meer, wurden von der Muttergöttin mit ihrer erotischen Kraft befruchtet; und in der Unterwelt herrschte die ›Alte Frau‹, die über Tod und Auferstehung befahl, die Göttin der ewigen Wiederkehr und der Allwissenheit. Diese Dreifaltigkeit, die alle Göttinnen der Frühzeit von Griechenland bis Persien besaßen, entweder in verschiedener Gestalt oder in verschiedenen Funktionen, drückte sich in ihrem Symbol, dem Mond, aus: als zunehmender Sichel, als vollkommenem Rund und als abnehmendem Neumond, drei Phasen, die dennoch zusammen eine Einheit bilden. Im Gegensatz dazu wurde das Symbol des Heros die Sonne, die nur eine Phase kennt, aber wie er ständig Auf- und Untergang durchläuft. Der Sonnenkult blieb deshalb stets männlich besetzt und nahm in dem Maße zu, in dem die Patriarchalisierung fortschritt. Die ›Große Göttin‹ verkörperte das weibliche Prinzip, das Leben, Tod und Wiedergeburt in sich barg, das Prinzip der Schöpfung, das vollkommen war und keine männlichen Götter kannte. Deshalb sind aus der frühen Jungsteinzeit auch kaum männliche Darstellungen erhalten. Erst seit dem 4. Jahrtausend v. Chr. mehren sich Phallusdarstellungen, Hinweise darauf, daß die Idee eines männlichen Zeugungsprinzips in den Vordergrund trat. Damit begann der Aufstieg des Heros zum väterlichen Himmels-, Wetter- und obersten Sonnengott, der seit dem 3. Jahrtausend v. Chr. unangefochten sein Zepter beziehungsweise die Axt schwang (S. 44ff.).

Gleichgewicht statt Herrschaft

›Gleichgestellt‹ heißt nicht ›gleichgeschaltet‹. Wie in allen, auch den einfachsten Kulturen, spielten im 6. Jahrtausend v. Chr. Rangunterschiede nach Alter, Ansehen und Geschlecht auf irgendeine Art und Weise eine Rolle. Die Ungleichheit in solch kleinen Gemeinschaften wie der Frühzeit hielt sich allerdings in engen Grenzen; eine Aufteilung in Klassen entsteht erst ab einer bestimmten Größenordnung. Hinweise auf eine Schichtung der bandkeramischen Gesellschaft liegen deshalb auch nicht vor, aber die Unterschiede zwischen Mann und Frau, zwischen Kindern, Erwachsenen und Greisen, nach Wissen und Prestige treten offen zutage.

Männer und Frauen unterschieden sich zunächst einmal deutlich durch Schmuck und Frisur und deshalb wohl auch in ihrer Kleidung. Diese Äußerlichkeiten nahmen offenbar sehr rasch von Landschaft zu Landschaft eigenständige Formen an. Im bayerischen Donauraum trugen Frauen im Haar und um den Hals Schmuck, der aus verzierten Knochenkämmen, Ketten aus Schneckenhäuschen und Steinperlen bestand. Der materielle Wert dieser Objekte war gering – die Schnecken beispielsweise brauchte man nur am Donauufer aufzusammeln. Das heißt, daß Haarputz und Schmuck nicht individuellen Reichtum zur Schau stellten, sondern als Kennzeichen einer bestimmten Personengruppe dienten, etwa ab einem gewissen Alter (Pubertät) oder von erkennbarem sozialen Status (Mutter).

Diese Sitte entsprach der Beigabe von Werkzeugen und

Jagdwaffen bei den Männern, die über ein besonderes Wissen verfügten oder eine spezielle Arbeit verrichteten. Beide Gruppen zusammen stellten – im Gegensatz zu den beigabenlos Bestatteten – einen ausgewählten Personenkreis dar, und aus diesem stammten wiederum diejenigen, die besonderes Ansehen oder Machtbefugnisse erlangt hatten. Das waren stets nur wenige, und zwar sowohl Männer wie Frauen, deren Gräber nicht durch die Art, aber durch die Zahl ihrer Beigaben aus dem Rahmen fallen. Bezeichnenderweise sind es gerade diese reichen Gräber, in denen sich zuweilen Männer mit Schmuck beziehungsweise Frauen mit Werkzeugen finden – Gräber also, in denen sich die durch die Arbeitsteilung gezogene Grenze zwischen den Geschlechtern verwischt.

Prestigegewinn hing folglich nicht vom Geschlecht ab. Das kommt vor allem in Schmuckstücken aus Spondylusmuscheln (Taf. 16) zum Ausdruck, die im ›Zeremonialtausch‹ erworben wurden, entweder von Männern und Frauen in gleicher Weise (Perlen) oder nach streng getrennten Kriterien (Gürtelschmuck). Worin diese Kriterien bestanden, wissen wir nicht, aber mit Trachtvorschriften im späteren Sinne (Taf. 49) hatten sie nichts zu tun, denn es handelt sich über weite Gebiete hinweg um standardisierte Objekte: um durchbohrte Klappen für Frauen (Abb. 68), um geschlitzte Klappen für Männer (Abb. 14). Im bayerischen Donauraum waren Männern überdies Spondylusarmringe vorbehalten, deren Durchmesser bemerkenswerterweise meist so klein ist, daß sie bereits den Knaben übergestreift worden sein müssen – als Demonstration wofür? Jedenfalls nicht für selbsterworbenen Reichtum und männliche Macht.

Exotischer Muschelschmuck und glänzend polierte Steinäxte wirken freilich – nach heutigen Maßstäben – viel kostbarer als Frauengräber mit Reibsteinen oder Tongefäßen (insbesondere solange wir nicht wissen, was einst dazu gehört haben und ebenso vergangen sein könnte wie hölzerne Axtstiele und Pfeilschäfte!). Deshalb stellte man allgemein »die Annahme in Frage, die Frauen hätten in der Linearbandkeramik eine bevorrechtigte Stellung innegehabt« (Höckmann 1982). Aber neue archäologische Gräberfeldanalysen, Forschungsergebnisse aus Biologie und Verhaltensforschung, aus Ethnologie und Soziologie, der allgemeinen Religionswissenschaft, der historischen Psychologie und Anthropologie wecken Bedenken, die Frage nach dem Matriarchat so materialistisch-vereinfacht lösen zu wollen. Tatsache ist, daß sich in den Bestattungssitten weder eine Bevorrechtigung des einen noch des anderen Geschlechts abzeichnet; weder Frauen noch Männer waren von führenden Aufgaben ausgeschlossen.

Die Gesellschaft der frühen Ackerbauern mit dem landläufigen Begriff Matriarchat (›Herrschaft der Mütter‹) zu bezeichnen, ist genau genommen irreführend. Ein Matriarchat hat es nie gegeben. Statt dessen spricht man von Mutterrecht, oder noch genauer von Matrifokalität (lat. *focus* = Herd), einer Rolle der Mütter im ›Brennpunkt‹ des religiösen Denkens und gesellschaftlichen Handelns. Eine solche Matrifokalität setzt Matrilokalität (Familie oder Sippe wohnt bei der Mutter) und Matrilinearität (Abstammung und Erbfolge in weiblicher Linie) voraus – Hinweise darauf gibt es noch in der Eisenzeit (Taf. 49). Modellfall einer bekannten matrifokalen Gesellschaft sind die Hopi-Indianer: »Die Frauen haben ein großes gesellschaftliches Gewicht. Sie herrschen nicht. Es ist eine Situation, die mit der Bezeichnung als Gleichberechtigung nur unvollkommen beschrieben ist. Es ist ein Gleichgewicht, kein Übergewicht, keine Herrschaft« (Wesel 1980). Die Gesellschaft der frühen Bauernkulturen scheint sich in diesem Gleichgewicht befunden zu haben, bis es im 4. Jahrtausend v. Chr. ins Wanken geriet.

Welt im Umbruch

ÜBERGANG STEINZEIT – METALLZEIT
(3200–1600 v. Chr.)

Nahtstellen in der Frühgeschichte sind reizvoll und problematisch zugleich. In der Rückschau ballen sich die Ereignisse wie im Zeitraffer, die Welt scheint sich plötzlich nach anderen Gesetzen zu drehen – obwohl doch die Erfahrung gelehrt hat, daß historische Veränderungen, selbst revolutionäre Taten und epochemachende Erfindungen, immer das Ergebnis langwieriger Prozesse sind. Problematik und Tragweite des Übergangs Steinzeit–Metallzeit lassen sich am besten im Vergleich mit dem Wechsel vom Mittelalter zur Neuzeit begreifen: So wenig wir diesen durch eine einzige Strömung allein charakterisieren können, ob durch Renaissance, Reformation oder Frühkapitalismus, geschweige denn durch einen einzelnen historischen Augenblick – ob Erfindung des Buchdrucks, Entdeckung Amerikas oder Luthers Thesenanschlag –, so vielfältig sind die Gründe, die vor über 5000 Jahren die entscheidenden Veränderungen ausgelöst haben. Ursache und Wirkung von Bevölkerungsexplosion und Kolonisation, Patriarchalisierung der Gesellschaft und kriegerischen Auseinandersetzungen, Metallurgie und einer zweiten ›wirtschaftlichen Revolution‹ auseinander zu halten, fällt rückblickend nicht leicht.
Besonders schwierig ist es, die Verflechtungen des wirtschaftlichen, gesellschaftlichen und religiösen Lebens in schriftlosen Zeiten zu durchschauen, wenn nicht genügend oder nur so ungenaue Zeitmarken vorhanden sind wie für den Übergang Steinzeit – Metallzeit. Gerade in Bayern fehlt es noch an Radiokohlenstoffdatierungen, um das Puzzle aus scheinbar völlig gegensätzlichen Kulturerscheinungen zusammenzusetzen: aus der Chamer Kultur, den sogenannten Becherkulturen mit ›Schnurkeramik‹ und ›Glockenbechern‹, sowie der Straubinger Kultur der Frühen Bronzezeit.

Radiokohlenstoff- oder C14-Datierung

Gewöhnlich wird das Alter eines Fundes durch den Vergleich mit einem ähnlichen, bereits datierten Gegenstand ermittelt. Durch die Verkettung vieler solcher Funde sind Datierungen über große räumliche Entfernungen bis hin zu den Hochkulturen im Mittelmeerraum gelungen, deren schriftliche Überlieferung in Ägypten bis etwa 3000 v. Chr., dem Beginn der 1. Dynastie, zurückreicht. Diese ältesten Zeitangaben, die sich über astronomische Berechnungen mit unserer Zeitrechnung verknüpfen lassen, sind freilich noch mehr oder weniger geschätzt; erst ab 1991 v. Chr., mit Beginn der 12. Dynastie, besitzen die Daten die erforderliche Genauigkeit.
Durch den Einsatz naturwissenschaftlicher Methoden sind diese räumlichen und zeitlichen Grenzen gesprengt worden. Am bekanntesten wurde die Radiokohlenstoff- oder C14-Methode, die der amerikanische Physiker W. F. Libby bereits 1947 entwickelt und für die er 1960 den Nobelpreis erhalten hat. Aber bis heute wird sie in Teilen der archäologischen Fachwelt beargwöhnt, weil sie das traditionelle Chronologieschema über den Haufen geworfen hat. Die Methode beruht auf folgender Beobachtung: Das durch Einwirkung kosmischer Strahlung in der Atmosphäre entstehende radioaktive Kohlenstoffisotop ^{14}C (wie es korrekt heißt) dringt als Bestandteil des Kohlendioxyds in alle lebenden organischen Substanzen ein, in die Pflanzen durch Assimilation, in den tierischen und menschlichen Körper durch Nahrung. Stirbt ein Lebewesen, endet die Kohlenstoffaufnahme, und der stetige Zerfall des radioaktiven Isotops wird nicht mehr ausgeglichen. Die Zerfallsgeschwindigkeit, die sogenannte ›Halbwertzeit‹, beträgt etwa 5730 Jahre, das heißt, in dieser Zeit verringert sich die C14-Menge jeweils um die Hälfte. Aus Zerfallsgeschwindigkeit, aus dem prozentualen Anteil der C14-Isotopen am Kohlenstoffgehalt der Luft (vor 1950, das heißt vor den Atombombenversuchen!) und aus dem C14-Restgehalt eines archäologischen Objektes (Holz, Knochen, Pflanzengewebe), gemessen an seiner verbliebenen Strahlung, läßt sich sein ›Todesdatum‹ berechnen. Eine stillschweigende Voraussetzung für die Richtigkeit dieser Berechnungen war allerdings die Annahme, der C14-Gehalt der Atmo-

sphäre sei durch die Jahrtausende gleich geblieben. Tatsächlich aber unterlag er starken Schwankungen. Sie sind inzwischen in einer Korrekturkurve erfaßt, die der Dendrochronologie verdankt werden.

Dendrochronologie: Der Baumkalender

Jeder Baum enthält seinen eigenen Kalender. Im Querschnitt des Stammes zeichnet sich jedes Lebensjahr als Jahresring ab. Weil aber Bäume auf Klimaschwankungen unmittelbar und empfindlich reagieren, fallen diese Jahresringe ganz unterschiedlich aus: ein günstiges Jahr hinterläßt einen breiteren, ein ungünstiges einen schmaleren Ring. Daraus ergeben sich bestimmte Abfolgen, die für alle Hölzer derselben Art und derselben Wuchszone gelten. Zwei Baumquerschnitte, die gleiche Jahresringabfolgen zeigen, sind daher im selben Zeitabschnitt gewachsen; stimmen die Jahresringe nur in einem Teilbereich überein, überlappen sich die Lebensalter. Durch die Überlappungen ließ sich stückweise ein Baumringkalender rekonstruieren, der immer weiter zurück in die Vergangenheit reichte. Diese Erkenntnis ist erstmals zu Beginn des Jahrhunderts von einem Außenseiter, dem amerikanischen Astronomen A. E. Douglas bei der Erforschung der Sonnenflecken zu Datierungszwecken benutzt worden.
Um 1940 wurde die Methode in Mitteleuropa eingeführt, und in den letzten zehn Jahren ist die Dendrochronologie (griech. *dendron* = Baum) zur wichtigsten Datierungshilfe der Archäologie geworden. Die Vermessung der Jahresringe und ihre Umzeichnung zu Kurven ist ohne elektronische Datenverarbeitung nicht mehr denkbar, denn inzwischen sind Tausende von Hölzern ausgewertet worden. Mit Hilfe historisch datierbarer Stämme gelang es schrittweise, den Jahresringkalender nach rückwärts zu verlängern, zunächst bis hin zu jungsteinzeitlichen Pfahlbausiedlungen um 4000 v. Chr. und weiter über noch ältere Eichenstämme, die sich in ehemaligen Flußschottern unter Sauerstoffabschluß erhalten hatten, bis 7638 v. Chr. in die Mittelsteinzeit. Eine vorläufige natürliche Grenze bildet die letzte Eiszeit, während der die Eichen verschwunden waren; es bestehen aber Aussichten, eines Tages durch C14-Datierungen den Anschluß an Kiefernfunde zu gewinnen, die bis ins 12. Jahrtausend v. Chr. zurückreichen.

Durch Vergleiche zwischen C14-Bestimmungen und Jahresringdatierungen an ein und derselben Holzprobe wurden die Schwankungen der C14-Konzentration in der Atmosphäre offenkundig. Die ersten derartigen Beobachtungen in den USA stützten sich auf das Holz sehr alter Grannenkiefern, die außen längst abgestorben, aber im trockenen Wüstenklima der Sierra in 3000 m Höhe gleichsam mumifiziert waren. Grannenkiefern können über 4000 Jahre alt werden, und auf diese Weise ließ sich ein lückenloser Baumringkalender bis etwa 6000 v. Chr. erstellen, der gleichzeitig die Korrektur der konventionellen C14-Daten erlaubte. Diese Korrektur wird als ›Kalibration‹ bezeichnet und gilt weltweit, wie zwei weitere Labors in Deutschland und Irland inzwischen unabhängig voneinander bestätigten. Aufgrund der ›Kalibrationskurve‹ – einer Art Eichung – kann nun das wirkliche Alter auch derjenigen C14-Proben bestimmt werden, die sich nicht dendrochronologisch datieren lassen.
C14-Daten haben lange Zeit für Verwirrung und Skepsis gesorgt, weil sich ganz eindeutige Irrläufer darunter befanden. Diesen lagen Fehler bei der Ausgrabung, bei der Entnahme der Proben, der Durchführung der Analysen, aber auch ein statistisch bedingter Unsicherheitsfaktor der Methode selbst zugrunde. Ein Datum von beispielsweise 2000 ± 40 v. Chr. besitzt nach den üblichen Meßregeln nur eine Wahrscheinlichkeit von 68%, das heißt von hundert Messungen ein und derselben Probe würden nur 68 eine Datierung zwischen 2360 und 2440 ergeben. Inzwischen haben die Verfeinerung der Ausgrabungs- und Meßtechniken, die Verbesserung der statistischen Methoden und das durch die Dendrochronologie korrigierte Datenmaterial ein neues Fundament geschaffen, das die C14-Methode glaubwürdig gemacht hat.
Nun sorgen allerdings die kalibrierten Daten für neue Aufregung, weil sie die ohnehin schon gedehnte Chronologie der Jungsteinzeit noch weiter auseinanderziehen: vor 20 Jahren ließ man die Linienbandkeramik in Bayern noch um 3500 v. Chr. beginnen (nach traditioneller Datierung), vor 10 Jahren um 4500 v. Chr. (nach konventionellen C14-Daten), und heute schwankt der Ansatz zwischen 5500 und 6000 v. Chr. (nach kalibrierten C14-Daten). Dadurch werden auch die folgenden Kulturen erheblich älter; gleichzeitig ist aber der Beginn der Mittleren Bronzezeit um 1600 v. Chr. stabil geblieben. Die entstandene Lücke klafft am Übergang Steinzeit – Metallzeit: statt ursprünglich 500 Jahre nimmt er nun einen

wesentlich längeren, etwa 1600 Jahre (!) umfassenden Zeitraum ein. Weil gerade aus Bayern bisher viel zu wenig naturwissenschaftliche Daten vorliegen, ist hier für die betroffenen Kulturen noch mit Zeitverschiebungen zu rechnen, stärker als im Falle der frühen und mittleren Jungsteinzeit (Abb. 65; alle Zeitangaben wurden trotz noch bestehender Unsicherheiten konsequent aus kalibrierten Daten interpoliert, weil über kurz oder lang nur diese das gültige Chronologiegerüst bilden werden).

Rückschritt oder Fortschritt?

Das moderne, den geradlinigen Fortschritt gewohnte Denken könnte leicht geneigt sein, in einigen kulturellen Erscheinungen am Ende der Steinzeit einen Rückschritt zu sehen. In Bayern betrifft das die Chamer Kultur (etwa 3200–2300 v. Chr.), die vor allem das niederbayerische Donautal einnimmt, sich aber auch über den Bayerischen Wald bis nach Böhmen hin erstreckt (Abb. 15; 74). Dort schließt sie an gleichartige Erscheinungen mit nur andersartigem lokalen Hintergrund an (Řivnáč-Kultur). In Oberfranken findet die Chamer Kultur ihre Entsprechung bisher in einer einzigen bedeutenderen Siedlung bei Voitmannsdorf (BA), deren Keramik einerseits Beziehungen nach Mitteldeutschland zur Bernburger Kultur (Taf. 26) und andererseits nach Unterfranken erkennen läßt, zum Altenberg bei Burgerroth, Stadt Aub (WÜ), einer charakteristischen Höhensiedlung. Deren Funde können wiederum – Richtung Norden – sowohl mit der hessischen Wartberg-Kultur wie – in entgegengesetzter Richtung – mit denen des Goldbergs am westlichen Riesrand verknüpft werden, einem markanten Klotz, bereits jenseits der Landesgrenze in Baden-Württemberg gelegen. Über den Goldberg liefen Verbindungen zu den südwestdeutschen und schweizerischen Ufersiedlungen (Horgener Kultur), die ihrerseits Kontakte nach Oberitalien und Mittelfrankreich aufrecht erhielten ... und so fort, und so fort (Abb. 16). Im 3. Jahrtausend v. Chr. war Mitteleuropa trotz der Zersplitterung in große und kleine Kulturen fester verankert im Netz der alten Wege denn je. Folgt man ihnen, erweist sich das bisherige Bild von der »Abwehrreaktion gegenüber technisch-wirtschaftlichen Neuerungen« und der »Rückkehr zu ... primitiveren Wohn- und Lebensformen« (Maier 1979) entschieden als korrekturbedürftig.

Abb. 15 Tongefäß mit Leistenverzierung der Chamer Kultur (etwa 3200–2300 v. Chr.) aus der namengebenden Siedlung von Knöbling im Landkreis Cham. Rekonstruktion aus Scherben; Höhe 17 cm; Museum der Stadt Regensburg.

Neue Erkenntnisse brachten vor allem Grabungen in den Moor- und Ufersiedlungen durch die guten Erhaltungsbedingungen im feuchten Untergrund. Im Sommer 1986 gelang im bayerischen Voralpenland bei Geltendorf (LL) die Freilegung des ersten Hausfußbodens der Altheimer Kultur aus dem 4. Jahrtausend – ein ebenerdiger Holzrost, der zwecks Wärmedämmung mit Birkenrindenbahnen ausgelegt war und »meisterhafte« Zimmermannsarbeit verriet. Im selben Jahr wurde ein ganz ähnlicher Befund in einem der Federseemoore (Oberschwaben) gemacht – hier gelang der erste Nachweis eines Blockhauses aus dem 3. Jahrtausend v. Chr., datiert durch Scherben in der Art der Chamer Kultur. Solche Konstruktionen können natürlich auf Trockenböden keine Spuren hinterlassen. Damit ist auf einfache Weise das Fehlen von Hausgrundrissen der Chamer Kultur erklärt, und es besteht kein Anlaß, an den Fertigkeiten der damaligen Zimmerleute zu zweifeln. Das verbietet allein schon der Festungsbau (Abb. 73): Inzwischen sind in Südbayern sieben Wehranlagen – im Landkreis Rosenheim (Dobl), in Niederbayern (Hienheim, KEH; Ergolding, LA; Geiselhöring und Oberschneiding, SR) und bei Regensburg (Piesenkofen und Riekofen) – ausgegraben worden, die zumeist burgartigen Charakter haben mit Innenflächen von 2000–3000 qm, im Falle von Hadersbach bei Geiselhöring mit insgesamt rund 32 000 qm aber auch darüber hinausgehen. Und nicht nur in der Architektur ist handwerkliche Fertigkeit zu verzeichnen, sondern auch in der fortschrittlichen Technologie der Äxte und Beile. Die Zimmerleute übernahmen eine westliche Erfindung, die darin bestand, die Steinklinge nicht direkt im Holm,

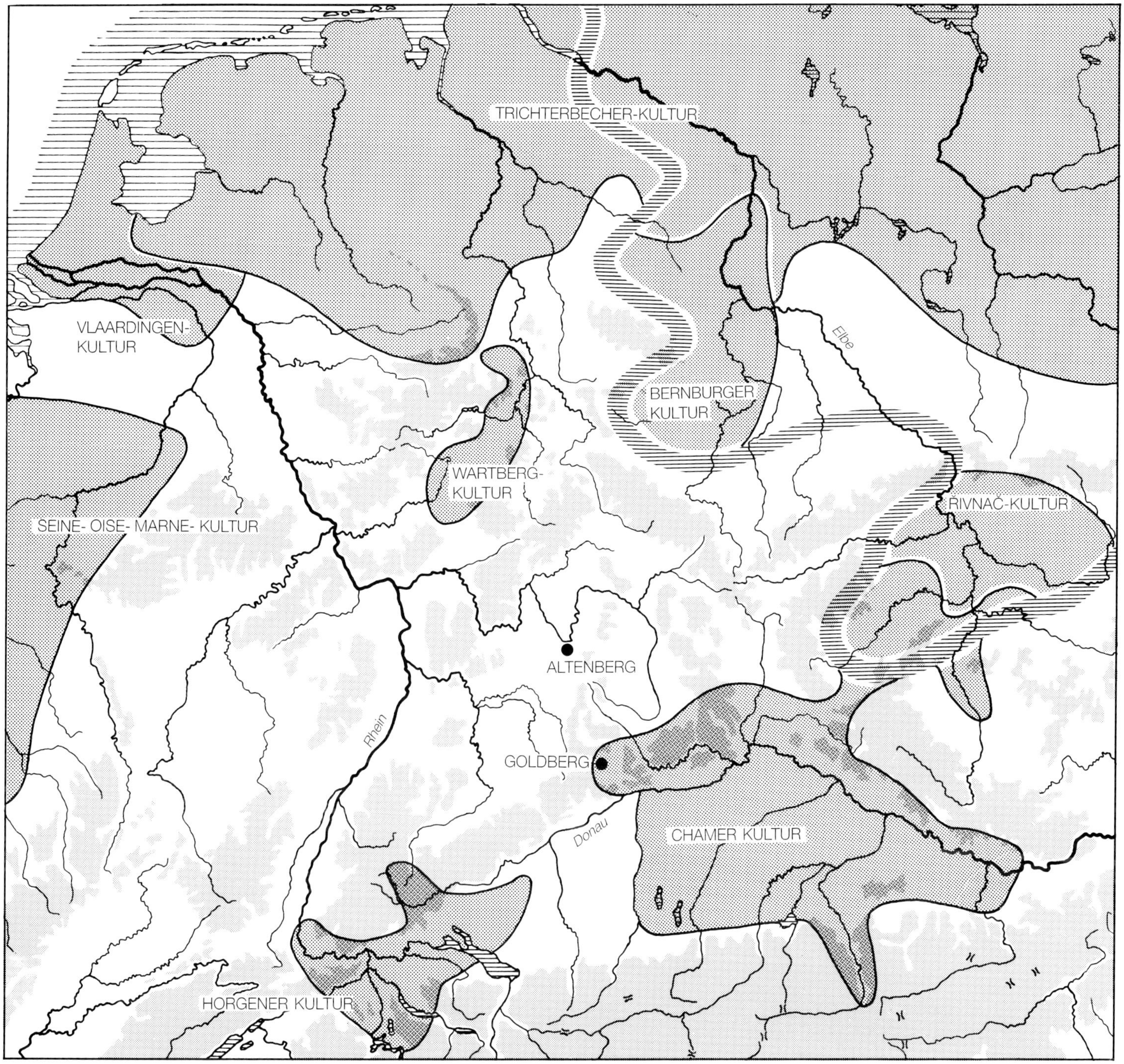

Abb. 16 Mitteleuropa zur Zeit der Chamer Kultur (etwa 3200–2300 v. Chr.). Schraffierte Linie: Westgrenze der Kugelamphoren-Kultur (nach Kappel 1988 mit Ergänzungen).

sondern mit Hilfe eines ›Zwischenfutters‹, eines Puffers aus Geweih zu befestigen. Er milderte einerseits die Wucht des Aufschlags und erhöhte so die Bruchfestigkeit im Schäftungsbereich; andererseits erlaubte er die Verwendung kleinerer Klingen bei unverminderter Schlagwucht – also eine in mehrfacher Hinsicht arbeits- und materialsparende Rationalisierung (Abb. 17).
Auch in anderen Bereichen blieb die Technik nicht stehen. Das zeigen das Töpfer- wie das Textilhandwerk, ersteres durch eine bestimmte Tonaufbereitung (Taf. 24), letzteres durch die plötzlich zahlreichen Spinnwirtel und Webgewichte (Taf. 25; vgl. Abb. 46 d). Dazu kamen die Erweiterung des Waffenarsenals um Knochenbolzen nach östlichen Vorbildern (Taf. 23) und nicht zuletzt die Qualität der Lanzenspitzen und Dolchblätter aus Feuerstein. Dieser klassische Rohstoff der Steinzeit erlebte seine letzte und höchste Blüte, sowohl in der Prospektion, der gezielten Suche nach Lagerstätten von entsprechender Güte (Abb. 18), als auch im Raffinement der Herstellung sehr langer Klingen und sehr dünner Schneiden. Hier sind an erster Stelle die Feuersteindolche zu nennen, die so häufig an einsamen Wegen, in Mooren oder Höhlen gefunden werden, daß an ihrem Charakter als Waffe und Opfergabe – entsprechend den Streitäxten – nicht zu zweifeln ist.
Weite Teile Europas erhoben Dolch und Streitaxt/-beil, die Kombination aus Stich- und Hiebwaffe, zur Rüstung des Kriegers. Von Anfang an machte er seine Waffen zum Fetisch, zu Gegenständen magischer Verehrung, und in ganz besonderer Weise die Streitaxt. Die ›Streitaxtkulturen‹ sind eine weit über Bayern hinausreichende Erscheinung, und die große Zahl geweihter Äxte, die hier vor allem bei Quellen, in Flüssen und an Paßwegen gefunden wurde, müssen in diesem weitgespannten Rahmen gedeutet werden. Er umreißt ein religionsgeschichtliches Phänomen, das als einziges außerhalb der Hochkulturen den historischen Prozeß der Patriarchalisierung zeitlich einzugrenzen erlaubt (Taf. 21).

Abb. 18 Nordischer Feuerstein aus Riekofen (R), einer Siedlung der Chamer Kultur im Donautal. Länge rechts 7,5 cm; Museum der Stadt Regensburg.

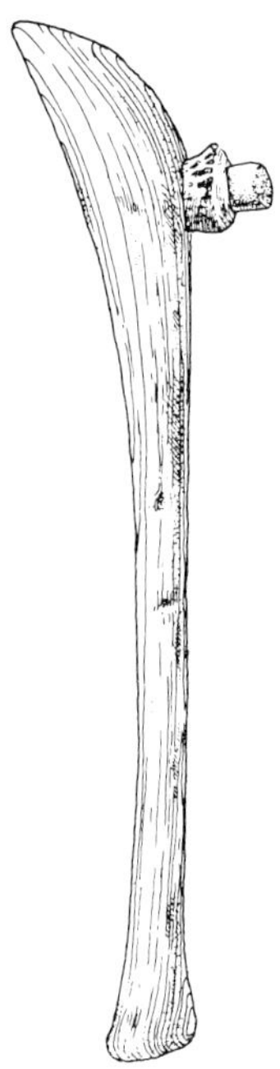

Abb. 17 Fällaxt um 3000 v. Chr. Die Steinklinge steckt in einem Geweihzwischenfutter, das die Schlagwucht abfangen und ein Reißen des Axtstieles verhindern soll. Rekonstruktion nach schweizerischen Originalfunden; Länge ca. 70 cm.

Die Axt des Priesters

Mit dem Bevölkerungsanstieg und der wachsenden Zahl feindlicher Auseinandersetzungen wuchs die Bedeutung der Streitaxt als realer Kampfwaffe und – in der Folge davon – auch als Symbol: zunächst als Symbol für die Macht des Kriegers, dann ganz allgemein für den Status des Mannes in der Gesellschaft, und schließlich – im weitest gefaßten Sinne – für deren Sicherheit und Fortbestand. Nur so ist der immer weiter ausgreifende Kult um Beil und Axt erklärbar, seine Übertreibung in den Prunkäxten, die in bezug auf Größe, Gesteinswahl, Form und Verzierung eine ständige Steigerung erfuhren (Abb. 19).
Als eine Art ›Verzierung‹ oder vielmehr Chiffre, als ein Zeichen mit bestimmtem Sinngehalt, dürfen auch die für die Chamer und zeitgleiche Kulturen typischen ovalen Schaftlöcher gelten (Abb. 19, 3). Einem praktischen

Zweck, zum Beispiel festeren Halt zu geben, entsprangen sie gewiß nicht – denn sie finden sich weniger an funktionstüchtigen Werkzeugen, als bevorzugt an miniatur- oder riesenhaften Klingen, und zwar genau in deren Mitte, wo eine Befestigung des Holzstieles technisch unsinnig ist. Axtgestalt und Bohrung standen vielmehr in engem Zusammenhang, der durch ihre magische Bedeutung Sinn erhielt. Nur in diesem magischen Sinne sind ovale Schaftlöcher verständlich, die mit Hilfe längst veralteter langwieriger Methoden wie dem Vollbohrer (einem massiven Stab) oder durch mühseliges Auspicken hergestellt wurden. Dies archaische Herstellungsverfahren muß in Verbindung mit der mehr oder weniger offenkundigen weiblichen Sexualsymbolik gesehen werden, die verschiedene Prunkäxte in Form, Verzierung und Betonung ihrer Schaftlöcher enthalten (Abb. 19, 1). Vergleiche aus dem volkskundlichen Bereich bieten sich an, führen aber meist sehr rasch überall- und nirgendwohin, schlimmstenfalls zu einer »unbegründeten Projektion psychoanalytischer Denkmodelle in ein vorgeschichtliches Forschungsgebiet« (Neumann 1980). Ein treffender Vergleich läßt sich aber dem Rigveda entnehmen, einer Sammlung indischer Hymnen, deren Überlieferung bis ins 2. Jahrtausend v. Chr. zurückreicht: die Zeremonie archaischen Feuerbohrens zur Entfachung des Opferfeuers, beschrieben als Vereinigung des hölzernen Bohrstabes *lingam* (Sanskrit = Phallus) mit dem im Bohrholz befindlichen Loch *yoni* (= Vulva). Es ist ein metaphorischer Akt, der die Zeugungskraft der Natur meint, eines der vielen urzeitlichen Fruchtbarkeitsrituale, in dem die aktive Rolle nun aber unübersehbar dem Mann zugedacht wird.

In ähnliche Richtung weisen auch spätere Axtdarstellungen bronzezeitlicher Felsbilder. Die männliche Gestalt, die die Axt über ein sich vereinigendes Paar hält (Abb. 20), lebte noch in dem neuzeitlich-skandinavischen Brauch fort, dem Bräutigam zur Hochzeit eine Axt zu überreichen – als Zeichen der Herrschaft *und* Fruchtbarkeit. Denn Herrschaft setzte Fruchtbarkeit voraus – aus dem uralten Glauben heraus, daß der König als Stellvertreter für Volk und Land deren Lebenskräfte in sich trüge (S. 37). Aus diesem Grund mußten viele mythische Heroen ungewöhnliche sexuelle Anstrengungen unternehmen, um ihren Thronanspruch zu rechtfertigen: So beschreibt ein keltisch-irisches Heldenepos, wie die Inthronisierung »mit der öffentlichen Paarung des Königs mit einer weißen Stute beginnt. Das Tier wird anschließend zerlegt und gekocht, wonach es vom Volk und seinem König verspeist wird, der schließlich noch in die Kochbrühe getaucht wird« (Kruta 1979). Solche barbarischen Rituale offenbaren die Bedeutung, die der Manneskraft des Königs beigemessen wurde; und aus demselben Grund berichten Mythen und Sagen auch viel Wunderbares über die Potenz eines Gilgamesch, Herakles oder Salomo, der »einen Harem mit 700 rechtmäßigen Frauen und 300 Konkubinen« unterhalten haben soll (Müller 1973/74).

Diese Überlieferungen sind nur aus dem Prozeß der Patriarchalisierung heraus zu erklären. Er begann damit, daß die ›Große Göttin‹ beziehungsweise ihre Priesterin in den Tempel, das heißt in den rein sakralen Bereich abgedrängt wurde. Je größer die Gemeinschaft wurde, je mehr Verantwortung für das Gedeihen von Pflanzen, Vieh und Menschen auf das profane Amt des Königs überging, je höher seine öffentliche Macht wuchs, um so aktiver wurde seine Rolle in der Heiligen Hochzeit gesehen (S. 37). Um so extremer entfalteten sich die Rituale, die seine Zeugungskraft gewährleisten und damit seine Herrschaft festigen sollten. Aber mit dem Autoritätsver-

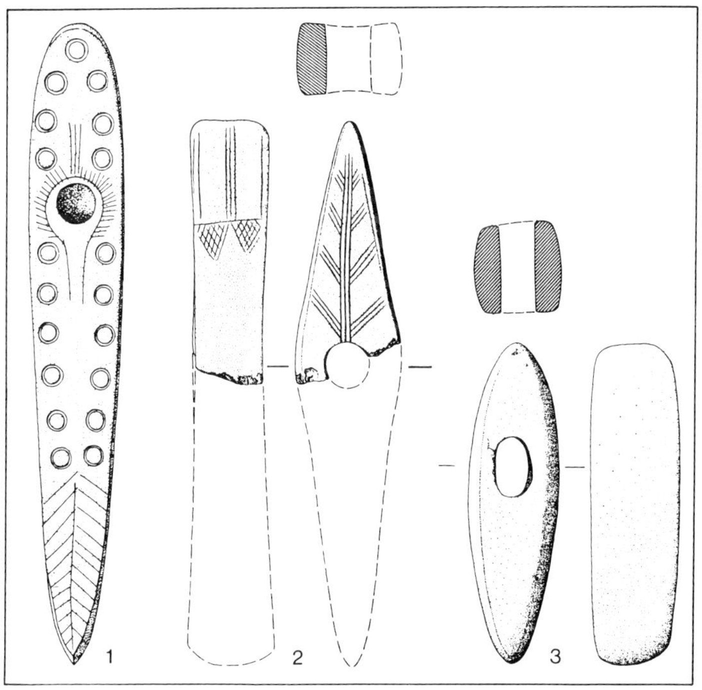

Abb. 19 Steinerne Prunkäxte der späten Jungsteinzeit aus Mitteldeutschland, Länge 34 cm (1); Bischofsheim (RG), Länge 24 cm (2); Ettringen (UAL), Länge 13 cm (3); (nach Müller-Karpe 1974; Maier 1964).

lust der Priesterin war die Herrschaft des Königs auch gefährdet durch ebenso potente Rivalen, und um so entschlossener mußte sie mit Waffengewalt verteidigt werden.
Es war die »schon mythisch als sündhaft beklagte Überbevölkerung« (Woytowitsch 1985), die neue – staatliche – Ordnungssysteme erforderte und in allen alten Mittelmeerreichen die gleiche politisch-religiöse Entwicklung nach sich zog. Sie drückt sich im Kult in der Koppelung aus Waffen- und Sexualsymbolik aus, magischen Chiffren für Herrschaft und Zeugungskraft. Außerhalb der alten Hochkulturen schweigt die mythische Überlieferung. Aber Tatsache ist, daß der gesellschaftliche Wandel am Übergang Steinzeit–Metallzeit archäologisch greifbar in dem männlichen Fruchtbarkeitszauber um Gestalt und Gebrauch der Streit- und Prunkäxte gipfelt, die deshalb nicht weniger als die »Formung der patriarchalen Organisation der Gesellschaft« widerspiegeln (Zápotocký 1966), das heißt die Umformung der alten Mythen in die neuen Mythen des Patriarchats. Dieser Prozeß erstreckte sich in Mitteleuropa etwa vom 4. bis zur Mitte des 2. Jahrtausends v. Chr., über annähernd zweitausendfünfhundert Jahre (!). In diesem Zeitraum – zwischen den matrifokalen Strukturen der frühen Bauern einerseits (S. 39) und dem historischen Patriarchat der Bronzezeit andererseits, wie es uns in den Epen Homers entgegentritt (S. 84), vollzog sich die Polarisierung der Geschlechter.
Weil Fruchtbarkeit nicht mehr primär auf der Wirkung des weiblichen Prinzips beruhte (S. 37), sondern auf dem Zusammenschluß beider Prinzipien, entwickelte sich in einer ersten Phase eine doppelgeschlechtliche Symbolik. Sie kommt auffällig in Gestaltung und Verzierung einiger phallisch geformter Menhire zum Ausdruck oder – versteckter – in der Übereinstimmung von magischen Zeichen auf so gegensätzlichen Kultobjekten wie Axt und Spinnwirtel, dem tönernen Schwungrad der Spindel (Taf. 25). Streitaxt und Spindel, die (zerstörende) Waffe des Mannes und das (schöpferische) Gerät der Frau – sie wurden zu Symbolen einer neuen Ordnung mit deutlich unterschiedlichen Wertvorstellungen für jedes Geschlecht. Auch wenn das nichts über die tatsächliche Stellung der Frauen im 3. Jahrtausend v. Chr. besagt, ist darin im Ansatz genau die Polarisierung zu erkennen, die in den Worten Hektors zu Andromache gipfelte: *»Geh' ins Haus du nur und besorge deine Werke, die Spindel und den Webstuhl . . ., der Krieg soll Sache der Männer sein.«* (Eibner 1986)

Abb. 20 Felszeichnung aus Bohuslän, Schweden.

Einen entscheidenden Schritt auf dem Weg zu dieser Gesellschaftsordnung bildete das Eindringen der Männer in Religion und Kult und ihre Wahrnehmung öffentlicher Aufgaben in diesem Bereich. Irgendwann verschwand die ›Große Göttin‹ im Rauch eifrig entfachter Opferfeuer, an ihrer Stelle trat der Priester hervor und erhob die Axt . . .

Den Geiern zum Fraß . . .

Ein Urteil über das reale gesellschaftliche Gewicht der Frau im Verlaufe der Jungsteinzeit fällt deshalb so schwer, weil allgemein Anzahl, Art und Ausstattung der Gräber keine sozialen Gruppierungen mehr erkennen lassen. Für den bayerischen Raum im besonderen gilt seit dem 5. Jahrtausend, daß wir nicht wissen, wie man sich der Toten *in der Regel* entledigte. Ob man sie verbrannte und die Asche über die Felder streute, ob man sie auf Bäumen aussetzte, in den Fluß warf oder den Tieren zum Fraß überließ . . . wir wissen es nicht und werden es nie

erfahren. Wie die unendlich vielfältigen Bestattungssitten außereuropäischer Kulturen lehren, ist es müßig, darüber zu spekulieren, auf welche Weise man die Leiche einem der vier Elemente übergab. In ihren Erinnerungen »Schatten wandern übers Gras« schrieb Tania Blixen: »Er ging fort und kehrte gegen Abend mit einem Totenschädel wieder. Das klingt nun recht hochdramatisch, war aber an und für sich nichts Außergewöhnliches. Seit Jahrhunderten hatten die Eingeborenen ihre Toten nicht begraben, sondern irgendwo auf der Steppe ausgesetzt, wo Schakale und Geier sich ihrer annahmen. Wenn man dort ritt oder spazierenging, konnte es einem jederzeit passieren, daß man im hohen Gras auf einen bernsteingelben Schenkelknochen oder einen honigfarbenen Schädel stieß«. Das war Afrika im 20. Jahrhundert.
In Bayern lassen sich nur noch die Ausnahmen von der Regel archäologisch erfassen, ausgewählte Personen, die der Erde anvertraut werden, und dies immer häufiger unter Wahrung bestimmter Vorsichtsmaßnahmen, die der Furcht vor ›gefährlichen Toten‹ entspringen (S. 36). Seit dem 4. Jahrtausend scheint die Haltung der Lebenden ganz allgemein von Vorsicht gegenüber der Leiche beherrscht – gegenüber dem unbehausten Toten, der nicht mehr zum Diesseits und noch nicht zum Jenseits gehört. Als ›lebender Leichnam‹ kann er hören und sehen, was um ihn herum vorgeht; Achtsamkeit ist geboten, er könnte sich rächen für erlittenes Unrecht, so wie auch er Rechte besitzt, bis sich die ›Seele‹ vom Körper löst. Diese Vorstellung, in zahlreichen Kulturen verwurzelt, bis hinein in den bayerischen Volksglauben des vorigen Jahrhunderts wirksam, ist einer der Beweggründe, der zur Aufbahrung des Toten führt, unter Umständen auch über längere Zeit hinweg: »Zum Teil scheint man auf engstem Raum mit Toten zusammengelebt zu haben, die bereits ihre schlimmste Fäulnisphase durchliefen« (Berg 1981).
Die weithin gültige Vorstellung vom ›lebenden Leichnam‹ schließt nicht aus, daß sich mit der Aufbahrung von Fall zu Fall, von Kultur zu Kultur, sehr unterschiedliche Absichten und Zeremonien verbinden konnten – sei es, um die Leiche zu verbergen (unzeitiger Tod), zu konservieren (Tod fern der Heimat) oder zur Schau zu stellen (Ahnenkult), sei es, bis die Zeit der Trauer abgelaufen war, bis die Leichenfeier beendet oder bis der Tote in die Welt der Ahnen eingetreten war. Umgekehrt konnte das Ziel der Aufbahrung oder Aussetzung auch in einer Beschleunigung der Verwesung liegen, um den Körper möglichst rasch vom ›unreinen‹ Fleisch zu befreien und nur die gebleichten Knochen zu bestatten. Viele verdreht im Grabe liegende, unvollständige Skelette und Skeletteinzelteile (Schädel) erklären sich einleuchtend durch solch ›verzögerte‹ oder ›mehrstufige‹ Bestattung – sei es, daß sich die Knochen dabei aus ihrem natürlichen Verband lösten, sei es, daß nur ausgesuchte Knochen verehrungswürdig erschienen. In Bayern lassen sich dafür Beispiele aus der Oberlauterbacher, vor allem der Münchshöfener und der Michelsberger Kultur anführen, das heißt vom 5. bis 3. Jahrtausend v. Chr.
Im 4. Jahrtausend v. Chr. breitete sich in West- und Nordeuropa der Brauch aus, Totenhäuser – als Megalith- oder Großsteingräber, im Volksmund als ›Hünengräber‹ bekannt – zu errichten, die nach und nach, wahrscheinlich als Folge eines erstarkenden Ahnenkultes, ganze Familien und Sippen, manchmal Hunderte von Toten aufnahmen, entweder als Leichen oder – nach der Aufbahrung – als mehr oder weniger vollständige Knochenbündel (ähnlich der nachträglichen Beisetzung skelettierter Körperteile in katholischen Karnern, in deren Regale sich Schädel und Langknochen stapeln). Die Sitte dieser sogenannten Kollektivgräber erfaßte auch den hessischen und mitteldeutschen Raum. Aber trotz der erwähnten unmittelbaren Kontakte zwischen Nordbayern und den Erbauern der hessischen Steinkammern beziehungsweise denjenigen der mitteldeutschen Gruftanlagen (Abb. 75), sind der Chamer Kultur solche Grabkammern nicht zuweisbar, mehr noch, es fehlen jegliche Spuren ihrer Toten. Es scheint so, als hätte die zweite Bestattung nicht stattgefunden – es sei denn, in oberirdischen hölzernen Kammern, die in unserem Klima und in unserer Kulturlandschaft freilich keine Chance gehabt hätten, zu überdauern; sie wären längst verrottet, die Gebeine verstreut . . .

Rohstoffprobleme

Zum Eindruck der Rückständigkeit Mitteleuropas im 3. Jahrtausend v. Chr. hatte vor allem die Tatsache beigetragen, daß Kupfer plötzlich in weiten Teilen keine Rolle mehr spielte – bezeichnenderweise ist der bisher einzige nennenswerte Metallfund der Chamer Kultur ein Angelhaken mit dem bescheidenen Gewicht von 2,99 Gramm

(Abb. 21). Man vermutete hinter dieser Tatsache ein konservatives, metallablehnendes Gruppenverhalten. Dafür gibt es allerdings keinen einleuchtenden Grund. Im Gegenteil, in allen altbewährten jungsteinzeitlichen Technologien wurde der Fortschritt vorangetrieben, und die Faszination des Metalls war keineswegs erloschen, denn metallene Vorbilder beeinflußten die steinernen Axt- und Beilformen nach wie vor. Deshalb liegt die Vermutung näher, daß der Warenstrom plötzlich versiegte – weil die Lagerstätten erschöpft waren, weil Wanderungen oder kriegerische Auseinandersetzungen die Handelsrouten störten. Denn auf unruhige Zeiten weist vieles hin, auch in der Chamer Kultur: Die Spuren der Kämpfe um ihre Wehranlagen und die steigende Mobilität der Menschen, nicht zuletzt der Aufbruch vieler Gemeinschaften diesseits und – noch auffälliger – jenseits des Böhmerwaldes (und weiter bis hinunter in die Slowakei) in bislang siedlungsleere, verhältnismäßig hoch gelegene, feuchtere Gebiete, deren sandig-steiniger Boden bis heute nur geringen Ertrag einbringt und keine Anziehungskraft auf eine fortschrittlich gesinnte Ackerbaukultur ausgeübt haben kann. Was also mag die Menschen zu diesem kargeren Leben bewogen haben und mit welchen Mitteln bewältigten sie es?

Mit Hilfe archäologischer Fakten darauf zu antworten, fällt schwer, weil wir nur Bruchstücke des historischen Geschehens in Händen halten, oft genug im wahrsten Sinn des Wortes in Form von Scherben. Erwähnenswert sind in diesem Zusammenhang zwei (!) Scherben aus der Goldberg-Siedlung im Ries, aufgrund mineralogischer Untersuchungen zweifelsfrei vor Ort getöpfert, aber nach ihrer Verzierung einem sehr fremden Kulturkreis zugehörig, der zwischen Schleswig-Holstein und der Westukraine beheimatet war, dem Kreis der ›Kugelamphoren-Kulturen‹. Hinter dem seltsamen Namen verbergen sich brisante Theorien zur Herkunft der Indoeuropäer, deren Geschichte in Europa mit dem Vordringen kriegerischer Hirtennomaden aus den südrussischen Steppen um 3400 v. Chr. begonnen haben soll.

Horden aus der Steppe?

Nördlich des Schwarzen und des Kaspischen Meeres entwickelte sich die ziemlich bunt zusammengewürfelte »Kurgan-Kultur« (Gimbutas 1979), benannt nach ihren Kurganen, ihren Grabhügeln. Zu den kulturell bestimmenden Elementen gehörten um 3400 v. Chr. die Bedeutung der Viehzucht – vor allem von Rind und Schaf, die Haltung der bisher ältesten Hauspferde (S. 52), eine grob gemagerte Keramik mit Schnurabdrücken, die Kenntnis der Metalle und des Wagens, die Bewaffnung des Mannes mit Pfeil und Bogen, Dolch oder Streitaxt und ein soziales System, in dessen Mittelpunkt Männer – mächtige ›Häuptlinge‹ – standen.

Waren diese Kurgan-Leute wirklich die kriegerischen Ur-Indoeuropäer, deren Lebensweise sie zur Eroberung Europas angetrieben und befähigt haben soll? Ursprung und Entwicklungsstand ihres Nomadendaseins lassen das kaum glaubhaft erscheinen. Die Wurzeln der Kurgan-Kultur lagen in seßhaften, eine gemischte Landwirtschaft betreibenden Gemeinschaften zwischen Bukarest und Kiew, zwischen unterer Donau und mittlerem Dnjepr, die sich unter dem Druck ihres Bevölkerungswachstums immer weiter in die eurasischen Steppen vorschoben. Auch hier blieb – wie für alle Viehzüchter – Ackerbau eine Voraussetzung: auch Nomaden leben von Brot.

Entgegen weitverbreiteter Meinung bildet Nomadentum kein primitives Übergangsstadium zwischen Jäger- und Ackerbaugesellschaft. Es entsteht – im Gegenteil – aus einer höherentwickelten, steppennahen Landwirtschaft, die auch diejenigen Trockengebiete, auf denen kein Weizen gedeiht, als Weideland zu nutzen vermag, auch wenn das die Überwindung weiter Entfernungen zwischen Sommer- und Winterweiden voraussetzt. Diese Entfernungen sind so groß, daß die ganze Lebensgemeinschaft mit den Herden mitziehen muß, aber auch wiederum

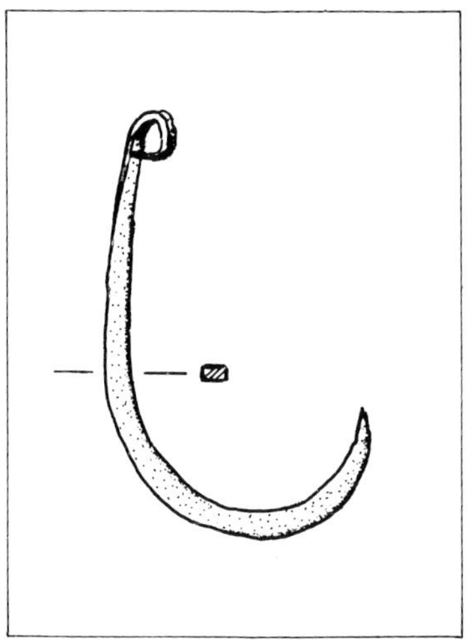

Abb. 21 Kupferner Angelhaken der Chamer Kultur (etwa 3200–2300 v. Chr.), einer der ältesten Metallfunde Bayerns. Riekofen (R); Länge 4,3 cm; Museum der Stadt Regensburg.

nicht so groß, daß der lebensnotwendige Kontakt zu Ackerbauern, eigenen oder fremden, verloren geht. Das ist nicht schwer, denn die jährlichen Wanderungen führen letztlich nicht sehr weit; bei zentralasiatischen Nomaden zum Beispiel betrugen die zurückgelegten Strecken im Durchschnitt 150 km. Geschwindigkeit spielt deshalb keine Rolle, wohl aber die Leistungsfähigkeit der Träger beziehungsweise der Tragtiere. Als solche richteten die Kurgan-Leute – vielleicht als erste – die in ihren Steppen heimischen Wildpferde ab, erfanden dazu – vielleicht – eine Kopfschirrung, eine Art Zaumzeug, auf das die sogenannten »Trensenknebel« hinweisen könnten. (Der Beginn der Domestikation des Pferdes in den südrussischen Steppen im 4. Jahrtausend v. Chr. ist in jüngster Zeit allerdings wieder umstritten).

Die Entwicklung der südrussischen Kulturen war das Ergebnis optimaler Anpassung bäuerlicher Lebensweise an die kontinentalen Klimabedingungen: an die kalten und trockenen Hochebenen des Kaukasus, an das mildere und feuchtere Vorgebirge, an die niederschlagsarmen Grassteppen und die feuchteren Waldsteppen des Tieflands, an die heißen Sommer und die strengen Winter. Eingeschränkter Ackerbau wurde durch ausgedehnte Weidewirtschaft wettgemacht. Die Bevölkerungszahl wuchs, und es kam zu Kontakten mit den transkaukasischen Regionen, mit Ostanatolien und Mesopotamien. Auf diese Weise fanden Luxusgüter, Technologien und Ideen aus hochentwickelten Zivilisationen ihren Weg in nordkaukasisches Gebiet. Zwischen 3500 und 3000 v. Chr. kamen in den südrussischen Steppen die ersten Fahrzeuge in Gebrauch – schwere vierrädrige Wagen mit massiven Scheibenrädern, die von Rindern gezogen wurden. Pferde eigneten sich dazu – noch – nicht, sie waren zu schmächtig und konnten nicht unterm Joch gehen wie Ochsen. (Vor Erfindung des Kummets im Mittelalter ließ sich das Pferd nur mit einem Riemen um den Hals anspannen, so daß es sich bei starkem Zug fast erwürgte.) Es ist unklar, ob diese ungelenken Gefährte als reale Transportmittel eingesetzt wurden oder nur als Totenwagen. In den Kurganen fanden sich jedenfalls auch zweirädrige Karren mit Scheibenrädern – das Tonmodell eines solchen Karrens aus jüngerer Zeit (2500–2000 v. Chr.) sieht aus wie ein mit Planen bespannter Präriewagen –, und vielleicht hatten die Kurgan-Leute auch als erste gelernt, Pferde vor solch leichtere Wagen zu spannen.

Aber selbst wenn in den Steppen leichte Transport- oder Zeremonialwagen in Gebrauch waren, schuf das keine Voraussetzungen für Eroberungen über weite Landstrekken. Das war der Erfindung des schnellen Streitwagens mit Speichenrädern und den ersten Reiterheeren vorbehalten. Beide stellen spätere Entwicklungsstufen des 2. und 1. Jahrtausends v. Chr. dar. Die irrige Einschätzung der Kurgan-Leute als expansive Steppenkrieger beruht vor allem auf der fehlenden Unterscheidung zwischen diesen Stufen: erstens die einer halbnomadischen Wirtschaftsweise, die die Besiedlung der eurasischen Steppen erlaubte; und zweitens die einer rein nomadischen Lebensweise von berittenen Hirten, die sich frühestens gegen 1600 v. Chr. im südrussischen Steppengebiet entwickelte, als es gelungen war, schwerere Pferde zu züchten. Erst diese ließen sich auch im Kampf einsetzen, und erst mit dieser Kavallerie begannen die Eroberungszüge bewaffneter Reiter, die die bäuerliche Bevölkerung Europas im 1. Jahrtausend v. Chr. heimsuchten – die Kimmerier, die Skythen (Taf. 48) – und die zur Errichtung von Militäraristokratien auch außerhalb der Steppe führten. Eine letzte Steigerung dieser blutigen Plage bedeutete der Vorstoß der Steppenvölker aus der inneren Mongolei, der im 5. Jahrhundert n. Chr. mit den Hunnen begann und seinen Höhepunkt im 13. Jahrhundert unter Dschingis Khan erreichte. Der militärische Erfolg all dieser Horden beruhte nicht auf ihrer Zahl, sondern auf ihrer Schnelligkeit und einer dem Kampf zu Pferde immer besser angepaßten Waffentechnik – kleineren, handlichen Bögen, längeren Hiebschwertern, zuletzt den Steigbügeln, die in Europa erst im 7. Jahrhundert n. Chr. auftauchten.

Die Kurgan-Leute des 4. und 3. Jahrtausends v. Chr. waren noch weit entfernt von dieser militärischen Perfektion. Eine Eroberung Mitteleuropas, das ganz andere Bewirtschaftungsmethoden erforderte als die Steppen, lag weder in ihrem Sinne noch im Rahmen ihrer Möglichkeiten. Nur in den Randzonen der Kurgan-Kultur ist mit Bevölkerungsverschiebungen zu rechnen. Das mag mit saisonalen Wanderungen der Hirten begonnen und zu regelmäßigem Güteraustausch geführt haben – um Vieh (Packpferde?), Häute, Wolle (Schafe!), Gold (?) gegen Getreide, Kupfer (und Frauen?). Solche Kontakte konnten unter Umständen in Konfliktsituationen enden; Handelspfade standen schließlich auch räuberischen Scharen offen. In unmittelbarer Nachbarschaft der Schwarzmeergebiete, in Rumänien, Bulgarien und Ostungarn soll es

»um 3400–3200 v. Chr.« (Gimbutas 1980) zu feindlichen Einfällen der Kurgan-Leute gekommen sein. Die archäologischen Beweise dafür sind aber umstritten. Übereinstimmung herrscht nur darin, daß zu dieser Zeit im balkanisch-karpatischen Raum ein allgemeiner kultureller Umbruch zu registrieren ist, der einen Rückschritt in der Metallurgie einschloß und ein drastisches Absinken der Kupferproduktion. Damals scheinen die einfach zu verhüttenden oxydischen Erze wie in Aibunar (Bulgarien) erschöpft gewesen zu sein (Taf. 31). Gleichzeitig blühte die Metallurgie Anatoliens und des ägäischen Raumes auf. Durch die Verlagerung der wirtschaftlichen Macht wurde auch der Kupferhandel zwischen dem Balkan und Mitteleuropa unterbrochen (S. 48) – obwohl die Kontakte längs der Donau nie zum Erliegen gekommen sind.

Milch – Wolle – Muskelkraft

Entscheidend für Europas Geschichte wurden jedenfalls nicht die fraglichen Einfälle vermeintlicher Nomaden, sondern ein ganz anderer Umstand: die Ausbreitung bestimmter Errungenschaften über die bereits bestehenden Kontakte zwischen Ost und West. Als treffendes Beispiel kann die Erfindung des Wagens gelten. Die ältesten (schriftlichen) Belege um 3500 v. Chr. stammen aus Mesopotamien; wenige Generationen später war die Kenntnis bis in die südrussischen Steppen vorgedrungen; um 3200 v. Chr. tauchen die Zeichnung eines vierrädrigen Fahrzeugs auf einem Tongefäß in Polen und zweirädrige Rindergespanne auf der Platte des Megalithgrabes von Lohne in Nordhessen auf (3500–2800 v. Chr.); die ersten Holzräder aus Schweizer Ufersiedlungen schließlich werden dendrochronologisch um 2700 v. Chr. datiert (Abb. 22). Gegen Ende der Jungsteinzeit wurden Technologien und Ideen in immer kürzeren Zeitabständen über immer größere Entfernungen hin transportiert – nicht durch Völkerwanderungen mit Ochsenkarren, die schwerfällig durch unwegsames Gelände rumpelten, nicht durch dahinstürmende Reiternomaden, sondern einfach weil die Zahl der Menschen drastisch zugenommen hatte. Bevölkerungswachstum und Kommunikationstransfer stiegen proportional zueinander. Es steht außer Zweifel, daß Mobilität von Personen dabei eine Rolle spielte. Aber es war die Mobilität von Bauern, die Tragtiere, Räderfahrzeuge mit Gespann und Weidewirtschaftsformen der Steppenkulturen kennengelernt hatten. Sherratt (1981) hat ein interessantes Modell entwikkelt, wie sich zwischen 3500 und 2500 v. Chr. erneut eine ›wirtschaftliche Revolution‹ abgespielt haben könnte, die vielleicht in Verbindung mit einer Klimaverschlechterung zwischen 3200–2900 v. Chr. zu sehen ist und zur Nutzung der ›Zweitprodukte‹ Milch und Wolle führte, zur Abrichtung von Pack- und Zugtieren. (Seit dieser Zeit ist auch der von Rindern gezogene Pflug nachweisbar, aber das schließt nicht aus, daß er viel älteren Ursprungs ist.) Statt des toten Tieres, seinem Fleisch und seiner Haut, verwertete man nun an erster Stelle das lebende Tier einschließlich seiner Muskelkraft, zusätzlich zur mehr oder weniger intensiven Feldbestellung, deren Umfang von Landschaft, Klima und Bodengüte abhing. In Mitteleuropa konnte Weidewirtschaft den Ackerbau nirgends ersetzen, sondern nur ergänzen. Nomadentum hat es deshalb hier nie gegeben.

Diese sogenannte zweite Revolution (in Wirklichkeit das Ergebnis langer sorgfältiger Zucht) kam aus Mesopotamien über den Kaukasus in die eurasischen Steppen (mit Ausnahme des domestizierten Pferdes). Von hier breiteten sich Idee und Kenntnisse Richtung Westen auf zwei Wegen aus. Der erste führte nördlich der Karpaten in die großen Ebenen Nordeuropas hinein, archäologisch nachvollziehbar in der Ausbreitung der Kugelamphoren-Kultur, die in die Trichterbecher-Kulturen ›eindringt‹, sie schließlich ›verdrängt‹. Der zweite Weg südlich der Karpaten durch den Balkan folgte dem Lauf der Donau nach Westen. In unseren nördlichen Breiten haben sich die Produktion von Milch und Wolle sowie Tiergespanne letztlich überall durchgesetzt. (Das war keineswegs selbstverständlich. Zum Beispiel wirken sich Milchzukker beziehungsweise -säure, das heißt Milch beziehungsweise Käse, ganz unterschiedlich auf den Verdauungsap-

Abb. 22 Modell eines Wagenrades aus Ton, späte Jungsteinzeit oder Frühe Bronzezeit. Siedlungsfund aus Regensburg-Harting; Durchmesser 6 cm; Archäologisches Museum im BMW Werk Regensburg.

parat aus; viele Bevölkerungsgruppen reagieren daher lactoseunverträglich). Aber unbekannte gesellschaftliche Faktoren konnten eine rasche Aufnahme der Neuerungen begünstigen oder verzögern. Das läßt sich archäologisch selten direkt erkennen – Weidewirtschaft ist überdies schwer nachweisbar –, kann sich aber indirekt in Begleiterscheinungen wie Keramik, Bestattungssitten und Statussymbolen äußern, die gleichbedeutend für Brauchtum und Glaubenswelt, für Zeremonien und Hierarchien stehen. Derartiges entwickelt sich unter Gleichgesinnten, die ihren Zusammenschluß durch gemeinsame Riten zu festigen suchen, um dadurch ihr Wissen, ihr Know-how oder eine Technologie, geheim zu halten. Auf diese Weise kann für uns das Bild einer neuen Kultur entstehen – obwohl weder ein Bevölkerungswechsel noch eine Invasion stattfanden, allenfalls eine Art Binnenkolonisation, die Erschließung bis dahin unbesiedelter Landstriche. Ein typisches Beispiel dafür ist die erwähnte Kugelamphoren-Kultur (S. 48), eine isolierte Erscheinung inmitten unterschiedlichster bodenständiger Bauernkulturen, kenntlich nur an ihrem Trinkgeschirr – mit Schnurverzierung! – und Grabsitten, die Traditionen der Steppenkulturen verraten. Die Leute mit Kugelamphoren besaßen offenbar irgendein Know-how, mit dem sie ihrer unmittelbaren Umgebung überlegen waren – mag es nun die Viehzucht (speziell die Rinderhaltung), den Pflug, den Anbau von Dinkel (einer widerstandsfähigeren Getreidesorte; vgl. S. 70), die Herstellung von Rad und Wagen oder den Zugriff auf einen Rohstoff (Bernstein? Feuerstein aus Polen?) betroffen haben, oder ... Zweifellos kam dieses Know-how aus Osteuropa, aber es wäre eine gänzlich unlogische Vorstellung, daß Leute scharenweise vom Schwarzen Meer aufgebrochen sein sollten, um damit die norddeutschen Tiefebenen zu erobern (Abb. 16).

Im bayerischen Donauraum sind Kontakte mit Ost- und Südosteuropa zunächst nur punktuell zu erkennen – die einschneidigen Sichelmesser (Abb. 13) und das plötzliche Auftreten des Pferdes in der Altheimer Kultur könnten erste Anzeichen sein. Die Kontakte verdichteten sich zur Zeit der Chamer Kultur, und in ihrem jüngeren Abschnitt kam es zur »weiträumigen Ausdehnung der Osteinflüsse« (Burger 1988). Wirtschaftsware der Kugelamphoren-Leute mit ›Besenstrich‹ und Textilabdruck (Taf. 24) erreichte Bayern über Böhmen; bestimmte Kultgefäße (›Kreuzfußschalen‹) und bombastische Spinnwirtel, in Südrußland beziehungsweise in Ostrumänien beheimatet, wurden donauaufwärts verbreitet – wie übrigens auch das Hauspferd. Spinnwirtel und Webgewichte der Chamer Kultur (Taf. 25) weisen auf neue Fertigkeiten im Textilhandwerk hin; die Aufsiedlung ackerbaufeindlicher Böden und niederschlagsreicher Höhenlagen läßt sich einleuchtend mit verstärkter Weidewirtschaft, insbesondere der Zucht von Wollschafen erklären (die sich in dem spärlichen Tierknochenmaterial allerdings noch nicht zu erkennen geben).

So entsteht als Modell für die Chamer Kultur das Bild einer Gesellschaft, die sich – im Laufe von Jahrhunderten wohlgemerkt! – unter dem Druck des allgemeinen Bevölkerungsanstiegs auf allmählich ausgelaugten Böden und damit verbundenen sozialen Konflikten – sichtbar im Kampf um die Befestigungen – auf neue Formen der Viehzucht spezialisierte, sich damit ohne schwere Rodungstätigkeit neues Land und neue Erwerbsquellen erschloß. Die Produktion von Milch und Käse, die Haltung von Wollschafen und Pferden, die Abrichtung der Rinder als Zugtiere, der Pferde als Saumtiere könnten lohnend und durch die stärker aufgelichteten Wälder in neuem Umfang möglich geworden sein.

Herden sind bewegliches Gut, und nicht zuletzt deshalb nahm auch die Beweglichkeit der Menschen am Ende der Jungsteinzeit zu. Aber eine Invasion berittener Nomaden aus den Schwarzmeersteppen, die Europa ihrer Sprache, Sozialstruktur und Religion unterwarfen – diese Theorie geht allzu vertrauensselig von dem Bild aus, das die Sprachforscher im vorigen Jahrhundert von den Indoeuropäern entwarfen.

Auf der Suche nach den Indogermanen

Lange Zeit, besonders während des Nationalsozialismus, besaß die Herkunft der Indogermanen oder Indoeuropäer eine solch nationale Faszination, daß sich kurzerhand aufgestellte und völlig unbewiesene Behauptungen nur so überschlugen. Nach dem Krieg galt es diese wieder auszuräumen, und auf diese Weise hat man in fast allen nord-, mittel- und osteuropäischen Kulturen schon einmal die Herkunft der indoeuropäischen Sprachgemeinschaft vermutet. Das Problem schien unlösbar und die Wissenschaft schob es beiseite, zumal die Verquickung mit der Ideologie des Nationalsozialismus dazu geführt hatte, daß die Frage nach dem ›Urvolk‹ einer gemeinsamen ›Ursprache‹, die in Wortstämmen von Island bis Indien zu finden ist, gewissermaßen als unfein galt (S. 28). Neue Denkanstöße kamen deshalb bezeichnenderweise nicht von deutscher Seite, sondern von einer Baltin aus Kalifornien, Marija Gimbutas (1980). Sie benannte die Kurgan-Kultur als jene ur-indoeuropäisch sprechende hypothetische Mutterkultur, die mit Hilfe der ›Grundwörter‹ erschlossen worden ist. Weil Gimbutas' Theorie inzwischen große Popularität gewonnen hat, ist sie so ausführlich diskutiert worden. Aber welche Konsequenzen ergeben sich nun daraus für die Herkunft der Indoeuropäer?

Die vergleichende Sprachforschung hat bereits im 19. Jahrhundert begonnen, die ›Ursprache‹ zu rekonstruieren und eine Art ›Urlexikon‹ zu verfassen. Die Methode war genial, übersah aber einiges (zum Beispiel die Möglichkeit späterer Lehnwörter) und hatte verhängnisvolle Folgen. Aus dem Wortschatz schloß man auf den Alltag einer Kultur von Hirtennomaden, die das Pferd, den Wagen und die Metalle (bis auf das Eisen) kannten, deren Krieger mit Pfeil und Bogen und Axt bewaffnet waren, deren Gesellschaft hierarchisch gegliedert und patriarchalisch organisiert war, deren geistig-religiöses Weltbild auf der Vorherrschaft männlicher Götter beruhte und Sonne, Waffen und Pferde in den Mittelpunkt stellte. Der erste Forscher, der die »indoeuropäische Frage archäologisch beantwortet(e)«, Gustav Kossinna (1902), fand alle diese Elemente in der Kultur der Schnurkeramik vereint. Er siedelte deren Urheimat im germanischen Norden an und identifizierte sie mit den Indogermanen, weil beides weiträumige Erscheinungen waren, die den Norden Europas mit dem Osten verbanden. Damit setzte Kossinna als erster Keramik als Ausdruck materieller Kultur mit Volk und Sprache gleich (S. 28) und hinterließ eine Hypothek, die Sprachforschung und Archäologie von da an gleichermaßen belastete und zur Folge hatte, daß sich ihre Vertreter gegenseitig zu Kronzeugen beriefen. Auch Gimbutas argumentierte mit dem Spiegelbild der Sprache und untermauerte nur die alte Steppentheorie mit neuen Daten zum Beginn der Pferdehaltung. Vereinfacht gesagt: Weil die Liste der Grundwörter weniger Pflanzen als Tiere enthält, darunter das Pferd, gelten die Indoeuropäer als berittene Nomaden; weil die Kurgan-Leute Pferde hielten und in den südrussischen Steppen Weidewirtschaft trieben, wurden diese zur ›Urheimat‹ der Indoeuropäer. (Bemerkenswerterweise gibt es aber kein gemeinsames indoeuropäisches Wort für ›reiten‹).

Ob Schnurkeramik- oder Kurgan-Kultur, die Methode der Theoriebildung blieb die gleiche, sie wurde nur verfeinert. Die Schnurkeramik-Theorie ist längst widerlegt und wird nur noch in schlechten Schulbüchern aufgewärmt (Taf. 27). Und der Einfluß der Kurgan-Kultur auf die jungsteinzeitlichen Kulturen Mitteleuropas muß mit der Ausbreitung der indoeuropäischen Sprache nicht das Geringste zu tun haben, ja widerspräche sogar der historischen Wahrscheinlichkeit. Denn die Geschichte der Nomaden, auch der militantesten, zeigt, daß sie meist ziemlich rasch die Sprache der zahlenmäßig überlegenen bäuerlichen Bevölkerung annahmen.

Es gibt viele Hinweise darauf, daß Europa am Ende der Jungsteinzeit zur indoeuropäischen Sprachfamilie gehörte. Aber nichts beweist, daß dies die Folge einer Invasion kriegerischer Nomaden aus den südrussischen Steppen war, zu einer Zeit, als es weder Streitwagen noch Reiterkrieger gab. Aus den Steppen – oder genauer gesagt aus Mesopotamien, über den Kaukasus und die Ukraine – kam etwas anderes: wirtschaftliche und technologische Innovationen, die entscheidenden Einfluß auf die Kulturen Mitteleuropas ausübten.

Europa war im 4. und 3. Jahrtausend v. Chr. in einen Sog geraten, zu dem Strömungen aus verschiedensten Richtungen beitrugen. Die Einflüsse aus Osteuropa trafen auf eine Entwicklung, die seit einigen hundert Jahren in vollem Gang war – auf ständigen Bevölkerungsanstieg und zunehmende Erschöpfung der guten Ackerböden, auf kriegerische Auseinandersetzungen, Kolonisationsbewegungen, Hierarchisierung und Patriarchalisierung der Gesellschaft, und – *last not least* – auf die Ausbreitung der Metallurgie. Es war die Zeit des Umbruchs, in der sich eine bisher unbekannte gesellschaftliche Dynamik entfaltete. Mit ›Indoeuropäisierung‹ hat dies nichts zu tun.

Entscheidend ist der Umstand, daß zwei von ihren drei wesentlichen Merkmalen – indoeuropäische Sozialstruktur und Religion – mit der Hierarchisierung und Patriarchalisierung in den ›Streitaxtkulturen‹ bereits begonnen hatten (S. 44), unabhängig von einer späteren hypothetischen Einwanderung der Kurgan-Leute. So bleibt allenfalls die Frage, ob auch die indoeuropäische Sprache älteren Ursprungs sein könnte, ob ihre weiträumige Ausbreitung bereits vor dem 4. Jahrtausend im Zuge echter Wanderungen möglich gewesen wäre? Theoretisch bestand diese Möglichkeit: vielleicht »erfolgte die Ausbreitung der (frühen indoeuropäischen) Sprache und ihrer Nachfolgesprachen innerhalb Europas in Zusammenhang mit der Ausbreitung von Ackerbau und Viehzucht« (Renfrew 1987), also bereits im 7. Jahrtausend v. Chr. Es gibt auch Forscher, die die Entstehung der ›Ursprache‹ in ›Urzeiten‹ (das heißt in die Altsteinzeit) zurückverlegen, und solche, die diese ›Ursprache‹ schlicht für eine Papierkonstruktion halten, die es nie gegeben habe. Gleichgültig, ob sich diese oder jene wissenschaftliche Erkenntnis durchsetzen wird – wie die kritische Betrachtung des Kurgan-Kulturkomplexes gezeigt hat, dürfen in jedem Falle die feministischen Klischees von den indoeuropäischen Eroberern aus der Steppe, die als »Reitervölker« und »rasselnde Streitwagenheere« ins matriarchale Paradies einfielen (Göttner-Abendroth 1980; Gimbutas 1982), endgültig verabschiedet werden.

Rätselhafte Becher

Die größten Rätsel in der europäischen Frühgeschichte haben die beiden Kulturen aufgegeben, die sich im 3. Jahrtausend v. Chr. gegenüber standen: im Osten die Schnurkeramik-, im Westen die Glockenbecher-Kultur (Abb. 23). In groben Umrissen schienen sie jeweils eine Einheit und völlig das Gegenteil voneinander zu bilden; in Einzelheiten wiesen sie sehr vielfältige, aber auch sehr ähnliche Züge auf. Lange Zeit machte niemand sich die Mühe, genauer hinzusehen. Das archäologische Bild – auffällige Gemeinsamkeiten innerhalb eines riesigen Gebietes, der Mangel an Siedlungen, Einzelgräber, Waffen und Metalle als Beigaben – reichte aus, um die Vorstellung von einer kriegerischen (Reiter) oder kaufmännischen Elite (Metallhändler), von Wanderungen und Eroberungen zu festigen. Als die Schnurkeramik-Leute mit den lange gesuchten Indogermanen gleichgesetzt worden waren (S. 51), machte das solchen Eindruck, daß »die Schnurkeramiker« seitdem in vielen Büchern den Rang eines historischen Volkes einnehmen. Es dauert erfahrungsgemäß lange, bis solch einprägsame Bilder durch neue und kompliziertere Erkenntnisse aus der Welt geschafft werden. Inzwischen haben allerdings so viele Archäologen bewiesen, daß in ihrem Forschungsgebiet – in der Trichterbecher-Kultur (S. 32), in der Kugelamphoren-Kultur (S. 48), in der Kurgan-Kultur (S. 48), in Südskandinavien, in Mitteldeutschland beziehungsweise in Südrußland – *die* Schnurkeramik-Kultur (etwa 2800–2300 v. Chr.) entstanden sei, daß entweder jeder oder keiner recht hat. Des Rätsels Lösung liegt deshalb offenkundig nicht in der Ausbreitung eines Volkes, sondern in der Ausbreitung bestimmter kultureller Züge in Verbindung mit neuen Errungenschaften. Zuerst hatten daran nur wenige teil: das war die Zeit der Kugelamphoren-Kultur, der Vorläuferbewegung. Die Schnurkeramik-Kultur trat deren Erbe an und war letztlich nichts anderes *als der ständig breiter werdende Strom eines bestimmten wirtschaftlichen, technischen, auch gesellschaftlichen Standards* (Taf. 27).

Am Anfang einer solchen Ausbreitung standen direkte und möglicherweise sehr weiträumige Kontakte. In Bayern gibt es für das Einsickern von Personen, die dünne, aber um so auffälligere Spuren hinterließen, ein anschauliches Beispiel: die erwähnten beiden Kugelamphoren-Scherben auf dem Goldberg im Ries (S. 48). In diesem Zusammenhang müssen auch die berühmten (wie in der Steppe in den Boden eingetieften) »Zelthüttenbauten« mit »mutmaßlichen Tierfellabdeckungen« (Maier 1979) vom Goldberg genannt werden. Diese in der einheimischen Jungsteinzeit unbekannte Architektur verrät die Anwesenheit von Fremden, die Schnurverzierung benützten – ob nun auf Kugelamphoren oder Bechern.

Zur Ausbreitung von Ideen und Kenntnissen haben an erster Stelle immer Handel und Exogamie (Heirat außerhalb der eigenen Gruppe) beigetragen, aber im 3. Jahrtausend vor allem kleinräumige Kolonisation. Das waren keine Völkerwanderungen, sondern kurzfristige Züge zahlenmäßig beschränkter Gruppen. Sie legten stets nur kleine Strecken zurück, bis sie einen einladenden Platz gefunden hatten, um dann für längere Zeit, zum Beispiel bis die nächste Generation herangewachsen war, wieder zur Ruhe zu kommen. Kennzeichen solcher Bewegungen ist ihr langsames Tempo, und das erklärt die Jahrhunderte währende Ausdehnung schnurkeramischer Kulturelemente. Hinzu kommt, daß selbst erfolgversprechende Neuerungen nicht überall sofort angenommen werden; primitive bäuerliche Gemeinschaften hängen zäh an ihren Traditionen. Diese scheinen fast immer in irgendeiner Form durch, für den Archäologen am deutlichsten in der Keramik. In Bayern fällt das besonders

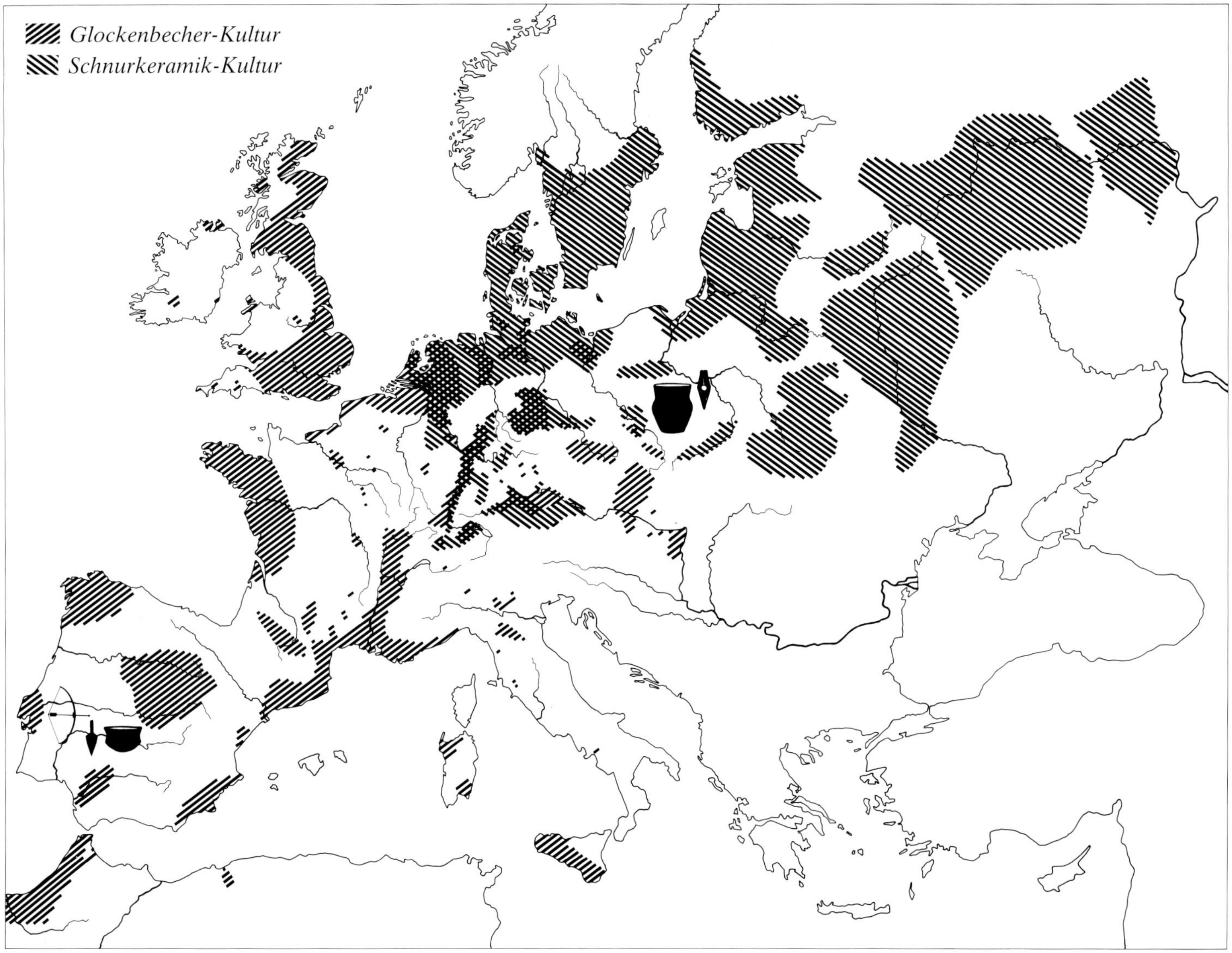

Abb. 23 Verbreitungsgebiet der Schnurkeramik-Kultur (etwa 2800–2300 v. Chr.): Kennzeichen sind das Tongefäß mit Schnurabdruck und die steinerne Streitaxt. – Verbreitungsgebiet der Glockenbecher-Kultur (etwa 2600–2300 v. Chr.): Kennzeichen sind das glockenförmige Tongefäß, der Kupferdolch, Pfeil und Bogen.

auf: zwischen Nördlinger Ries und Oberösterreich, dem südöstlichen Randgebiet der Schnurkeramik-Kultur, sind es Becher mit Fingernagel- oder Stempeleindruck, für die ein Becher aus München-Geiselgasteig namengebend wurde. Grabbeigaben aus Straubing mit Kreisstempeln (Taf. 27 Mitte) oder einer Kombination aus Schnurabdruck und Halbmondstempeln (Taf. 27 links) sind typische Vertreter dieses Regionalstiles. Er zeigt, wie stark sich die ursprüngliche ›echte‹ Schnurkeramik durch die Entfernung in Zeit und Raum schon verändert hatte. Die Zuwanderung von Leuten mit ›echter‹ Schnurkeramik (Taf. 27, rechts) kann deshalb in Bayern nicht sehr hoch gewesen sein.

Strenge Vorschriften

Die 1987 entdeckten ersten Zeltbauten der frühen Glokkenbecher-Kultur (etwa 2600–2300 v. Chr.) – drei in den Boden eingetiefte Grundrisse, etwa 5 × 7 m groß, mit schräg eingelassenen Außenpfosten – bei Prunn im Vilstal (DGF) bestätigten eindrücklich, wie wenig stabil die Menschen der Becherkulturen bauten und weshalb uns so wenig über ihre Lebensweise bekannt ist. So bleiben nur die Gräber als Quelle der Geschichte Bayerns in der 2. Hälfte des 3. Jahrtausends – die ersten regulären Grabstätten nach einer über 1000 Jahre währenden Phase ohne jegliche erkennbare Bestattungen! Sowohl die Leute mit Schnurkeramik wie diejenigen mit Glockenbechern begruben ihre Toten nach wie vor in Hockerstellung (Abb. 24; 25). Unerläßlich war offenbar der Blick zur Sonne. Der Unterschied lag in der Orientierung der Gräber, die entweder Ost-West (Schnurkeramik) oder Nord-Süd (Glockenbecher) ausgerichtet waren. Bedeutsamer erscheint die Trennung in Flachgräber (Glockenbecher) und Hügelgräber (Schnurkeramik), die ältesten in Bayern, in denen eine fremde östliche Tradition wirksam wird.

Ebenfalls gegensätzlich und doch auch wieder verbindend war die erstmals konsequent geübte Sitte, Männer und Frauen unterschiedlich beizusetzen, auf der rechten oder linken Körperseite liegend. Die Rechts-Links-Symbolik spielt bei vielen Völkern eine kulturell bedeutsame Rolle und weist ganz allgemein auf soziale Unterschiede hin, die auf betonter Arbeitsteilung beruhen. Eine Unterscheidung zwischen der ›rechten‹ (starken, geschickten, guten) Seite des Mannes und der linken (schlechten) Seite der Frau findet sich häufig bei Viehzüchtern. Es ist verlockend, diesen Gedanken auf das 3. Jahrtausend und die Schnurkeramik-Kultur zu übertragen, als Herdenhaltung und Mobilität der damit beschäftigten Männer eine neue Arbeitsteilung nach sich gezogen hatten und mit Bedeutung der Weidewirtschaft auch das gesellschaftliche Gewicht des Mannes gestiegen sein muß. Die Polarisierung der Geschlechter, die bereits im 4. Jahrtausend begonnen hatte (S. 46), kann sich auf diese Weise vertieft haben und so gesellschaftsbestimmend geworden sein, daß auch Mythen und Riten davon ergriffen wurden. Vor einer Gleichsetzung der rechten oder linken Seite mit einer guten oder schlechten Position der Geschlechter im Alltag muß man sich allerdings hüten, denn die Glockenbecher-Leute verfuhren genau entgegengesetzt. Sie legten üblicherweise Männer auf die linke, Frauen auf die rechte Körperseite, obwohl zu ihrer Zeit die Polarisierung der Geschlechter noch ausgeprägter, die Stellung des Mannes noch betonter wirkt.

Darüber geben Beigaben und Sachbesitz Auskunft, die ebenfalls Vorschriften unterlagen, besonders bei den Männern (Taf. 29). Diese Vorschriften scheinen zunehmend strenger geworden zu sein. Soweit die Gräber in Bayern einen Überblick erlauben – zusammenfassende moderne Untersuchungen gibt es nicht – bestand das Grundgeschirr einer Person oft aus Becher oder Tasse und Schüssel, die Ausstattung der Frau aus Schmuck, und die Männer waren bewaffnet. Die vollständige Ausrüstung, wie sie dem Mann in Grab 3 des kleinen Friedhofs von Barbing bei Regensburg (Abb. 25) ins Jenseits mitgegeben worden war, stellt allerdings eher die Ausnahme dar: zu seinen Füßen standen ein verzierter Becher (Taf. 28) und eine schlichte Tasse, bei den Fersen lagen ein bogenförmiger Knochenanhänger und vier Pfeilspitzen, am Gürtel trug er einen Kupferdolch und am Unterarm eine Armschutzplatte (Taf. 29). Der Tote verkörperte den typisch kurzschädligen Glockenbecher-Mann. Er war etwa 174 cm groß (die durchschnittliche Körperhöhe der Männer ohne Steilkopf betrug 168 cm) und hatte mit 50–60 Jahren ein hohes Alter erreicht. Da der

Abb. 24 Glockenbecher aus Barbing (R), Grab 3, 3. Jahrtausend v. Chr. Höhe 11,8 cm; Museum der Stadt Regensburg.

steilköpfige Menschenschlag nach Bayern eingewandert sein muß und kleine Gruppen, die auf Landsuche sind, eine festgefügte gesellschaftliche Ordnung benötigen, um sich in fremder Umgebung zu behaupten, darf man in dem Barbiger Dolchträger mit Sicherheit den Anführer seiner Gruppe sehen. Sie bestand nach den Grabungsprotokollen aus einer jungen Frau, zwei Kindern und zwei jungen Männern. Leider ist der Fundplatz nicht vollständig ausgegraben worden, aber auf die Mischung aus Männern, Frauen und Kindern stößt man so häufig, daß

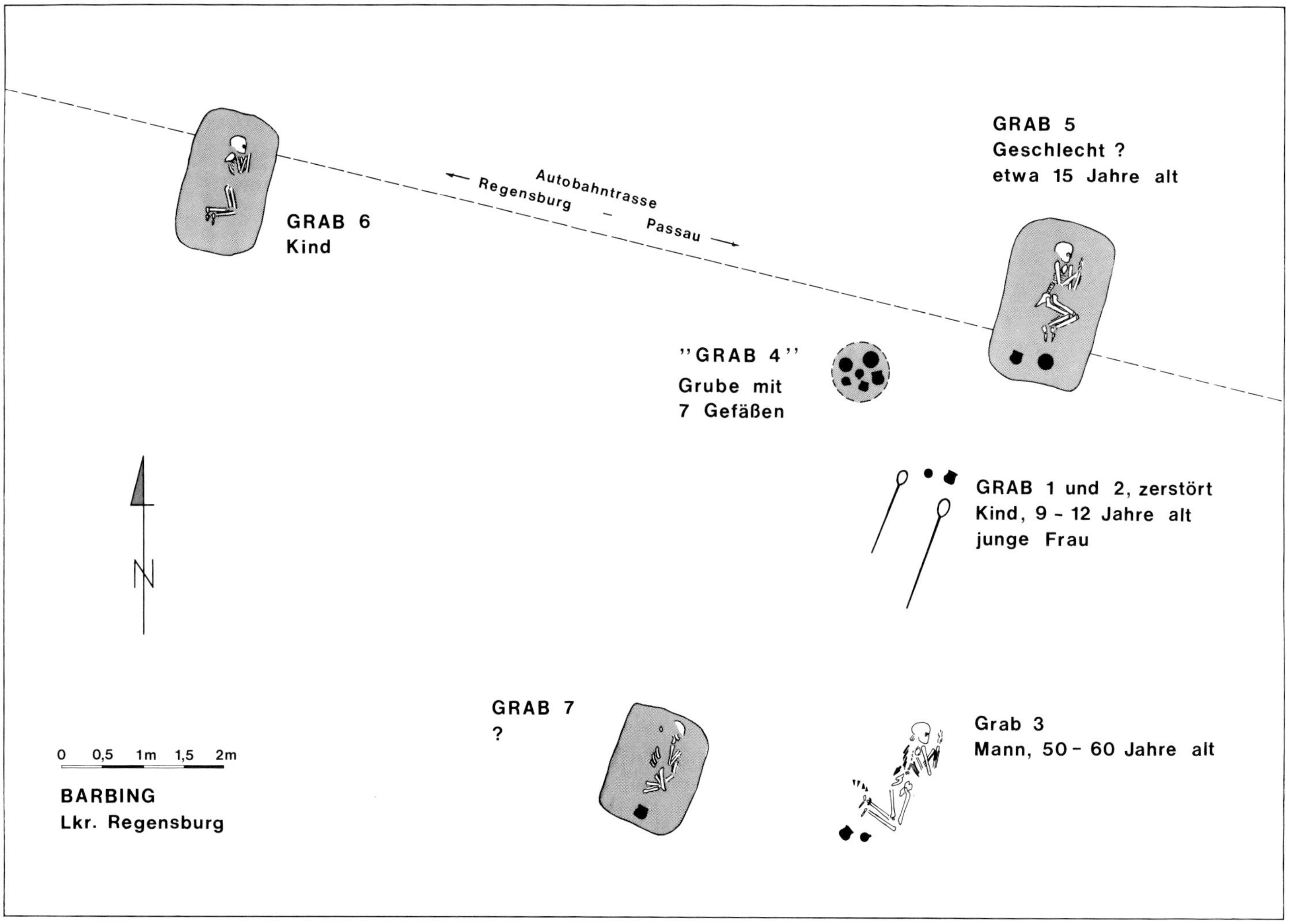

Abb. 25 Barbing (R), Friedhof der Glockenbecher-Kultur, 3. Jahrtausend v. Chr.

man wohl von ›Familienverbänden‹ der Glockenbecher-Leute sprechen sollte.

Trotz des Anführers aus Barbing Grab 3 kann von einer ›kriegerischen Elite‹ nicht die Rede sein. Die Ausrüstung der Männer wirkt militärisch gesehen alles andere als funktional. Die einzelnen Bestandteile waren austauschbar, Armschutzplatten wurden mit und ohne Pfeilspitzen am linken oder rechten Unterarm beigegeben, die Kupfermesserchen waren keine Kampfwaffen. Alles, auch die verzierten Knochenanhänger und Eberzähne, macht den Eindruck von Statussymbolen, die das Geschlecht des Toten, sein Alter, seine Stellung in der Gruppe oder seine Tätigkeit bezeichnen sollten. Mit Pfeil und Bogen bewaffnen sich nicht nur Krieger – viele Viehzüchter und Hirten sind Jäger, weil sie ihren Fleischbedarf nicht (nur) durch die eigenen Herden decken können.

Viehzüchter oder Kupferhändler oder beides zusammen – die Glockenbecher-Kultur spiegelt ursächlich nichts anderes als die Aneignung wirtschaftlicher und technischer Innovationen in Westeuropa, derselben Innovationen, die in Osteuropa die Entstehung der Schnurkeramik-Kultur ausgelöst hatten. Unklar ist, im Gegensatz zur Schnurkeramik-Kultur, auf welchen Wegen diese Aneignung verlief – vielleicht von Anatolien über die Ägäis und die Mittelmeerländer bis Spanien und von dort im ›Rückstrom‹ zurück nach Mitteleuropa? Klar ist nur, daß sie ganz andere Reaktionen hervorrief, daß sie zum Beispiel – irgendwo – innerhalb eines extrem kurzschädligen Menschenschlags eine Landsuche auslöste. Sie führte diese Menschen durch ganz Mitteleuropa (aus Westeuropa sind kaum ›Steilköpfe‹ bekannt). Im bayerischen Donauraum konnten diese Gruppen aufgrund ihres Stan-

dards in der Viehzucht (wir kennen Schaf- und Pferdeknochen aus Gräbern) auch unfruchtbare Landstriche besetzen und ihre Wohnsitze kurzfristig verlegen. Wahrscheinlich förderte gerade diese Beweglichkeit die Verschmelzung mit der ansässigen Bevölkerung.
Am Ende dieser Verschmelzung und zugleich am Beginn einer neuen Entwicklung, an der auch Zuzügler aus dem unteren Donauraum beteiligt waren, stand die Straubinger Kultur der Frühen Bronzezeit (etwa 2300–1600 v. Chr.; Abb. 26). In einem langen Prozeß von annähernd 1000 Jahren hatte die bäuerliche Bevölkerung ihr Gesicht – das heißt das, was als Chamer Kultur beschrieben wurde – vollkommen verändert. Deren steinzeitliche Traditionen klangen noch lange nach in Gefäßformen und Feuersteingebrauch, aber prägend für den neuen ökonomischen und sozialen Standard waren die Becherkulturen geworden. Zunächst bestimmten die Glockenbecher-Leute das Bild des Menschen, sein Äußeres wie seine Gedankenwelt, von der allgemeinen Kurzköpfigkeit der Bevölkerung bis zu den Riten auf dem Friedhof. Später lebten Traditionen der Schnurkeramik-Kultur wieder auf, in der Bewaffnung der Männer (Dolch und Axt/Beil) sowie in Bestattungssitten, nicht zuletzt in der Errichtung von Grabhügeln.

Die Entdeckung der Metalle

Die Leute, die nach Kupfer suchten, die Prospektoren, wurden besonders in der Grauwackenzone im Land Salzburg fündig. Dort entwickelte sich ein Bergbaurevier, vielleicht das wichtigste des Alpenraumes, dessen Zentrum, das Mitterberg-Revier bei Bischofshofen, am besten erforscht ist. Tiefe Einsturztrichter und -furchen, sogenannte Pingen, und Abraumhalden haben schon zu Beginn des Jahrhunderts das Interesse der Heimatforscher geweckt, und moderne Ausgrabungen konnten in den letzten zehn Jahren unser Wissen über den urzeitlichen Kupferbergbau erheblich erweitern.
Am Mitterberg herrschte von der Frühen Bronzezeit an bis zum Beginn der Eisenzeit im 8. Jahrhundert v. Chr., etwa 1000 Jahre lang, Hochbetrieb. Das Metall steht hier in schmalen Gängen an, denen die frühen Bergleute bis in 100 m tiefe Stollen folgten; der bisher tiefste Abbauraum aus der Mittleren Bronzezeit lag sogar bei 170 m und war 400 m vom Stollenmundloch entfernt! Um den Abbau zu erleichtern, wurde das Gestein durch Feuersetzen gelokkert – erst erhitzt und dann mit Wasser abgeschreckt. Das erforderte allerhand Einbauten unter Tage und die sorgfältige Regelung der Be- und Entlüftung. Bergbau wurde deshalb in der kalten Jahreszeit betrieben, wenn das Gefälle zwischen der Hitze im Stollen und der Außentemperatur den Rauchabzug unterstützte. Alles in allem war es eine mühsame und gefährliche Arbeit, die Kraft und Mut verlangte.
Die gelockerten Brocken wurden mit Hilfe von Holzkeilen und Steinschlegeln herausgestemmt, zerkleinert und in Tragkörben nach oben befördert. Im Freien begann die nicht weniger mühsame Aufbereitung, denn das gewonnene Erz, in diesem Falle Kupferkies, war stark mit taubem Gestein verwachsen. Je stärker, desto gründlicher mußte es mit dem Steinhammer zerkleinert werden. Taubes Gestein wurde ausgelesen und auf Halde geworfen, die hältigen (kupferführenden) Stücke in den Röstofen gebracht. Waren die Kupfereinschlüsse sehr fein verteilt, bediente man sich der naßmechanischen Aufbereitung: Man zerrieb das Gestein auf Mühlen, ähnlich den Getreidemahlsteinen, bis auf Mehlfeinheit und schwemmte das Kupfer anschließend in Holztrögen aus, so wie man beim Goldwaschen im Flußsand verfuhr. Der Erzflitter, der sich auf dem Boden der Tröge absetzte und in Grasbüscheln oder Fellen fing, wurde mit Lehm oder Mist zu Kugeln geformt, um ihn rösten zu können. Das Rösten diente dazu, die Struktur des Erzes aufzulockern und den Schwefelgehalt des Kupferkieses zu verringern. Schließlich kam das Erz in die Schmelzöfen, kleine einfachste Konstruktionen, die in den Hang hinein gebaut waren, um die natürlichen Aufwinde zu nutzen. Zum Ausschmelzen des Kupfers genügte es, diese Öfen lageweise mit Holzkohle und Erz zu beschicken – unter Zugabe von Zuschlägen, zum Beispiel Quarzsand, die die Verschlackung von Fremdstoffen beschleunigten –, wenn die Temperatur im Ofen hoch genug war. Kupfer schmilzt bei etwa 1083° Celsius, und wenn die natürliche Luftzufuhr nicht ausreichte, mußten Blasebälge aus Tierhäuten eingesetzt werden. Durch den Schmelzprozeß trennten sich die spezifisch leichteren Gesteinsbeimengungen als Schlacken vom Metall, das sich am Boden der Ofengrube sammelte, zunächst allerdings noch in stark verunreinigtem Zustand. Erst nach wiederholtem Schmelzen – Rösten – Schmelzen entstand schließlich mehr oder weniger reines Kupfer als brotlaibförmiger

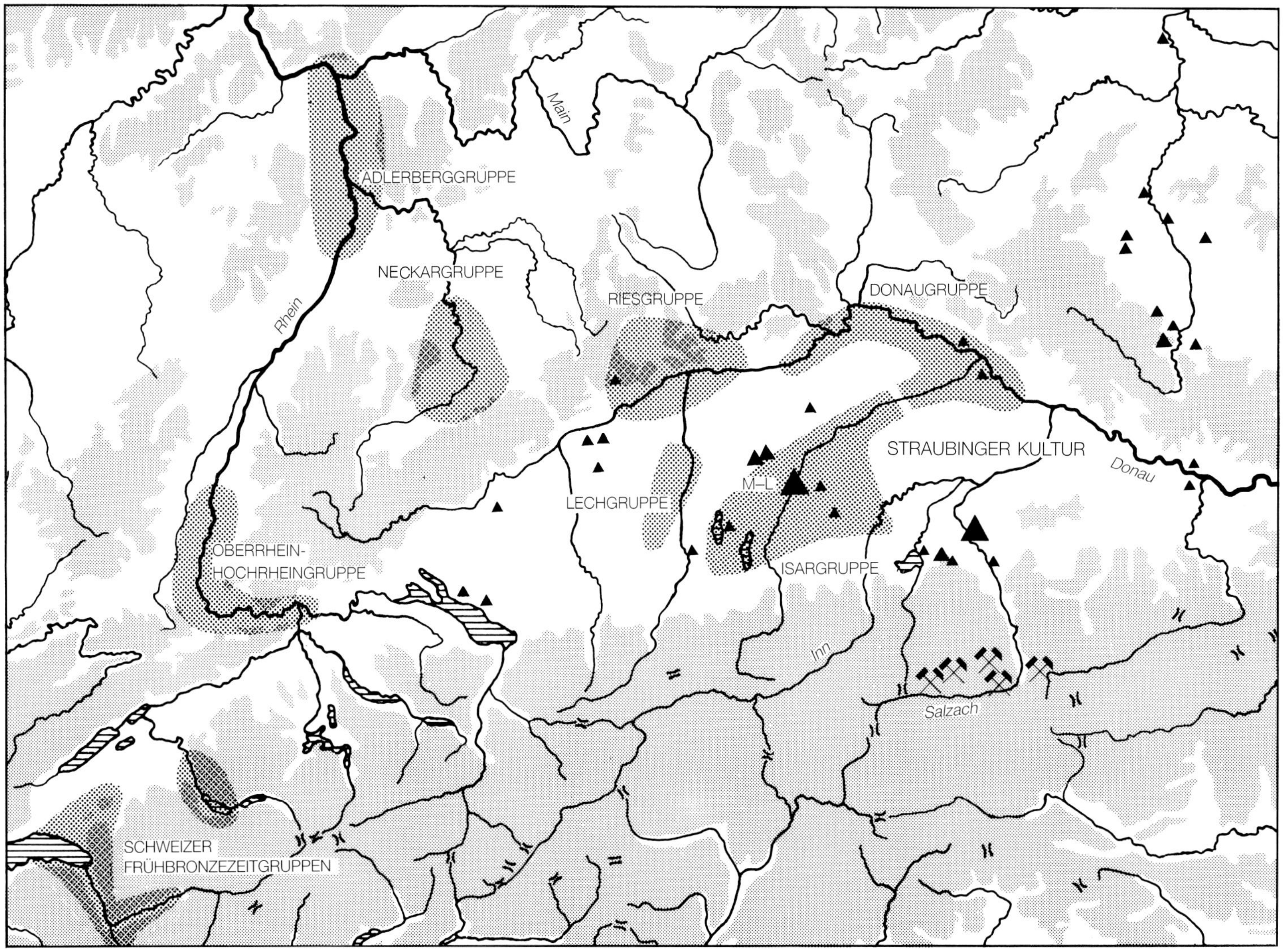

Abb. 26 Frühe Bronzezeit in Süddeutschland: Kulturgruppen und Verbreitung der Depots mit Spangenbarren ▲ 2–100, ▲ 101–300, ▲ mehr als 300 Barren. – M-L Depot aus München-Luitpoldpark. – ⚒ Kupferbergbau (nach Krause 1988 b; Moosleitner 1988).

›Schmelzkuchen‹. Dieses Rohkupfer wurde im Ganzen oder in Bruchstücken verhandelt. Für den Ferntransport goß man die Brocken in genormte Formen – in Halsringe (Taf. 33), Stangenbarren (Taf. 31), Beile (Abb. 78), Spiralbänder (Taf. 33) – mit vereinheitlichtem Gewicht, die als das erste ›Geld‹ dienen konnten.

Sowohl die Konstruktionen für den Stollenbau, als auch der Verhüttungsprozeß, der große Mengen an Holzkohle erforderte, die in Meilern gewonnen werden mußte, zogen einen enormen Holzverbrauch nach sich, der auf täglich 20 m^3 geschätzt wird. In der Mittleren Bronzezeit sollen am Mitterberg pro Tag im Schnitt 25 Tonnen Erz abgebaut worden sein, aus dem sich ungefähr 60 kg ungereinigtes Kupfer gewinnen ließen. Dazu mußten Bergleute, Träger, Hilfskräfte, Aufseher, Zimmerleute und Köhler eingesetzt werden, insgesamt mehrere hundert Personen. Das Gewimmel der Arbeiter, die Schläge der Holzfäller, der Gestank des Schwefels über den Öfen – man darf sich das Treiben ziemlich konkret vorstellen.

Weiler und Burg

Die frühbronzezeitlichen Wohnplätze Bayerns sind nicht leicht aufzuspüren. Nur unter günstigen Bedingungen gibt es Hinweise auf Grubenhütten (Kelheim) oder einfache kleine Pfostenkonstruktionen (›Kultbauten‹ im Gräberfeld von Raisting, WM). Seit kurzem kennt man auch zweischiffige Bauten von 5–7 m Breite und 10–40 m Länge aus Poing (EBE). Mit ähnlichem ist wohl überall zu rechnen, aber üblicherweise waren die Gebäude so schwach fundamentiert, die Ansiedlungen selbst so klein, vor allem aber weiterhin so kurzfristig bewohnt, daß sich keine dauerhaften Kulturschichten bilden, allenfalls einige Abfall- oder Vorratsgruben die Jahrtausende überdauern konnten . . . Im Laufe der Zeit muß sich aber einiges geändert haben. Die zahlreichen Funde aus Großgrabungen der letzten Jahre könnten vermuten lassen, daß plötzlich eine Fülle von Bauernhöfen und Dörfern aus dem Boden schossen, ziemlich unvermittelt und begrenzt auf einen ziemlich engen Zeitraum im 17. und 16. Jahrhundert v. Chr. – aber dieser Trugschluß rührt von der Schwierigkeit her, diese Siedlungen exakt zu datieren. Tatsächlich handelte es sich wohl um eine Entwicklung über Jahrhunderte hinweg, in deren Verlauf sich die Ansiedlungen allmählich ausdehnten und länger bestehen blieben, so daß die Chance ihrer Auffindung steigt.

Dieser Prozeß der Stabilisierung kommt auch in den frühbronzezeitlichen ›Burgen‹ zum Ausdruck: dem Margarethenberg an der Alz (Inn-Salzach-Gruppe), dem Einsiedelbuckl bei Passau, dem Bogenberg bei Straubing und dem Frauenberg bei Weltenburg (Donaugruppe), dem Schloßberg von Landsberg am Lech (Lechgruppe). Wie einst in der Chamer Kultur bildeten sich Gruppierungen, die das Bedürfnis hatten, sich abzusetzen. Aber im Unterschied zu jungsteinzeitlichen Wehranlagen scheint für die Platzwahl grundsätzlich die Kontrolle eines wichtigen Verkehrsweges ausschlaggebend gewesen zu sein. Die Lage einiger Höhensiedlungen wie derjenigen auf dem Schloßberg von Landsberg spricht sogar »von einer ganz anderen wirtschaftlichen Potenz der Erbauer . . . ja sie scheinen auf einen Konzentrationsprozeß in der politischen und sozialen Struktur hinzudeuten« (Engelhardt 1987). Diese Strukturen waren im Metallhandel begründet, der neue wirtschaftliche Perspektiven eröffnet hatte.

In der jungsteinzeitlichen Gesellschaft hatten handwerkliche Spezialisierung und Tauschhandel nur hie und da eine tragende Rolle gespielt (Taf. 15). ›Handel‹ konnte nicht viel mehr bedeuten, als ein Geben und Nehmen auf Gegenseitigkeit unter Verwandten, im Rahmen der Nachbarschaftshilfe und gemeinsamer Feste, die den Heiratsmarkt bildeten. In der Metallzeit änderte sich dieses Tauschsystem grundlegend. Als erste profitierten die Glockenbecher-Leute davon (Taf. 28). Jetzt, in der Frühen Bronzezeit, wurden im Interesse aller die Rohstoffe im großen Stil ausgebeutet und ein Fernhandel organisiert, in dem Produzent und Verbraucher durch eine Kette von Tauschaktionen zusammengeschlossen werden mußten. Das besorgten diejenigen, die über spezielle Verarbeitungskenntnisse verfügten (zum Beispiel im Bronzeguß) oder Schlüsselpositionen einnahmen (zum Beispiel an einer Furt). Kupferabbau, Verhüttung, Herstellung von Bronzeprodukten und deren Vertrieb lagen nachweislich in verschiedenen Händen. Damit war die Konkurrenz eröffnet, und die Bedingungen zur Machtentfaltung trugen neue Züge. Diese Entwicklung mündete geradlinig in der Gesellschaft des 16. Jahrhunderts v. Chr., als der Werkstoff Bronze sich allgemein durchgesetzt hatte (Taf. 31).

Der sogenannte Grabraub

Bronze war am Anfang keine praktische Erfindung, die Handwerk und Technik revolutioniert hätte. Ein Bronzebeil war teuer, und ein Steinbeil tat den Dienst fast ebenso gut. Bronze diente an erster Stelle dazu, Reichtum zu horten und damit Rang und Stand zu kennzeichnen, um das Bedürfnis nach gesellschaftlichem Ansehen zu erfüllen. Die damit verbundenen sozialen Unterschiede treten nicht nur in den Wehranlagen, sondern auch in Gräbern zutage. Das gilt allerdings nur im Falle größerer, gut dokumentierter, reich ausgestatteter Friedhöfe, die weder durch Pflug oder Baumaschinen zerstört noch in alter Zeit beraubt worden sind. Unter diesen Vorbehalten bleiben nur wenige der knapp 600 frühbronzezeitlichen Grabfunde Bayerns aussagekräftig. Zu den größten Friedhöfen gehören Königsbrunn (A) mit 44, Lauingen (DLG) mit 48, Raisting (WM) mit 45 und Mintraching (R) mit 56 Bestattungen; die reichsten Gräber finden sich in der Lech- und Donaugruppe, in der der

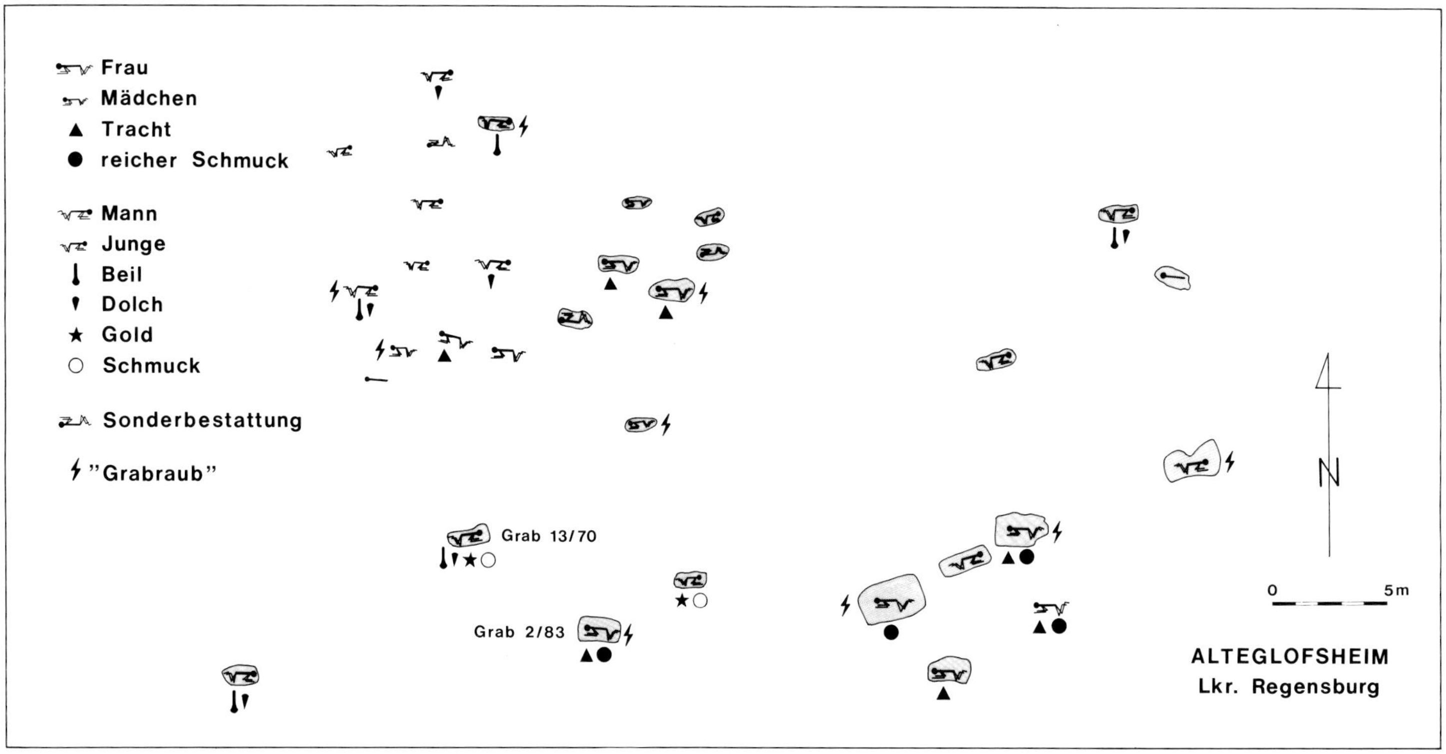

Abb. 27 Alteglofsheim (R), Friedhof der Frühen Bronzezeit, 20.–17. Jahrhundert v. Chr.

Friedhof von Alteglofsheim (R) eine Sonderstellung einnimmt (Abb. 27). Üblicherweise handelt es sich um ›Flachgräber‹, das heißt, die Toten wurden in Erdgruben beigesetzt, meist nicht sehr tief, zum Teil nachweislich in Holzsärgen, zum Teil, wenn das Material zur Verfügung stand, von Steinen bedeckt oder umstellt, fast ausnahmslos in Hockerstellung, je nach Geschlecht auf unterschiedliche Art und Weise, die Männer auf der linken, die Frauen auf der rechten Seite liegend, genau wie in der Glockenbecher-Kultur (Abb. 28 und 77).

Steineinbauten können auf gesteigerte Furcht vor dem Toten hinweisen, den sie beschweren und bannen sollten, so wie allerlei andere seltsam-makabre Riten: die Fesselung der Arme oder Beine, die Verstümmelung der Gliedmaßen, das Abtrennen des Schädels. In diesem Zusammenhang ist auch das nun erstmals auftretende Phänomen des ›Grabraubs‹ zu sehen, der meist nur als Schandtat gewissenloser Banditen gilt, die sich bereichern wollten. Zweifellos hat es das gegeben. Vollständige, aber unnatürlich verrenkte Skelette, deren Knochen überall dort vom Grünspan des Kupfers verfärbt sind, wo einst Arm-, Fuß-, Hals- oder Kopfschmuck gelegen haben, dulden keine andere Deutung. Es gibt aber auch genügend Befunde ähnlich Grab 2/83 aus Alteglofsheim (Abb. 77): die Rumpfknochen waren in Unordnung, Wirbel und Rippen fehlten, sogar die Arme (!), aber das übrige Skelett lag unberührt, einschließlich sämtlichen Schmucks und der reichen Tracht (Taf. 33). Ausmaß und Art solcher Eingriffe, die sich regelmäßig gezielt auf den Oberkörper, auf Brust- und Beckenbereich erstreckten und die so viel wertvolles Material zurückließen, daß von ›Raub‹ nicht die Rede sein kann, zeigen, daß es noch ganz andere Beweggründe gegeben haben muß als schnöde Gewinnsucht. Künftige Untersuchungen werden klären, ob man statt von pietätloser Verletzung der Totenruhe vielmehr von rituellen Handlungen nach dem Tode sprechen muß, die in voller Übereinstimmung mit den Hinterbliebenen, wenn nicht sogar durch diese selbst stattfanden (S. 68).

Der neue Reichtum

Das religiöse Denken in der Frühen Bronzezeit hat archäologisch vielfältige Spuren hinterlassen, die teils traditionell bestimmt, teils neu und fremdartig wirken, in

jedem Falle ein Spiegel der Welt der Lebenden sind. Auffällig ist die nun regelmäßige Deponierung von Gefäßen, sowohl grober Wirtschaftskeramik wie feinster Ware, einzeln oder zu Dutzenden, in Gruben oder in Höhlen. Aus der berühmtesten Höhle im Altmühltal, dem Schulerloch (KEH), stammen rund 50 hochpolierte Krüge und Tassen von vorzüglicher Machart, offenbar eigens für die Opferzeremonie angefertigt. Wozu und in welchem Rahmen sich diese abspielte, ist unbekannt.
Steinzeitliche Traditionen lebten im Waffenopfer an die Flüsse wieder auf. An die Stelle steinerner Prunkäxte traten überdimensionierte Bronzedolche – Prunkwaffen, Hoheitszeichen oder Kultgeräte – in oder bei Gewässern. Ein zepterähnlicher ›Stabdolch‹, eine 40 cm lange Dolchklinge, die wie ein Beil geschäftet wurde und die in der Nähe von Stücht (BA) in Oberfranken, fernab jeder menschlichen Behausung auf einem Felsen deponiert worden war, stellt eine Ausnahme dar. Frühbronzezeitliche Weihegaben im Waldgebirge sind selten, statt dessen häufen sich die Depots im flachen Land.
Die meisten dieser Fundplätze liegen in Sichtweite eines Flußlaufes und damit einer Verkehrslinie. Funde aus Mooren und Gewässern bezeugen das unwiederbringlich dargebrachte Opfer. Sie bestehen fast immer nur aus wenigen und gebrauchsfähigen Stücken, vor allem aus Beilen (Barren) und Schmuck (Schmuckgeld), den Halsringen und Armspiralen der Frauen. Im Gegensatz dazu enthalten die in der Erde – oft in oder bei Siedlungen, unter oder bei großen Steinen – vergrabenen Depots Gußbrocken, Ring- oder Stangenbarren in großen Mengen. Dazwischen rangieren die verschiedenartigsten Kombinationen aus Rohmetall und Gerät, die unter ganz unterschiedlichen Umständen verborgen wurden. Einhellige Erklärungen all dieser Erscheinungsformen gibt es nicht. Aber es zeichnen sich Tendenzen ab, wenn man die steinzeitlichen Traditionen mit den Neuerungen des Metallzeitalters verknüpft.
Eine dieser Traditionen war die kultische Beziehung zwischen Waffe oder Kultgerät und Wasser oder Weg (Taf. 21) – eine Beziehung, deren Inhalt sich durch das Auftreten des Metalls ändern mußte. Dessen Bedeutung im Alltag lag einzig und allein in der Erhöhung des persönlichen Prestiges, und diese Bedeutung übertrug sich auf den sakralen Bereich. Damit hing das Aufkommen der typisch ›männlichen‹ und typisch ›weiblichen‹ Opfergaben, einerseits Beile, andererseits Frauenschmuck, zusammen, sowie die Opferung von ›Reichtum‹ als gesellschaftlichem Akt, der das Ansehen erhöhte. Kulthandlungen, die sich aufs Gewässernetz oder auf Verkehrswege bezogen, hinterließen deshalb oft erstaunliche Metallmengen (Abb. 26). Das überrascht nicht, weil ja gerade hier ununterbrochen ›Reichtum‹ transportiert worden ist; ob nun als Fertigprodukt, Rohmaterial oder als ›Geld‹ ist in diesem Zusammenhang unerheblich und läßt sich auch nicht so klar trennen wie in späterer Zeit (Taf. 43). Bedeutsamer ist, daß gewisse Gesetzmäßigkeiten bezüglich Inhalt und Fundort dieser Schätze, bezüglich Reichtum und Handelsweg zuallererst eine religiöse Tradition erkennen lassen. Sie wurzelte im Opfer steinerner Prunkäxte, den jungsteinzeitlichen Machtinsignien, und wirkte noch im bronzezeitlichen Waffenopfer des Alpenvorlandes nach (Taf. 35). Das Gewicht dieser Tradition wiegt doch weit schwerer als der hauchdünne Zufall, daß sich ständig auf denselben Wegen »Übergriffe auf Metalltransporte« wiederholten (Moosleitner 1988), die – zufällig – rechtzeitig vergraben werden konnten, deren Besitzer aber – zufällig – alle umkamen ... Solche Übergriffe, die mit Sicherheit statt-

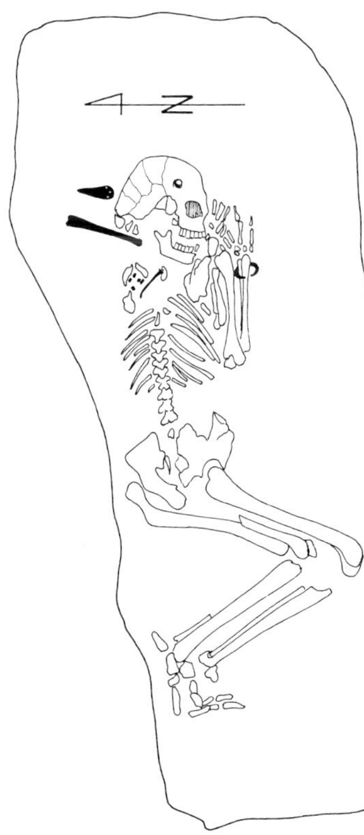

Abb. 28 Alteglofsheim (R), Grab 13/70, Bestattung eines hochgestellten Mannes – vgl. Abb. 27.

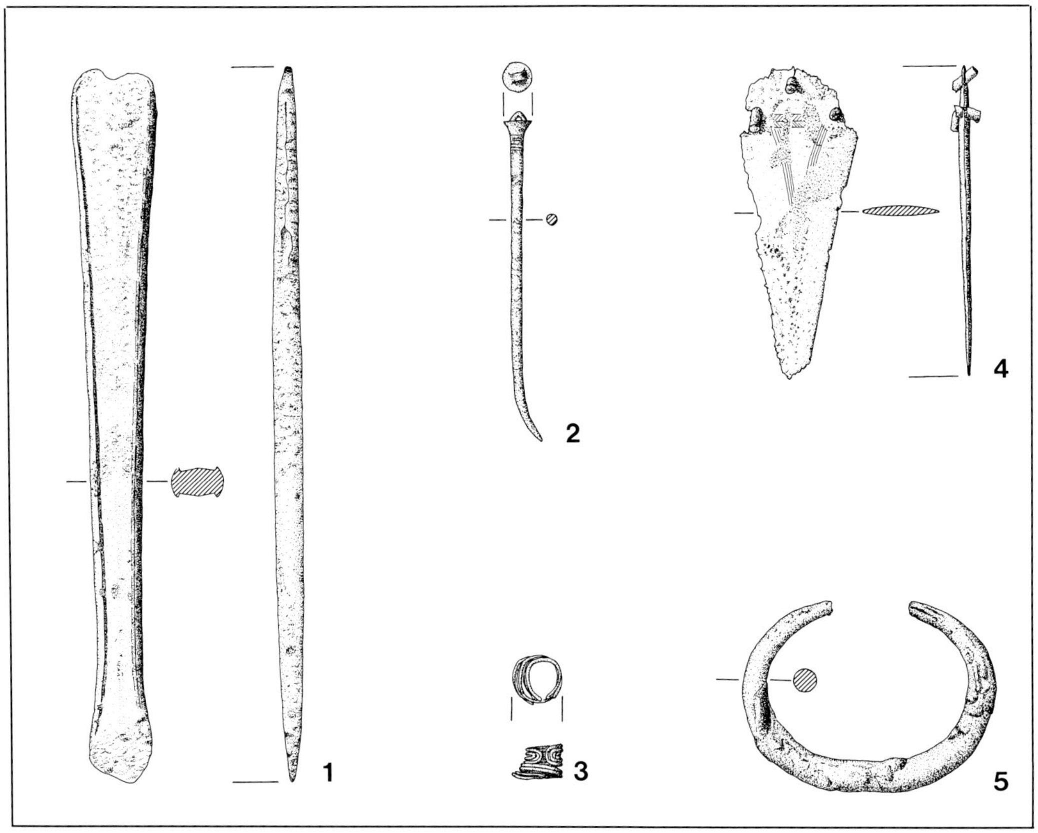

Abb. 29 Alteglofsheim (R), Ausstattung des Mannes aus Grab 13/70. Bronze: 1 Prunkbeil. – 2 Nadel. – 4 Dolch. – 5 Armring. – 3 goldener Lockenring. Länge des Beils 20 cm; Museum der Stadt Regensburg.

fanden, hinterließen nämlich wahrscheinlich so wenig Spuren im Boden wie ein Postraub im Wilden Westen – das Metall wurde gestohlen, die Händler und Träger wurden umgebracht oder flüchteten; was oberflächlich zurückblieb verrottete. Andererseits hat es natürlich Materiallager und Hausschätze zur Genüge gegeben. Sie konnten groß oder klein, innerhalb oder weit außerhalb der Siedlungen vergraben worden sein – aus hundert individuellen Anlässen heraus, und deshalb sind deren Gesetzmäßigkeiten kaum zu erkennen. Ganz abgesehen davon, daß im Einzelfall dem ›Geld‹, den Stangen, Beilen, Halsringen und Armspiralen, nicht anzusehen ist, ob sie vorübergehend versteckt oder an einsamem Ort der Ewigkeit geweiht werden sollten (Taf. 43).

Vor 60 Jahren hat man diese Frage dahingehend beantwortet, daß die Depotfunde der Frühen Bronzezeit als Niederschlag einer europäischen Unruhezeit in den Boden geraten seien. Das war zu großzügig gedacht. Jetzt muß man sich davor hüten, ins Gegenteil zu verfallen und historische Ereignisse von vornherein auszuschließen. Auch muß man zweifellos mit organisierten Überfällen rechnen, und zweifellos haben politische, wirtschaftliche oder religiöse Umbrüche in den Menschen jene Unsicherheit ausgelöst, die allgemeines Verstecken von Geldwerten oder heiligem Gerät geraten erscheinen ließ. Bisher ist es allerdings nicht gelungen, einen großräumigen Katastrophenhorizont zu identifizieren, vergleichbar etwa der germanischen Invasion ins Römische Reich. Es ist sehr die Frage, ob so etwas zu jener Zeit überhaupt denkbar ist. Der Krieg der Völker scheint erst in der folgenden Epoche, der Bronzezeit (1600–750 v. Chr.), auszubrechen.

Im Zeichen des Schwertes

MITTLERE UND SPÄTE BRONZEZEIT
(1600–750 v. Chr.)

Den Museumsbesucher beeindrucken die Vitrinen der Bronzezeit wegen ihrer Fülle an kostbaren Objekten; nicht zuletzt die gut erhaltenen Schwerter ziehen die Aufmerksamkeit auf sich. Aber Quantität und Qualität der Fundstücke stehen in krassem Mißverhältnis zu ihrem kärglichen Informationsgehalt: sie sagen kaum etwas aus über Entstehung und Wandel der bronzezeitlichen Kulturen, also über die ›weltgeschichtlichen‹ Ereignisse, und genau so wenig über die damaligen Lebensbedingungen, das private Dasein. Von der Masse der Bevölkerung wissen wir fast nichts, obwohl die Bronzezeit in Bayern auf breiter Basis wissenschaftlich katalogisiert ist.

Die verschwundenen Bauernhöfe

Der Grund dafür liegt natürlich in der Quellensituation. Das Ungleichgewicht zwischen Siedlungs- und Grabfunden, das sich schon in der Beurteilung der Frühen Bronzezeit hinderlich bemerkbar macht (S. 59), verstärkt sich im Laufe der Zeit noch. In Mitteleuropa stehen den Tausenden von Grabhügeln der Mittleren Bronzezeit (1600–1200 v. Chr.) nur spärliche Siedlungsspuren gegenüber. Selbst die dichtbewohnten Schweizer Seeufer scheinen für einige Jahrhunderte gemieden worden zu sein, bevor um 1100 v. Chr. der spätbronzezeitliche Landesausbau mit Macht einsetzte. Um so wichtiger sind neue erstmalige Ausgrabungen in einer mittelbronzezeitlichen Siedlung im Federseemoor (Baden-Württemberg). Aus Bayern liegen zwar Scherben von den bekannten Höhensiedlungen vor – etwa dem erwähnten Schloßberg von Landsberg am Lech oder dem Frauenberg bei Weltenburg –, aber Befestigungsanlagen oder Gebäude lassen sich nicht identifizieren. Zum Teil sank die politische Bedeutung dieser Burgen wohl tatsächlich im Zuge allgemeiner Unruhen und Veränderungen – davon gleich mehr –, aber gerade der Frauenberg zeigt, daß es auch nur scheinbare Siedlungslücken gibt. Im 16. Jahrhundert v. Chr. war in Sichtweite des Plateaus ein Friedhof angelegt worden, der etwa zwei Dutzend Grabhügel umfaßt. Unter den inzwischen verschollenen Beigaben, die im letzten Jahrhundert von einem Forstmeister ans Licht befördert wurden, befanden sich auch Goldgegenstände, ein untrügliches Zeichen für materiellen Wohlstand der Bewohner. Wenn man ihre Spuren nun unter den archäologischen Funden vom Frauenberg nicht wiederfindet, dann liegt das vor allem daran, daß ihre Keramik und ihre Steingeräte (die nach wie vor in Gebrauch waren) nicht spezifisch genug sind, um sie aus der Masse der Funde auszusondern.

Das Problem betrifft die mittelbronzezeitlichen Siedlungen im Flachland erst recht. Sie aufzufinden gestaltet sich in mehrfacher Hinsicht schwierig. Wieder ist eine starke Mobilität der Bevölkerung zu verzeichnen, ein Hinweis auf die Verschlechterung der Ernten, bedingt durch das nun sehr viel feuchtere Klima, und auf politische Instabilität. Dafür sprechen die meist nur kurzfristig benutzten Friedhöfe und die Ansiedlungen, die klein und bescheiden blieben. Die Großgrabungen der letzten Jahrzehnte haben mehrfach gezeigt, daß die Bauern in Einzelgehöften oder kleinen Weilern lebten – aber mehr als Scherbenstreuungen von durchschnittlich 30 m² im Umkreis hatten sich davon nicht erhalten. Um so intensiver muß der Archäologe sein Augenmerk auch auf die unscheinbarsten Verfärbungen und den reinen Scherbenbruch richten. Eine Erfolgsmeldung kam vor einiger Zeit aus Thannhausen (NM) in der Oberpfalz: die ersten drei kleinen Häuser im Bereich des Main-Donau-Kanals sind hier entdeckt worden, eines davon ein 4 × 6 m großer Pfostenbau mit Lehmflechtwänden – der »sensationelle« Beitrag der Kanalarchäologie zu einer 400 Jahre währenden Kulturerscheinung! (Engelhardt 1987). Obwohl unter den Grabhügeln, die sich in den Wäldern an den Talrändern der Großschiffahrtsstraße verstecken, ein nicht geringer Prozentsatz bronzezeitlich sein dürfte.

Neue Weidegründe

Ein Ausgreifen mittelbronzezeitlicher Siedlungen in bisher wenig genutzte Räume ist unübersehbar. Oder vielmehr so auffällig, daß man lange Zeit geglaubt hat, die Leute seien um 1600 v. Chr. mit Sack und Pack beziehungsweise mit Kühen, Schafen und Schweinen in neue Weidegründe gezogen. In der Tat haben sich ihre Gräber, die markanten Hügelmonumente, nur in heutigem Wald- und Weideland erhalten (Abb. 81). Erstmals tritt das Dauergrünland von Bayerisch-Schwaben und Oberbayern als reiche Fundlandschaft in den Vordergrund. Die wissenschaftliche Bearbeitung des südwestlichen Oberbayern – etwa der Raum zwischen Lech und Isar, zwischen Alpenrand und Münchner Schotterebene – erhellt die archäologische Situation: etwa 20 Wohn- und ungefähr 200 Bestattungsplätze können nicht dem ehemaligen Siedlungsbild entsprechen.

Da rund ein Drittel dieses Raumes heutzutage von Weideland eingenommen wird, zuzüglich der großen Forste, gab und gibt es hier kaum Bodeneingriffe, so daß auch künftig keine neuen Erkenntnisse zu Wirtschaftsweise und Lebensqualität der bronzezeitlichen Bevölkerung zu erwarten sind. Es ist nur zu vermuten, daß die Höfe in nicht allzugroßer Entfernung von den Grabhügelfeldern lagen, und daß – da Klima und Bodengüte des Alpenvorlandes keine übermäßig guten Voraussetzungen für den Ackerbau bieten – Viehhaltung hier wohl eine wichtige Rolle gespielt hat. Unmittelbar am Alpenfuß ließ sich Viehhaltung durch Almwirtschaft ergänzen, worauf die steigende Zahl archäologischer Funde in alpinen Regionen weist. Ähnlich muß Viehzucht überall dort als wesentlicher wirtschaftlicher Faktor erachtet werden, wo Grabhügelfelder in Höhenlagen eine intensive Besiedlung anzeigen: das gilt für die Schwäbische Alb ebenso wie für die Frankenalb, für Oberfranken wie für die Oberpfalz.

Das heißt freilich nicht, daß man sich nomadisierende Viehzüchter vorzustellen hätte, die es in Mitteleuropa zu keiner Zeit gegeben hat (S. 49), zumal der Ackerbau in Tallagen ja nicht aufgegeben wurde. Die Fundpunkte sind hier aber viel dünner gestreut, nicht nur weil die Böden durch das Klima schwerer geworden waren, nicht nur weil die Gehöfte zerstört, sondern weil auch die Grabhügel verschwunden sind, verackert und zerpflügt. Da die Toten üblicherweise in hölzernen Särgen oder Kammern *auf* dem Erdboden ruhten, also nicht in einem Grabschacht, und die darüber errichteten bronzezeitlichen Grabhügel nicht sehr hoch waren, konnten diese Traktoren und Mähdreschern auf Dauer keinen Widerstand leisten. Eine unabsehbare Zahl muß durch den Einsatz der Maschinen erst in den letzten Jahrzehnten zerstört worden sein. Die Luftbildarchäologie hat inzwischen noch einen kleinen Prozentsatz dieser Grabstätten orten können, und das auf diese Weise ergänzte Kartenbild zeigt, wie nicht anders zu erwarten, eine gleichmäßig dichte Bestückung der Lößflächen mit Grabhügeln an, allerdings solche aus anderen Epochen miteingeschlossen.

Mittelbronzezeitliche Gräberfelder in Niederbayern umfassen in der Regel 10–30 Hügel, aber es gibt auch Friedhöfe mit über 100 Hügeln. Wie groß der historische Substanzverlust in der Kulturlandschaft ist, haben die Grabungen der letzten Jahre in Wallersdorf-Haunersdorf (DGF und DEG) sowie in Deggendorf-Fischerdorf (DEG) deutlich gemacht. In Wallersdorf waren von 22 untersuchten Hügeln 16 bereits vollständig zerstört. In Deggendorf-Fischerdorf hatte die Landwirtschaft einen Teil der Grabstätten ebenfalls bereits vernichtet, eine größere Anzahl ließ sich glücklicherweise noch retten. Erstmals ergab sich hier die Gelegenheit, ein großes Grabhügelfeld des Donauraumes mit über 100 Bestattungen in einer modernen Ausgrabung zu erforschen.

Die Ausgrabung als Rettung

Der Bestattungsplatz lag im intensiv landwirtschaftlich genutzten Donauauenbereich und war vor Ort nicht mehr auszumachen – erst ein Routineflug führte zur Entdekkung von mindestens zwanzig Hügeln. Einen Teil der Beigaben hatte der Pflug schon verschleppt oder zerstört, und hätte er 25 cm tiefer gegriffen, »hätte sich eine Grabung erübrigt« (Schmotz 1985). Die Toten waren – abweichend von der Regel – zunächst in Gruben gelegt worden; erst wenn mehrere Personen – einer Familie oder eines Haushaltes – gestorben waren, hatte man über den Gräbern einen Hügel aufgeschüttet. Die Zahl der Toten ›unter einem Dach‹ schwankte zwischen 3 und 25; teils waren sie unverbrannt, zu 80% aber verbrannt beigesetzt worden; die Leichenasche lag sowohl in Urnen, überwiegend aber lose im Grab.

Die Grabungen erforderten viel Sorgfalt. Der entkalkte Aueboden hatte die Skelette restlos zerstört und selbst Keramik und Bronzen angegriffen, und die Brandgräber bestanden oft nur noch aus winzigen Überresten. Aus wenigen Gramm Knochenasche, aus verbrannten Scherben, etwas verziegeltem Lehm und Holzkohleresten sowie fragmentierten Bronzen rekonstruierten die Ausgräber den Ablauf der Bestattungszeremonien. Die Toten waren meist an der Stelle ihrer späteren Beisetzung verbrannt, Tongefäße rituell zerschlagen und Beigaben absichtlich unbrauchbar gemacht worden. Ebenso schwierig gestaltete sich die anthropologische Bestimmung des kleinteiligen ›Leichenbrandes‹, der sich fast ausschließlich auf Kinder und Frauen verteilte. Auch unter den Körpergräbern waren Männer unterrepräsentiert, ohne daß sich eine Erklärung dafür finden ließ. Die Ausstattung zeugte von durchschnittlichem Wohlstand und in einigen Gräbern von beachtlichem Reichtum: immerhin befinden sich darunter drei goldene Schmuckstücke, die zu jener Zeit, im 15.–14. Jahrhundert v. Chr., in Bayern nicht eben häufig waren.

Die Ausgrabung als Zerstörung

Diese Ausgrabungsergebnisse wurden hier bewußt so ausführlich zitiert. Nicht nur, weil sie eine Fülle neuer Erkenntnisse beigebracht haben, sondern weil sie gleichzeitig die Frage beantworten, warum unsere Kenntnisse der Mittleren Bronzezeit sich trotz üppig gefüllter Museumsvitrinen mehr oder weniger in der Stilkunde von Schwertern und Frauenschmuck erschöpfen – weil alle jene Kostbarkeiten aus Grabungen vor 100 und mehr Jahren stammen, als man noch nicht gelernt hatte, auch die unscheinbarsten archäologischen Spuren zu beachten und mit Hilfe der Naturwissenschaften zu lesen. Der eingangs zitierte Forstmeister vom Frauenberg ist beileibe kein Einzelfall, sondern die Regel gewesen. Um 1800 waren es außer Forstmeistern meist geistliche Herren und Akademiker, die ihr Interesse der Vorzeit zuwandten und zwar zunächst da, wo noch etwas davon zu sehen war: in römischen Ruinen und in Grabhügelfeldern. Nach der Gründung der Historischen Vereine – die sich auf Betreiben Ludwigs I. überall in Bayern um 1830 zusammengeschlossen hatten – weitete sich der Kreis der Forscher aufs Bürgertum aus, das in der Öffnung eines Hügels nicht selten die reizvolle Nachmittagsbeschäftigung auf einer Fahrt ins Grüne sah. Es gab allerdings auch sehr gewissenhafte und bemühte Vereinsmitglieder, deren Notizen heute die einzigen Informationsquellen zu den Altfunden bilden.

In der Gründerzeit um 1900 sind die auffälligen Grabhügel dann leider häufig zu einer Art Kapitalanlage für diejenigen geworden, die daraus Gewinn zu schlagen verstanden, indem sie regelrechte Raubgräberringe aufbauten. Eine zwielichtige Schlüsselfigur dieser Zeit war der arbeitslose Historienmaler Julius Naue (1832–1907), der »in weniger als 20 Jahren allein in Südbayern an die 1000 Grabhügel aufdecken« ließ (Koschik 1981), das heißt durch Arbeiter vor Ort, die nach Zahl der durchwühlten Hügel oder Gewicht der Bronzen bezahlt wurden. Naue ließ jedenfalls keine systematischen Grabungen durchführen, sondern die Hügel nur ›trichtern‹, das heißt einen Schacht in Richtung der Zentralbestattung treiben in der Hoffnung, auf diese Weise am schnellsten auf reiche Beigaben zu stoßen. Der wilden Jagd auf Altertümer – an der sich aus vaterländischer Begeisterung übrigens auch die Historischen Vereine und die großen Museen in München, Nürnberg und Berlin beteiligten – ist 1908 mit der Gründung eines Generalkonservatoriums (dem Vorläufer des heutigen staatlichen Landesamtes für Denkmalpflege) offiziell ein Ende bereitet worden. Inzwischen hatten sich aber einige, ehemals in Auftrag stehende Raubgräber sozusagen selbständig gemacht, und so blühte das Geschäft mit den Altertümern noch einige Zeit weiter. Was dabei alles übersehen und zerstört worden ist (in gleichem Maße natürlich in den Hügeln der Frühen Eisenzeit), bedarf keiner Erklärung, wenn man die Ausgrabungen in Deggendorf-Fischerdorf als Kontrastprogramm dagegenhält.

Von den heute noch sichtbaren Grabmonumenten ist kaum eines noch unversehrt, und doch gibt es immer wieder Überraschungen: das Grab des ›Fürsten von Hagenau‹ (Abb. 30) stammt von einem altbekannten Platz, der etwa 50 Hügel umfaßt, die meist schon im vorigen Jahrhundert angetrichtert worden sind. Trotzdem wurde ein Privatmann fündig, der hier 1975 (!) das Fürstengrab auswühlte (Abb. 80). Die offiziellen Grabungen dagegen, die 1978 anläßlich des Autobahnbaus stattfanden, förderten rund um den sensationellen Fund nur noch arme und beigabenlose Bestattungen zutage!

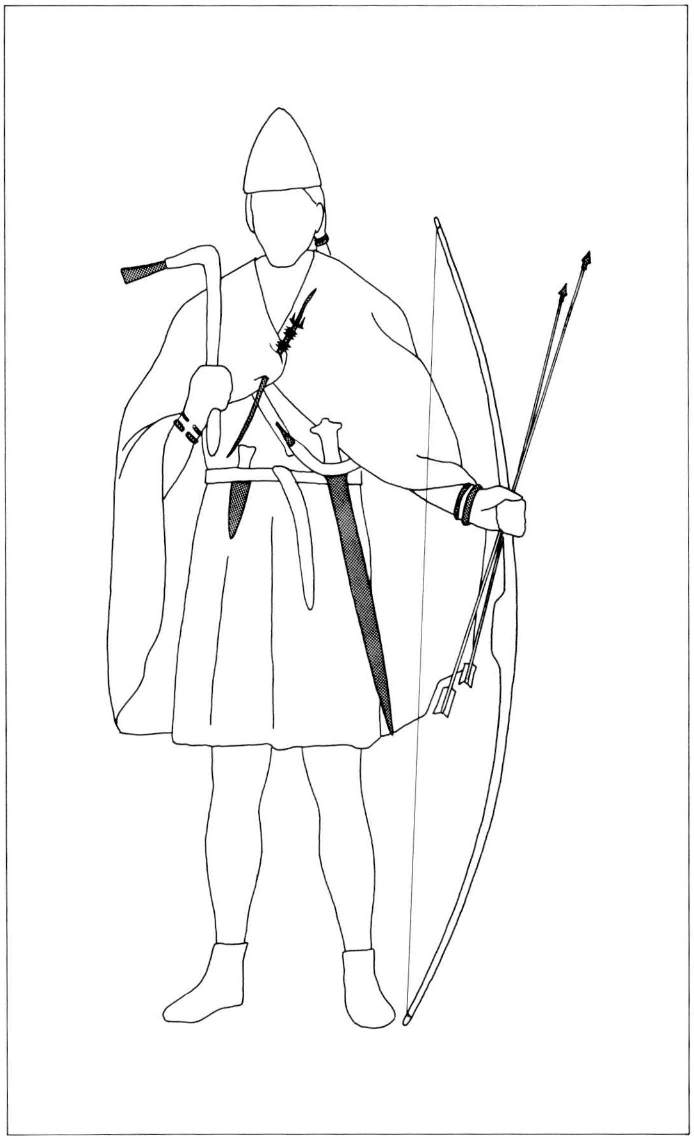

Abb. 30 Schematische Darstellung der Ausstattung des ›Fürsten von Hagenau‹ anhand der Grabbeigaben, 14.–13. Jahrhundert v. Chr. (Abb. 80). Weil unbefugte Hände das Grab unwissenschaftlich aus der Erde gewühlt haben, ist die Rekonstruktion auf Vergleiche angewiesen. Als Vorlage für die Kleidung dienten Funde aus dänischen Baumsargbestattungen. Man hätte auch Panzer und Schild aus Leder und Holz ergänzen können, so wie den hier angedeuteten Lederhelm, ähnlich einer spitzen geflochtenen Haube, die in Oberitalien gefunden wurde, oder den etwas jüngeren Bronzehelmen. Nach Lage der Goldringe könnte der Fürst sein Haar zu einem hüftlangen Zopf geflochten haben. Das beigegebene Rasiermesser läßt darauf schließen, daß er sich rasierte; aber vielleicht trug er einen Schnauzbart? (Entwurf B. Pfeifroth)

Ein ›europäischer Markt‹

Angesichts des Schicksals der mittelbronzezeitlichen Fundstätten ist es nicht verwunderlich, daß die Diskussion über Entstehung und Ende der Hügelgräberkultur anhält. Einer immer wieder auflebenden Theorie zufolge stand am Beginn eine »Phase kriegerischer Ereignisse« (Hochstetter 1980). Was soll man sich darunter vorstellen? Eine ängstliche Bevölkerung, die ihre Götter mit Opfern gnädig zu stimmen versucht (Weihefunde!), die ihr Hab und Gut eilig versteckt (Händlerdepots?), die sich auf unzugänglichen Höhen in Sicherheit bringt (Höhensiedlungen!), die aber dennoch gierig-neugierig ungarischen Schmuck einkauft oder nachahmt (Importe!), bis endlich wieder Friede einkehrt? Mit Sicherheit verhielt es sich komplizierter.

Wirtschaftlich entscheidend wurden die immer engeren Verbindungen über immer größere Räume hinweg. Das hatte mit dem Kupferhandel begonnen und verstärkte sich mit dem Zinnhandel (Abb. 31): Zinnerz, das als winziger Flitter im Flußsand vorkommt, aus dem er wie Gold ausgewaschen werden mußte, ist auf wenige Regionen beschränkt und verlangte deshalb Transporte über große Entfernungen. Die Kupfer-Zinn-Legierung, die Bronze, wurde so schnell allgemein begehrtes Objekt, daß der Metallhandel in kurzer Zeit die ganze Alte Welt in ein engmaschiges Netz verwandelte, in das auch die kleinste Dorfgemeinschaft verknüpft war. Lastenträger, Wagen und Schiffe bewältigten den Transport – sicher noch nicht im direkten Fernhandel, sondern innerhalb begrenzter Räume mit Hilfe von Zwischenträgern. Das schloß vergleichsweise riesige Entfernungen nicht aus, zum Beispiel mehrere hundert Kilometer Seefahrt, wie sie nachweislich auch paddelnd bewältigt worden sind. Die Erfindung des Segels um diese Zeit erscheint aber »keineswegs ausgeschlossen« (Ellmers 1982) und würde den Zinnhandel wesentlich erleichtert und beschleunigt haben. Wirtschaftlich nicht weniger wichtig wurde auch der Umstand, daß Bronze, einmal im Umlauf, als Materialwert erhalten blieb. Unbrauchbares oder Altmodisches konnte eingeschmolzen und neu gegossen werden. Da gleichzeitig immer mehr Erz gefördert wurde, war Bronze bald überall im Überfluß erhältlich, auch in Regionen ohne Lagerstätten. Das System schloß eine Unzahl an Tauschaktionen ein, deren Partner stets eine bevorrechtigte Stellung einnahmen. Es gab wohl Leute,

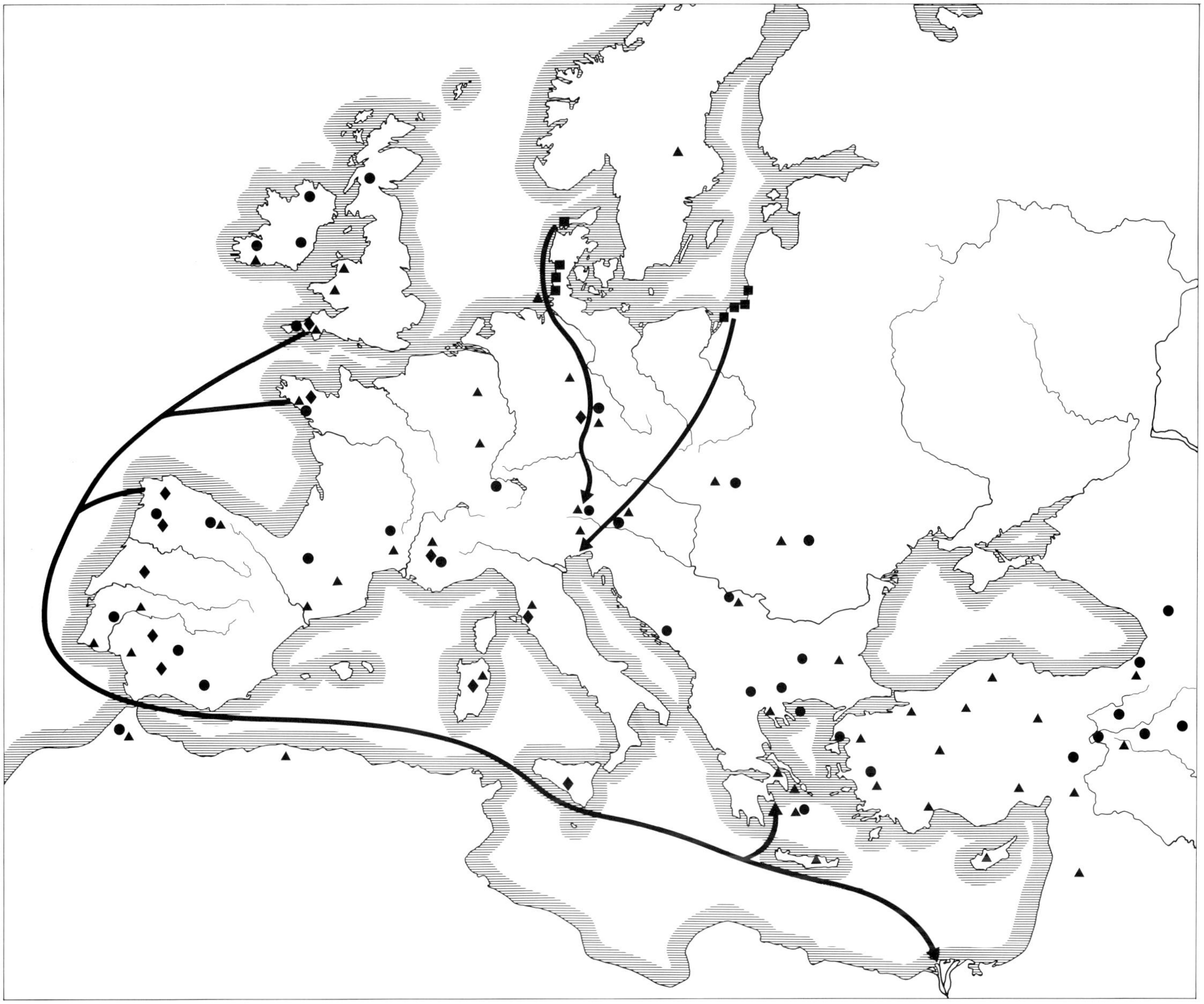

Abb. 31 Rohstoffe, die aufgrund ihrer natürlichen Beschaffenheit und Lagerung in frühgeschichtlicher Zeit genutzt werden konnten. Kreise: Gold. – Dreiecke: Kupfer. – Rauten: Zinn. – Quadrate: Bernstein. – Pfeile: Handelswege für Zinn und Bernstein.

die als Händler tätig waren, aber nicht als Privatpersonen, sondern im Auftrag ihrer Häuptlinge oder Fürsten, die das Metall durch Tausch oder Geschenke in Umlauf brachten. So jedenfalls lautet derzeit das Fazit historischer und ethnologischer Forschungen. Hier muß der Hinweis auf die Aufzeichnungen aus dem mykenischen Palast von Pylos genügen, die über 800 kg Bronze für 274 (über das Land verteilte) Schmiede erwähnen!

Die Konkurrenz schläft nicht

›Weltweit‹ gesehen, zwischen Cornwall und Mykene, verlief diese Entwicklung kontinuierlich. Nur in Zentraleuropa entstand im 16. Jahrhundert v. Chr. kurzfristig Unruhe. Die Gewichte verschoben sich, weil neue Technologien und Geräteformen auf den Markt drängten, darunter so epochemachende wie das Schwert, die Sichel, die Lanzenspitze mit Tülle (Taf. 37). Ein wesentlicher Anstoß kam aus dem Karpatenraum, wo – so lautet eine Erklärung – neue Erzlager abgebaut, neue Kupfersorten verarbeitet und in der Folge neue Metallformen erfunden worden waren, die massiver und größer waren, aber komplizierter zu gießen. Wie die Reaktionen darauf in Nachbargebieten wie Bayern ausgefallen sein könnten, läßt sich nur als Modell darstellen, für das zwei Versionen in Frage kommen: Entweder lehnte die alteingesessene frühbronzezeitliche Herrenschicht, in deren Händen Handel und Verarbeitung der Bronze bisher gelegen hatten, die neue Technologie ab und verlor deshalb irgendwann ihre Führungsposition. Oder eine bis dahin unterprivilegierte, aber an Handel und Verarbeitung beteiligte Gruppe riß den neuen Markt mit Gewalt an sich, um sich der Führungsposition zu bemächtigen. Jedenfalls – das geht aus den archäologischen Befunden klar hervor – wurden nur die Rollen vertauscht, das System an sich blieb bestehen.

Fremde Ideen müssen von fremden Menschen ins Land gebracht worden sein, aber eine Invasion großer Scharen hat es nicht gegeben, denn im Stil der Keramik, in Schmuck und Tracht herrscht deutliche Kontinuität. Der Bruch offenbart sich im Siedlungsbild: frühbronzezeitliche Burgherren verloren ihre zentrale Stellung, und neue Gruppierungen entstanden. Wieder gab es eine ›Währungsreform‹; die alten Barren wurden aus dem Verkehr gezogen und neue Zahlungsmittel eingeführt (Taf. 43). Die Gesellschaft zeigte sich kriegerischer und elitärer. Aus den symbolischen Waffen (kleine Dolche, Prunkbeile) wurden tödliche Rangabzeichen (Schwert, Lanze, Giftpfeile mit Bronzespitzen). An Stelle einzelner, im weiten Umkreis auffallend reicher Männer – wie zum Beispiel dem Herrn aus Alteglofsheim (Abb. 29) – trat nun die breitere Schicht eines ›Kriegeradels‹, die das Gefolge der Schwertträger bildeten, einer kleinen herausragenden Gruppe der sogenannten Häuptlinge oder Fürsten (S. 72f.; Abb. 30).

Alte und neue Tabus

Wie in der Frühen Bronzezeit blieben die Bestattungsplätze weiterhin Reservate der Oberschicht. Der größere Teil der Bevölkerung fand hier keine Aufnahme, ihre Gräber sind unbekannt (das wiederholte sich später in der Frühen Eisenzeit).

Die Grabhügelsitte, die diesen elitären Charakter der Gesellschaft unterstreicht (Taf. 37), wirkt neu und ungewöhnlich, besitzt aber einheimische Wurzeln und scheint bewußt wiederbelebt worden zu sein. Die gesellschaftlichen Umwälzungen zeigen sich wie immer am markantesten im Abbrechen religiöser Riten: im Ende der Hockerbestattungen, im Ende der Flachgrabsitte, im Ende spezieller Opferbräuche. Einen tiefen, vielleicht den folgenschwersten Einschnitt in dörfliche und familiäre Traditionen muß die Verlagerung der Friedhöfe bedeutet haben. Die bisherigen Stätten der Toten wurden aufgegeben und gerieten in Vergessenheit: frühbronzezeitliche Flachgräber und mittelbronzezeitliche Hügelgräber berühren sich nirgends. Die Verbindung mit den Toten riß ab.

Dieser Traditionsbruch führte in einigen Landstrichen, auch im Alpenvorland, zum Bruch mit einem tiefverwurzelten Tabu – der Unverletzbarkeit des Grabes. *Requiescat in pace!* der fromme Wunsch begleitet unsere Toten noch heute. Ihre Ruhe zu stören, sich sogar an den Beigaben zu bereichern, galt zu allen Zeiten als frevelhaft, und es ist anzunehmen, daß damalige Grabräuber ihr Handwerk heimlich trieben. Viele frühbronzezeitliche Gräber sind aber eindeutig nicht aus materiellen, sondern aus ganz anderen – unbekannten – Gründen geöffnet worden: jedenfalls nicht um das Metall zu entwenden, sondern ausgewählte Besitztümer des Toten (um diese an einem anderen Ort niederzulegen?) oder Teile des Leichnams (um sich eine ›Reliquie‹ zu verschaffen?). Das Problem ist noch nicht gelöst (S. 60).

Wer herrschen will, versucht diese Herrschaft religiös zu legitimieren; wer zum Zwecke der Macht mit religiösen Tabus bricht, muß neue schaffen – zumindest gilt diese Motorik in archaischen, das heißt vorstaatlichen Gesellschaften in besonderem Maße. Weil Rituale eine so bestimmende Rolle in der Aufrechterhaltung von Herrschaft spielen, scheint es so, als sei im Laufe der Jahrhunderte die zunehmende Hierarchisierung der Gesellschaft mit immer stärkeren religiösen Zwängen einhergegangen. Den Höhepunkt dieser Entwicklung brachte der ausnehmend kultische Charakter der Späten Bronzezeit (1200–750 v. Chr.): er offenbart sich im Flußfund (Taf. 35), im Depot (Taf. 43) und im Kultgerät (Taf. 44), in all den Aschenaltären, Geschirropfern, Schachthöhlen und Felsheiligtümern (Taf. 46) und nicht zuletzt im ungleich komplizierteren Bestattungszeremoniell (Taf. 42). Nie wieder fließen die religiösen Quellen reichlicher und nie versickern sie so rasch im Unergründbaren. Über die bronzezeitliche Glaubenswelt selbst läßt sich wenig sagen; alle Deutungsversuche bleiben im Archetypischen des Sonnenkultes stecken.

Der Fortschritt :
Schwert – Rasiermesser – Sicherheitsnadel

Der rasante technische Fortschritt seit der Mitte des 2. Jahrtausends v. Chr. tritt archäologisch in den Metallobjekten am augenfälligsten zutage. Unter den Erfindungen steht an erster Stelle das Schwert, das von speziellen Waffenschmieden hergestellt worden sein könnte, die ihr Handwerk als Geheimwissenschaft betrieben. Das erklärt wohl Produkte wie das Schwert von Kösching (EI), ein Einzelstück in Bayern, dessen Griff ein Dutzend Vorbilder westlich des Rheins besitzt, dessen Klinge aber offenkundig aus einer süddeutschen Werkstatt stammt (Abb. 79, links).

Die innige Kampfgemeinschaft aus Mann und Schwert, wie sie in germanischen Sagen überliefert wird – in denen die Waffe gleichsam als Gefährte auftritt, einen besonderen Namen trägt und magische Kräfte besitzt –, muß in ähnlicher Form bis in die Bronzezeit zurückreichen. Das Schwert kündet von Anbeginn nicht nur von Kampfgeist und Wohlstand, sondern vor allem von Rang und Machtbefugnissen seines Trägers. Welch vielfältige profane und sakrale Funktionen damit verknüpft gewesen sein können, zeigt die Geschichte des Schwertes im Mittelalter –

Abb. 32 Bronzenes Rasiermesser, 11. Jahrhundert v. Chr. Grabbeigabe aus Straubing (SR); Länge 14,5 cm; Gäubodenmuseum Straubing.

bei Ritterschlag und Kaiserkrönung, als Symbol der Besitzergreifung bei Herrschaftsantritt und Vollzug der Ehe, als Sinnbild der Macht und der strafenden Gerechtigkeit, jahrhundertelang unverwechselbares Attribut in der Hand der Justitia.

Seit Lanzenspitzen in Bronze gegossen werden, kommt auch diesem ältesten Waffentyp eine symbolische Bedeutung zu, die sich in ganz Alteuropa bis ins Mittelalter hinein in vielerlei Rechtsbräuchen spiegelt, die Herrschaft anzeigen. Bevor Alexander der Große den Boden Asiens betrat, schleuderte er vom Schiff aus seinen Speer auf den Erdteil, den er damit zeichenhaft in Besitz nahm; und mit den Worten: *»Dies ist das Zeichen, daß ich dir mein ganzes Reich übergeben habe«* überreichte König Gunthram seinem Neffen und Erben Childebert eine Lanze, berichtet Gregor von Tours im 6. Jahrhundert n. Chr.

Als Kriegswerkzeug setzt sich die Lanze endgültig in der Späten Bronzezeit durch. Beil und Dolch (oder Schwert), die Kombination aus Hieb- und Stichwaffe, werden abgelöst von Hiebschwert und Lanze, einer langen Stichwaffe (Abb. 83). Die meisten Lanzenfunde stammen aus Flüssen, Mooren oder Felsspalten und stellen offenkundig Versenkungsopfer dar. Beil oder Axt dagegen, einst herausragende Zeichen herrscherlicher Macht und zentrale Kultobjekte, verloren einen Teil ihrer Funktionen. Nur diejenigen, die als ›heilige Geräte‹ Verwendung fanden, eigneten sich weiterhin als Weihegaben. Diese Tradition als Ritualgerät – beispielsweise zur Schlachtung der Opfertiere – scheint noch auf in Axtdarstellungen auf römischen Altären.

Zu den Pfriemen, den sogenannten Tatauiernadeln (gewöhnlich als ›Tätowiernadeln‹ bekannt), kamen bronzene Pinzetten und Rasiermesser hinzu, die ebenfalls nicht nur einen praktischen Zweck erfüllten und unter den Grabbeigaben deshalb eine Sonderstellung einnahmen (Abb. 32). So wie die Frisur der Frauen unterlagen auch Bart- und Haarpflege der Männer rituellen Vorschriften. Sie entsprangen ursächlich einer religiösen Symbolik des Haares, übten aber mit wachsenden Rangunterschieden in der Gesellschaft und zunehmender Polarisierung der Geschlechter auch gesellschaftliche Zwänge aus (Taf. 33). Noch in historischer Zeit überschnitten sich diese Traditionsstränge und zeitigten ganz gegensätzliche Haartrachten: wechselweise trug der Mann das lange Haar offen oder gebunden, scherte sich den Bart zum Zeichen der Trauer oder ließ ihn wachsen, rasierte den Schnurrbart (Grieche) beziehungsweise statt dessen den Kinnbart (Kelte), stutzte sich das Haupthaar wie ein römischer Kaiser oder verlor es zum Zeichen seiner Schande, ein elender ›G'scherter‹ ... Die allgemeine Kulturgeschichte und einige wenige Hinweise in den Gräbern lassen nur vermuten, daß ursprünglich auch in der mitteleuropäischen Bronzezeit der freie Mann das Haupthaar lang (Abb. 30) und die – verheiratete? – Frau das ihre lang, aber verhüllt trug (Abb. 82). Sicher ist jedenfalls, daß es sich bei den Rasiermessern, die ziemlich unpraktisch aussehen (Abb. 32), um funktionstüchtige Instrumente handelte: ein Experiment, von einem vollbärtigen Archäologen mit einem solchen Messer an sich selbst durchgeführt, verlief erfolgreich.

Zu den praktischen Erfindungen, denen eine lange Lebensdauer beschieden war, zählt auch der Blechgürtelhaken. Der Fürst von Hagenau besaß als einer der ersten ein Exemplar, das zum Schwertgurt gehört haben könnte (Abb. 30). Diese Haken kehren in der Späten Bronzezeit als Gürtelschmuck wohlhabender Frauen wieder (Abb. 39, 4); das Hakenprinzip als solches blieb erhalten bis zur Erfindung der Schnalle in römischer Zeit. Hand in Hand mit der Entwicklung der Webtechnik begann der Siegeszug der Fibel oder Brosche, dem klassischen Merkmal frühgeschichtlicher Tracht. Bis dahin war die Kleidung nur mit Nadeln geschlossen worden (Taf. 40) beziehungsweise mit zweiteiligen Fibeln wie aus Utzwingen (DON). Eigentlich handelt es sich dabei aber nur um eine Nadel mit Schmuckplatte, die zugleich das Herausrutschen aus dem Stoff verhindern soll (Abb. 33). Im Unterschied dazu sind einteilige Drahtfibeln wie aus Sengkofen (R) nach dem System unserer Sicherheitsnadeln konstruiert (Abb. 39, 7–8). Dieses Konstruktionsprinzip blieb in mancherlei Variationen in Zentraleuropa so lange in Gebrauch, bis im hohen Mittelalter Knöpfe verwendet wurden (Taf. 58; Abb. 52). Zuletzt muß noch die zweifellos langlebigste Neuerung genannt werden: die einschneidigen Messer, die in der Späten Bronzezeit endgültig den Dolch ablösten (Abb. 39, 1).

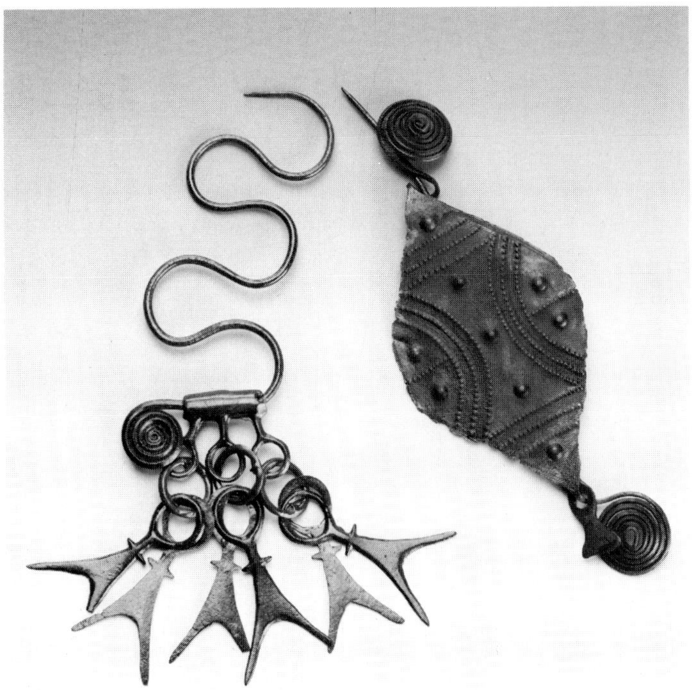

Abb. 33 Nadel und Fibel (Brosche) der Späten Bronzezeit. Links: Schlangennadel mit Spiralkopf, darauf aufgeschoben eine Tülle mit Klapperschmuck aus (menschenförmigen?) Anhängerchen. Depotfund aus Eßlingen (WUG), 12. Jahrhundert v. Chr. – Rechts: Zweiteilige Plattenfibel aus Utzwingen (DON), bestehend aus rautenförmiger Schmuckplatte und verdeckter, eingehängter Nadel, 11.–10. Jahrhundert v. Chr. Bronze; Länge 22,2 cm; Prähistorische Staatssammlung München.

Sichel und Landwirtschaft

Einen bemerkenswerten Fortschritt in der Landwirtschaft bedeuteten die Bronzesicheln (Taf. 43). Denn anders als die bisher gebräuchlichen Steinsicheln (Taf. 13) erlaubten sie einen glatten Schnitt und somit ein schnelleres und müheloseres Arbeiten; moderne Experimente bewiesen eine Produktionssteigerung um 40%. Die Frage, ob mit den Metallgeräten nur Getreide oder auch Gras geschnitten worden ist, läßt sich allein anhand der Sicheln nicht beantworten. Aber Pollendiagramme und die Bedeutung der Viehhaltung für die mittelbronzezeitlichen Bauern sprechen dafür, daß mit Heuwirtschaft begonnen wurde.

Fortschrittlich wirkt auch der vermehrte Anbau von genügsamen Sorten wie Hirse und Dinkel; neu hinzu kam die Bohne, und für das 10. Jahrhundert v. Chr. ist bereits Weinanbau belegt. Während Hirse sich als Brotgetreide wenig eignet und im Mittelalter überhaupt nur als ›Hirsebrei‹ bekannt war, wurde bis ins 19. Jahrhundert auch mit Dinkelmehl gebacken. Diese Getreidesorte ist widerstandsfähiger gegen Nässe und verträgt schwerere Böden als Weizen. Deshalb ließen sich mit Dinkelanbau in klimatisch rauheren Landstrichen zuverlässigere Ernteerträge erzielen. Erst die Kultivierung von Hafer und Roggen in der Frühen Eisenzeit hat den Dinkel zurückgedrängt, vor allem in Nordeuropa. Dem Dinkel kommt heute auf der Schwäbischen Alb noch einige Bedeutung zu, und das gleiche könnte für die Fränkische Alb in der

Frühzeit gegolten haben. Aber für Bayern liegen keine statistisch aussagefähigen archäobotanischen Untersuchungen vor: unter rund 150 erfaßten Fundstellen erbrachten nur 11 den Nachweis bronzezeitlicher Kulturpflanzen, fast durchweg, wie nicht anders zu erwarten, der Hauptgetreidesorten Weizen und Gerste. Das Fehlen bronzezeitlichen Siedlungsmaterials vom Jura oder aus dem südlichen Oberbayern, das auch Samen und Früchte überdauern ließ, verbietet vorläufig jeden Rückschluß aus diesen Zahlen.

In der Späten Bronzezeit (1200–750 v. Chr.) zeichnet sich erstmals wieder eine Siedlungskonzentration auf den Lößböden ab, die sich durch das feuchtere Klima zur Zeit der Hügelgräberkultur erholt haben könnten. Jedenfalls spricht die Archäobotanik in Baden-Württemberg nun von einer Steigerung landwirtschaftlicher Produktion durch die »längerfristige Nutzung großflächiger Felder« (Rösch 1989).

Höhepunkt der Metallurgie

Die Sicheln wurden gegossen und anschließend durch Hämmern geschärft. Gerade die ›Sichelhorte‹, Depots aus 100 und mehr Sicheln und Sichelbruchstücken (Taf. 43), haben Aufschluß über die Gußmethoden gebracht. Inzwischen sind eine ganze Reihe von Gußformen aus Stein und Keramik gefunden worden, aber chemisch-physikalische Untersuchungen und praktische Versuche ergaben, daß darin wohl seltener das Endprodukt, sondern ein Modell gegossen wurde – aus einem weichen Metall wie Zinn oder Blei. Mit Hilfe solcher Modelle ließen sich dann beliebig viele Sand- oder Lehmformen herstellen. Das Modell wurde einfach in einen speziellen Sand eingedrückt, wieder entnommen und das Negativ dann ausgegossen. Der Guß in Formsand ist auch heute in Gießereien und »sogar für Gußeisen gebräuchlich« (Goldmann 1971), er ist einfach zu handhaben und bringt technische Vorteile, er hat für Archäologen allenfalls einen Nachteil – er ist nicht nachweisbar.

Nachgewiesen ist indessen eine Methode, die im 13. Jahrhundert v. Chr. allgemein gebräuchlich wurde, das sogenannte Wachsausschmelzverfahren. Es eignete sich vor allem dazu, Stücke mit starken Unterschneidungen zu gießen. Das Grundprinzip kam auch beim Überfangguß zur Anwendung, der sich an der Scheibenkopfnadel erklären läßt (Abb. 34; Taf. 40): Das Ende des Nadelschafts ist zur Öse gebogen, darüber das Modell eines Nadelkopfes aus Wachs geformt und zuletzt das Ganze mit Lehm umhüllt worden. Anschließend wurde der Lehmblock gebrannt; dabei schmolz das Wachs aus und es entstand ein Hohlraum. In diesen Hohlraum goß man nun die flüssige Bronze, die die Öse fest umklammerte. Um die Nadel zu entnehmen, mußte die Tonform zerschlagen werden – daher auch die Bezeichnung ›Guß in verlorener Form‹. Auf diese Weise konnten auch Gegenstände mit Tüllen angefertigt werden. Der Tüllenguß war eine wichtige Erfindung, der bei den metallenen Schwertgriffen Anwendung fand, bei Lanzenspitzen und bei einem neuen Werkzeug, dem Tüllenmeißel.

Schließlich sind noch die Toreuten und Plattner der Späten Bronzezeit zu nennen, das heißt diejenigen Handwerker, die das Treiben der Bleche so beherrschten, daß sie daraus die ersten Metallgefäße (Abb. 35 und 36), bronzenes Trinkgeschirr nach südlichem Vorbild, sowie die erste Metallrüstung – Helme, Schilde und Panzer – herstellten (Taf. 41). Obwohl dies meistenteils wohl keine funktionalen Rüstungen, sondern Paradewaffen waren, überschritt die Metallurgie damit eine Grenze. In der Frühen Bronzezeit, als Metalle noch rar waren, stellten Kupfer, Gold und Bronze Prestigeobjekte dar, die ganz unsinnige Formen annehmen konnten. Mit der Eskalation kriegerischer Auseinandersetzungen – und damit sind nicht europaweite Invasionen gemeint, sondern die Kämpfe von Tal zu Tal, von denen die Schrammen der Schwerter

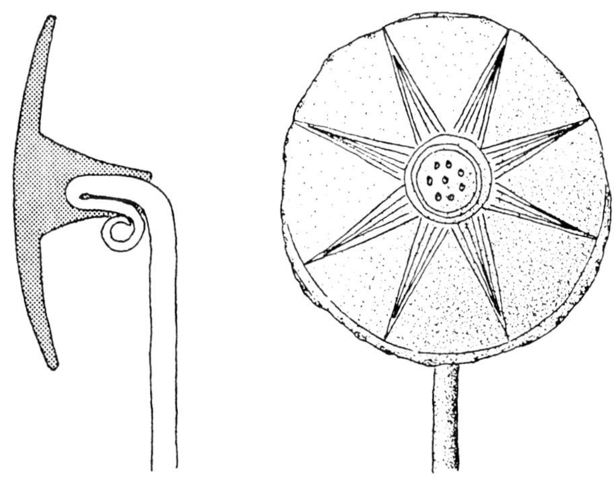

Abb. 34 Querschnitt durch eine bronzene Scheibenkopfnadel in Überfanggußtechnik, 13. Jahrhundert v. Chr. Dietldorf (SAD); natürliche Größe; Museum der Stadt Regensburg (vgl. Taf. 40).

zeugen – gerieten Produktion und Beschaffung von Kupfer und Zinn unter einen bisher unbekannten Druck. Immer mehr Krieger wünschten sich Lanzen, Schwerter, Rüstungen, immer mehr Söldner wurden aufgestellt, immer mehr Männer gerieten unter den religiösen Zwang, sich dieser Bewaffnung wieder zu entledigen (Taf. 41), und je mehr Schwerter sich wie »an einem Totenweg auf dem Grunde der Flüsse« reihten (Taf. 35), desto heißer mußte die Produktion laufen, desto tiefer wühlten sich die Bergleute in die Eingeweide der Natur (S. 57) und rissen ihre Haut auf, denn Hektar um Hektar Bergwald wanderte in die Meiler der Köhler. Die mühevoll-gefährliche Arbeit im Berg wurde zum Auftakt eines »mineralogisch-metallurgischen Angriffs auf die vorhandenen Strukturen der Materie«, der seine Fortsetzung vor dem Feuer und am Amboß fand, denn »wer eine Waffe schmiedet, macht seinem Feind klar, daß er zu ihm ebenso gnadenlos sein wird wie zu der Keule, dem Eisenblock, zu der Granate und zu dem Sprengkopf ...« (Sloterdijk 1983). Soweit der Philosoph von heute – eine bedenkenswerte andere Sicht der Dinge.

Zum Beispiel Mykene

Denn so verständlich, ja selbstverständlich die Begeisterung über jeden Neufund eines bronzezeitlichen Schwertes sein mag, so nachdenklich wird der kulturhistorische Betrachter von heute angesichts des ihn und die gesamte Menschheit bedrohenden Overkills: Im Zeichen des Schwertes ist vor dreieinhalbtausend Jahren eine neue Dimension des Kampfes in der Menschheitsgeschichte eingeleitet worden – der Angriffskrieg gerüsteter Heere, der Kampf der Völker. Im Ostmittelmeerraum und im Vorderen Orient kennen wir ihre Namen und in großen Zügen auch die Geschichte ihrer Kriege, die ihre auf- und untergehenden Reiche begleiteten – das Babylon des Hammurapi, die Eroberung Babylons durch die Hethiter, das Imperium der Assyrer, die wiederum in Ägypten einfielen, und so weiter und so fort, die Reihe ließe sich beliebig fortsetzen. Geographisch und kulturell am nächsten sind uns die Mykener, die sich selbst als ›Achäer‹ bezeichneten, eine feudale Adelsgesellschaft, deren streitbare Fürsten zwischen 1600 und 1200 v. Chr. Mittelgriechenland, die Peloponnes und schließlich auch die Seeherrschaft in der Ägäis an sich rissen. Von Mykene ist ein großer Einfluß auf Mitteleuropa ausgegangen, der sich sicherlich nicht auf Äußerlichkeiten beschränkt hat, sondern eine Oberschicht erfaßte, die »über weite Strekken eine gleiche Geisteshaltung gehabt haben und untereinander ihre Normen prägenden Kontakte gepflegt haben (dürfte)« (Hänsel 1988). Das Problem besteht darin, diese Geisteshaltung in der mitteleuropäischen Archäologie dingfest zu machen.

Metall macht mächtig

Die offene Frage ist, wie groß die Macht der Häuptlinge und Fürsten hierzulande war, die sich in ihren Grabbeigaben zu erkennen geben. Beherrschten sie ihre Umgebung so uneingeschränkt, daß jeder, der herrenloses Land

Abb. 35 Schatzfund aus Unterglauheim (DLG), 11.–10. Jahrhundert v. Chr. Die beiden goldenen Becher oder Trankopferschalen lagen zusammen mit Knochen und Asche in einem Bronzekessel. Darüber war der zweite Kessel gestülpt und alles zusammen in dem großen Bronzeeimer »zweieinhalb Fuß tief« in der Erde vergraben worden. Höhe eines Goldbechers 7 cm; Städtische Kunstsammlungen Augsburg.

Abb. 36 Motiv der Vogelsonnenbarke auf dem Bronzekessel von Unterglauheim (DLG) – vgl. Abb. 35.

rodete oder sein Vieh in den Wald trieb, grundsätzlich in ihre Schuld geriet, wie ein Leibeigener im Mittelalter zu Abgaben verpflichtet wurde, oder zumindest zu Frondiensten wie in keltischer Zeit (S. 108)? Bauern können aber nicht ständig Frondienste als Soldaten leisten, sonst verwahrlosen ihre Äcker, und dies wiederum kann nicht im Sinne der Landesherren liegen. Andererseits verlangen diejenigen, die sich ihnen als Krieger verdingt haben, nach Belohnung für ihre Dienste und Teilhabe an Genuß und Luxus, den sie im Umkreis ihrer Herren kennenlernen – also waren diese auf zusätzliche Einnahmen angewiesen, sei es durch Tauschgeschäfte, ›Zölle‹ (das heißt Wegelagerei) oder – wahrscheinlich zuallererst – Raub.

Wenn man dieses Modell einer weitgehend auf Plünderung basierenden vorstaatlichen Gesellschaftsstruktur – wie sie noch zur Zeit der Mykener existierte, von den frühen Germanen oder den Wikingern gar nicht zu reden – auf Mitteleuropa im 16.–13. Jahrhundert v. Chr. überträgt, wird man hier kaum von Kriegen zwischen Völkern mit festgezogenen Grenzen wie im Vorderen Orient sprechen können. Ja wahrscheinlich gab es nicht einmal eine scharfe Grenze zwischen Plünderung und Krieg: eine Handvoll Männer galt als Räuber, ein paar Dutzend schon als Kriegshaufen; entscheidend war, daß man sich die Beute teilte. Den Löwenanteil beanspruchte der Häuptling oder Fürst, denn er brauchte eine Reserve, um neue Söldner anzuwerben und andere Häuptlinge oder Fürsten zu beschenken, um eine Braut zu kaufen oder ein Fest auszurichten, um einen Toten auszustatten oder für die eigene Reise ins Jenseits vorzusorgen. Das meiste aber verschlangen die Opfer an die Götter – Schwert, Rüstung, ›Geld‹ (Taf. 43), zusammengeraubtes Vermögen oder ein Tempelschatz aus Edelmetall (Abb. 35; 37; Taf. 44). Es war ein verschwenderisches Nehmen und Geben, hinter dem viel weniger Profitgier als Prestigedenken stand.

Auf neuen Wegen in die Späte Bronzezeit

Der ›europäische Markt‹ hatte sich im Verlaufe der Mittleren Bronzezeit kontinuierlich ausgeweitet, angeheizt von Nordeuropa (Südschweden, Dänemark, Norddeutschland) und Mykene, die einen ungeheueren Bedarf nach Rohmetall hatten. Eine herausragende Rolle spielte zunächst der Goldhandel mit Siebenbürgen, und über das Karpatenbecken erreichte mykenisches Gedankengut auch den Norden. Die Häuptlinge der Barbaren – als solche galten die Nordländer den Griechen noch in klassischer Zeit – blieben davon nicht unberührt. Im 13. Jahrhundert v. Chr. orientierte sich Mitteleuropa stärker nach Südosten. Gleichzeitig verschoben sich die interkontinentalen Hauptverkehrsachsen und mit ihnen der Reichtum auf diejenigen, die diese neuen Wege kontrollierten. Nordeuropa verschaffte sich sein Gold nicht mehr vornehmlich aus den Karpaten, sondern aus Westeuropa, aus Südfrankreich, Spanien und Portugal. Das hatte auch für Bayern Folgen. Die Verbindung Böhmen-Donautal-Oberrhein-Rhônetal, von der der Herr von Alteglofsheim und der Fürst von Hagenau profitiert hatten, verlor ihre Vorrangstellung (Taf. 32 und 36). Statt dessen gewann die Achse vom Rhein-Main-Dreieck ins Donautal Richtung Balkan an Bedeutung. Nicht die Handelsgüter wechselten, sondern diejenigen, die diesen Handel organisierten. Das brachte wohl ebenso Unruhe und »kriegerische Ereignisse« (S. 66) mit sich wie schon im 16. Jahrhundert v. Chr. Deshalb häuften sich im 13. Jahrhundert v. Chr. auch wieder die »versteckten Schätze«, das Metallvermögen, das dem Boden anvertraut oder den Göttern geopfert wurde, vielleicht aus Angst, vielleicht aber im Gegenteil auch aus Dankbarkeit für aufblühenden Wohlstand. Denn es fällt auf, daß sich mit der Verlagerung wirtschaftlicher Macht auch die Sitte der Brucherzdeponierungen verlagerte (Taf. 43).

Weil jetzt im östlichen Mittelmeerraum die schriftlich überlieferten ›Seevölker‹ ihr Unwesen trieben, weil schließlich – um 1200 v. Chr. – ein so bedeutendes Reich wie das der kleinasiatischen Hethiter und die Herrschaft der Mykener zusammenbrachen, weil damit eine riesenhafte kulturelle Umwälzung stattfand, die in der (umstrittenen) Einwanderung der ›Dorer‹ nach Griechenland um 1100 gipfelte – aus all diesen Gründen war man früher geneigt, den kulturellen Umbruch zu Beginn der Späten Bronzezeit in Mitteleuropa ebenfalls mit der Einwanderung eines fremden Volkes gleichzusetzen, das vor allem durch seine Grabsitten auffiel: Urnengräber in großer Masse. Inzwischen hat die archäologische Forschung aber einen solchen Material- und Wissenszuwachs erfahren, daß sich der Wechsel zur Feuerbestattung als interner Prozeß und die ›Urnenfelderkultur‹ überzeugend als Erbe der Hügelgräberkultur zu erkennen gegeben haben

– Bevölkerungsverschiebungen eingeschlossen, wie sie zum Beispiel zwischen bayerischem Alpenvorland und Nordtirol belegt sind. Mit der Konsolidierung der Verhältnisse im 11. Jahrhundert v. Chr. entwickelten sich neue und vor allem großräumigere regionale Kulturgruppen: Südbayern gehörte zu einem süddeutschen Kulturkreis, das Donautal dagegen zu einer nordostbayerischen Gruppe, während in Mainfranken wie immer untermainisch-schwäbische Verbindungen vorherrschten. Aber alles in allem überwog große Ähnlichkeit, wohl nicht nur in der Rüstung der Krieger (Abb. 83), sondern auch in religiös-ideologischer Hinsicht. Anders könnte man sich die missionsartige Ausbreitung der Urnenfriedhöfe kaum erklären, die schließlich von Italien bis Holland, von Polen bis Spanien zu finden sind, sowie die plötzliche Bedeutung der Vogel-Sonnen-Symbolik von Ägypten bis Skandinavien (Taf. 56). Das europäische Handelsnetz hatte eine bis dahin unbekannte Dichte erreicht.

Abb. 37 Goldkegel von Ezelsdorf (LAU), ein Kultgerät der Späten Bronzezeit, 12.–11. Jahrhundert v. Chr. Höhe 88,3 cm; Germanisches Nationalmuseum Nürnberg.

Grüfte und Urnen

Die Brandbestattung an sich war nichts Neues (Abb. 38). Sie wurde, aus welchen Gründen auch – es ließen sich zahllose anführen –, seit der Jungsteinzeit immer wieder geübt, und vermehrt seit dem 15. Jahrhundert. Das Gräberfeld von Deggendorf-Fischerdorf zeigt ja, daß das gerade für Niederbayern zutraf. Im 13. Jahrhundert vermengten sich die Vorstellungen auf geradezu typische Weise miteinander. An einem reichen Grab aus Schwabmünchen (A), am östlichen Talrand der Wertach in dem fruchtbaren Landstrich südlich Augsburg gelegen, läßt sich das exemplarisch zeigen: In einem großen Schacht, etwa 1 m tief und 2 × 3 m groß, lagen die Beigaben eines Mannes, einer Frau, eines dritten Erwachsenen und eines dreijährigen Kindes, bestehend aus Tongefäßen, Fleischportionen, Bronzemessern, Schmuck, zwei Schwertern, das eine unversehrt, das andere verbrannt. Von den Toten war nicht mehr geblieben als ein Häufchen Knochenasche inmitten der Gruft. Wenn hier Grabanlage und Beigaben deutlich den sozialen Rang der Verstorbenen betonen, so spiegelt sich darin noch die Häuptlingsgesellschaft der Mittleren Bronzezeit.
Deren Sitten und Gebräuche verschwanden keineswegs so abrupt wie es der bloße Augenschein vermuten lassen könnte. Besonders in Nordostbayern, in Ober- und Mittelfranken, lösten sich die Menschen nur zögernd von ihren Traditionen, auf die gerade die Oberschicht Wert zu legen schien. Erst um 1000 v. Chr. setzte sich hier die Urnenbestattung weiträumig durch, wenn auch nie in so einheitlichem Maß wie in Südbayern. Mehrere Generationen lang wurden die Toten sowohl unverbrannt wie verbrannt beigesetzt, manchmal in ein und demselben Friedhof, häufig in mannslangen Schachtgräbern – Steinkammern, für die mehrere Tonnen Material herbeigeschleppt werden mußte.
Eines der reichsten Gräber aus Oberfranken, das 1982 in Eggolsheim (FO) entdeckt worden ist, bestand aus einer solchen Steinkammer. Sie war 1,3 m in den Boden eingetieft und der 3 m lange und 1 m breite Boden sorgfältig mit Platten ausgelegt worden. Nach der Beisetzung hatte man die Gruft mit Sand verfüllt, mit einer Decke aus Steinbrocken verschlossen und schließlich noch einen Erdhügel darüber aufgeschüttet von etwa 32 m Durchmesser, ursprünglich etwa 4 m hoch und umgeben von einem Steinkranz. Die pompöse Monumentalität dieser

Grabanlage, die ihre mittelbronzezeitlichen Vorläufer noch übertraf, hatte einem adligen Krieger gegolten, einem etwa 40jährigen Mann, dem fünf Tongefäße beigegeben worden waren, sein Messer, ein Rasiermesser sowie sein Schwert. Eggolsheim liegt nur 9 km von der Ehrenbürg entfernt, einer der herausragenden spätbronzezeitlichen Handelsstationen an einer Verkehrsverbindung vom Main- zum Donautal, über die dieser Adel herrschte (S. 78).

Der Krieger von Eggolsheim war im 11. Jahrhundert v. Chr. unverbrannt beigesetzt worden, in einer Zeit also, als sich in Südbayern längst die gleichförmig ausgestatteten ›Urnenfelder‹ dehnten (Taf. 42). »Solche rituelle Beharrlichkeit hat wahrscheinlich die Bildung kleiner Kultgemeinschaften begünstigt« (Torbrügge 1981), unter denen sich die auffälligste auf eng begrenztem Raum zwischen Forchheim und Erlangen versammelte. Sie gibt sich durch kreisrunde Grabanlagen von 1–9 m Durchmesser zu erkennen, die die Asche des Toten bargen und die mit schmalen, eng stehenden verzierten Sandsteinplatten umgrenzt waren, die in Deutschland einzigartig sind. Die Motive dieser ›Zeichensteine‹ bestehen aus geometrischen Figuren – Gitter- und Fischgrätmustern, Kreisen, Zickzackreihen und ähnlichem. Es ist die ganz und gar abstrakte Symbolsprache einer bilderfeindlichen Zeit, eine Sprache, von der wir kein Wort verstehen (Taf. 44).

Das Schwert aus Eggolsheim war vor der Grablegung absichtlich in drei Teile zerbrochen, das heißt gleichsam ›getötet‹ worden, damit es dem Toten in die jenseitige Welt folgen und ihm dort wieder gehören konnte. Dahinter stand die gleiche Vorstellung, aus der heraus bei der Leichenverbrennung viele persönliche Besitztümer ins Feuer wanderten, zum Beispiel auch all die prunkvollen Kultwagen der Fürsten und Priester, die nur noch in verglühtem und verstümmeltem Zustand zurückgeblieben sind (Taf. 45). Denn an dem Glauben an ein körperhaftes Weiterleben nach dem Tode hatte der Übergang zur Feuerbestattung nicht gerüttelt, und ein bemerkenswerter »beinahe zeitgenössischer Beleg« dafür (Hofmann 1982) stammt von Herodot, der über Periandros, den Tyrannen von Korinth im 6. Jahrhundert v. Chr., berichtete:

»Als er (P.) nämlich zu dem Totenorakel am Flusse Acheron Boten ausgesandt hatte, um sich durch Beschwörung seiner verstorbenen Frau Auskunft über einen ihr anvertrauten Schatz eines Gastfreundes zu verschaffen, erschien Melissa und sagte, sie könne nicht angeben, wo der Schatz läge, weil sie nackt wäre und fröre, denn die Kleider, in denen sie begraben, nützten ihr nichts, da sie nicht verbrannt wären ... Als ihm das gemeldet wurde ... ließ er sogleich öffentlich ausrufen, alle Weiber in Korinth sollten in den Tempel der Hera kommen. Aber während die wie zu einem Fest in ihrem schönsten Schmuck erschienen, stellte er heimlich seine Kriegsknechte an und ließ ihnen allen, Freien und Sklavinnen, die Kleider ausziehen, die Kleider aber in eine Grube werfen und unter Gebet an Melissa verbrennen. Nachdem er das getan und zum zweitenmal an sie geschickt hatte, gab der Schatten der Melissa auch die Stelle an, wo sie den Schatz des Freundes verborgen hatte ...« (Buch V, 92).

Es gab also gute Gründe, die gewiß nicht Sparsamkeit zum Zweck hatten, warum sich in dieser Zeit einerseits verbrannte und andererseits unverbrannte Beigaben finden. (Nebenbei verrät die Geschichte auch etwas über das Schicksal eines fürstlichen Hausschatzes – er war offenbar gut versteckt, und hätte Melissa geschwiegen, wäre er vielleicht nie, vielleicht erst im 20. Jahrhundert durch die Arbeit der Bodendenkmalpflege ans Licht gekommen ...).

Abb. 38 Tötung der gefangenen Trojaner am Scheiterhaufen des Patroklos. Ausschnitt aus einem süditalischen Vasenbild, 4. Jahrhundert v. Chr. – vgl. Taf. 42.

Urnengräber im Donautal

Südlich der Donau bietet sich ein anderes Bild als in Nordbayern. Hügel- und Urnengrab wechseln einander fast übergangslos ab. Das betrifft nicht den Brauch der Feuerbestattung, die sich zum Teil schon längst eingebürgert hat: In einer berühmten Siedlungskammer im Landkreis Weilheim, nördlich von Staffel- und Riegsee, blüht im 13. Jahrhundert v. Chr. plötzlich der Wohlstand auf, offenbar in der Folge der »neuen Ausbeutung der Nordtiroler Kupferlagerstätten« (Koschik 1981). Die Toten dieser Gemeinschaft, der »Riegsee-Gruppe«, werden mit schwergewichtiger Metallausrüstung bestattet, und zwar ganz traditionell unter Hügeln, aber konsequent verbrannt, die Beigaben jedoch so verteilt, als läge der Körper im Grab. Im 12. Jahrhundert v. Chr. bricht diese Gruppe unvermittelt wieder auseinander.

Unmittelbare Kontinuität zwischen späten Hügel- und frühen Urnengräbern ist in Oberbayern so gut wie nie gegeben. Zumindest einige Kilometer liegen zwischen altem und neuem Friedhof, eine Entwicklung, die ebenso deutlich von der Existenz derselben Bewohnerschaft wie von einem Traditionsbruch in deren Geschichte zeugt, wenn auch nicht von solch selbstzerstörerischem Ausmaß wie im 16. Jahrhundert v. Chr. (S. 68). In der Donauebene ist die Situation dadurch verschleiert, daß es kaum Grabhügel gibt (S. 64). Offenbar erfolgt der Wechsel schon sehr früh. Das ›Urnenfeld‹ von Kelheim beispielsweise, das berühmteste in Bayern mit 258 ausgegrabenen und ursprünglich schätzungsweise rund 1000 Gräbern, hat bereits im 13. Jahrhundert v. Chr. die ersten Toten aufgenommen, deren Hinterbliebene allerdings alte und neue Riten noch auf typische Weise miteinander vermengten: sie schütteten keine Hügel auf, sondern hoben mannslange flache Schächte aus, in denen teils die unverbrannte Leiche beigesetzt, teils die Asche in Körperlänge ausgestreut wurde. Im 12. Jahrhundert hatte sich die Brandbestattung in Südbayern allgemein durchgesetzt, seit dem 11. Jahrhundert das typische Urnengrab.

Auch der neue Begräbnisplatz von Zuchering (IN), der seit 1983 erforscht wird und 1988 über 300 Bestattungen zählte, ist kontinuierlich vom 13. bis zum 8. Jahrhundert v. Chr. benützt worden. Das Donautal zwischen Ingolstadt und Passau bildete in der Späten Bronzezeit eine der dichtest besiedelten Landschaften; in den letzten 30 Jahren hat sie durch landwirtschaftliche Erschließungsmaßnahmen, durch Tiefpflügen, Kiesgrubenbetriebe und Großbaustellen immer neue Urnenfriedhöfe preisgegeben. Außer Zuchering sind hier an erster Stelle Künzing (DEG) mit 140 (und geschätzten 300–400), Natternberg (DEG) mit über 180, Barbing (R) mit mindestens 200 und Sengkofen (R) mit 128 Gräbern zu nennen, dazu zahlreiche kleine Grabgruppen mit 10–30 Bestattungen, die aber allesamt nicht vollständig erfaßt wurden, so daß die eigentliche Zahl viel höher liegen mag.

Trotz der dichten Belegung der Friedhöfe überschnitten sich die Gräber nicht, ein Zeichen dafür, daß sie markiert waren – mit Pflanzen, einem Tongefäß oder wie auch immer. Meist handelte es sich um kleine runde Gruben, gerade groß genug, um die Urne und einige Beigaben unterzubringen, die kleineren in dem Aschenbehälter selbst. Dieser war in der Regel mit einer großen Schale abgedeckt, die umgestülpt wie ein Hut auf der Urne lag. Der aus dem Scheiterhaufen ausgelesene Leichenbrand wurde oft nur – symbolisch – in Auswahl, zum Teil gewaschen, in der Urne deponiert. Die anthropologische Bestimmung von Alter und Geschlecht der Toten gestaltet sich deshalb schwierig und zeitaufwendig; dieser Umstand beeinträchtigt unser Wissen über die Bevölkerungsstruktur erheblich.

Metallbeigaben können den Mangel nicht ausgleichen, denn sie stellen eher Ausnahmen dar (Abb. 39). Zur Frauentracht zählen paarweis getragene Nadeln, Armreifen, Fibeln und Gürtelhaken; aus dem Besitz der Männer stammen gelegentlich eine Pfeilspitze oder ein Rasiermesser, nur ausnahmsweise ein Fleischspieß oder eine Bronzetasse, Statussymbole, die bei Trinkgelagen nach südeuropäischem Vorbild Verwendung fanden in der Folge der ersten Weinfuhren von dort (S. 70). Nur ein einziges Mal bisher steckte ein Schwert senkrecht im Boden. Es war unverbrannt; Trachtenschmuck dagegen hat meist auf dem Scheiterhaufen gelegen und ist deshalb zu unansehnlichen Metallklumpen verschmolzen. Auch Tongefäße kamen manchmal ins Feuer; Schalen und Becher wurden oftmals in doppelten Sätzen beigegeben – einmal verbrannt, einmal unverbrannt.

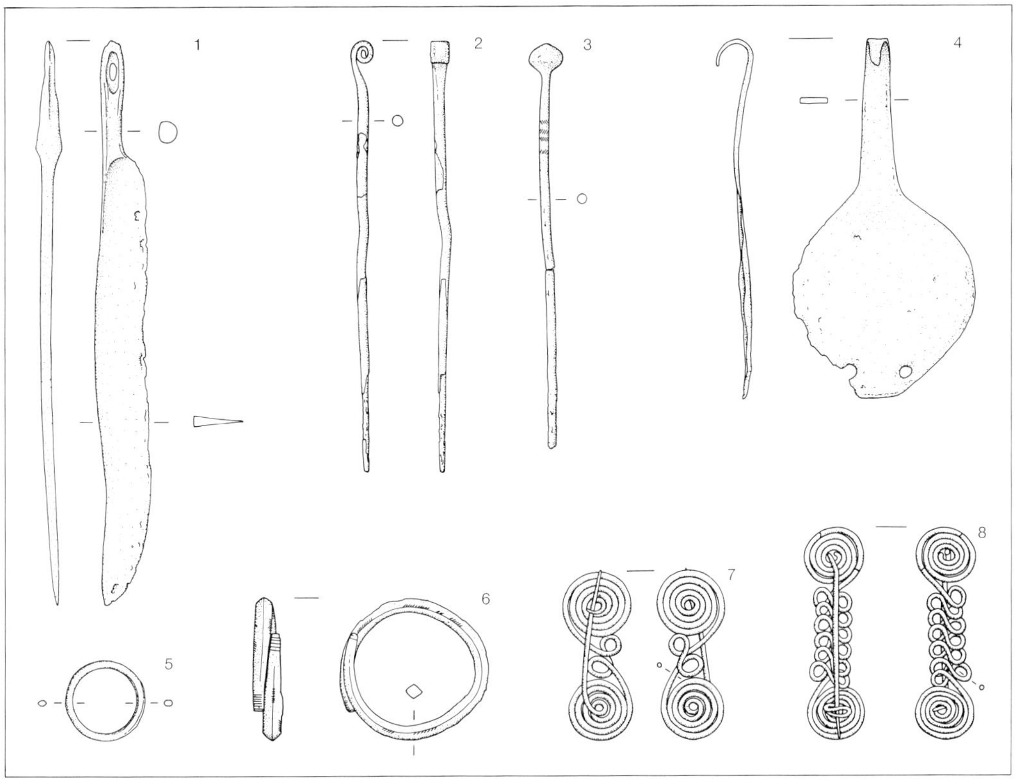

Abb. 39 Bronzebeigaben aus dem Urnengräberfeld von Sengkofen (R), 11.–10. Jahrhundert v. Chr. 1 Messer. – 2–3 Nadeln. – 4 Gürtelhaken. – 5 Ring. – 6 Armreif. – 7 Eingliedrige Brillenfibel. – 8 Eingliedrige Achterschleifenfibel. Länge des Messers 17,2 cm; Museum der Stadt Regensburg.

Töpferofen aus Unterelchingen (NU)

Das Töpferhandwerk muß damals einen raschen Aufschwung genommen und neue Techniken entwickelt haben: die Herstellung der oft riesigen, bis zu 60 cm hohen Urnen erforderte eine bewegliche Unterlage, einen Vorläufer der Töpferscheibe, und die der papierdünnen Schälchen feinst geschlämmten Ton (Taf. 42). Der klassische Brennofen mit getrennter Feuerungs- und Brennkammer wurde erfunden. In Unterelchingen bei Ulm sind die Überreste eines spätbronzezeitlichen Töpferofens ausgegraben worden, der sich rekonstruieren ließ und heute im Museum Neu-Ulm steht. Es handelt sich um einen ca. 120 cm hohen Lehmkuppelbau, der von zwei Schürlöchern aus befeuert wurde und dessen Inhalt über dem Feuer auf einer durchlochten Brennplatte stand. Nach diesem einfachen Prinzip arbeiteten selbst noch römische Öfen, aber die Rekonstruktion erwies sich trotzdem als recht mühsam für den modernen Menschen, der verlernt hat, mit so einfachen Dingen wie Lehm umzugehen ... Variationen der Keramik in Form und Verzierung hielten sich in engen Grenzen, wohl eine Folge der neuen Serienproduktionen, deren scharfkantige Profile offenbar von den ersten Metallgefäßen beeinflußt waren. Es mehren sich aber Anzeichen farbiger Bemalung, und oberflächliche Graphitierung verlieh den Gefäßen einen metallischen Glanz, der heute aufgrund chemischer Einflüsse im Boden zwar meist zerstört ist, einst jedoch bei festlichen Trinkgelagen silbern funkelte.

Nichts als Scherben und Pfostenlöcher

Zu keiner Zeit klaffen archäologischer Sachbestand und ehemalige Wirklichkeit so weit auseinander wie in der ›Urnenfelderkultur‹ der Späten Bronzezeit. Die immer seltener werdenden und oft vom Feuer zerstörten Beigaben, die zwar üppigen, aber vom Boden ausgelaugten Geschirrsätze, das Gewirr der Pfostenlöcher, Überreste der zahllosen Niederlassungen – all dem haftet ein museealer, wissenschaftlicher Charakter an, der nichts Individuelles spiegelt, ja nicht einmal das Leben in der Gemeinschaft recht spürbar werden läßt. Tatsächlich können jetzt aber nach über 3000 Jahren erstmals wieder größere Dörfer rekonstruiert werden. Die Häuser nehmen zwar nur vergleichsweise bescheidene Ausmaße zwischen 3 × 5 m und maximal 10 × 6 m ein, aber wieder ist ein technischer Fortschritt zu verzeichnen: Die Erfindung

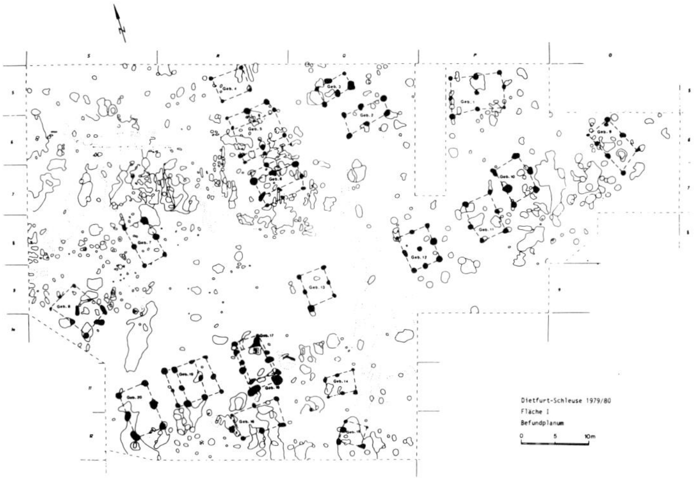

Abb. 40a und b Plan der spätbronzezeitlichen Siedlung von Dietfurt (NM), 11.–10. Jahrhundert v. Chr. Links: Zusammengehörige Pfostenlöcher sind zu Grundrissen ergänzt worden. Bei den dreischiffigen Gebäuden könnte es sich auch um zwei nacheinander, etwas versetzt errichtete Häuser gehandelt haben. Rechts: Rekonstruktion des Dorfes (nach Rind 1988).

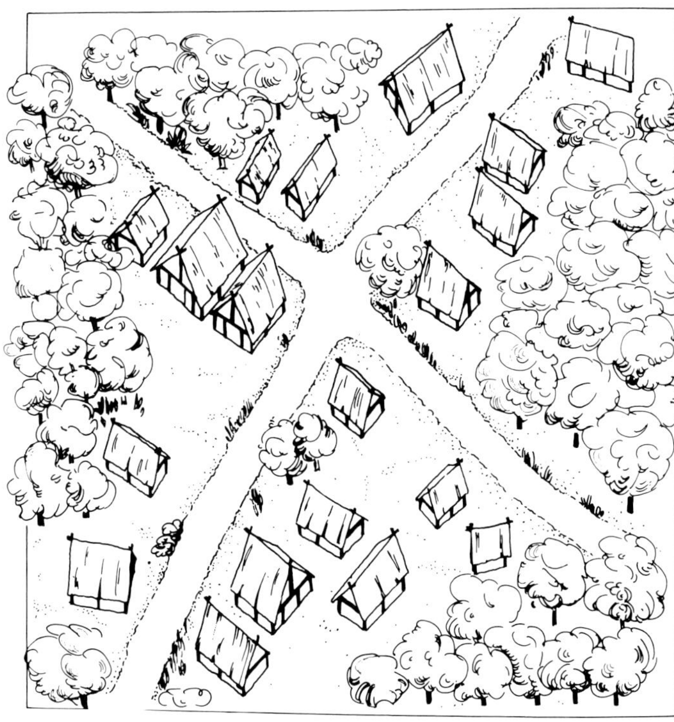

des Sparrendachs, das die gesamte Dachlast auf die Wände ableitet, erübrigt First- und Mittelpfosten, spart Material und schenkt Raum.

In Dietfurt (NM) hat die Kanalarchäologie 23 Hausgrundrisse identifiziert, die sich zu einem kleinen wohlgeordneten Dorf gruppieren (Abb. 40a–b). Seinen Mittelpunkt bildete ein freier Platz, auf dem sich zwei Straßen aus vier Himmelsrichtungen kreuzten. Insgesamt sind rund 4000 qm Fläche ausgegraben sowie mehrere Zentner Lehmwandverputz und 15 000 Scherben mit Hilfe eines Computers ausgewertet worden, um diesen einfachen Sachverhalt zu erschließen, der überdies von mancherlei Unsicherheitsfaktoren belastet ist. Das Ergebnis erhält dennoch Gewicht durch die spätbronzezeitliche Siedlung von Kelheim, die einen ähnlich genormten Eindruck erweckt, und gleichartige Beobachtungen, die sich europaweit verfolgen lassen.

Die zeitgleichen Pfahlbausiedlungen waren oft mit Palisaden befestigt. Hierzulande sind statt dessen die Höhen aufgesucht worden, die zum Teil einfach ausgebaut, zum Teil neu in Besitz genommen wurden. Kleinere, aber massiv geschützte Plätze, wie die Heunischenburg (KC) im nördlichsten Oberfranken, bildeten eine Art Kontrollstation, in diesem Fall an einem Weg hinüber nach Mitteldeutschland (Taf. 39); ähnlich hatte die Birg bei Altjoch am Kochelsee (TÖL), eine der wenigen Wehranlagen in Südbayern, die »Kupferstraße« ins Inntal bewacht. Ganz anders zu beurteilen sind die großen, zum Teil über 1000 m langen Hochplateaus, die wohl meistenteils befestigt waren. Im Falle des Großen Knetzberges (HAS), des Bullenheimer Bergs (KT und NEA) und der Houbirg (LAU), alle in Unter- und Mittelfranken gelegen, sind solche Befestigungen durch neue Grabungen nachgewiesen. In anderen Fällen sind sie zu vermuten: auf der Vogelsburg in der Volkacher Mainschleife (KT), auf dem Hesselberg (AN) und der Gelben Bürg bei Dittenheim (WUG), beide an einem Weg über die südliche Frankenalb gelegen, auf der Ehrenbürg (FO) in Oberfranken, auf dem Schloßberg von Kallmünz (R), dem Bogenberg (SR) im Donautal sowie dem Domberg von Freising (FS).

Die letzte Station auf einem Weg vom Regnitzbecken über die Fränkische Alb vor dessen Austritt in die Donauebene ist der Schloßberg von Kallmünz, der sich etwa 20 km nördlich von Regensburg rund 110 m steil über den Talboden erhebt, auf zwei von drei Seiten uneinnehmbar (Abb. 41). Die natürlich geschützte und den Blick freigebende Lage ist zu allen Zeiten gesucht worden. Weiterreichende Bedeutung kann aber nur die Siedlung des 11.–8. Jahrhunderts v. Chr. für sich in Anspruch nehmen. Die Bevölkerung solcher Bergklötze war auf die landwirtschaftliche Versorgung durch ein bäuerliches Umland angewiesen und lebte von Handwerk und Handel, strukturell gesehen darin den spätkeltischen Oppida vergleichbar (Taf. 65): mit zunehmender Arbeitsteilung und handwerklicher Spezialisierung reifte die Institution der Stadt heran.

Aufstieg und Untergang

Einerseits große, befestigte, stadtähnliche Zentralorte, in denen sich wirtschaftliche und politische Macht konzentrierte – andererseits planvoll errichtete, einheitlich wirkende bäuerliche Ansiedlungen, in denen sich keine Dorfhäuptlinge mit separaten Höfen hervortaten, wie in der Frühen Eisenzeit (S. 89); einerseits die wenigen Einzelbegräbnisse herausragender Männer (Taf. 45) – andererseits Friedhöfe, die Hunderte uniformer Brandgräber umfaßten: dies alles verrät zweierlei, erstens eine neue Stabilität der Gemeinwesen und zweitens die Existenz übergeordneter gesellschaftlicher Organisationen. Nicht das, was zuerst ins Auge springt, die Urnengräber selbst, mithin Religion und Kult, waren das eigentlich Neue, sondern die in diesen ›Urnenfeldern‹ zum Ausdruck kommenden starken politischen Kräfte. Sie entstanden keineswegs unter neuem (fremdem) Einfluß, sondern als Ergebnis einer ungebrochenen Entwicklung, die im 16. Jahrhundert v. Chr. begonnen hatte und die im 12.–8. Jahrhundert v. Chr. ihren Höhepunkt erreichte.

Mehrere Faktoren wie zum Beispiel ein wärmeres und trockneres Klima, Regeneration der Böden und Steigerung der landwirtschaftlichen Produktion, neue Lagerstätten und Verkehrswege, Naturkatastrophen (?) und Wanderungen unbekannten Ausmaßes müssen diese Entwicklung auf unterschiedliche Weise vorangetrieben haben, aber wie, darüber herrscht in Mitteleuropa noch Unklarheit. Archäologisch überblicken läßt sich nur die Rolle der Metallurgie, die sicher nicht gering zu veranschlagen ist. In der Späten Bronzezeit entfaltete sich eine bisher unbekannte Produktivität: in der Technologie wie in handwerklicher Spezialisierung, in der Ausbeutung der Bodenschätze wie in der Kontrolle des Handels, in der Zurschaustellung von Pracht und Zeremonien, in Paraderüstungen, Bronzekesseln und -trinkgeschirr, Repräsentationsfahrzeugen, Kultgerät und Gold, Gold und nochmals Gold.

Sicherlich kennen wir von alledem nur den geringsten Teil, weil er durch Zufall entdeckt worden ist, aber sicherlich hatte die Masse der damaligen Bevölkerung an dem Reichtum keinen Anteil. Dafür sorgte eine politische Organisation, die weit über das Land hinausgereicht haben muß, das in Sichtweite einer Burg lag. Wie und in welcher Form sich diese überregionale Kontrolle abgespielt haben könnte, ob innerhalb von Territorien mit schärfer gezogenen Grenzen, an denen sich Stämme oder Stammesverbände gegenüber standen, ob innerhalb eines Systems von frühstaatlichem Charakter, ist noch nicht untersucht worden. Bisher weist nur die allgemeine Siedlungsstabilität auf dem flachen Land darauf hin, daß anstelle permanenter Raubzüge einer mobilen Kriegerschar eine Art gesetzlichen Beutemachens trat, das heißt, der Adel bereicherte sich durch Tributforderungen. Daß es dabei untereinander nicht reibungslos

Abb. 41 Der Schloßberg von Kallmünz (R). Heute kann man ihn auf diese unverbaute Weise nicht mehr wahrnehmen. Die alte Postkarte gibt den Blick noch frei auf den mächtigen Bergsporn, der sich 20 km nördlich von Regensburg im Zwickel zwischen Vils und Naab rund 110 m über den Talboden erhebt. Die Nutzung der Höhe konzentrierte sich im Umkreis der Burgruine. Das Plateau wurde wohl in der Späten Bronzezeit mit einem Wall abgeriegelt, der zur Zeit der Ungarneinfälle zur jetzigen Höhe von 10 m aufgeschüttet worden ist. 300 m weiter nördlich verläuft der Außenwall, ein mit Erde und Steinen gefülltes Holzkastengerüst. Bei Ausgrabungen fanden sich zwei Pfeilspitzen, die für das spätbronzezeitliche Alter auch dieser Verteidigungsanlage sprechen.

abging, legen Aufstieg und Niedergang der Höhensiedlungen nahe, die keineswegs alle gleichzeitig bestanden.

Das System muß trotzdem gut funktioniert haben, denn der Reichtum konnte beachtlich sein, wie die zurückgelassenen Depots, die Weihegaben und Hausschätze der Fürsten und Priester erkennen lassen. In ihren Händen konzentrierte sich nach wie vor der Metallreichtum (S. 66f.); selbst in Griechenland zum Beispiel zeichnet sich ein freier Handel erst im 10. Jahrhundert v. Chr. ab, zu Beginn der dortigen Eisenzeit, als ganz andere wirtschaftliche Voraussetzungen gegeben waren. Ohnehin ist das adlige Vermögen der Spätbronzezeit leicht an seinem auffälligen Inhalt und seiner Häufung in den Höhensiedlungen zu erkennen, in den Zentren der wirtschaftlichen und politischen Macht. Vom Großen Knetzberg (HAS) und dem Bullenheimer Berg (KT und NEA) liegen eine ganze Anzahl dieser Schätze vor: einer enthielt unter anderem Teile eines Zeremonialwagens mit Vogelaufsätzen – die an den Kultwagen von Acholshausen erinnern (Taf. 45) – und ein anderer 30 bronzene Zierscheiben, die von Rüstungen stammen könnten. Auch auf der Ehrenbürg (FO) sind drei solcher Zierscheiben entdeckt worden, die als Panzer- und Schildbesatz gedeutet werden.

Trotz großräumiger Machtverschiebungen und kleinräumiger politischer Rivalitäten blühten Wirtschaft und Handel und führten allmählich auch in den bäuerlichen Gemeinschaften zu Besitz- und Rangunterschieden, die sich wiederum in den Bestattungssitten äußerten. In Nordostbayern wurden von neuem Hügel über die Gräber aufgeschüttet, die zum Teil durch ungewöhnliche Bronzebeigaben auffallen. In der Donauebene sind solche Hügel verschwunden, aber die durch das Anhäufen entstandenen kreisförmigen Gräben um die Bestattung herum werden bei Ausgrabungen noch sichtbar. In Künzing (DEG), einem Friedhof des 9.–7. Jahrhunderts v. Chr., umzogen Einfriedungen unterschiedlicher Form etwa 20% aller Gräber. Hier tauchen auch des öfteren erste Eisengegenstände als Beigaben auf, Vorboten einer neuen Epoche, der Frühen Eisenzeit.

Mit der Kenntnis der Eisenverarbeitung begann eine technische Revolution, die der bronzezeitliche Adel nicht überlebte. Seine Vormachtstellung brach zusammen und mit ihr das pulsierende Leben in nahezu allen Burgen, Märkten und Dörfern in Süddeutschland, um Neugründungen Platz zu machen.

Der Adel hält hof

FRÜHE EISENZEIT (750–400 v. Chr.)

Mit dem Eisen verhielt es sich ähnlich wie mit dem Kupfer. Das Metall als solches war schon längere Zeit bekannt. Aber es dauerte eine Weile, bis die wirtschaftlichen Möglichkeiten, die sich aus dem neuen Produktionsmittel ergaben, in so breitem Maße genutzt wurden, daß sich dadurch auch das gesellschaftliche Gefüge änderte (Taf. 47). Der folgenreiche Unterschied zur Bronze bestand darin, daß Eisen fast überall gewonnen werden kann. Dadurch verlor das Kontrollsystem über die Fernhandelsstraßen zu den wenigen wichtigen Zinn- und Kupferlagerstätten an Bedeutung. Aus Bronze goß man jetzt nur noch vollplastische kleinteilige Gegenstände oder trieb daraus große Prunkgefäße (Taf. 51; 56).

Der Siegeszug des Eisens – ein Überblick

Eisen kommt auf der Welt in drei verschiedenen Formen vor: als gediegenes Metall und Meteoreisen nur selten, in mineralisch gebundener Form als Eisenerz fast überall. Wirtschaftlich entscheidend wurde deshalb die Verhüttung der Eisenerze durch Reduktion mit Holzkohle. In Bayern kamen im 7. Jahrhundert v. Chr. vor allem die Erzlager in der lehmigen Verwitterungsdecke der Frankenalb in Betracht (Bohnerz), sowie das Raseneisenerz (Sumpfeisen), das in Flußniederungen und Flachmooren entsteht. Beide Vorkommen waren leicht zu gewinnen und konnten an Ort und Stelle verhüttet werden. Bohnerz ließ sich entweder – wie in der spätkeltischen Stadt auf dem Michelsberg bei Kelheim (S. 106) – im Tagebau erreichen, oder ganz einfach in Form erbsen- bis bohnengroßer Körner oberflächlich einsammeln. Auf der südlichen Frankenalb beidseits der Altmühl ist Bohnerz noch bis ins 19. Jahrhundert aus den Äckern ausgegraben und im Obereichstätter Eisenhüttenwerk verhüttet worden.
Im Gegensatz zum Kupfererz verlangten die meisten Eisenerze keine chemische Aufbereitung durch Rösten (S. 57); es genügte die mechanische Aufbereitung – Sortieren, Waschen und Zerkleinern. Die Verhüttung erfolgte in Schachtöfen. Aus dem bayerischen Raum existiert bisher nur die Rekonstruktion eines spätkeltischen Rennfeuerofens von Kelheim, der aber das gleiche Prinzip vertritt (Abb. 44): Der Ofen war etwa 60 cm tief in den Boden eingelassen; sein Mantel bestand aus Lehm; den Oberbau bildete eine Kuppel mit Schlot von schätzungsweise 1,20 m Höhe. Dieser Ofentyp kam ohne Blasebälge aus. Knapp über der Erdoberfläche befanden sich zwei Windlöcher, die für den notwendigen Durchzug sorgten, um das Reisig zu entfachen, das zuunterst eingebracht wurde. Darüber kam eine Lage Holzkohle, und erst wenn diese glühte, wurde der Ofen bis oben hin mit einem Gemisch aus Erz und Holzkohle beschickt, im Durchschnitt mit dem Zehnfachen der Erzmenge. Im eigentlichen metallurgischen Prozeß, im sogenannten Rennprozeß bei 1100–1400° C, bildeten sich flüssige Schlacke und die Eisenluppe, ein kompaktes Gemenge aus Schlacke und Metall. Die Laufschlacke ließ man durch einen Anstich in die Grube abfließen; um die Luppe zu entnehmen, brach man die Ofenbrust auf. Sie konnte später wieder zugemauert und der Ofen auf diese Weise erneut benützt werden. Um massives Eisen zu erhalten und die restliche Schlacke auszupressen, mußte die Luppe noch mehrfach erhitzt und umgeschmiedet werden. Aus spätkeltischer Zeit, aus der genügend Beobachtungen vorliegen, wissen wir, daß die Verhüttung meist außerhalb der Siedlungen vor Ort stattfand, das Schmieden jedoch innerhalb der Handwerkerviertel. Das geht aus der unterschiedlichen Verteilung der Verhüttungs- und Schmiedeschlacken hervor. Eisen kam in Barrenform in den Handel – in Doppelspitz- oder in Schwertform. In Aubstadt (RG) förderte der Pflug 23 Doppelspitzbarren zutage, die knapp unter dem Humus ohne erkennbaren Behälter dicht aufeinander gepackt lagen. Wie üblich sind solch isolierte Depots nur allgemein ins 6.–1. Jahrhundert v. Chr. zu datieren; die Spitzbarren waren sogar noch in römischer und mittelalterlicher Zeit gebräuchlich. Als charakteristisch für die Späte Eisenzeit können nur die Schwertbarren gelten. Ein Bündel aus 51

Stück, ein Händlerversteck oder eine fromme Weihung, stammt aus dem Bereich des Schwanbergs (KT), einer spätkeltischen Befestigung (Abb. 56).
Eisengewinnung unterscheidet sich erheblich von der des Kupfers, sowohl in technologischer wie aus kulturgeschichtlicher Sicht. Im Falle des Kupfers trennt sich flüssige Schlacke vom flüssigen Metall, und das Interesse des Schmiedes konzentrierte sich darauf, die Gießfähigkeit des Metalls zu nutzen. In den Handel kam die fertige Legierung, und um Rohbronze zu schmelzen, genügte ein Gußtiegelchen überm offenen Herdfeuer. Komplizierte Verfahren verlangten wohl eingesessene Werkstätten wie sie an den Fürstensitzen zu finden waren, aber den einfachen Bronzeguß beherrschte zu dieser Zeit wahrscheinlich irgendein geschickter Mensch an jedem größeren Wohnplatz. Ganz anders im Falle des Eisens: hier trennt sich flüssige Schlacke vom kompakten Metall, und es bedurfte erhöhter Reduktion (Ausheizen), um schmied- und schweißbares Eisen zu erhalten. Dessen Qualität und die Qualität der Endprodukte hingen weniger vom Schmelzvorgang, als von den handwerklichen Fähigkeiten des Schmiedes und seiner persönlichen Erfahrung ab, der dadurch eine ganz andere und neue Stellung erwarb. Er genoß Achtung, aber er flößte auch Furcht ein, denn er besaß gewaltige Körperkräfte und beherrschte das Feuer. Er schien im Besitze geheimen Wissens, der erste Naturwissenschaftler, dem Könige und Heerführer Respekt erwiesen, und gleichzeitig verachtete ihn das ganze Dorf wegen seiner schmutzigen, schweißtreibenden Arbeit. Die Erinnerung an den lahmen Kupferschmied der Frühzeit (Taf. 31) und der Eindruck von der Metallkunst des Eisenschmiedes verbanden sich in Mythos und Epos Alteuropas zum immer wiederkehrenden rußig-ungestalten, aber wahre Wunder schaffenden Dämon, Gott und Handwerker (Abb. 42).
Systematische Eisengewinnung begann in Anatolien schon um die Mitte des 2. Jahrtausends v. Chr., aber die Hochkulturen des Vorderen Orients hüteten ihr Herstellungsgeheimnis so sorgfältig wie möglich. Doch vor 1000 v. Chr. wurde das neue Metall in Griechenland heimisch. Zu den ältesten Eisengegenständen im westlichen Mitteleuropa gehören einige Objekte des 9./8. Jahrhunderts v. Chr. aus dem Urnenfriedhof von Kelheim: Nadel, Pfriem, ein kleiner Amboß. Wie selten und kostbar Eisen zu jener Zeit noch war, zeigt seine dekorative Verwendung als Einlage auf bronzenen Schwertgriffen. Das Verblüffende ist die Geschwindigkeit, mit der das Eisen die Bronze dann in vielleicht 50, höchstens 150 Jahren verdrängte – zuerst im praktischen Bereich der Gerätschaften, dann bei den Waffen, schließlich – in der Späten

Abb. 42 Blick in eine Eisenschmiede: In der Mitte der Schmelzofen, auf dem ein Wasserkessel steht; rechts unten ist der Blasebalg zur Hälfte zu sehen. Der Schmied hält mit der Zange ein Stück Eisen über den Amboß; rechts wartet der Geselle mit dem Vorschlaghammer. Griechisches Vasenbild, 6. Jahrhundert v. Chr.

Abb. 43 Blick in eine Töpferwerkstatt: Beginn der Arbeit an der schnell drehenden Scheibe. Der Handwerker links richtet sorgfältig den rohen Tonklumpen ein, aus dem der Töpfer das Gefäß hochziehen wird. Rechts ein Sklave, der die Scheibe anschiebt. Griechisches Vasenbild, 6. Jahrhundert v. Chr.

Eisenzeit – auch beim Schmuck. Die Erfindung des Eisens hat wahrscheinlich die größte technische Revolution der Frühgeschichte ausgelöst.
Die keltischen Söldner waren nicht nur wegen ihrer Tapferkeit, sondern auch ihrer vorzüglichen Bewaffnung halber geschätzt. Im 6. Jahrhundert v. Chr. hatte der Adel – im Westen durch den Dolch, im Osten durch das Streitbeil in seinem Rang gekennzeichnet – seine mit Lanzen bewaffneten Verbände ins Gefecht geführt. Zur Standardausrüstung gehörten zwei bis drei eiserne Wurflanzen. Die historischen Kelten des 4. Jahrhunderts v. Chr. schwangen dagegen wieder das Schwert, ihre wichtigste Nahkampfwaffe, die jetzt durchweg aus Eisen und bis zu 80 cm lang war. Auch die Schwertscheiden wurden oft aus Eisenblech gefertigt und kunstvoll verziert (Abb. 49b); dazu kamen Schwertketten und Koppelringe, Stoß- und Wurflanzen, Schildbeschläge, für die Anführer auch Helme, Zubehör zum Streitwagen und Pferdegeschirr – die Waffenschmiede hatten alle Hände voll zu tun. Die Möglichkeit, mit Hilfe des Eisens relativ schnell relativ große Truppenverbände bewaffnen zu können, hat das Kriegswesen im 1. Jahrtausend v. Chr. in neue – blutrünstigere – Bahnen gelenkt.
Die Herstellung der Geräte umfaßte ein nicht weniger umfangreiches Programm. Im Gegensatz zur Bronze, die über 200 Jahre lang ausschließlich zur Fertigung von Renommierstücken verwendet worden war, bis die ersten funktionstüchtigen Geräte (Beile, Sicheln) hergestellt wurden, erschloß sich der praktische Wert eiserner Materialien ziemlich schnell. Wo es funktional schien, scheute man auch vor komplizierter Schmiedearbeit nicht zurück. Am deutlichsten zeigt sich das an Wagen und Pferdegeschirr: schlagartig hielten eiserne Radreifen Einzug, eiserne Trensen setzten sich ziemlich bald durch, aber beim Schmuck von Joch und Wagenkasten blieb man bei der Bronze, die sich gießen beziehungsweise leichter treiben und verzieren ließ (Taf. 48). Unter solch praktischen Gesichtspunkten mußte der vollkommen mit einer Eisenhaut umkleidete – silbernschimmernde! – Wagen aus dem Fürstengrab von Hochdorf (Baden-Württemberg) auf die Zeitgenossen einen geradezu unwirklichen Eindruck machen.
Der Bestand an Eisenwerkzeugen dürfte rasch angewachsen sein, nur ist das schwer zu überblicken, weil Gerätschaften selten ins Grab gelangten. Ausnahmen bilden Feuerböcke und Bratspieße etruskischer Art – zum festlichen Gelage mit ›Hammel am Spieß‹ oder ähnlichem – aus Beilngries (EI) beziehungsweise Großeibstadt (RG), einzigartige Tauschobjekte aus dem Süden oder deren Imitationen, die den adligen Lebensstil ihrer Besitzer kennzeichneten – daher ihre Niederlegung im ›Totenhaus‹. Als ebenso ungewöhnlich müssen die Beigaben des ›Arztgrabes‹ von München-Obermenzing gelten, der Bestattung eines Mannes im 3.–2. Jahrhundert v. Chr. In seinem Grab lagen neben der vollen Bewaffnung (darunter das Eisenschwert mit verzierter Scheide – vgl. Abb. 49b) drei Eisengeräte, eines davon mit kleinem Sägeblatt. Die Geräte werden als Wundsonden und Trepanationsbesteck gedeutet. Unter Trepanation versteht man die operative Öffnung der Schädeldecke, aus der ein kreisrundes Loch ausgesägt wurde, sei es in magisch-schamanistischer Absicht, sei es aus therapeutischen Gründen bei Kopfverletzungen, um den Gehirndruck herabzusetzen. Solche durch Erfahrung gewonnenen medizinischen Kenntnisse darf man ohne weiteres voraussetzen, zumal diese Operation schon seit der Jungsteinzeit und, wie nicht wenige verheilte Schädel zeigen, immer wieder erfolgreich durchgeführt worden war.
Den besten Überblick über das eisenzeitliche Gerät verschaffen die spätkeltischen Siedlungen, die zerstört worden sind und deren Hausrat deshalb im Boden blieb – allen voran Manching (PAF), die bayerische ›Keltenhauptstadt‹ (Taf. 66), aus der ein Arsenal von über 200 Typen stammt: Hämmer, Äxte und Beile, Amboß und Schmiedezangen, Messer aller Art vom Fleischermesser bis zum Rasiermesser, Bratspieße und Herdschaufeln, Kesselhaken und Schlüssel, Sägen, Bohrer und Feilen, Scheren und Nähnadeln, Pflugschar und Sensen, sowie Werkzeuge der Feinschmiede, Zimmerleute, Drechsler, Schuster, usw. in allen Größen (Taf. 68). Die Entwicklung vieler Werkzeuge erreichte damals einen so optimalen Stand, daß sich daran bis zur Erfindung der Maschinen im 19. Jahrhundert nicht mehr viel änderte. Alles, einschließlich der kleinen Fibeln (Taf. 71) und des Gürtelzubehörs, wurde geschmiedet, denn der Eisenguß kam in Europa erst im Mittelalter durch Kontakte mit Asien in Gebrauch.
Eine Errungenschaft der ostalpinen Hütten von der Steiermark über Kärnten bis Slowenien wurde das ›norische Eisen‹. Es besaß einen solch guten Ruf, daß sich schon im 1. Jahrhundert v. Chr. römische Kaufleute auf dem Mag-

Abb. 44 Rekonstruktion eines spätkeltischen Eisenschmelzofens aus dem Oppidum von Kelheim. Links ist ein Windloch zu erkennen; der Blick ins Innere zeigt ein Gemisch aus Eisenerz und Holzkohle; rechts die Schlackengrube. Archäologisches Museum Kelheim.

dalensberg bei Klagenfurt niederließen, um das begehrte Metall zu erwerben, den ›keltischen Stahl‹, ein speziell durch Aufkohlung gehärtetes Produkt. Zu dieser Zeit war Eisen längst nicht mehr aus dem Leben der Menschen wegzudenken.

Der Süden: Die Welt Homers

Niemand, der im 8. Jahrhundert v. Chr. zwischen ›Spessart und Karwendel‹ in den Besitz einer der noch seltenen Eisengegenstände kam, dürfte geahnt haben, daß er an der Schwelle eines neuen Zeitalters stand. Niemand? Zumindest nördlich der Alpen. In Griechenland schrieb ein Dichter bereits um 700 v. Chr.:

> *»Denn von Eisen ist jetzt das Geschlecht.*
> *Und niemals bei Tage*
> *werden sie ruhen von Mühsal und Weh,*
> *und niemals zur Nachtzeit*
> *sind sie verschont und die*
> *Götter verleihen*
> *dann quälende Sorgen.«*

Hesiod, ein unglückseliger Zeitgenosse, verfaßte seine *»Werke und Tage«*, denen diese Zeilen entstammen, als er wegen einer Erbstreitigkeit mit seinem Bruder vor Gericht stand und naturgemäß noch gedrückterer Stimmung war. Kein Wunder, daß ihm sein Zeitalter, das Zeitalter des Eisens, den Untergang der Menschheit anzukündigen schien. Trotzdem: Künstler sind hellsichtig. Der Fortschritt in Krieg und Technik, den das Eisen brachte, hinterläßt in der Rückschau einen zwiespältigen Eindruck.

Aber die meisten dachten wohl nicht so. Vielen muß diese Zeit der ›Großen Kolonisation‹ als Aufbruch in eine neue heroische Zukunft erschienen sein, die auch ein Homer um 750 v. Chr. besang, als er die Erinnerung an die mykenischen Helden heraufbeschwor. Auch diese hatten ja das Meer überquert, fremde Küsten besetzt, sich durch Frauenraub, Überfälle, Kriege und Grausamkeiten hervorgetan. Denn »nicht nur in der Zeit, welche Homer schildert, sondern auch offenbar in derjenigen, in welcher er lebte, versteht sich der Raubüberfall von selbst, und ... die Welt wimmelt von freiwilligen und unfreiwilligen Mördern, welche bei den Königen Gastfreundschaft genießen ...« (Jacob Burckhardt). Die homerische Dichtung begleitete die Griechen auf ihrem Weg in das Zeitalter der Kolonisation (etwa 750–550 v. Chr.), im Zuge derer sie die Küsten von Spanien bis Kleinasien, von den Abhängen der Pyrenäen bis zu denen des Kaukasus besetzten. Damals wurden Homers Ilias und Odyssee zur, wie man so schön sagt, ›geistigen Grundlage des Griechentums‹; und es kann in der Tat kein Zweifel daran bestehen, wes Geistes Kind die tüchtigen Kapitäne, Kaufleute und Kolonisten aus dem Kreis des Adels waren, die die Schiffe bestiegen. Der Zweck ihrer Unternehmungen war nicht imperialistischer Art wie Jahrhunderte später das Ausgreifen Roms, sondern ein rein wirtschaftlicher, aber das schloß weder Diplomatie noch Gewaltanwendung aus. Raub und insbesondere Piraterie galten durchaus als *»etwas Rühmliches«*, wie ein römischer Schriftsteller noch Jahrhunderte später versicherte. Dabei hatte er speziell die Koloniegründung *Massilia* (Marseille) im Auge, die um 600 v. Chr. stattfand und von der die entscheidenden Impulse nach Norden ausgegangen sind. Wenn man »den Zusammenprall zweier so grundverschiedener Welten« (Kimmig 1983) wie des ›barbarischen‹ Nordens mit einer mittelmeerischen Hochkultur begreifen will, einer Kultur, in der sich homerische Freibeuterei, mittelalterliches Raubrittertum und neuzeitliches Konquistadorendenken mischten, darf man die psychologische Wirkung dieser Mischung auf die Barbaren sicher nicht übersehen.

Italien und der Rest der Welt

Die Überlegenheit der Hellenen in allem und jedem steht im übrigen außer Zweifel. Im 8. Jahrhundert v. Chr. schickte Griechenland sich an, das Mittelmeer nicht nur mit seinen Schiffen, sondern auch kulturell zu erobern. Damals übernahmen die Griechen von den Phöniziern das Alphabet und wenig später das gemünzte Geld. Schließlich jagten sie den Söhnen des phönikischen Mutterlandes, den Karthagern, auch einen beträchtlichen Teil der Seeherrschaft im westlichen Mittelmeer ab. Bald nach 600 v. Chr. reihten sich zwischen *Massilia* und *Nikaia,* dem antiken Nizza, die griechischen Kolonien wie Perlen an einer Schnur, und in jedem Hafen wurde griechisch gesprochen. Die Hellenisierung Siziliens und Unteritaliens gelang so vollkommen, daß das Gebiet in der Antike *Magna Graecia,* Großgriechenland, genannt wurde.

Griechische Spezialisten und griechisches Know-how waren es auch, mit deren Hilfe im 7. Jahrhundert in Mittelitalien ein wahres ›Industriezentrum‹ entstand um das Eisen von Elba und Populonia auf dem gegenüberliegenden Festland. Binnen kurzem entwickelte sich hier in der Toscana die blühende Kultur einer aus bodenständigen und zugewanderten Gruppen bunt gemischten Bevölkerung: die Kultur der Etrusker. Mit Etrurien verband die bayerische Hallstatt-Kultur die einzigen nennenswerten Südkontakte, weniger über den direkten Fernverkehr, als indirekt über die Vermittlung Oberitaliens und des Ostalpenraumes. Auch fanden diese Kontakte ihren Niederschlag nicht in solch spektakulärem Luxus, wie er über *Massilia* nach Südwestdeutschland kam. Die aufregendsten derartigen Funde sind die schon erwähnten Feuerböcke und Bratspieße (S. 83), zumal sie exemplarisch für die Übernahme fremder (Tisch-)Sitten stehen.

Die Etrusker stellten die dritte Macht im Mittelmeer dar, die versuchte, ein Stück aus dem großen Kuchen zu ergattern. Erfolge und Mißerfolge eines jeden der Beteiligten blieben nicht ohne Auswirkung auf die Politik des gesamten Mittelmeerraumes, und davon waren seit dem 7. Jahrhundert stets auch die nördlichen Nachbarn betroffen. Zu diesen gehörten im 7.–5. Jahrhundert eine Reihe von Völkerschaften, von denen die Griechen mehr oder weniger wußten, fremde Völkerstämme, die in unverständlichen Sprachen redeten und deshalb ihrer Auffassung nach an Kultur keinen Anteil hatten, die *barbaroi,* wie sie lautmalend genannt wurden: im Westen die Iberer (Spanien) und nach Osten anschließend die Kelten (Rhônetal), Ligurer (Côte d'Azur), rätische Alpenvölker, Veneter (im Hinterland von Venedig, das es damals noch nicht gab), Thraker (Nordbalkan), Skythen (nördlich des Schwarzen Meeres).

Nördlich der Alpen sprechen wir nur sehr abstrakt von der Frühen Eisenzeit, oder – konkret auf Materialien bezogen – von der Hallstatt-Kultur (750–450 v. Chr.), benannt nach einem Fundort in Oberösterreich. Durch die Begegnung der Hallstatt-Kultur mit dem Süden beginnt in Mitteleuropa ein Prozeß, an dessen Ende die historischen Kelten auf der Landkarte erscheinen (Taf. 57).

Der Osten: Die Reitervölker

Glücklicherweise gab es einen griechischen Schriftsteller, der sich für die Barbaren interessierte. Um 450 v. Chr. berichtet Herodot von den Kimmeriern, deren Heimat ursprünglich die Schwarzmeer-Steppen gewesen seien; daraus seien sie von den Skythen vertrieben worden und über den Kaukasus gezogen. Assyrischen Texten ist zu entnehmen, daß die Kimmerier erstmals 714 v. Chr. das Reich von Urartu (Armenien) bedrohten. Mehrmals überfielen sie Anatolien, vernichteten ein Königreich und plünderten die griechischen Küstenstädte. Auch nach Westen scheinen kimmerische Scharen gezogen zu sein, die in den Donauraum einfielen und dabei thrakische Völkerstämme des nördlichen Balkans mitrissen. Es waren die ersten Einfälle östlicher Reiternomaden nach Europa, wie sie von nun an in regelmäßigen Abständen die bäuerliche Bevölkerung heimsuchen sollten (S. 49), der sie meist nichts als Not und Elend brachten. Diese haben allerdings kaum Spuren hinterlassen. Eher gelingt der archäologische Nachweis im Umfeld der Oberschicht, die die fremden Eroberer nachahmte, trotz oder gerade wegen deren Überlegenheit. Aus diesem Grund tauchen in der Frühen Eisenzeit Europas plötzlich »thrako-kimmerische« Pferdegeschirre beziehungsweise deren Nachahmungen auf – und die ersten Reiter! Durch die assyrische Überlieferung besitzen wir einen festen chronologischen Anhaltspunkt für das historische Geschehen. Die weitere Entwicklung im Westen läßt sich freilich nur mit Hilfe der Archäologie rekonstruieren.

Nordbayern: Bäuerlicher Wohlstand

Nördlich der Alpen umfaßte die Hallstatt-Kultur vom 8.–5. Jahrhundert v. Chr. ein Gebiet, das sich von Ostfrankreich bis Westungarn erstreckte, das die Nordschweiz, Süddeutschland, Böhmen, die österreichischen Donauländer und den Ostalpenraum bis Slowenien (nördliches Jugoslawien) einschloß. Der namengebende Fundort selbst, ein überwältigend reiches Gräberfeld bei dem Salzbergwerk von Hallstatt im Salzkammergut (Taf. 50), liegt etwa an der kulturellen Grenze zwischen dem westlichen und dem östlichen Hallstattkreis. Bayern bildete eine Art Zwischenzone, die einmal mehr nach Osten, einmal mehr nach Westen tendierte.

Im 8.–7. Jahrhundert v. Chr., während der Vorstöße der Reiternomaden, besteht ein enger kultureller Zusammenhang zwischen Südosteuropa und Nordbayern. Alles was neu ist, tritt hier unvermutet und geballt auf. Ideengeschichtlich am revolutionärsten wirkt die Kunst, nach über 3000 Jahren in unserem Raum die ersten figürlichen Darstellungen, insbesondere von Mensch und Pferd, die sich vor allem in Nordostbayern finden (Taf. 53). Ihr Weg hierher läßt sich über Böhmen, die Slowakei und Westungarn bis nach Slowenien, der Kontaktstelle zu Oberitalien und dem adriatischen Seeweg nach Griechenland, zurückverfolgen beziehungsweise bis in den unteren Donauraum, der Nahtstelle zwischen thrako-kimmerischen und griechischen Einflüssen. Das Spiel mit den ›Kultureinflüssen‹ ist wie immer ein Spiel ohne Ende ... Fest steht nur, daß ohne persönliche Kontakte eine Übertragung auf so direkt zu verfolgendem Weg nicht denkbar ist, aber das hilft nicht viel weiter, weil wir keine Vorstellung von der Art dieser Kontakte haben. Am naheliegendsten sind sie mit Gewinnung und Verarbeitung des Eisens zu erklären. Aber das bleibt Vermutung, denn bisher gibt es keine Methode, Zuwanderer so eindeutig zu identifizieren, wie das im Osthallstattkreis offenbar möglich ist – dort soll aus einem »Kimmerier-Häuptling« sogar ein »Hallstatt-Edelmann« geworden sein (Kromer 1986).

Unabhängig vom Zuzug Fremder zeigen die nordbayerischen Grabfunde, daß hier genau wie im Ostalpenraum, wenn auch in bescheidenerem Umfang, die Entdeckung neuer wirtschaftlicher Ressourcen und Kapazitäten – Salz im Grabfeld (Taf. 50), Eisen und mineralische Farbstoffe auf der Frankenalb, günstige Verkehrslage im Falle von Schirndorf (R; Taf. 53) – zunächst einmal die Entstehung einer einheimischen Oberschicht gefördert haben. Es gelang ihr, so wie dem Adel im Ostalpenraum, sich – auch ohne üppiges agrarisches Hinterland – durch geschickte Ausnutzung der Bodenschätze und Verkehrswege in den Besitz von exotischen Gütern zu bringen, oder sie ahmten diese wenigstens nach. Wirtschaftlichen Erfolg und elitäres Bewußtsein dokumentierte dieser neue Adel auf typisch barbarische Weise in der ziemlich wahllosen Übernahme fremder Gebräuche, die, dem einheimischen Erbe aufgepfropft, eine seltsam bunte Mischung ergaben.

Beispielhaft dafür sind die Bestattungssitten. Die Krieger nahmen nun ihr Schwert mit ins Grab: das war ein deutlicher Bruch mit den spätbronzezeitlichen Vorschriften und stand ganz in Übereinstimmung mit dem plötzlichen Ende der Waffenopfer, ja mit dem Ende des Deponierens sämtlicher Weihegaben, sei es im Wasser, sei es in der Erde (Taf. 43). Das neu erwachte Selbstverständnis des Individuums reichte über den Tod hinaus: man begrub die Toten in hölzernen Grabkammern, die das Haus des Verstorbenen symbolisierten, und errichtete darüber (wieder) einen Grabhügel (Abb. 45). Ganz grob gilt für die Frühe Eisenzeit die Regel, daß im 8.–7. Jahrhundert v. Chr. noch Brandbestattung vorherrschte, im 6.–5. Jahrhundert v. Chr. sich dagegen (wieder) die Körperbestattung durchsetzte, aber diese Regel erscheint vielfach durchbrochen und an erster Stelle verbindlich nur für die Oberschicht (Taf. 55).

Vor allem aber übernahmen die Hallstatt-Leute von den Reitervölkern deren ureigenstes Symbol, das Pferd, das nun auch ihnen als Statuszeichen galt, führten über jene größere Pferderassen ein und verbesserten mit Sicherheit ihre Kenntnisse in der Pferdezucht. Wenn man die antike Pferdeliteratur berücksichtigt – die »Bruchstücke einer mittelassyrischen Vorschriftensammlung für Akklimatisierung und Training von Wagenpferden« (Ebeling 1951) seien als Beispiel genannt – wird deutlich, daß Zucht und Haltung stets nur einem kleinen Kreis der Oberschicht möglich waren. Diese ließ sich hierzulande nicht mit ihrem Reitpferd begraben wie in Südrußland, sondern auf ihren vierrädrigen Wagen (Taf. 48). Wagenbeigabe scheint eine italische Sitte gewesen zu sein, die auch bei den Etruskern Einzug hielt. Die allerdings zogen mit dem zweirädrigen Streitwagen nach griechischem Vorbild ins Jenseits. Die Griechen selbst wiederum taten das nicht.

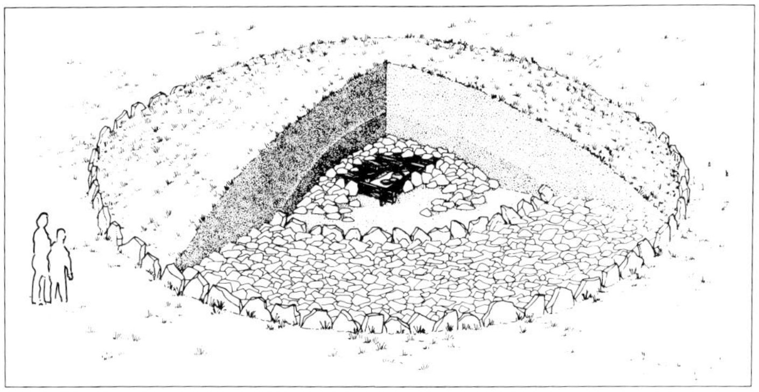

Abb. 45 Schnitt durch einen Grabhügel der Frühen Eisenzeit von Thalmässing-Landersdorf (RH) wie Taf. 55. In der Mitte unter einer Steinpackung die Holzkammer, die den Toten und seine Beigaben birgt. Nach: Das archäologische Jahr in Bayern 1985.

Sie bahrten ihre Toten auf normalen vierrädrigen Reisewagen auf und fuhren damit in feierlicher Prozession lediglich bis auf den Friedhof; der Wagen folgte den Toten nicht ins Grab.

Grabkammern und Hügel, Waffenbeigabe, Prunkwagen, Bratspieße, Pferdeplastik und Menschendarstellungen – sie alle drücken verschiedenste religiöse und gesellschaftliche Traditionen aus, die hier am Rande der Hallstatt-Welt zu etwas Neuem verschmolzen. Verglichen mit dem Reichtum von Hallstatt selbst wirkt der Nachlaß zwar bescheiden, dokumentiert aber doch Nordbayerns damalige wirtschaftliche Bedeutung.

Einige andere Fakten bestätigen das indirekt, zum Beispiel die früheisenzeitliche Besiedlung Oberfrankens. Hier ist ein deutlicher Anstieg gegenüber der Bronzezeit zu verzeichnen und gleichzeitig eine Beschränkung auf die Gebiete mit Eisenerzvorkommen – auch das ein Hinweis auf den Zusammenhang zwischen wirtschaftlichen und kulturellen Veränderungen. Gleicherweise hat das Alberz die dichte Aufsiedlung des Altmühltals nach sich gezogen. Dabei war im Jura neben dem Eisen stets auch die Gewinnung von mineralischen Farbstoffen von Interesse: mit Eisenoxyden für rote und Manganoxyden für schwarze Gefäßbemalung ließ sich ein schwunghafter Handel treiben (Taf. 52). Die Keramik selbst, vor allem die prachtvoll verzierten, im übrigen schlecht gebrannten Grabgefäße sind jeweils vor Ort hergestellt worden, aufgrund ihrer komplizierten Vielfarbigkeit sicher nicht mehr im Hause, sondern in gewerblichen Betrieben, die wahrscheinlich von Männern geführt wurden, wie in der Eisenzeit allgemein üblich (Abb. 43).

Eine archäologische Schlammschlacht

Durch die ungeheuren Erdbewegungen der Bauarbeiten für den Rhein-Main-Donau-Kanal ist der Talgrund zwischen Kelheim und Beilngries gleichsam bloßgelegt worden. Siedlungen und Grabhügel der Frühen Eisenzeit reihten sich hier in enger Folge, zum Teil im Abstand von 1–3 km, den Fluß entlang. Diese Erkenntnis war neu, weil im Laufe der Zeit abgeschwemmte Hangsedimente die archäologischen Befunde in der Talaue verschüttet hatten. Erst der Bagger ›entdeckte‹ diese Spuren, und im Falle des Hallstatt-Friedhofes von Riedenburg-Haidhof (KEH) kam es deshalb »zu einer kleinen, archäologischen Katastrophe«, die der Ausgräber mit dramatischen Worten schildert.

Nieselregen und Schneeschauer im Januar 1978 hatten die Baustelle bereits in einen Tümpel verwandelt, als das Landesamt für Denkmalpflege von aufgefundenen Steinen, Knochen und Scherben erfuhr. An eine sachgemäße Ausgrabung war nicht mehr zu denken: »Die Ausgräber lagen auf Brettern bäuchlings im Schlamm und tasteten mit aufgekrempelten Ärmeln im eiskalten Morast nach Funden ... bis die Fingerspitzen auf Widerstand stießen.« (Engelhardt 1985; 1987). Auf diese Weise bargen sie das ›Adelsgrab‹: zahlreiche Scherben verzierter Grabgefäße, das Toilettenbesteck des Mannes, bestehend aus Pinzette und Nagelschneider (das Ohrlöffelchen ging verloren), zwei eiserne Trensen vom Pferdegeschirr und 427 Bronzezwingen von etwa 5 mm (!) Durchmesser, die ein Holzjoch schmückten. Insgesamt wurden sechs Gräber und drei Leichenverbrennungsplätze mehr schlecht als recht untersucht.

Wenn man die Aussagen des Baggerführers zugrunde legt, war der Friedhof etwa 100 m lang und schloß überschlagsweise 50 Anlagen ein. Nur 10% konnten erforscht werden – und das trotz unverdrossener Ausgräber, trotz der Existenz einer staatlichen Denkmalpflege, trotz der High-Tech des Kanalbaus! Man muß sich ab und zu daran erinnern, auf welche Weise die Archäologen auch heute noch, 100 Jahre nach Schliemann, ihre Entdeckungen dem Boden abtrotzen ...

Das Gräberfeld von Riedenburg gehört zu denjenigen Bestattungsplätzen, die das Bild bäuerlichen Wohlstands vermitteln, der im 7. Jahrhundert v. Chr. unter Führung und Schutz des neuen Landadels aufblühte (Taf. 55). Die Grabanlagen der Oberschicht zeichnen sich durch Status-

a

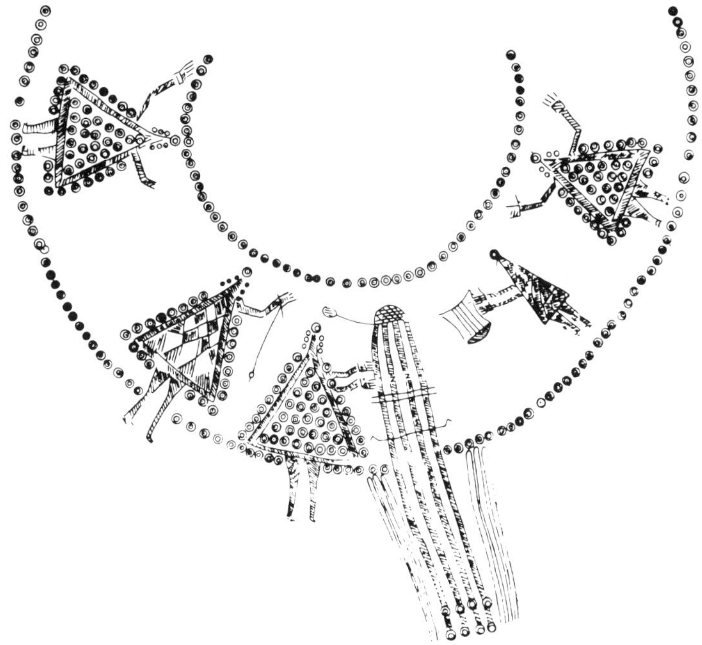
b

c

d

Abb. 46 (a) Frauen beim Weben auf einem griechischen Vasenbild, um 540 v. Chr.

Abb. 46 (b) Tongefäß aus Sopron in Ungarn, 7. Jahrhundert v. Chr. In der Mitte eine Frau am Gewichtswebstuhl, der in einem Grubenhaus steht; links davon eine Frau mit langer Handspindel, kenntlich am Spinnwirtel; rechts ein Musikant mit Leier (nach Reichenberger 1988).

Abb. 46 (c) Pyramidenförmiges Webgewicht aus Ton. Aus einer Siedlung der Frühen Eisenzeit von Regensburg-Harting; Höhe 16 cm; Archäologisches Museum im BMW Werk Regensburg.

Abb. 46 (d) Rekonstruktion eines eisenzeitlichen Webstuhls. Höhe 1,65 m; Archäologisches Museum Kelheim.

symbole aus. Dazu zählte an erster Stelle der Wagen, zu dem ein Schwert, Bronzegeschirr, in seltenen Fällen auch Importgegenstände treten konnten. Da diese Oberschicht je nach Lage unterschiedlich reich war, vielleicht unterschiedliche – militärische, religiöse oder soziale – Funktionen ausübte, lassen sich ihre Gräber nicht über einen Kamm scheren. Der grundsätzliche Unterschied zu der darunter stehenden Schicht der ›Hofbesitzer‹ oder ›Familienvorstände‹ (vergleichbar etwa dem *pater familias* des römischen Gutshofes?) ist aber deutlich. Dieser Schicht stand ebenfalls ein eigens aufgeschütteter Grabhügel zu und schön verziertes Tongeschirr, das aus drei oder vier Sätzen bestand, dazu eine Fleischbeigabe, unter Umständen sogar ein Schwert oder – wenn es sich um Hofbesitzerinnen handelte – Schmuck. Weitere Mitglieder der Sippe oder des Gefolges wurden bloß am Rande oder zwischen den Hügeln beigesetzt; ihre Gräber enthielten nur wenig Gefäße und selten Schmuck, nie Waffen. Die unterste soziale Schicht, ob sie nun arm oder unfrei war, fehlt regelmäßig. Wären diese Menschen ordnungsgemäß bestattet worden, müßten sich viel mehr Gräber finden.

Von Fürsten und Edelmännern

Wenn hier im Rahmen der Frühen Eisenzeit – wie allgemein üblich – von ›Fürsten‹, vom ›Adel‹ und einer ›feudalen‹ Gesellschaft gesprochen wird, so dient das eigentlich nur dazu, Assoziationen hervorzurufen, die die Vorstellungskraft unterstützen sollen. Unter der ›Aristokratie‹ der Eisenzeit versteht man die führenden Männer oder Familien, den ›Grundbesitzeradel‹, der sich aufgrund seiner kriegerischen oder politischen Tüchtigkeit an die Spitze der Gemeinschaft gesetzt hat und über diese eine Art frühstaatlicher Herrschaft ausübt – das heißt, daß nicht das Faustrecht jedes gegen jeden galt, sondern »die Ausübung von Gewalt zum Monopol einer kleinen herrschenden Schicht wurde«. So jedenfalls läßt sich der Wandel in der Bewaffnung vom 7. zum 6. Jahrhundert v. Chr. am besten verstehen (Taf. 47), als der Dolch zum Rangabzeichen für denjenigen wurde, »der durch Untergebene töten ließ« (Pauli 1985). Aus dem Kreis dieser Männer, die Fürsten, Feldherren und Richter in einem waren, entwickelten sich die ›Dynastien‹ des 6. Jahrhunderts v. Chr.

Der Dolch ist nur ein Hinweis auf die feudale gesellschaftliche Struktur, die sich vor allem im Bereich der ›Fürstensitze‹ im Westen zu erkennen gibt (Abb. 47); in Bayern ist sie nur randlich in Unterfranken oder nur in abgeschwächter Form in Erscheinung getreten. Auch ›feudal‹ ist natürlich nicht im Sinne des spätmittelalterlichen Lehnswesens zu verstehen, sondern als Ausdruck einer politischen Ordnung, in der eine adlige Oberschicht herrschte, die sich auf ihren Burgen verschanzte und in ihrem Lebensstil wie in ihren Bestattungssitten von der übrigen bäuerlichen, handwerklich tätigen Bevölkerung streng absetzte. Im Umkreis der ›Fürstengräber‹ sind keine ›normalen‹ Leute beigesetzt worden; der größte Teil der Bevölkerung ist im ursprünglichen Sinne des Wortes dahingegangen. Die Frage, wer in den gemeinsamen Bestattungsplatz aufgenommen wurde und wer nicht, hatte sich mit der Feudalisierung der Gesellschaft zugespitzt.

Diese Zuspitzung hing mit der Gründung *Massilias* um 600 v. Chr. (S. 84) und dem damit einsetzenden Fernhandel zusammen. Der Weg nach Südwestdeutschland lag offen; ziemlich rasch entwickelte sich ein intensiver Kontakt. Die Häuptlinge der Barbaren waren fasziniert, und den Griechen kamen jene gelegen; jedenfalls schafften sie es – im Unterschied zu den Etruskern, die vor ihnen diesen Küstenstreifen angelaufen hatten – den Nordländern Wein schmackhaft zu machen. *»Denn wenn sie eine Amphore Wein hergeben, erhalten sie einen Burschen, für das Getränk tauschen sie einen Diener ein«* – Diodor schrieb zwar über italische Kaufleute im 1. Jahrhundert

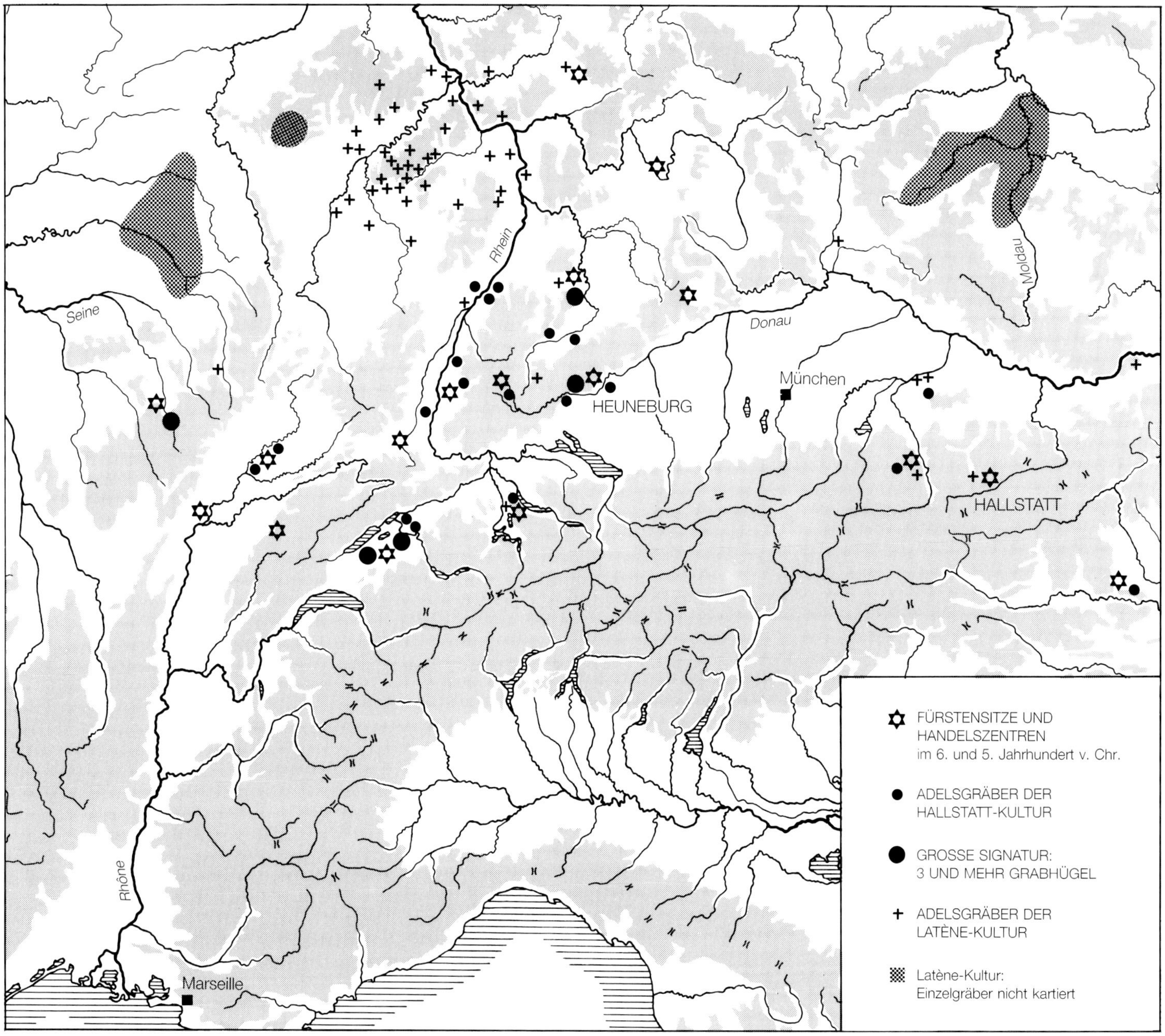

Abb. 47 Fürstensitze und Handelszentren im 6. und 5. Jahrhundert v. Chr. (nach Bittel 1981; Pauli 1978 und 1986).

v. Chr., traf aber wohl den Kern der Sache, wie sie sich von Anfang an darstellte. Immer waren es Luxusgüter, die von Süden nach Norden kamen, immer standen Wein, Trinkgeschirr und Tischsitten im Mittelpunkt; und unter den Gegengaben, die Strabon, ein Zeitgenosse Diodors, aufzählt – Häute, Felle, Honig, Bernstein, Sklaven – stellten letztere im Falle Süddeutschlands sicherlich das attraktivste Gegenangebot dar. Damit waren die Grundlagen für ein einträgliches gegenseitiges Geschäft gelegt, das zwar gelegentlich unterbrochen wurde – zum Beispiel während der Keltenwanderungen –, im Prinzip aber bis in römische Zeit blühte. Und es hatte politische Konsequenzen: die Begegnung mit dem Süden hat die Aristokratie von Anfang an nicht nur bereichert, sondern auch zu Kriegen angestachelt mit dem Hauptziel, Gefangene zu machen.

Der berühmteste westliche Fürstensitz (Abb. 47) ist die Heuneburg an der oberen Donau, weil sie am besten erforscht ist, aber auch, weil sie etwas Besonderes zu bieten hat: Im 6. Jahrhundert v. Chr. ließ ihr Herrscher eine Lehmziegelmauer nach südlichem Vorbild errichten, obwohl diese in unserem feuchten Klima bestimmt nicht praktisch war. Aber darum ging es nicht, sondern wie stets in solchen Fällen um Ansehen und Prestige, bei den Untertanen wie bei den Nachbarn. Der Heuneburg-Herr muß das Vorbild einer solchen Mauer selbst gesehen haben, und sein Architekt muß aus dem Süden gekommen sein.

An solchen Details – und es ließen sich noch andere beibringen – ist zu erkennen, wie intensiv diese Kontakte waren. Sie verstärkten sich nach 540 v. Chr. noch, als *Massilia* von den vereinigten Flotten der Karthager und Etrusker vor Korsika vernichtend geschlagen worden war. In der Folge kontrollierten die Etrusker den Seehandel vor der Westküste Italiens und die Karthager die Meerenge von Gibraltar. Als sie diesen Seeweg für die griechischen Schiffe endgültig sperrten, besaßen sie damit das Monopol über den Zinnhandel (Abb. 31). Marseille drohte ins wirtschaftliche Abseits zu geraten und verlegte sich auf Verkehrswege über Land. Jetzt mußten vermehrt Naturalien und Sklaven von den Barbaren eingetauscht werden, den *keltoi,* wie man sie nannte. Auf diese Weise kamen einige Adlige zwischen französischem Jura und Schwäbischer Alb im 6. und 5. Jahrhundert v. Chr. zu fürstlichem Reichtum und das mit zunehmender Macht nicht nur aufgrund friedlichen Handels, sondern auch durch »Beute oder Tributzahlungen anläßlich von Raubzügen nach Süden« (Pauli 1986).

Im Abseits

Bayern hatte an dieser Entwicklung kaum Anteil. Der Fernhandel über die Alpen lief über den Großen St. Bernhard ins Wallis und von dort ebenfalls nach Südwestdeutschland. Der Kreis der Fürsten – verstanden als die von ihrer adligen Gefolgschaft gewählten Anführer, die zu Begründern einer Dynastie werden konnten – erweiterte sich nur nach Nordosten bis ins Maindreieck. Vom Marienberg in Würzburg stammen immerhin acht griechische Scherben des späten 6. Jahrhunderts v. Chr., Zeichen weitgespannter Beziehungen. Davon nicht zu trennen ist eine mittelmainische Gruppe von 45 Großgrabhügeln mit einem Durchmesser von 30–90 m. Neue Ausgrabungen in den Hügeln von Repperndorf (KT) und Riedenheim (WÜ) zeigten, daß die Grabanlagen selbst sich sehr wohl mit denen in Baden-Württemberg vergleichen lassen, daß aber die Ausstattung doch den dortigen Prunk entbehrt (vgl. Abb. 45 und Taf. 55). Für die engen Beziehungen nach Südwestdeutschland spricht ein prachtvoll bemaltes Gefäß aus Riedenheim, das von der Heuneburg stammt, wohl ein ›Gastgeschenk‹ oder ähnliches. Wirtschaftliche Macht bezog der mainfränkische Adel zunächst aus seinem fruchtbaren Land. Um allerdings in den Besitz griechischen Weins zu kommen, muß er sich an den Unternehmungen seiner schwäbischen Vettern beteiligt haben.

Insgesamt gesehen, lag aber nicht nur Mainfranken, sondern ganz Bayern »gewissermaßen im Windschatten« (Wamser 1981). Zwar ist der Zug zur Feudalisierung, zur Konzentration von Macht und Reichtum in Händen einiger weniger, unübersehbar, aber sie konnte aus handelspolitischen Gründen nirgends Ausmaße wie in Südwestdeutschland erreichen. Bezeichnend ist immerhin, daß im 6. Jahrhundert v. Chr. die Schwerter aus den Gräbern verschwinden, die einst das Selbstbewußtsein der ›Dorfhäuptlinge‹ oder einer Gruppe relativ gleichgestellter Anführer angezeigt haben. Gegen 500 v. Chr. wird in Nordbayern auch wieder eine Anzahl kleiner Burgen aufgesucht und befestigt. Im Donautal kurz hinter Regensburg erhält der Burgberg von Donaustauf einen beachtlichen Mauerring; seine Besitzer blicken auf eine der fruchtbarsten Landschaften. Allzu groß kann ihr Territorium aber nicht gewesen sein, denn südlich der Donau häufen sich jetzt die befestigten ›Herrenhöfe‹, mit Gräben oder Palisaden umzogene Anlagen (Taf. 54). Über 200 sind in Südbayern inzwischen entdeckt worden, vornehmlich durch die Luftbildarchäologie. Diese Besiedlungsstruktur bildet das Gegenstück zu den befestigten Höhen; hier wie dort hat man den Eindruck, daß eine Vielzahl kleiner Herrschaftsbereiche existierte.

Sie müssen kleinere und größere offene Siedlungen eingeschlossen haben, die es natürlich auch gegeben hat. Der Kanalbau im Altmühltal hat zwei interessante Ausprägungen bekannt gemacht. In Prunn (KEH), einem scheinbar kleinen Weiler, standen nur einige Häuser beisammen. Eines von ihnen mit einem merkwürdigen Grundriß von 13 m Länge, aber nur 2,5 m Breite und einer halbrunden nischenförmigen Schmalseite wies eine Grube auf, in der einst ein Webstuhl gestanden hatte, wie die zahlreichen pyramidenförmigen Webgewichte beweisen (Abb. 46). Hier wurde also gewebt und zwar, wie Zweckform und Größe des Gebäudes vermuten lassen könnten, in großem Stil für den überörtlichen Bedarf. Das wäre durchaus vorstellbar, wenn auch die abgeschiedene Lage wunder nimmt, denn kostbare Gewebe gehörten im eisenzeitlichen Europa zu den bevorzugten Geschenken des Adels, und Weben stellte für Frauen eine vornehme Tätigkeit dar. Das zeigt schon die Geschichte der Penelope, oder, uns näherliegend, eine bekannte Gefäßdarstellung aus Ungarn (Abb. 46b), auf der sich mit dem Weben eine kultische Feier verbindet.

Im Unterschied zu dem Weiler von Prunn handelte es sich bei der Hallstatt-Siedlung von Dietfurt (NM) um drei dicht an dicht stehende Gehöfte, die nur durch einfache Palisadenzäune voneinander getrennt waren. Zu jeder Wirtschaftseinheit gehörten zwei bis drei Gebäude, die üblichen zweischiffigen Pfostenbauten, etwa 5 m breit, höchstens 10 m lang. Ein irgendwie dominierender Herrensitz wurde nicht entdeckt, ist aber vorauszusetzen, da mitten im zugehörigen Dorffriedhof, zwischen den Hügelgruppen der Hofbesitzer, ein Hügel für sich lag, der Reste eines Wagens barg – Statussymbol des ›Dorfadels‹. Sein Wohlstand wird von bescheidenem Ausmaß gewesen sein, aber innerhalb seiner Dorfgemeinschaft stellte er genauso viel dar wie der ›Burgadel‹ innerhalb seines Territoriums, wenn wir mit diesem Begriff ›Adel‹ nur ausdrücken wollen, wie stark sich eine Person durch ihre privilegierte Stellung von ihrer Umgebung abhob. Etwas anderes ist in schriftlosen Zeiten ohnehin nicht möglich. Unterschiede in Reichtum und Machtfülle beruhten auch in der Frühen Eisenzeit auf unterschiedlicher Teilhabe am Fernhandel und an dessen Umfang; das galt für die Herrenhöfe untereinander ebenso wie für die Burgen. Die Fürstensitze bildeten nur die Spitze einer Pyramide.

Gerade deshalb waren sie von den Veränderungen des 5. Jahrhunderts v. Chr. als erste und am stärksten betroffen. Die intensive Berührung mit der politischen und religiösen Ideenwelt des Südens hatte zu tiefgreifenden Spannungen geführt – zwischen den Mächtigen und dem Volk wie den Mächtigen untereinander. Um 450 scheint eine Krise auszubrechen. Eine neue Oberschicht mit Zentrum im Mittelrheingebiet zog Macht und Reichtum an sich (Abb. 47). In ihrem Umfeld blühte eine neue unverwechselbare Kunst auf, die von Stund an unauflöslich mit dem Volk verbunden blieb, das als erstes nördlich der Alpen aus der Anonymität der Vorzeit trat: die von dem Griechen Herodot (um 484–425 v. Chr.) erwähnten Kelten. Ihre Frühgeschichte fällt noch in die Zeit der späten Hallstatt-Kultur – man spricht seit etwa 600 v. Chr. im Westhallstattkreis von Kelten –, aber ihnen soll ein eigenes, das letzte Kapitel gewidmet sein.

Die glanzvollen Fürstenhöfe im Westen gingen in Flammen auf oder wurden verlassen. Der bäuerliche Landadel in Bayern erwies sich dagegen als stabiler. Erst die Keltenwanderungen um 400 v. Chr. unterbrachen hier jäh das beschauliche Leben.

Im Bannkreis des Südens

DIE KELTEN (450–15 v. Chr.)

»Die Donau entspringt im Lande der Kelten nahe der Stadt Pyrene und fließt mitten durch Europa. Die Kelten aber wohnen jenseits der Säulen des Herakles, den Kynesiern benachbart, den am weitesten im Westen beheimateten Bewohnern Europas.« Diese mehr beiläufigen und eher rätselhaften Sätze des griechischen Völkerkundlers und Historikers Herodot (um 484–425 v. Chr.) sind die erste sichere schriftliche Nachricht über die Kelten. Auch scharfsinnige Philologenarbeit hat nur herausgefunden, daß im Kern dieser Überlieferung ältere (Seefahrer-)Berichte über Kelten *»jenseits der Meerenge von Gibraltar«* stecken, sowie Berichte von Kaufleuten über die *keltoi* im Hinterland von *Massilia*-Marseille. Genaueres wußte Herodot über dieses Hinterland nicht. Heute stimmen die Archäologen mit ihm darin überein, daß das Quellgebiet der Donau im Zentrum des westlichen Hallstattkreises liegt, einem kulturell zusammenhängenden Raum zwischen Champagne und Böhmen, zwischen Alpenrand und Mittelgebirge, in dem man seit dem 6. Jahrhundert v. Chr. von Kelten sprechen kann (Abb. 48). Alle Versuche, *»die Kelten«* genauer zu lokalisieren oder weiter in die Vergangenheit zu verfolgen, haben sich als ungenau und beliebig erwiesen. Auch die Erkenntnis, daß keltische Sprachelemente in der Lombardei und im Tessin mit Hilfe der Archäologie bis ins 13. Jahrhundert v. Chr. zurückdatiert und in das Gebiet nordwestlich der Alpen verfolgt werden können, heißt nur, daß damals hier keltische Laute zu hören waren. Über die Herkunft eines keltischen Volkes besagt das gar nichts.

Die neue Elite

Als Herodot gegen 450 v. Chr. dieses Land der Kelten erwähnte, konnte er nicht ahnen, daß es in eine Krise gestürzt war, deren Folgen ganz Europa zu spüren bekommen sollte. Die alte keltische Welt brach zusammen, denn eine neue hatte sich aufgetan. Die alte Welt, das war die der feudalen Späthallstatt-Kultur. All der Prunk zwischen Ostfrankreich und Südwestdeutschland, wie er sich in den Fürstengräbern offenbart, verschwand – zusammen mit einem Teil der Bevölkerung, bedeutsam vielleicht nicht an Zahl, aber an Einfluß. Einige Abenteuerlustige hofften wohl, südlich der Alpen ihr Glück zu machen, wo plötzlich entsprechendes persönliches Besitztum in Form kleiner Broschen auftaucht. Andere zogen mit ihrer Gefolgschaft in die entgegengesetzte Richtung, in die Champagne oder ins Mittelrheingebiet, eine bis dahin wenig einladende Gegend, die nun in kürzester Zeit einen wirtschaftlichen Aufschwung erlebt haben muß, einen regelrechten Eisenboom. Bei den damaligen Abbaumengen und Verhüttungsmethoden ist der archäologische Nachweis dafür zwar kaum zu führen, aber allem Anschein nach lockte hier im Rheinischen Schiefergebirge das Roteisenerz, dessen Verhüttung wohl schwieriger war, aber hochwertigeres Eisen erbrachte. Die nötigen Kenntnisse könnten die Etrusker vermittelt haben, die in Elba ein ähnliches Erz abbauten.

Die neue keltische Oberschicht zwischen Mosel und Rhein, zum Teil wohl Angehörige der alten Dynastien, entpuppte sich rasch als ebenso elitär und prunksüchtig wie jene. Einige wenige Familien, die eine privilegierte Stellung errungen hatten, beschafften sich Luxusgegenstände aus dem Süden – an erster Stelle wie immer Trinkgeschirr – und ließen sich kostbaren Goldschmuck anfertigen. Die Unterschiede zwischen den alten und den neuen Adelsgräbern der Kelten sind dennoch unübersehbar. An Stelle des vierrädrigen Reisewagens trat der zweirädrige Streitwagen, an Stelle des Dolches wieder eine echte Kampfwaffe, das eiserne Langschwert. Hinter solchen Äußerlichkeiten verbirgt sich ein gesellschaftlicher Wandel, dessen Wirkung nicht hoch genug eingeschätzt werden kann. Am spektakulärsten bleibt trotzdem der Wandel des Stiles, in dem einheimische Künstler nun Schmuck- und Gebrauchsgegenstände schufen, fasziniert von griechisch-etruskischen Vorbildern, die sie auf einzigartige Weise zu etwas unverwechselbar Keltischem

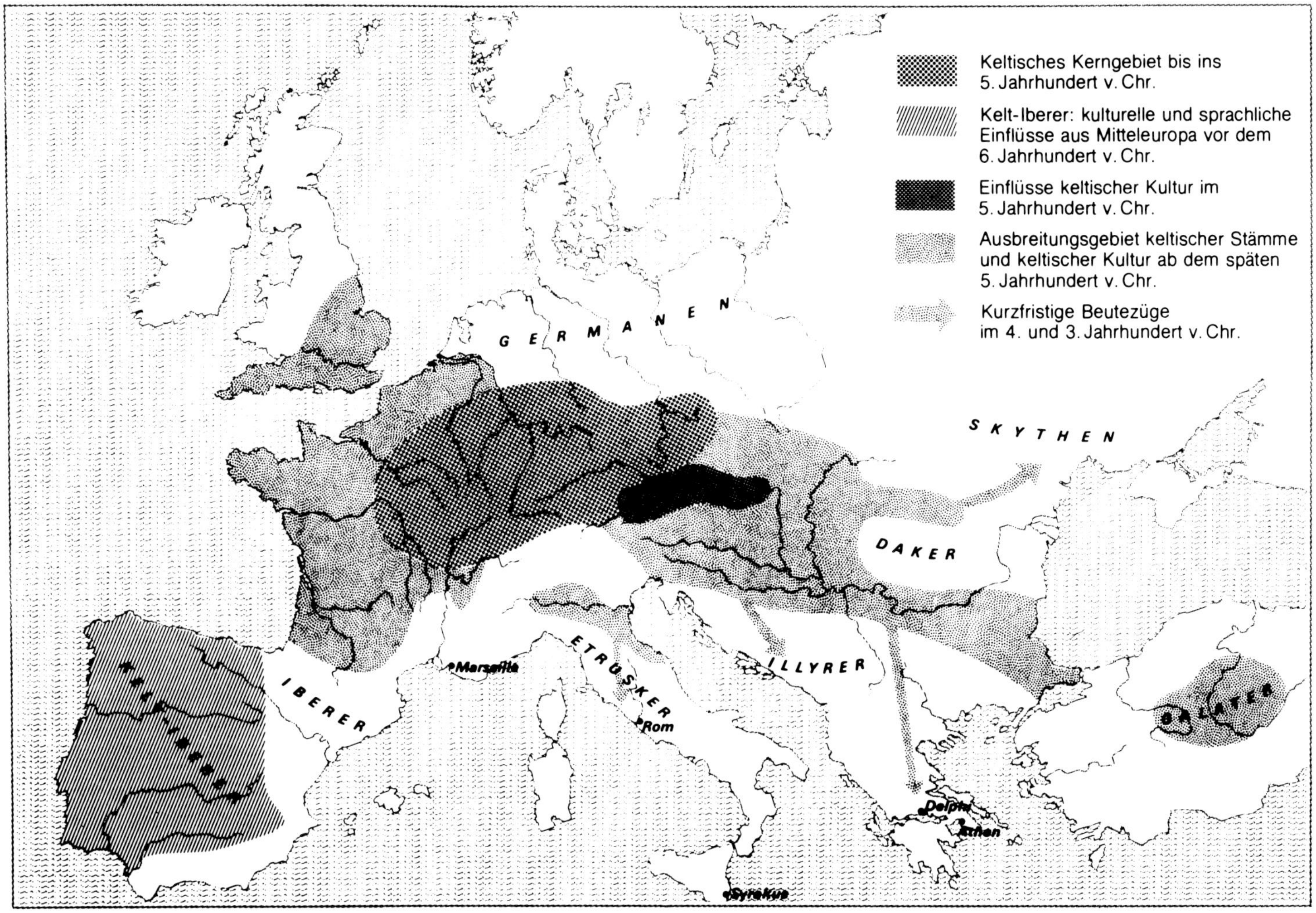

Abb. 48 Die Welt der Kelten. Ausbreitung und kurzfristige Beutezüge (nach Pauli 1980).

umformten. Dieser Wandel war so radikal (Taf. 58; Abb. 49a), der Bruch mit dem geometrischen Stil vorangehender Jahrhunderte so übergangslos, daß mit dieser Kunst der Beginn der Latène-Kultur (450–15 v. Chr.) definiert ist. Die Zeit der Kelten läßt also folgende große Entwicklungsabschnitte erkennen:

Frühe Eisenzeit
Frühkeltische Zeit
westliche Späthallstatt-Kultur . . ca. 600–450 v. Chr.
Frühlatène-Kultur . . . . . ca. 480/450–400 v. Chr.
Späte Eisenzeit
Mittellatène-Kultur . . . . ca. 400–170 v. Chr.
Spätlatène-Kultur . . . . ca. 170– 15 v. Chr.

Der eher zufällige Name »Latène-Kultur« nach dem Schweizer Fundort La Tène am Neuenburger See umschreibt die Zivilisation, die von nun an als ›typisch keltisch‹ gilt und der die, wenn auch dürftige, schriftliche Überlieferung durch Griechen und Römer bereits historische Züge verleiht. Deshalb setzt auch dieses Kapitel mit der Frühlatène-Kultur ein. Das ist berechtigt, solange wir nicht vergessen, daß die *keltoi* den Mittelmeerländern schon 150 Jahre früher als Handelspartner ein Begriff waren und daß zwischen Kelten der späten Hallstatt-Kultur und denjenigen der Latène-Kultur so wenig oder so viel Unterschiede bestanden wie – beispielsweise – dem französischen Volk der Romanik und der Gotik. Die Entwicklung des Latène-Stils zwischen 480 und 450 v. Chr. war zwar mit einer Aufspaltung des westlichen Hallstattkreises verbunden, auch mit Bevölkerungsverschiebungen, aber nicht mit einem Bevölkerungswechsel. Der Latène-Stil ist vielmehr das äußerlich sichtbare Ergebnis eines innergesellschaftlichen Prozesses, der ideologisch und politisch begann (Pauli 1980b; 1985).

Die neue Religion

Denn die Durchschlagskraft der radikal neuen keltischen Kunst, die in breiten Volksschichten rasch Aufnahme fand, läßt sich nicht allein mit modischer Übernahme oder oberflächlicher Nachahmung mittelmeerischer Vorlagen erklären – das hat die Forschung sehr bald erkannt. In dieser Kunst spiegelt sich das neue »Verhältnis der Kelten zu Gott und Welt« (Jacobsthal 1944), das sich am besten mit ›Religion‹ in ihrer weitesten Bedeutung umschreiben läßt, wie sie für archaische Zivilisationen gilt. Diese neue Religion oder Weltsicht oder Ideologie beginnt mit den Erzeugnissen der Goldschmiede und Bronzegießer für die Fürsten im Mittelrheingebiet sichtbar zu werden. Von dort breitete sie sich entlang der nördlichen Randzone der alten Hallstatt-Kultur aus, von der Champagne über die Oberpfalz bis Böhmen. Um so auffälliger ist, daß derartige Erzeugnisse in den alten Machtzentren der Hallstatt-Kultur am seltensten sind, ganz so, als sei der religiöse Inhalt dort bewußt abgelehnt worden. Worin bestand er?

Darauf gibt es nur unzusammenhängende Hinweise. Einer der wichtigsten liegt »im hohen Anteil orientalischer Motive« (Pauli 1985), die etwas vollkommen Neues in Mitteleuropa darstellen. Die Wirkung dieser Motive könnte in der Wiederbelebung alter Mythen bestanden haben, die bis in die keltische Spätzeit lebendig blieben: am eindrucksvollsten in einer fast lebensgroßen Holzplastik aus einem Heiligtum in Fellbach-Schmiden (Baden-Württemberg), zwei Böcken zwischen der ›Herrin der Tiere‹ (Taf. 57; vgl. Abb. 49a), sowie in Darstellungen auf dem Kessel von Gundestrup (Abb. 53). Hinweise in einiger Fülle, aber verfremdet durch die Entfernung in Zeit und Raum bieten: römerzeitliche Götterdarstellungen der einheimisch-keltischen Bevölkerung (vgl. Taf. 57 zu Epona-Darstellungen); die irischen Heldensagen, mündliche Überlieferungen aus altkeltischer Zeit, aber aufgezeichnet erst von christlichen Mönchen seit dem 7. Jahrhundert n. Chr.; und schließlich Nachrichten griechischer und römischer Schriftsteller zu Götterwelt, Glaubensvorstellungen und Riten der Kelten. Von Interesse ist insbesondere diejenige über die Seelenwanderungslehre: *»Vor allen Dingen suchen die Druiden davon zu überzeugen, daß die Seelen unsterblich sind und nach dem Tode von einem Körper in einen anderen übergehen.«* (Cäsar, Der Gallische Krieg VI, 14).

Homer und die altgriechische Dichtung hatten nur den Hades gekannt, eine Welt der Schatten, in der die Seelen der Menschen sich versammelten ohne Ansehen ihrer Verdienste oder Untaten im Leben. Als im 6./5. Jahrhundert v. Chr. erstmals (wieder) die Orphiker – eine Sekte, die sich auf Orpheus, den mythischen Ahnherrn der Musik, berief und aus dem nordbalkanischen Raum kam – ihren Glauben an ein Totengericht, an Seelenwanderung und Wiederverkörperung verkündeten, zog diese Lehre die Menschen sogleich mächtig in ihren Bann. Ihr berühmtester Lehrer wurde Pythagoras, der um 530 v. Chr. in Unteritalien eine eigene Sekte ins Leben rief. Sie lehrte Philosophie und Mathematik, stellte strenge Reinheitsgebote für Seele und Leib auf (schon die Orphiker lebten vegetarisch), führte ihren Kampf um eine gute Welt durchaus auch politisch aktiv und verband mit dem Seelenwanderungsgedanken die Hoffnung auf ein nächstes besseres Leben. Eine solche Hoffnung – für Anstrengungen im Diesseits die Belohnung im Jenseits zu finden – machten sich stets Unterprivilegierte zu eigen; und was damals für die Griechen galt, mag auch für die Kelten gegolten haben. In welch abgeschwächter oder verzerrter Version die Lehren des Pythagoras Mitteleuropa erreichten, bleibt allerdings offen.

Vielgesichtig, tiergestaltig

Am schwierigsten ist es, die Zeugnisse keltischer Kunst und Religiosität selbst zu befragen. Sie sind ebenso reich wie rätselhaft. All die viel- und tiergestaltigen Wesen, die Halsringe, Fibeln (Taf. 58; Abb. 49a), Waffen (Abb. 49b–c) und Trinkgeschirr schmücken, die ganze überquellende Symbolwelt (Taf. 61) – sie alle haben sich einer zusammenfassenden Deutung ebenso oft entzogen wie sich Wissenschaftler oder Laien daran wagten.

Wenn Cäsar schreibt: *»Von den Göttern genießt in Gallien die größte Verehrung Merkur. Von ihm gibt es die meisten Bilder«* – so mag dies für seine Zeit gegolten haben, auch für die bildhafte Vorstellung von den Göttern. Im 1. Jahrhundert v. Chr. lebten die Kelten in solch starker kultureller Abhängigkeit vom mediterranen Süden, kenntlich am Kunststil ihrer Statuen, daß unter griechisch-römischem Einfluß auch ihre Götterwelt menschliche Züge angenommen haben mag. In den Jahrhunderten zuvor existierte eine ganz andere Begriffswelt, die mit seltsa-

a

b

c

d

Abb. 49 (a) Frühkeltische Maskenfibel von Parsberg (NM), 450–370 v. Chr. Der Bügel endet in einer Maske mit tierhaften Zügen, die Kopfplatte besteht aus zwei gegenständigen Vierfüßlern, die einander die zurückgebogenen Köpfe zuwenden und sich mit den Schwänzen berühren. Das Motiv ist dem Bild des ›Herrn der Tiere‹ der orientalischen Kunst entlehnt. Gesamtlänge 8,8 cm; Germanisches Nationalmuseum Nürnberg.

Abb. 49 (b) Verzierung einer eisernen Schwertscheide aus München-Obermenzing, 3.–2. Jahrhundert v. Chr. Im Vogelmotiv und seiner Anordnung als Dreierwirbel schimmern alte Hallstatt-Traditionen durch, aber es ist nach klassisch keltischer Manier in Köpfe aufgelöst worden, die sich zu einem symmetrischen Ornament fügen (nach Torbrügge 1968).

Abb. 49 (c) Bronzebeschlag (einer Schwertscheide?) aus dem Oppidum von Kelheim, 3.–2. Jahrhundert v. Chr. Verzierung aus zwei gegenübergestellten Tierköpfen (Pferden?). Höhe 6,1 cm; Archäologisches Museum Kelheim.

Abb. 49 (d) Romanischer Schlußstein mit Männerkopf aus Regensburg, ca. 1150–1200 n. Chr. Der starre maskenhafte Blick aus hervorquellenden Augen erinnert an eine unbeholfene keltische Steinmetzarbeit, aber die angebohrten Pupillen datieren diese eindeutig ins Mittelalter. Höhe 30 cm; Museum der Stadt Regensburg.

---

men Zwitterwesen und geheimnisvollen Symbolen bestückt war, die verschlüsselte Botschaften enthielten. Nicht die irdisch-konkreten alten Olympier erscheinen da im Bild, sondern ein Universum aus mythischen Figuren. Insofern will auch der immer wieder unternommene Versuch nicht recht glücken, die von Lucanus im 1. Jahrhundert n. Chr. genannten drei keltischen Hauptgötter – Taranis, Teutates und Esus – zu identifizieren. Denn Mythen lassen sich nicht erklären; der Mythos erklärt selbst. Er ist die Geschichte derjenigen Völker, die (noch) nicht über die Schrift verfügen; er erklärt ihre Herkunft, er verleiht der Gegenwart Sinn, er rechtfertigt die Zukunft. »Der Mythos versucht, eine globale und totale Antwort zu geben« (Claude Lévi-Strauss), auch auf Fragen, die unbeantwortbar sind, auf die Fragen nach dem Sinn des Lebens und dem Wesen des Todes.

Die Kelten beantworteten diese Fragen mit ihrem Glauben – wenn man der antiken Überlieferung vertrauen darf – an die Unsterblichkeit der Seele, die ewige Wiedergeburt und an die »Andere Welt«, wie es im irischen Epos heißt, ein allgegenwärtiges Jenseits, eine Welt des Übersinnlichen. Mit diesem Glauben an eine andere Wirklichkeit als die, die uns umgibt, hat man versucht, die keltische »Kunst der Andeutung, der Suggestion ... und der flüchtigen Hinweise« zu erklären (Kruta 1979), eine Kunst, die nicht nacherzählt, sondern in Symbolen verkürzt. Diese Kunst wertet die Gegenstandstreue ab, weil das Wirkliche unsichtbar, unsagbar sei ... Es hätte keinen größeren Unterschied zur Auffassung der Griechen und Römer geben können, für die sich die göttliche Harmonie in der vollkommenen Abbildung des Sichtbaren offenbarte, nicht zuletzt in der des menschlichen Körpers. Kein Wunder, daß den Griechen das Wesen der Kelten fremd blieb: *»Im Gespräch drücken sie sich kurz und rätselhaft aus. Das meiste deuten sie nur mit versteckten Anspielungen an; vieles drücken sie in Übertreibungen aus ...«* (Diodor, 1. Jahrhundert v. Chr.).

Den Menschen damals waren die Mythen und Symbole so vertraut wie uns die tiefe Bedeutung eines »schlafenden Kindes zwischen Ochs und Esel« (Kruta 1979). Aber ohne Kenntnis der Weihnachtsgeschichte stünden wir ebenso verständnislos davor wie angesichts der keltischen Vielgesichtigkeit. Nur in einem Falle ist es bisher gelungen, den Schleier ein wenig zu lüften, weil es sich um ein Werk handelt, in das griechische und vorderasiatische Traditionen miteingeflossen sind, die gewisse Analogieschlüsse erlauben: im Falle des Silberkessels von Gundestrup (Abb. 53). Der Kessel ist irgendwann zwischen dem 3. und 1. Jahrhundert v. Chr. irgendwo an der unteren Donau entstanden und als Beute der Germanen schließlich in einem dänischen Moor geopfert worden. Das prachtvolle Kultgerät beschreibt in 13 Szenen einen Göttermythos, den Kampf zwischen den drei männlichen Göttern Taranis, Teutates und Esus um die eine dreifache Göttin. Sie hat aufgrund ihrer Attribute als einzige gleichermaßen an der Welt des Himmels und der Erde teil, eine Göttin der Schöpfung und der Unterwelt. Sie ist die Verkörperung des alten vorpatriarchalischen Prinzips, das Leben, Tod und Wiedergeburt in sich vereinte, wie es im Kreislauf der Natur zutage trat: der Tag entspringt der Nacht, der Frühling dem Winter, das Leben dem Tode. Überall, wo diese Polarität – Leben und Tod, Fruchtbarkeit und Sterben – durchschimmert, kommt nicht irgendeine schwammige religiöse Befindlichkeit des frühen Menschen zum Ausdruck, sondern eben dieses Ur-Prinzip, das religionsgeschichtlich ein Faktum darstellt. Die Frage ist nur, inwieweit damit auch eine gesellschaftliche Realität erfaßt wird.

Vieles spricht dafür, daß das der Fall ist (S. 38). Der Konflikt zwischen einem matrifokalen System und der dieses System ablösenden patriarchalischen Gesellschaftsordnung – das ist der inhaltliche Kern der Kesseldarstellung – lebte in den Mythologien der Alten Welt überall fort. Selbst im Sonnenkult der bronzezeitlichen Kriegergesellschaft findet sich matriarchale Symbolik wieder, verband sich der (Wasser-)Vogel mit dem (Feuer-)Rad der Sonne (Taf. 44; 45). Und erst recht in der Hallstatt-Kunst (Taf. 53): Sie spiegelt nicht nur das privilegierte Herrenleben der Reiter und Wagenlenker, sondern auch die zentrale Rolle der Priesterinnen, nicht nur im Abbild vorwiegend weiblicher Personen, sondern vor allem in der Beschränkung des Repertoires auf uralte Fruchtbarkeitsattribute – auf Vogel und Hund (Taf. 14), auf gehörntes Getier (Rind und Hirsch), auf Webstuhl und Kessel (Taf. 25; 52). Die keltische Gesellschaft hatte sogar gewisse mutterrechtliche (matrilineare) Züge bewahrt, die in Bestattungssitten zutage treten (Taf. 49).
Man könnte den Kessel von Gundestrup deshalb durchaus historisch interpretieren und einen Zusammenhang rekonstruieren – zwischen dem Siegeszug der Latène-Kunst und den Mythen, die in dieser Kunst, vor allem im orientalisierenden Motivschatz, aufscheinen. Die Bedürfnisse einer breiten Schicht nach Veränderungen auf politisch-sozialer Ebene könnten ihre Bestätigung in Geschichten und Bildern gefunden haben, in denen die Erinnerung wiederauflebte an eine Zeit, als das Volk noch nicht der Tyrannei allmächtiger Dynastien ausgeliefert war, weil der königliche Herrscher jährlich neu gewählt wurde (S. 37). Auch wenn diese historische Realität nur religiös verbrämt Eingang gefunden hätte, könnte sie doch die gleiche politische Schlagkraft besessen haben, wie sie sich in Religionskämpfen zu allen Zeiten entfaltete. Solche gedanklichen Rekonstruktionen sind zwar höchst spekulativ, aber erlaubt, weil jederzeit neue Funde neue Einblicke in die keltische Mythologie, in die sozialen Verhältnisse und in den Zusammenhang zwischen beidem gewähren können.

Bewegte Jahrzehnte

Umstürzlerische Kräfte waren zu jener Zeit auch außerhalb des keltischen Kerngebietes am Werk, nicht nur auf religiösem, sondern ebenso auf sozialem Gebiet. Um 510 v. Chr. wurde in Athen die Herrschaft der Tyrannen gestürzt; gleichzeitig oder wenig später ist in Rom der letzte etruskische König vertrieben worden. Damit war zwar die Macht des Adels noch nicht gebrochen, aber in den Volksversammlungen ging erstmals politische Verantwortung an den Bürger über. Die Geschichte der Demokratie hatte begonnen.
Diese Ständekämpfe spielten sich nicht von ungefähr zur selben Zeit ab, in der das Mittelmeer Kampfschauplatz der damaligen Großmächte wurde. Begonnen hatte es mit der Niederlage *Massilias* vor Korsika (S. 91). Auch der griechische Handel in der nördlichen Adria geriet in Bedrängnis, als die Etrusker ihren Machtbereich nach Norden hin in die Poebene erweiterten, vor allem, nachdem sie ihrerseits 474 v. Chr. vor Neapel eine Seeschlacht gegen die unteritalischen Griechen verloren hatten. Diese Niederlage der Etrusker bedeutete den Aufstieg Roms, das spätestens jetzt – wie wohl eine Reihe anderer Städte auch – die Königsherrschaft abschüttelte.
Das 5. Jahrhundert v. Chr. war also eine bewegte Zeit, die auch das keltische Mitteleuropa erfaßte. Jede außenpolitische Machtverschiebung wirkte sich auf das gesamte Wirtschaftssystem aus. Die Wege über die Alpen gewannen immer größere Bedeutung. Den Fußstapfen der Wein- und Sklavenhändler folgte ein reges Hin und Her von Söldnern, Handwerkern, Gesandten, Raubrittern – die archäologischen Funde spiegeln ununterbrochene verschiedenartigste Kontakte, durch die technisches Know-how und künstlerische Ideen, religiöses Gedankengut und politische Parolen ihren Weg nach Norden finden konnten. Im Ostalpenraum gewann ein neuer Weg von Süd nach Nord über die Tauern ins Salzachtal an Interesse. An dieser Strecke lag das Salzbergwerk von Hallein-Dürrnberg, das jetzt seine Blüte erlebte. Vom Dürrnberg aus wurde das ›weiße Gold‹ (Taf. 50) flußabwärts geschifft und weiter nach Bayern und Böhmen gehandelt. Im Zuge dieser Verbindungen sind auch zwei etruskische Bronzebecken bei Katzdorf (SAD), nördlich von Regensburg, in den Boden gekommen – in der Nähe der bekannten Altstraße (Taf. 36). Es sind die bisher einzigen etruskischen Prunkgefäße in Bayern, das vom Handel mit dem Süden nach wie vor westlich und östlich umgangen wurde.

Wie es gewesen sein könnte ...

Die Erschütterungen des Westhallstattkreises im 5. Jahrhundert v. Chr. äußerten sich mehrfach und sehr markant: erstens in der Verlagerung der wirtschaftlichen Macht ins Mittelrheingebiet, wo die neue keltische Latène-Kunst entstand; zweitens im Verschwinden der Fürstenhöfe und Adelsgräber der Hallstatt-Kultur; und drittens in der Amulettsucht jener Zeit (Taf. 59). Auf die Frage, wie das alles miteinander zusammenhing, kann der Archäologe wie immer nur mit einem Modell antworten, das heißt mit einer in sich schlüssigen Darstellung, wie es dazu gekommen sein könnte: nämlich durch »den Kontakt ... zur Mittelmeerwelt des 5. Jahrhunderts«, durch »zwiespältige Reaktion darauf im Inneren«, durch Trennung »in einen ›progressiven‹ (keineswegs demokratischen!) Teil im Norden und einen ›konservativen‹ Teil im Süden (des Westhallstattkreises)« (Pauli 1984b). Solche Modelle können nicht mehr als Anspruch auf Wahrscheinlichkeit erheben. Allenfalls lassen sie sich stützen durch den Vergleich mit historischen Zeiten. Das Phänomen, daß Menschen sich aus religiösen, politischen und wirtschaftlichen Gründen absetzten, »spielte eine wichtige Rolle bei den Umschichtungen des 16. und 17. Jahrhunderts n. Chr. Vielleicht war es auch im 5. Jahrhundert v. Chr. bei den Auswanderern so ähnlich: ›Wirtschaftliche Interessen zeigten ihnen die Richtung, aber das religiöse Motiv gab den Anstoß.‹ (Trevor-Roper 1967)«. Gemeint ist damit die Schubkraft, die das Bürgertum im 16./17. Jahrhundert entfaltete, im Zeitalter der Reformation, als sich »das dynamische Zentrum Europas ... in die protestantischen Länder im Norden (verlagerte)«. Damals trugen die Emigranten, »die in ihrer Heimat ... nicht mehr leben konnten oder wollten ... wesentlich zu einem ungeahnten wirtschaftlichen Aufschwung bei« (Pauli 1980b; 1985).

Kelten in Nordbayern – Burgen und Hügelgräber

Ein solches Modell könnte leicht dazu verführen, mechanistisch zu verfahren. Aber die Aufnahmebereitschaft für die keltischen Neuerungen – Kunst (und Religion), Schmuck und Tracht, Bewaffnung (und Gesellschaftsordnung) – fiel ganz unterschiedlich aus. Selbst im bayerischen Raum sind diese Unterschiede in Ansätzen zu erkennen. In Ansätzen deshalb nur, weil ein aktueller Forschungsbericht über die Kelten in Bayern noch fehlt.

In Mainfranken, wo sich um den Marienberg in Würzburg (S. 91) ein ähnlich feudales Umfeld entwickelt hatte wie um die Fürstensitze des benachbarten Südwestdeutschland, zeichnet sich ein vergleichbarer Bruch im Siedlungsbild ab. Mit Beginn der Frühlatène-Kultur, gegen Mitte des 5. Jahrhunderts v. Chr., entstanden eine Reihe neuer Herrschaftszentren. Im Unterschied zu den viel kleineren Hallstatt-Burgen handelte es sich um etwa 12 Hektar große Wehranlagen, massiv befestigt mit doppelten Ringwällen und ausgeklügelten Toranlagen. Sie lagen am Rande oder außerhalb der älteren Siedlungsgebiete – ein Beweis dafür, daß die Gründergeneration sich in ideologischer wie politischer Sicht von der konservativen Hallstatt-Kultur losgesagt hatte. Im Falle des Kleinen Knetzberges (Taf. 58) waren für die Wahl des Platzes unter anderem die nahen Eisenerzvorkommen ausschlaggebend gewesen. Solche Bodenschätze mögen ›Emigranten‹ aus dem ostkeltischen Raum angelockt haben, die sich archäologisch anhand ihrer Tracht identifizieren lassen. In Unterfranken blieb trotzdem das echte Wirtschaftswunder aus; Latène-Fürstengräber gibt es nicht. Gleichwohl hielt auch hier der neue Adel an feudalen Traditionen fest, ließ sich vereinzelt sogar Denkmäler im alten Stil setzen, wie erstmals ein 1983 entdeckter Großgrabhügel von rund 50 m Durchmesser bewies – in Sichtweite der Herren von der Vogelsburg in der Volkacher Mainschleife gelegen.

In Nordostbayern, das heißt in den Fundlandschaften um Obermain und Fränkische Alb, fand der neue Latène-Stil zwar einen überwältigend raschen Durchbruch, aber die politisch-sozialen Verhältnisse blieben vorläufig stabil. Hinweise auf einen größeren Bevölkerungszustrom fehlen. Bei den Frühlatène-Burgen handelt es sich – vor allem der hausgemachten Keramik nach zu urteilen – meist um die kleinen Herrensitze, die schon zur Zeit der Hallstatt-Kultur besiedelt, wohl häufig auch schon befestigt waren. Ein Beispiel dafür ist das Hochplateau des Staffelbergs (LIF), dessen Kontinuität sich außerdem im zugehörigen Bestattungsplatz von Prächting spiegelt (Taf. 52; 65). Ungebrochene Tradition von Burg und Friedhofsareal herrschte auch im Falle der Ehrenbürg bei Forchheim (FO), aber mit einer bezeichnenden Einschränkung: die Hallstatt-Herren befestigten nur einen kleinen Abschnitt von ca. 3 Hektar; erst um 450 v. Chr. ist dann die ganze Hochfläche von 36 Hektar Innenraum rundum bewehrt worden, so daß man bereits von einer ›Bergstadt‹ sprechen könnte wie in spätkeltischer Zeit. Hier tritt ein entschieden feudaler Zug der Frühlatène-Kultur zutage, wie er für Mainfranken und erst recht fürs Mittelrheingebiet charakteristisch ist.

Vom Umfang her kann die etwa 1,7 Hektar große Siedlungsfläche auf dem Schloßberg von Kallmünz, nördlich von Regensburg, einem Vergleich nicht standhalten, wohl aber von ihrer imposanten Lage her (Abb. 41). Wie aus der Masse der Keramik ersichtlich, erhielt der ebenso repräsentative wie verkehrsgeographisch wichtige Platz um die Mitte des 5. Jahrhunderts v. Chr. schlagartig wieder seine Bedeutung zurück (S. 78). Im übrigen gewinnt man aus den Oberpfälzer Höhensiedlungen, Hügelgräbern und Höhlen den Eindruck, daß Siedlungsstrukturen, Bestattungssitten und Kulthandlungen in dieser Zeit, dem 5. Jahrhundert v. Chr., keine grundlegenden Veränderungen erfuhren, das Volk also weiterlebte wie bisher, obwohl es den neuen keltischen Stil bereitwilligst annahm – und annehmen durfte. Zwischen Naab und unterer Altmühl entwickelte sich eine vergleichsweise üppige Frühlatène-Kultur, die Ideen aus West und Ost aufnahm. Die Bronzebecken aus Katzdorf wurden schon erwähnt. Die ausdrucksstärkste Maskenfibel Bayerns stammt von hier (Abb. 49a). Frühzeitig kam die Töpferscheibe in Gebrauch und mit ihr die ›Linsenflasche‹. Das eleganteste Exemplar im gesamten ostkeltischen Raum stellt zweifellos die Karaffe von Matzhausen (NM) dar (Taf. 60). Weniger elegant, aber praktisch waren die neuen Kochtöpfe aus Graphitton (Taf. 67).

Der Grund für solch ungebrochene historische Entwicklung muß wohl darin gesucht werden, daß die Hallstatt-Kultur in Nordbayern – mit Ausnahme von Mainfranken – kein politisches Machtzentrum besaß. Die sozialen Strukturen wirken ausgeglichener, obwohl auch hier die Oberschicht am traditionellen Wirtschafts- und Gesellschaftssystem der Hallstatt-Kultur festhielt, wie es die Burganlagen ja voraussetzten. Welche Frondienste dafür unter Umständen zu leisten waren, demonstriert am eindrücklichsten die Houbirg bei Happurg (LAU) im Nürnberger Land. Wie der Schloßberg von Kallmünz und viele andere Höhensiedlungen war sie schon im 6. Jahrhundert v. Chr. bewohnt, aber den eigentlichen Aufschwung, der einer Koloniegründung gleichkam, erlebte sie mit der Frühlatène-Kultur. Um die Mitte des 5. Jahrhunderts v. Chr. wurde der 4,5 km lange Ringwall um 11 m verbreitert und entsprechend erhöht. Er schützte die mit 88 Hektar Innenfläche größte frühkeltische Burg Bayerns.

Kelten in Südbayern – Haus, Hof, Dorf

Solche ›Bergstädte‹ gab es südlich der Donau nicht. Der Frauenberg, oberhalb von Kloster Weltenburg (KEH) gelegen, ein schroff zur Donau abfallender Sporn mit 9 Hektar Innenfläche, erlebte zwar im 5. Jahrhundert v. Chr. einen beachtlichen Menschenzustrom. Er gehört aber von seiner Topographie her noch zu den nordbayerischen Höhenfestungen der Frankenalb und stellt die Ausnahme von der Regel dar. Typisch ist vielmehr das Ergebnis der Ausgrabungen 1985 auf dem Margarethenberg bei Burgkirchen (AÖ), als die Wallanlage des 1,2 Hektar kleinen Plateaus untersucht wurde. Offenbar schloß die Holz-Stein-Mauer einst einen kleinen Hallstatt-Herrensitz ein, der um die Mitte des 5. Jahrhunderts v. Chr. unvermittelt an Bedeutung verlor; und nicht anders erging es den Herren auf dem Kyberg von Oberhaching und denjenigen von Niedererlbach (Taf. 54). Den Eindruck eines gewissen Bevölkerungsrückgangs vermitteln auch die Frühlatène-Gräber. Einer geringen Zahl einzelner Hügelgräber oder kleiner Gruppen im Donautal, zwischen Ammersee und Staffelsee und im Innviertel stehen fast zehnmal so viele und größere Friedhöfe der Hallstatt-Kultur gegenüber. Es unterliegt keinem Zweifel, daß ein Teil der Bewohner Südbayerns im 5. Jahrhundert v. Chr. abgewandert war. Aber wohin? In den wirtschaftlich aufblühenden Norden? In den Süden, über die Alpen? Nach Oberitalien, nicht als großer Heerhaufen auf der Suche nach Beute, sondern als »langsames, lautloses Einsickern von Einzelnen und kleinen Gruppen« (Dobesch 1983), angelockt von der etruskischen Zivilisation? Und wer wanderte ab? Nur die Oberschicht?

Denn verödet lag Südbayern deshalb gewiß nicht. Im Gegenteil, die Ackerbaugebiete und das Umland der wachsenden Städte bescheren immer wieder Funde aus offenen Siedlungen – einzelnen Gehöften oder kleinen Weilern, aber auch großzügig geplanten Dorfanlagen. Viele sind offenbar in der allgemeinen Umbruchsstimmung mit Beginn der Frühlatène-Kultur neu gegründet worden, auffällig viele aber auch kontinuierlich vom 6.

bis zum Ende des 5. Jahrhunderts v. Chr. bewohnt gewesen. Hier zeichnet sich ein Unterschied zu den Herrenhöfen ab, ganz so, als sei der Riß durch die Gesellschaft von oben nach unten gegangen und habe sich erst allmählich verbreitert. Ein augenfälliges Beispiel für die Kontinuität auf Dorfebene mag genügen: In Regensburg-Harting südlich der Donau im fruchtbaren Lößgebiet, in einer wohl bäuerlichen Ansiedlung von einigem Wohlstand, lagen in einem der kleinen Holzhäuser zwei Schmuckstücke beisammen, die sich nie im selben Grab fänden, weil sie die Mode zweier Kulturen beziehungsweise zweier Generationen repräsentieren (Abb. 50): ein Ringlein vom Kopfschmuck der Mutter und ein Halsring der Tochter – wenn es nicht sogar Großmutter und Enkelin waren. Eine solche Fundvergesellschaftung macht hinreichend deutlich, daß Modewechsel kein Bevölkerungswechsel sein muß.

Über das Aussehen solcher Frühlatène-Siedlungen haben in den letzten Jahren neue großflächige Ausgrabungen in Kirchheim bei München, in Straubing und Künzing-Bruck (DEG) sowie in Kelheim-Gmünd unterrichtet. In Kirchheim erstreckte sich das Dorf über eine Fläche von 13 Hektar, die ziemlich regelmäßig bebaut war (Abb. 51). Aus den Verfärbungen ehemaliger Holzpfähle ließen sich die Gebäudegrundrisse rekonstruieren: gleichförmig nach Norden ausgerichtete Bauten mit einer Grundfläche zwischen 7 und 120 qm, kleine Speicher- und Wirtschaftsgebäude mit vier oder sechs tragenden Pfosten, sowie zweischiffige Wohnhäuser. Es handelte sich durchwegs um Holz-Lehm-Konstruktionen mit stroh- oder schilfgedeckten Dächern, nicht anders als in der Späten Bronzezeit oder im frühen Mittelalter.

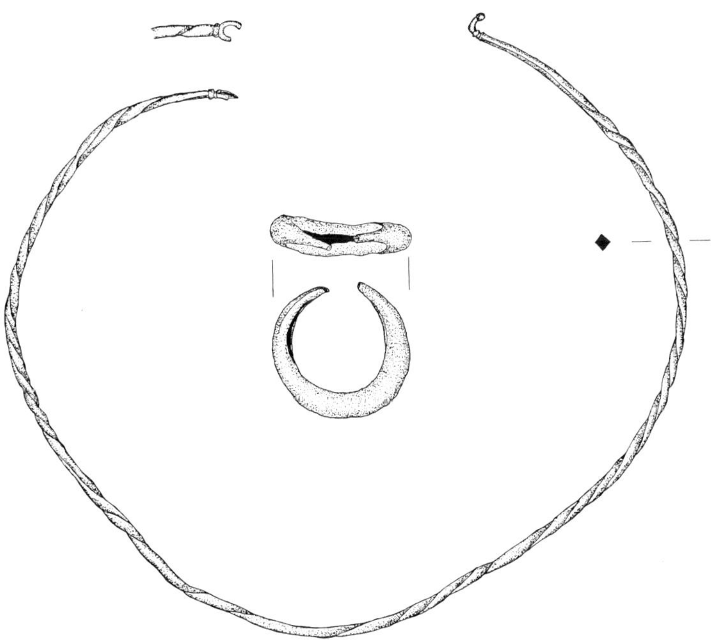

Abb. 50 Modewechsel heißt nicht Bevölkerungswechsel: Kleiner Stöpselring, typischer Kopfschmuck der Hallstatt-Kultur, und tordierter Halsring, ebenso typisch für die Frühlatène-Kultur, vertreten die Mode von Mutter und Tochter oder sogar von Großmutter und Enkelin. Aus einem Wohnhaus der frühkeltischen Siedlung in Regensburg-Harting. Bronze; Durchmesser des Halsrings 16,5 cm; Museum der Stadt Regensburg (nach Fischer 1982).

Bayerisch-Schwaben südlich der Donau und das angrenzende Oberschwaben wirken geradezu entvölkert, aber die Gründe dafür scheinen (auch) zeitlich tiefer zu liegen. Es ist immer schon aufgefallen, daß die zahlreichen Grabhügelgruppen, die sich südlich von Augsburg entlang von Wertach und Lech wie Perlen an der Schnur reihen, überwiegend im 8. und 7. Jahrhundert v. Chr. angelegt wurden und Gräber aus dem 6. Jahrhundert v. Chr. fehlen. »Das wirtschaftliche Schwergewicht verlagerte sich« (Uenze 1985), das heißt wohl, eine alte Verkehrsverbindung mußte aufgegeben werden zugunsten einer neuen, die weiter lechabwärts lag. Bei Todtenweis (AIC) – *omen est nomen* – erstreckt sich zum Beispiel eines der größten Grabhügelfelder Bayerns mit mindestens 230 Hügeln; und aus den Gräbern von Rehling (AIC) ist hier ein Bronzekännchen abgebildet (Taf. 51, rechts), das in einer 80 cm hohen Situla lag, dem größten Bronzeeimer Bayerns, Beweis genug für eine wirtschaftlich potente Oberschicht. Davon kann im 5. Jahrhundert v. Chr. nicht mehr die Rede sein. Neufunde der Frühlatène-Kultur aus dem Augsburger Raum reichen zwar aus, um zu belegen, daß hier immer Leute wohnten – wie auch nicht? –, aber das schüttere Siedlungsbild füllen sie nicht auf. Wenn man sieht, wie gezielt sich die Frühlatène-Herren der großen Höhenburgen bemächtigt haben, der verkehrsstrategisch beherrschenden Kontrollstationen, groß genug, um auch als Fluchtburgen zu dienen, versteht man, daß das Lechfeld keine Anziehung besaß, da der Nord-Süd-Verkehr über die Alpen das bayerische Vorland nicht berührte. Dieser klammerte jetzt auch das Ries aus, das doch aufgrund seiner fruchtbaren Böden zu allen Zeiten gesucht war, auch jetzt, aber weder naturräumlich noch handelspolitisch auf der Linie lag, die ganz wie in der Späten Bronzezeit (S. 78) die großen Befestigungen zwischen Rhein-Main-Dreieck und Donautal miteinander

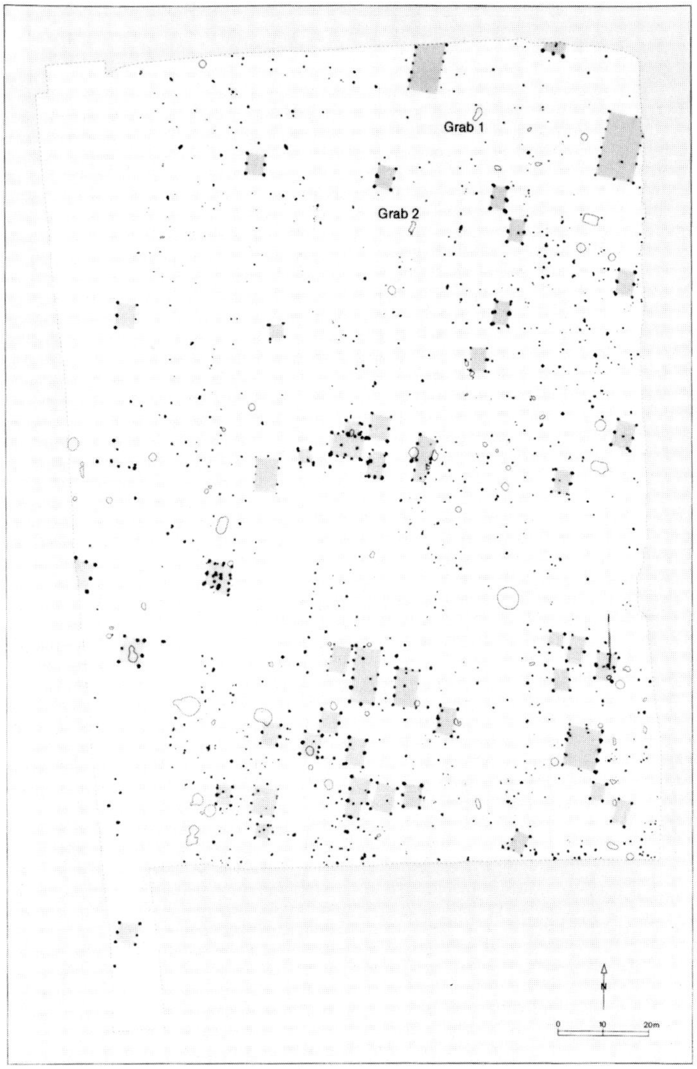

Abb. 51 Frühkeltisches Dorf von Kirchheim bei München. Ausschnitt aus dem Grundrißplan. Nach: Das archäologische Jahr in Bayern 1981.

verband: Vogelsburg von Volkach (KT), Ehrenbürg (volkstümlich »Walberla«) bei Forchheim (FO), Schloßberg von Burggaillenreuth bei Gößweinstein (FO), Houbirg im Nürnberger Land (LAU), Sulzbürg im Landkreis Neumarkt (NM), Schloßberg von Kallmünz (R) nahe der Naabmündung (Abb. 41).

Es erhebt sich allerdings die Frage, ob die gewaltigen Dimensionen dieser Anlagen nicht mehr einem provinziellen Repräsentationsbedürfnis ihrer Erbauer dienten als einem tatsächlichen Bedarf. Reichtum wie am Dürrnberg oder am Mittelrhein zu scheffeln, gelang ihnen jedenfalls nicht, auch wenn inzwischen ein griechisches Salbfläschchen von der Ehrenbürg bekannt geworden ist.

Die Zeit der Wanderungen

Auch Bayern gerät in den Strudel der Ereignisse, auf die um 400 v. Chr. eine große Zahl an Menschen mit Auswanderung reagiert (Taf. 61). In Ostfrankreich und Südwestdeutschland, den alten Zentren der Späthallstatt-Kultur, auch in Nordbayern und Böhmen bricht alles zusammen. Die Burgen gehen in Flammen auf (Taf. 65), die Dörfer werden verlassen. Die Grabhügelfelder veröden; niemand bestattet dort mehr. Der Glanz der feudalen Welt des 6. und 5. Jahrhunderts v. Chr. ist endgültig erloschen. Gesellschaftlich-politisch gesehen findet ein tiefer Einschnitt statt. Mit der Zeit der Wanderungen beginnt etwas Neues. Deshalb muß die Trennlinie zwischen Früher und Später Eisenzeit hier gezogen werden.

Das Ziel der Völkerwanderung war der Süden, Italien und der Balkan. Unter den möglichen Ursachen nennen die antiken Geschichtsschreiber einmal auch *»innere Uneinigkeit und dauernde Streitigkeiten«*. Die archäologischen Fakten können das nur bestätigen. Zwischen dem alten Hallstatt-Adel und den neuen Latène-Herren, soweit sie noch nebeneinanderher existierten, kann Rivalität nicht ausgeblieben sein – zumal die neuen Herren rasch den Fernhandel an sich rissen, und Sklaven ›harte Währung‹ blieben (S. 90). Für das Volk muß die Not jedenfalls groß geworden sein – worauf ja auch die erwähnte Amulettsucht weist (Taf. 59) – sonst hätten sich nicht solche Scharen auf den Weg gemacht. Die Auswanderung in ein fernes unbekanntes Land mag für den ungebundenen Abenteurer eine verlockende Vorstellung gewesen sein; für Männer mit Frau und Kind ist sie – nicht immer, aber oft – ein verzweifelter Schritt, den eine bäuerliche Bevölkerung nicht ohne zwingenden Grund tut.

Der Süden bekam diese Verzweiflung zu spüren. Die Kelten verbreiteten nachhaltigen Schrecken, was übrigens ihrem Ruf als tüchtige Söldner zugute kam. Gewitzte Strategen wie der berühmte Tyrann Dionysios von Syrakus (selbst als groß, rothaarig und sommersprossig beschrieben) suchten sehr schnell Kontakt mit den blonden schnauzbärtigen Riesen, um sie für eigene Unternehmungen zu gewinnen. Nicht wenige Kelten folgten der Aufforderung, und als Söldner tauchten sie rund ums Mittelmeer auf. Um die Wucht ihres Ansturms zu begreifen, muß man sich nur vergegenwärtigen, daß 278/77

v. Chr. an die 20000 Mann nach Kleinasien übersetzten, die sich später in der Gegend von Ankara niederließen. Als Galater, an die der Apostel Paulus schrieb, sind sie bis heute ein Begriff geblieben, auch wenn sich kaum jemand bewußt ist, daß *keltoi* und *galatai* dieselbe Sprachwurzel besitzen. Lange Zeit zogen sie plündernd durchs Land, der Schrecken der reichen griechischen Küstenstädte. Nach einem Sieg über diese räuberischen Krieger, oder besser gesagt, diese kriegerische Räuberbande, wurde in Pergamon, einer Stadt an der türkischen Westküste, ein Denkmal errichtet. Zu den krönenden Figuren gehörte eine hinreißend schöne und bewegende Darstellung, die weltberühmt und oft kopiert wurde: der ›Sterbende Gallier‹, heute in Rom in einer Marmorkopie zu besichtigen. Der Sieg selbst war nicht so glanzvoll wie das Denkmal. Erst drakonische Maßnahmen der Römer brachten die Fremdlinge zur Ruhe, von denen ein beträchtlicher Teil versklavt wurde. Trotzdem gelang es den Galatern, ihr keltisches Erbe lange zu bewahren. Denn noch um 400 n. Chr. erwähnt der Kirchenvater Hieronymus in einem Kommentar zu dem besagten Apostelbrief, daß die Galater eine Sprache ähnlich wie die Leute um Trier reden!

Die spektakulärsten Eroberungsversuche der Kelten – Rom und Delphi – haben keine solch markanten Spuren hinterlassen. Um so eindrücklicher wirkt die Opfergabe von zwei bayerisch-keltischen Buckelringen in einem Heiligtum am Isthmus von Korinth (Abb. 91). Von diesen kurzfristigen Beutezügen abgesehen, waren die Kelten jedoch in erster Linie auf Landgewinn aus. Wo sich kein allzu großer Widerstand erhob, ließen sie sich nieder. Auf diese Weise wurde Oberitalien keltisch. Aber im Kontakt mit der überlegenen etruskisch-italischen Zivilisation gingen die eigenen Traditionen bald verloren. Anders auf dem Balkan; dieser hielt stets Verbindung mit Mitteleuropa, und ein Kelte aus dem Karpatenbecken unterschied sich äußerlich in nichts von einem Kampfgefährten aus Bayern.

Die Schar der Krieger

Die waren damals allerdings dünn gesät. Bestattungen des 4.–2. Jahrhunderts v. Chr. sind selten, die Bestattungsplätze nicht sehr groß, die Höfe und Weiler nur von kurzer Lebensdauer. Alles zusammen erweckt den typisch unruhigen Eindruck, den kleine Gemeinschaften hinterlassen, die – jede auf sich selbst gestellt – nicht allzu lange am selben Ort verweilen, weil eine zentrale Herrschaftsinstanz fehlt. Eine sorgfältige Analyse, in der die Latène-Gräber Südbayerns mit den ›Reihengräbern‹, den Friedhöfen der Bajuwaren, verglichen worden sind, hat dies sehr deutlich gemacht. Trotz der zeitlichen Differenz von rund 800–1000 Jahren bietet sich dieser Vergleich an. Denn sowohl die Kelten als auch die späteren Germanen lebten in Zeiten »von Völkerbewegungen und Wanderzügen, in denen die in Gefolgschaften gegliederten Kriegerscharen, die auch Söldnerdienste nehmen, eine wichtige Rolle spielen. Daneben ist der Sinn auf Landnahme und bäuerliche Kolonisation gerichtet. So entwickeln sich . . . ähnliche Zivilisationsformen, die auf ähnlichen sozialen Strukturen gründen.« In beiden Gesellschaften galt der freie Mann nichts ohne seine Waffen und wurde mit ihnen begraben. Die größten Friedhöfe der Kelten in Südbayern umfassen etwa 20–40 Gräber, die der Bajuwaren rund 500 bis 1500. Die darin zum Ausdruck kommende fluktuierende keltische Besiedlungsstruktur steht in krassem Gegensatz zur Landnahme der Bajuwaren, die bereits im 7. Jahrhundert n. Chr. fest in »die politische Organisation des Frankenreiches« integriert waren (Krämer 1985).

Gräber der Mittellatène-Kultur finden sich, einzeln oder in kleinen Gruppen (darin unwillkürlich an die Zuwanderer mit Glockenbechern erinnernd – vgl. S. 56), so gut wie überall in Bayern, es sei denn, Wald- und Wiesengelände verhindern ihre Auffindung. In Oberfranken und der nördlichen Oberpfalz fehlen sie aus eben diesem Grund und teilen damit das Schicksal aller Flachgräber in diesem Raum. Denn jetzt herrschte das hügellose, nur wenig eingetiefte Grab vor. Die Idee vom Totenhaus des 7. Jahrhunderts v. Chr. war schon in der Frühlatène-Kultur abhanden gekommen. Nun brauchte man allenfalls noch einen Holzsarg, und der Verstorbene kam so in die Erde, wie er üblicherweise seine Dienste versehen hatte. Die viel zitierte uniforme Ausstattung betraf sowohl Frauen wie Männer.

Zur Tracht der Frau gehörten Halsringe, Fibeln, Gürtelketten, Arm- und Fußringe, wenn sich auch die Mode von Zeit zu Zeit änderte. Zu Beginn der Wanderungszeit wurde der Bronzeschmuck leichtgewichtiger und schlichter: man braucht nur die frühkeltischen Maskenfibeln vom Kleinen Knetzberg (Taf. 58) mit den drahtförmigen

Broschen aus Regensburg-Harting um 400 v. Chr. zu vergleichen (Abb. 52), um den Unterschied zu bemerken. Im Zuge einer gewissen sozialen Stabilisierung im 3. Jahrhundert v. Chr., mit der längere Seßhaftigkeit und einiger Wohlstand in landwirtschaftlich gesegneten Landstrichen wie dem Gäuboden einhergingen, gab sich der Frauenschmuck dann wieder schwerer und üppiger – die Buckelfußringe aus Straubing (Taf. 61) sind ein treffendes Beispiel dafür. Gleichzeitig fertigte man die ersten Eisenfibeln, die einen echten Fortschritt im Schmiedehandwerk bezeugen, und die ersten Glasarmringe an, eine Technik, die die Kelten im Süden kennengelernt hatten (Taf. 62). Scheibengedrehte Töpferware setzte sich allgemein durch, blieb aber eine seltene Grabbeigabe (Abb. 43).
Die Bewaffnung der Männer bestand von Anfang an aus Langschwert, Lanze und Schild, wie es die Rekonstruktionszeichnung eines keltischen Kriegers zeigt (Abb. 92). Sein vogelbekrönter Helm – gemeint ist wohl ein Rabe oder Geier, jedenfalls kein flügellahmer Papagei – entspricht einem Original aus Rumänien, aber solche Prunkwaffen standen sicher nur Anführern zu, wurden allenfalls bei festlichen Gelegenheiten getragen. Der gewöhnliche Krieger zog mit einer Kappe aus Leder, Binsengeflecht oder ähnlichem in den Kampf, wie es auf dem Kessel von Gundestrup zu sehen ist (Abb. 53). Die

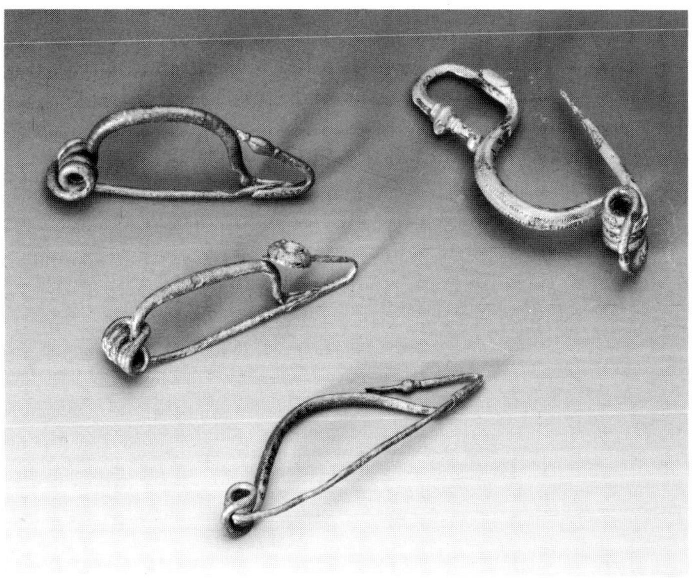

Abb. 52 Bronzene ›Sicherheitsnadeln‹ (Fibeln) aus dem Grab einer Keltin um 400 v. Chr. Regensburg-Harting; Länge der Fibel rechts unten 7,5 cm; Archäologisches Museum im BMW Werk Regensburg.

Schwerter, stets rechts getragen, weil links der große Schild hinderlich gewesen wäre, entwickelten sich allmählich zum reinen langschmalen Hiebschwert, das bis zu einem Meter messen konnte und damit auch zu Pferd eine wirksame Waffe war.
Wie die antiken Geschichtsschreiber berichten, nahmen an den keltischen Wanderungen neben Kriegern zu Fuß auch Reiter und Wagenkämpfer teil. In Oberitalien, in der Schlacht von *Telamon* 225 v. Chr., sollen auf seiten der Kelten oder Gallier, wie die Römer sie nannten, 20 000 berittene Krieger zusammen mit Streitwagenfahrern gekämpft haben – mit zwiespältigem Erfolg, denn das keltische Heer fiel fast bis auf den letzten Mann, nur die Reiterei entkam! Keltische Reiter erlangten Berühmtheit, und Cäsar füllte seine Kavallerie bevorzugt mit Kelten auf, später übrigens auch mit Germanen.
Das Grab eines keltischen Kriegers, das in Holheim im Ries (DON) entdeckt worden ist, enthielt neben seiner Bewaffnung auch ein vollständiges Toilettenbesteck, bestehend aus Rasiermesser und Schere, Pinzette und Schleifstein. Utensilien zur Bart- und Haarpflege haben in Kriegergräbern eine alte Tradition (S. 69; Abb. 32), die von Zeit zu Zeit und in verschiedenen Kulturkreisen wiederbelebt worden ist. Auch die Germanen kannten die Sitte (Taf. 71); das Ende dieser Tradition der Haarsymbolik und der damit verbundenen Vorstellung von Lebenskraft und Potenz bilden die Kämme in bajuwarischen Männergräbern.
Der Krieger von Holheim ist noch unverbrannt beigesetzt worden. Aber schon seit dem 4. Jahrhundert v. Chr. tritt vereinzelt Leichenverbrennung auf. Im Falle der Männer ist sie fast regelmäßig mit absichtlich verbogenen Waffen verbunden (Taf. 63), als fordere die Zerstörung des Körpers auch eine besondere Zerstörung seines Besitzes, ganz ähnlich wie in der Späten Bronzezeit (S. 75). In der Folgezeit wurde Feuerbestattung wieder allgemein üblich, jedenfalls soweit sich das überprüfen läßt. Denn spätestens seit dem 1. Jahrhundert v. Chr. ist die Bevölkerung in Süddeutschland von wenigen Ausnahmen abgesehen so beerdigt worden, daß die Toten keine Spuren hinterlassen haben.
Es fällt wohl auf, daß Grabanlagen und Beigaben sich zunehmend bescheidener ausnehmen, währenddessen der Wohlstand in den Städten wächst, in denen eine kleine Adelsschicht die Macht an sich gerissen hat. Wie 300–400 Jahre zuvor, in der Blütezeit der frühkel-

Abb. 53 Verzierte Platte eines keltischen Silberkessels, 3.–1. Jahrhundert v. Chr. Der Ausschnitt zeigt die Opferung eines Menschen, begleitet von einem festlichen Kriegerumzug, wie er von älteren Situlen bekannt ist (Abb. 86). Ob der waagrechte Stamm einen Kultpfahl meint, wie er in Schacht 1 der Viereckschanze von Holzhausen (TÖL) gefunden wurde, ist nicht sicher; jedenfalls kann man daraus nicht in direkter Linie den ›Maibaum‹ ableiten. Naturalistisch und durch archäologische Funde bezeugt ist die Ausrüstung der Soldaten: Lanze und Schild der Fußsoldaten, die Blasinstrumente, die Sporen und Helme der Reiterei, mit Ausnahme des Eberaufsatzes. Der Kessel ist im unteren Donauraum entstanden und in Gundestrup, Dänemark, gefunden worden. Höhe der Platte ca. 20 cm; Original im Nationalmuseum Kopenhagen.

tischen Fürstensitze und Burgen, häufen sich nun – wohl nicht zufällig – von neuem blutig-seltsame Rituale, die mit den Keltenwanderungen verschwunden waren: Menschenopfer, Schädelkult und die mysteriöse Behandlung der Leichen.

Stämme und Städte

Im 2. Jahrhundert v. Chr. stabilisierten sich die Verhältnisse im keltischen Kerngebiet. Neue Machtverhältnisse kristallisierten sich heraus. Ehemalige Heerführer, die sich aufgrund ihres Reichtums, ihrer persönlichen Tüchtigkeit und der Zahl ihrer Gefolgschaft zu mächtigen Häuptlingen aufgeschwungen hatten, steckten ihre Herrschaftsgebiete ab. Sie sammelten eine große Bevölkerungsmenge um sich, die »breite Repräsentanz eines Stammes« (Frey 1984), suchten sich ein geeignetes Areal, ließen es aufmessen und mit einer Mauer umwehren. Der eine wählte den Bergstock, der schon in frühkeltischer Zeit eine Burg getragen hatte – als Beispiel dafür kann der Staffelberg (LIF) gelten (Taf. 65); der andere rammte seine Lanze mitten im flachen Land in den Boden und befahl die Errichtung einer kilometerlangen Mauer. Dazu zählt der Lage nach Manching (PAF), obwohl hier schon längere Zeit ein Dorf gestanden hatte, bevor die ringförmige Wallanlage gebaut wurde (Taf. 66).
Über die ersten Städte außerhalb der Hochkulturen, die etwa 170 *»urbes«* und *»oppida«* zwischen Atlantik und ungarischer Tiefebene, sind wir durch einen Zeitgenossen, den römischen Feldherrn, Diktator und Schriftsteller *Gaius Iulius Caesar* (100–44 v. Chr.) ziemlich gut informiert. Seine Beschreibung des »Gallischen Kriegs« *(commentarii de bello gallico)* ist eine der Hauptquellen zum Verständnis der spätkeltischen Gesellschaft, auf die Cäsar links des Rheins traf und deren Strukturen man mit entsprechender Vorsicht auf Bayern übertragen darf.

Denn schriftliche Überlieferung und archäologischer Befund stimmen auch hier in vielen Fällen verblüffend überein. Als ein Beispiel mag der Festungsbau genügen. Da er für den Feldherrn von vorrangigem Interesse war, beschrieb er die gallischen Mauern, den *murus gallicus* in allen Einzelheiten. Sie sind in vielen Ausgrabungen bestätigt worden, auch in Manching wieder, dessen älteste Mauer das am weitesten im Osten gelegene Beispiel dieser Bauweise darstellt, ein vernageltes Holzrahmenwerk mit Steinfüllung und hinterschütteter Rampe. Wer heute in der Donauebene vor den Resten des Walles steht, wird sich kaum eine Vorstellung davon machen können, welch ungeheure Materialmengen diese Befestigung einst verschlungen, welch ein hohes Maß an perfekter technischer Organisation ihr Bau erfordert hat. Allein für das Holzgerüst aus schichtweise längs und quer verlegten und vernagelten Balken mußten rund 60000 Bäume gefällt werden. Rechnet man noch den Bedarf für die hölzerne Brustwehr und die Holzkohle hinzu, die zur Herstellung der eisernen Balkennägel erforderlich war, darf man wohl von einem »Waldsterben« sprechen (Lorenz 1986).

Weniger Holz, aber nicht geringeren organisatorischen Aufwand benötigte die rechts des Rheins übliche sogenannte Pfostenschlitzmauer. Auch sie beruhte auf einer Kombination aus Trockenmauern (den Mörtel führten erst die Römer ein), Holzdurchschuß und Rampe. Im Falle der Staffelbergumwehrung handelte es sich um eine Lage aus horizontalen Balken, die – im Unterschied zum *murus gallicus* – in senkrechten Pfosten verankert wurden (die nach ihrer Vermoderung in der Stirnseite der Mauer als die namengebenden Schlitze erscheinen). Die Ausgrabungen auf dem Staffelberg haben übrigens gezeigt, daß hinsichtlich Pfostenstärke und -abständen feste Maßeinheiten galten. Das bestätigt die Vermutung, daß die keltischen Architekten solche Befestigungen in allen Einzelheiten vorausgeplant und berechnet haben. Die Pfostenschlitzmauer vom Oppidum in Kelheim ist im Hof des dortigen Archäologischen Museums ausgestellt (Abb. 54); außerdem ist ein 10 m langes Mauerstück auf dem Staffelberg zu besichtigen, das dort an Ort und Stelle seiner Ausgrabung wieder aufgebaut worden ist.

Die älteste Pfostenschlitzmauer auf dem Staffelberg stammt aus dem 5. Jahrhundert v. Chr., ein Zeichen, daß dieser Festungsbau in einheimischen Traditionen wurzelte. Aber wesentliche Konstruktionsmerkmale der spätkeltischen Zeit waren neu, so das Zangentor – zwei rechtwinklig nach innen abbiegende Mauern, die in Manching eine 12 m lange Torgasse bildeten, die nur einer begrenzten Zahl von Angreifern den Sturm auf das Tor erlaubte. Neu war auch die hinter der Mauer schräg aufgeschüttete Rampe. Die Kelten hatten solche Rampen, den *agger*, in Oberitalien von den Etruskern kennengelernt. Der *agger* war und blieb eine rein italische Sitte und fehlte auch später in keinem römischen Kastell, damit die Soldaten rasch von allen Seiten den Wehrgang erreichen und die Brustwehr besetzen konnten. Und neu war vor allem die Großräumigkeit, die allen spätkeltischen Städten gemeinsam ist und die weder ältere noch jüngere Wehrbauten besitzen. Immer wieder wird der Vergleich zwischen Manching und dem mittelalterlichen München gezogen, das etwa zwanzigmal in der keltischen Stadt Platz gefunden hätte. Vorbilder zu diesen ebenso planvoll wie verschwenderisch angelegten Oppida hatten die Kelten ebenfalls im Süden kennengelernt, vor allem in der griechisch-hellenistischen Militärarchitektur.

Aus Britannien berichtet Cäsar von reinen Fluchtburgen. Das Oppidum auf dem Schwanberg (KT) mit gut

Abb. 54 Keltische Stadtmauer. Rekonstruktion der Pfostenschlitzmauer des Oppidums von Kelheim. Links originaler Steinbestand aus der Grabung 1976 (Holzpfosten modern); rechts Ergänzung zu voller Höhe von ca. 5,5 m im Hof des Archäologischen Museums Kelheim.

170 Hektar Innenfläche, aber nur mageren Siedlungsspuren könnte eine solche Aufgabe erfüllt haben. Denn die Hochfläche liegt keineswegs abseitig. Vielmehr häufen sich spätkeltische Fundplätze in ihrem Umkreis nachgerade, darunter eine Großsiedlung (Dornheim), ein Gewässerheiligtum (Großlangheim) und eine Kultanlage, eine der sogenannten Viereckschanzen (Willanzheim; vgl. Taf. 70), mithin also heilige Plätze, an denen sich wiederholt größere Menschenmengen versammelten. Im übrigen läßt der Umfang verschiedener Oppida, zum Beispiel auch die riesige Außenbefestigung auf dem Michelsberg von Kelheim (KEH), den Schluß zu, daß hier in Notzeiten die Landbevölkerung samt ihrem Vieh Schutz suchte und fand. Dieser Bevölkerungsteil wohnte nach Cäsar in offenen Dörfern *(vici)* und Einzelhöfen *(aedificia)*. Darunter verbergen sich den archäologischen Befunden nach aber recht unterschiedliche Kategorien, die von der ›Industriesiedlung‹ (Beispiel Berching-Pollanten – Taf. 68) über Handelszentren wie das spätkeltische Straubing bis zu den unzähligen Bauernhöfen reichen, die sich heutzutage nur noch durch ein paar oberflächlich aufgelesene aber charakteristische Graphittonscherben oder eine keltische Münze zu erkennen geben – alles andere hat der Pflug schon vernichtet.

Alle Wege führen nach Manching

Die Häuser in den Städten dürften sich äußerlich nicht sonderlich von den Bauernhöfen, den üblichen einfachen Pfostenbauten mit Lehmwänden und Strohdächern, unterschieden haben. Die Unterschiede lagen in der gesellschaftlichen Struktur der Städte, in denen das Volk, Freie und Unfreie, Handwerker aller Art, Reiche und Arme, der Adel und sein Gefolge eng aufeinander lebten. Große Stämme besaßen mehrere Oppida, die in Reichtum und Bedeutung zwar den ›Hauptstädten‹ nachstanden, die aber in wirtschaftlicher Hinsicht die gleichen Funktionen erfüllten. Denn darin unterscheidet sich die Oppida-Zivilisation am deutlichsten von der vorausgehenden Epoche, der Zeit der Wanderungen: an Stelle der reinen Ackerböden wurden jetzt auch (wieder) Regionen aufgesucht, die statt dessen dem Bedürfnis nach Schutzlage, dem Abbau von Lagerstätten und der Sicherung der Handelswege dienten. Betrachtet man die Verbreitung der Oppida von Frankreich bis Ungarn unter diesen Gesichtspunkten, schält sich ein Netz aus Verkehrswegen heraus, die alle schon irgendwann einmal begangen worden waren, einerseits in der späten Hallstatt-Kultur, andererseits zur Zeit der Frühlatène-Kultur.
Soweit es Bayern betrifft, ist hier der Weg westwärts entlang der Donau zu nennen, die Verbindung zwischen Südbayern und burgundischer Pforte, dem Tor zum Süden: dort lag *Massilia* und verkaufte rhôneaufwärts den begehrten Wein, der in Amphoren (zweihenkligen tönernen Vorratsgefäßen) bis Manching kam. Gleichzeitig bestanden enge Handelsverbindungen in entgegengesetzter Richtung zwischen Manching und Böhmen, das Gold und Sapropelit lieferte, einen fossilen Faulschwamm, der sich schnitzen und polieren läßt wie Holz. Im Voralpenland könnte die Fentbachschanze einen alten Weg kontrolliert haben, auf dem Reichenhaller Salz (Taf. 50) nach Manching gebracht wurde. Nach Norden scheint Eisen geliefert worden zu sein entlang einer neuen – und, wie sich herausstellen sollte, schicksalsträchtigen – Verbindung zu den Stämmen nördlich der Mittelgebirge – zu den Germanen.

Priester, Ritter, Leibeigene

Die archäologischen Funde der Oppida-Zivilisation beweisen nicht nur die engen handelspolitischen Kontakte des Adels quer durch Mitteleuropa, sondern geben auch Aufschluß über den hohen Stand der damaligen Technik in den keltischen Städten: in der Eisenverhüttung (Taf. 68), in der Serienproduktion auf der schnell drehenden Töpferscheibe (Taf. 66), in der Spezialisierung der Handwerker, die Schmuck und Gerät aus Bronze, Glas (Taf. 62), Email, Sapropelit oder Knochen (Taf. 67) herstellten, in der Münzprägung (Taf. 64), im Umgang mit Maßen und Gewichten, nicht zuletzt auch in der Beherrschung der Schrift, die allerdings nur zweckgebunden in Wirtschaft und Verwaltung eingesetzt wurde. In Religion und Wissenschaft blieb das geschriebene Wort tabu, und das rückt die Kelten aus heutiger Sicht neben die Germanen. In Wirklichkeit standen die Oppida den Stadtkulturen der Griechen und Römer in vieler Hinsicht, auch in wirtschaftlicher, nicht nach. Der keltische Adel muß den republikanischen Großgrundbesitzern Italiens darin ebenbürtig gewesen sein, ausreichend landwirtschaftlichen Überschuß zu produzieren, sonst wären solche frühurbanen Strukturen wie in Manching nicht überlebensfähig gewesen. Dazu waren hier wie dort feudale Systeme Voraussetzung. Aber die Gesellschaft der griechischen Polis und der römischen Munizipien, die nicht auf stammesmäßigem Zusammenschluß beruhten, sondern Verwaltungseinheiten darstellten, sind doch etwas grundsätzlich anderes gewesen, denn die Kelten haben niemals einen Staat gebildet, nicht einmal eine Nation im Sinn des 19. Jahrhunderts.

Um sich ein Bild von dem sozialen Gebilde einer keltischen Stadt zu machen, muß man auf Cäsar zurückgreifen, obwohl er über die Masse der Bevölkerung, die *plebs*, fast nichts schreibt ... Das Volk wird fast wie Sklaven behandelt, es unternimmt nichts von sich aus und wird zu keiner Ratsversammlung hinzugezogen ... Alle Macht liegt in den Händen des Adels – bei der Geistlichkeit, den Druiden, und den Rittern (Taf. 69) ...

»Die Druiden sind bei religiösen Handlungen anwesend, sie organisieren die öffentlichen und privaten Opfer und geben Auskunft in Sachen des Glaubens ... Bei ihnen finden sich viele junge Leute ein, um sich unterweisen zu lassen ... in der Regel fällen sie die Entscheidung in allen öffentlichen und privaten Streitigkeiten; und bei jedem Verbrechen, jedem Mord und in jeder Erbschafts- oder Grenzstreitigkeit sind sie es, die die letzte Entscheidung treffen ...«

»Der zweite Stand sind die Ritter. Sie stehen im Felde, so oft es nötig ist und irgendein Krieg ausbricht – und bevor Cäsar kam, war es fast Jahr für Jahr der Fall, daß sie entweder selbst feindliche Einfälle unternahmen oder sich gegen solche wehren mußten ...« (Cäsar, Der Gallische Krieg VI, 13–15).

Cäsars Worte spiegeln eine hierarchische, kriegerische, männerorientierte Gesellschaft wider, die eher an frühmittelalterliche als an römische Verhältnisse erinnert. Die Druiden besaßen eine unangefochtene Autorität in ideologischen Fragen. Kraft ihres geheimen Wissens, das nur mündlich weitergegeben werden durfte (eine Erklärung dafür, warum sich keine keltische Geschichtsschreibung entwickelte), waren sie für alles zuständig, was nicht das Schwert betraf oder durch das Schwert entschieden werden sollte: Religion, Erziehung, Rechtsstreitigkeiten – sie waren »Universität, Kirche, Verfassungsgerichtshof in einem« (Herm 1975). Dabei stand die »heilige Bruderschaft« (Kruta 1979) durchaus mit beiden Beinen im wirtschaftlichen und politischen Leben.

»Die meisten Männer« – schreibt Cäsar – gehörten ihrem Herrn entweder als Soldaten oder Leibwächter, oder sie waren ihm als Bauern und Hirten durch Pachtverhältnisse zu Gehorsam verpflichtet. Auf diese Anhängerschaft, die ein persönliches Gefolge aus einer treu ergebenen Reiterei einschloß, stützte sich die Macht der Ritter, der Angehörigen der reichen vornehmen Familien. Die Gliederung der keltischen Gesellschaft in freie und unfreie Klassen glich der römischen Sklavengesellschaft nur oberflächlich. Denn Rom lag daran, durch Freilassungen und durch fein abgestufte Rangordnungen aus Freien mit verschiedenen Rechten die unterschiedlichen sozialen Schichten des Vielvölkerstaates zu verschmelzen. Den keltischen Herrschern dagegen und solchen, die es werden wollten, kam es nur auf eine Steigerung ihrer Hausmacht an. Folglich mußte ihnen daran gelegen sein, ein möglichst großes Gefolge um sich zu scharen, das durch die herrschende Ideologie, durch Zwang, aber auch durch verlockende Belohnungen in ein möglichst undurchlässiges System eingebunden war, in dem der Begriff der persönlichen Freiheit eher von männerbündischen Idealen ersetzt wurde, wie sie in Kriegerkasten entstehen.

Die Stämme, aber auch die adligen Häuser innerhalb eines Stammes wachten mißtrauisch übereinander, um sich gegebenenfalls gegen Übergriffe zur Wehr zu setzen oder auch um ihrerseits fremde Throne zu besetzen. Durch diese ständigen Streitigkeiten um Macht und Einfluß wurde es den Kelten unmöglich, sich geschlossen gegen Übergriffe von außen zu wehren, weder gegen die der Germanen noch die der Römer.

Der furor teutonicus – die Kimbern

Der germanische Druck aus dem Norden hatte bereits gegen Ende des 2. Jahrhunderts v. Chr. begonnen. Die Kimbern- und Teutonenzüge 113–101 v. Chr. brachten die erste Begegnung zwischen Römern und Germanen, und sie fiel so schrecklich für die Römer aus, daß diese die beängstigende Erinnerung daran nie mehr verließ. Übereinstimmung herrscht darüber, daß die Kimbern aus Jütland kamen und zuerst bei den Boiern erschienen, aber der weitere Verlauf der Wanderung und das Schicksal der mitgerissenen Scharen hat zu vielerlei Diskussionen Anlaß gegeben. Das betrifft vor allem die Lokalisie-

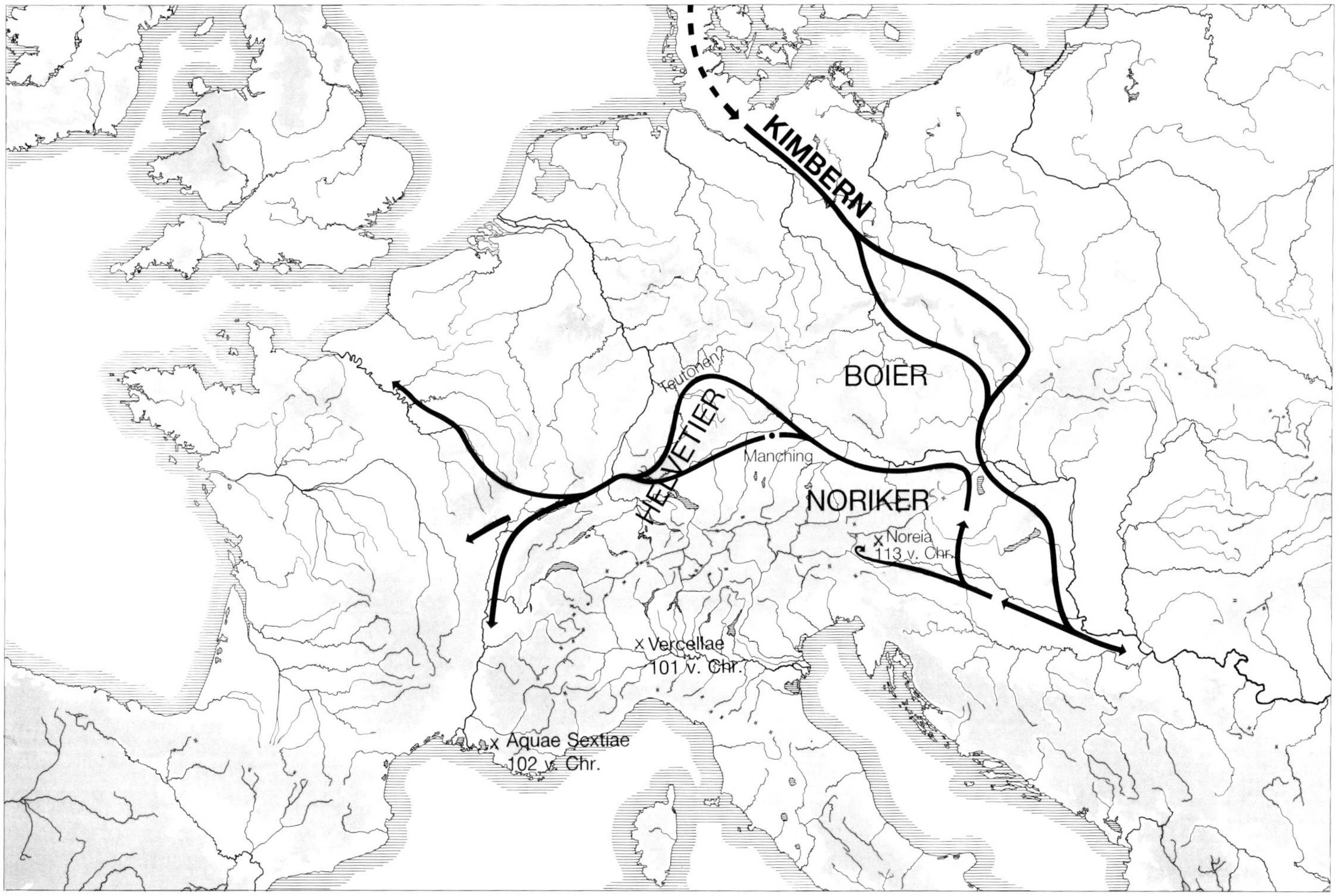

Abb. 55 Wanderung der Kimbern von Jütland bis Gallien. Die genaue Lage des Schlachtortes Noreia ist unbekannt (nach Dobesch 1982 mit Ergänzungen).

rung von Noreia, das wohl in Kärnten gesucht werden muß – wo die Römer 113 v. Chr. eine erste Niederlage erlitten – sowie den Weg von Noreia nach Gallien (Abb. 55). Es ist in der Tat »ganz undenkbar, daß sich der aus mindestens zwei Völkern bestehende Wanderzug mit Weib und Kind und Viehherden, die fahrbare Habe auf Ochsenkarren, quer über die Karawanken und über alle Ketten der Alpen, dort wo das Gebirge ohnehin auch die größte Nord-Süd-Ausdehnung hat, hinübergequält haben sollte«. Ein solcher Marsch wäre eine Leistung gewesen, »neben der Hannibals berühmter Alpenübergang zu nichts verblassen würde«. Der Zug wählte viel eher die bekannten großen Verkehrsadern, die »Bernsteinstraßen« oder die Wege entlang großer Flüsse, zum Beispiel »das Donautal nach Westen« (Dobesch 1982).

Da die Kimbern bekanntlich zu den Helvetiern zogen (die damals noch in Südwestdeutschland ansässig waren), dürfte ihnen Manching als lohnendes Beuteobjekt nicht unbekannt geblieben sein. Zerstörungsspuren im Oppidum sowie der Bau der zweiten Mauer 105 ± 6 v. Chr. lassen es so gut wie sicher erscheinen, daß die keltische Stadt ein Opfer des kimbrischen »Heuschreckenschwarms« wurde (Dobesch 1982). Das muß noch im Jahr der Schlacht von Noreia geschehen sein, spätestens 112 v. Chr.

Eine Eroberung des Oppidums lange vor der Katastrophe 70/60 v. Chr. (S. 111) würde auch eine Frage beantworten, die schon lange die Gemüter bewegt: wie erklären sich die Menschenknochen aus der Siedlung? Zuerst dachte man an eigentümliche Bestattungssitten, später an die Überreste der Erschlagenen anläßlich der Eroberung im 1. Jahrhundert v. Chr. Inzwischen sind die Knochen wissenschaftlich bearbeitet worden, und das Resultat ist ganz eindeutig: es handelt sich um die Überreste von etwa

400 vorwiegend männlichen Personen. Erhalten sind nur ganz bestimmte Knochen der Skelette, vor allem Schädel, Arme und Beine, und von diesen Langknochen waren in 95% der Fälle die Gelenkenden künstlich abgetrennt worden. Zahlreiche Knochen weisen sogar Schnittspuren auf wie sie an Schlachtabfällen auftreten. Hinweise auf typische Kampfverletzungen wurden dagegen kaum festgestellt. Alles in allem schien daher »die Opferung von Menschen ... an der Tagesordnung gewesen zu sein« (Lorenz 1986). Angesichts der Tatsache, daß Cäsar von Menschenopfern redet (Taf. 70) und die Kelten echte Kopfjäger waren, klang diese Erklärung überzeugend. Mit ihren Köpfen gingen die Kelten aber sehr sorgsam um, sie *»nageln sie zuhause als Ehrenzeichen an die Wand, gerade als hätten sie auf der Jagd ein Wild erlegt. Die Köpfe der Vornehmsten unter den Feinden salben sie ein, bewahren sie in einem Kasten sorgfältig auf und zeigen sie den Fremden«* (Diodor). Deshalb wirkte es sehr verwirrend, daß die Opferreste aus Manching so ganz pietätlos in Abfallgruben verschwunden oder in der Kulturschicht festgetrampelt worden sein sollten. Wenn aber die Menschenknochen ›Abfall‹ waren, hätten dann nicht tatsächlich »unsere keltischen Vorfahren um ein Feuer sitzen (können) und einen menschlichen Oberschenkel genußvoll abnagen, wie wir es heute mit einer Schweinshaxe zu tun pflegen ...« (Lorenz 1986)?

Diese Vorstellung ist abstrus, und in dieser zynischen Form ist ritueller Kannibalismus (Taf. 20) nirgends auf der Welt beobachtet worden. Es gibt auch eine viel näher liegende, archäologisch plausible Erklärung. Zahlreiche Fundkomplexe aus dem germanischen Norden wie aus der Römerzeit in Süddeutschland bezeugen, daß die Germanen ihre Eroberungen tatsächlich oft mit grausamen Opferfeiern krönten, zu denen Tötung, Schlachtung und – vielleicht – auch das rituelle Verspeisen von Menschen gehörten. Eines der überzeugendsten Beispiele ist 1984 in Bayern ausgegraben worden – zwei Brunnen eines römischen Gutshofes in Regensburg-Harting. Dessen Bewohner sind im 3. Jahrhundert n. Chr. von Germanen überfallen, erschlagen und in einer anschließenden Opferfeier zerstückelt worden. Wieder weisen Schnittspuren auf Kannibalismus hin; wieder sind nur Teile der Leichen, vor allem Schädel und Langknochen gefunden worden, die zusammen mit Tier- und Eisenopfern in die Brunnen versenkt worden waren.

Von einer ähnlichen Siegesfeier müssen die Manchinger Knochen stammen. Die Opferung erklärt deren gezielte Auswahl und Zurichtung, aber auch das Verschwinden der Gerippe in den Ruinen der Stadt. Als man an den Wiederaufbau ging, verschwanden diese namenlosen Überreste der Toten im Schutt. Ein halbes Jahr mochte genügt haben, um über jedes freiliegende verweste Glied den Schleier der Anonymität zu senken.

Römer und Germanen teilen sich die Beute

Die Kimberneinfälle waren gleichsam nur das erste Donnergrollen gewesen, mit dem sich ein Sturm ankündigte, der fast hundert Jahre lang von Nord nach Süd fegte, zeitweise abflaute, sich dann aber wieder um so heftiger erhob, anfangs Richtung Donau, später auch zum Rhein hin »an Stärke zunahm« (Peschel 1988). Einer dieser vernichtenden Stürme – von dem wir nur durch Zufall erfahren, weil Cäsar ihn ausführlich beschrieben hat – war der Vorstoß der Sueben aus Innergermanien unter ihrem Heerkönig Ariovist. Gegen 70 v. Chr. zogen sie nach Gallien, und als sie den Oberrhein überschritten hatten, gerieten sie mitten in das Ränkespiel einflußreicher keltischer Fürsten: die Verschwörer, die sich auf die unzufriedene breite Masse des unterdrückten Volkes stützten, sahen in den Germanen willkommene Hilfstruppen; der amtierende Adel suchte Hilfe bei den Römern.

Die war nicht schwer zu gewinnen. Die Erinnerung an die Schreckenszeiten der Kimberneinfälle genügte, um jenes »fast neurotische Gefühl der eigenen Verletzlichkeit« (Crawford 1984) wachzurufen, das Rom ständig zu neuen Eroberungen angetrieben hatte. Auch stand der richtige Mann schon bereit: Cäsar, ein ehrgeiziger Politiker in Geldnöten und ein glänzender Feldherr. Erfolgreich schlug er die Germanen in die Flucht, den Suebenkönig Ariovist und seine 120 000 Mannen. Wer von ihnen überlebte, floh in Richtung der alten Heimat. Was die Kelten aber nicht vorausgesehen hatten: in wenigen Jahren (58–51 v. Chr.) eroberte Cäsar ganz Gallien (Frankreich, die angrenzenden Gebiete bis zum Rhein und die Westschweiz). Dabei fand er die besten Verbündeten stets in den Reihen der zerstrittenen Stämme; nur ein einziges Mal kam es zum gesamtgallischen Aufstand. Als Cäsar mit riesiger Beute das Land verließ, waren die großen Oppida zerstört, drei Millionen Menschen sollen getötet oder in die Sklaverei verkauft worden sein. Was an keltischer Kultur überlebte, wurde in wenigen Jahren römisch eingefärbt. Dafür sorgte nicht zuletzt der gallische Adel, der sich – teils begierig, teils geködert durch Geschenke und Ämter – der überlegenen römischen Zivilisation willig anpaßte. Die Unterschichten dagegen – die zum Teil noch bis ins 4. Jahrhundert n. Chr. keltisch sprachen (S. 103) – bewahrten viele ihrer Traditionen und trugen damit zur Eigenständigkeit der neuen gallisch-römischen Provinzialkultur bei.

In Süddeutschland überlebte Keltisches nur in kümmerlicher Form, in Fluß- und Ortsnamen wie *Sorviodurum*-Straubing, in streifenbemalter Keramik (vgl. Taf. 66), in spärlichen religiösen und künstlerischen Traditionen, die freilich erst nach mehreren Generationen wieder lebendig wurden (Taf. 58). Deshalb handelt es sich bei diesen Zeugnissen wohl mehrheitlich nicht um direkt überliefertes Erbe, sondern um das Erbe gallischer Bevölkerungsteile, die erst unter römischer Herrschaft über den Rhein gekommen waren, aus freien Stücken, als Truppenangehörige oder im Troß des Militärs.

Die Boier-Einöde

In der Tat klafft in der Besiedlung Südbayerns eine solche zeitliche Lücke zwischen dem Ende der keltischen Städte und Dörfer um 70/60 v. Chr. und dem Beginn der römischen Eroberung 15 v. Chr., daß diese Zäsur nur durch einen massiven Rückgang der einheimischen Bevölkerung zu erklären ist, ähnlich wie zur Zeit der Keltenwanderungen im 4. Jahrhundert v. Chr. (S. 103). Aus den archäologischen Funden und der schriftlichen Überlieferung läßt sich der historische Ablauf in großen Zügen rekonstruieren:

Zwischen 72 und 58 v. Chr. waren die Sueben des Ariovist beziehungsweise von ihm mitgerissene Scharen aus Mitteldeutschland im Alpenvorland eingefallen (Abb. 56). Damals sind *alle* Befestigungen, vom Staffelberg bis Manching, und sämtliche reichen Dörfer, die die Karte verzeichnet – Altendorf, Pollanten, Straubing und so fort –, untergegangen, sei es, daß sie geplündert und zerstört wurden, sei es, daß ihre Bewohner abwanderten. Diese Emigranten sind wohl unter den 32 000 Boiern zu suchen, die sich laut Cäsar kurze Zeit später den Helvetiern anschlossen auf der Suche nach neuen Wohnsitzen.

Nachdem der Germanenspuk vorüber und Richtung Gallien abgezogen war (Taf. 71), sammelte sich nur in Manching eine nennenswerte Gemeinschaft, um ihr Leben in bescheidenerem Umfang wieder aufzunehmen.

Bei dieser germanischen Invasion nach Bayern handelte es sich offenbar um Raubzüge, deren Ziel die blühenden Städte und Dörfer waren. Die Folgen glichen denjenigen, die wir aus späterer Zeit kennen. Ähnlich wie bei den Germaneneinfällen des 3. und 4. Jahrhunderts n. Chr., als die abwandernden Romanen eine kulturelle Öde hinterließen, blieben auch in spätkeltischer Zeit nur brachliegende Felder und arme Leute zurück; Handelsnetze und Handwerkertraditionen brachen zusammen. Die wenigen Germanen, die sich hier niederließen, brauchten keine Städte mehr. Deren Wiederaufbau unterblieb daher, und die restlichen Kelten lebten unter vergleichsweise primitiven Verhältnissen weiter. Die Dorfgemeinschaft in Manching existierte noch bis in die 2. Hälfte des 1. Jahrhunderts v. Chr., bis das Leben in der alten Stadt unter einer dritten germanischen Welle endgültig begraben wurde.

Dieser dritte große Vorstoß, der – ungefähr eine Generation nach Ariovist – von Elbgermanen der norddeutschen Tiefebene ausging, richtete sich einerseits gegen den Rhein, andererseits nach Südosten. Diesmal stand den Scharen der Sinn weniger nach Beute als nach Land. Wo sie gut bestellte Ackerfluren vorfanden, ließen sie sich nieder, sowohl in Thüringen nördlich der Gebirgsschwelle als auch in Böhmen. Das brachliegende, so gut wie menschenleere Bayern mußte ihnen dagegen wenig anziehend erscheinen. Nur vereinzelt besetzten sie Mainfranken. (Die eigentliche germanische Kolonisation des Mittelmaingebiets erfolgte erst allmählich von Thüringen aus, als sich die Verhältnisse dort stabilisiert hatten.) Weiter nach Süden drangen nur Abenteurertypen vor, die nicht seßhaft werden wollten, die nach Beute Ausschau hielten und deren Ziel Italien oder Balkan hieß. Einige blieben in Südostbayern hängen, wo sich Kelten aus Böhmen niedergelassen hatten und Leute aus Südthüringen, dem keltisch-germanischen Kontaktgebiet – ihre unverwechselbaren Tongefäße lassen an ihrer Herkunft keinen Zweifel. So wurde Südostbayern zu einer Art Auffangbecken für Leute aus den verschiedensten Richtungen. Es sind bunt gemischte letzte Zeugnisse einer keltisch-germanischen Restbevölkerung.

Denn beim gegenwärtigen Forschungsstand sieht es ganz

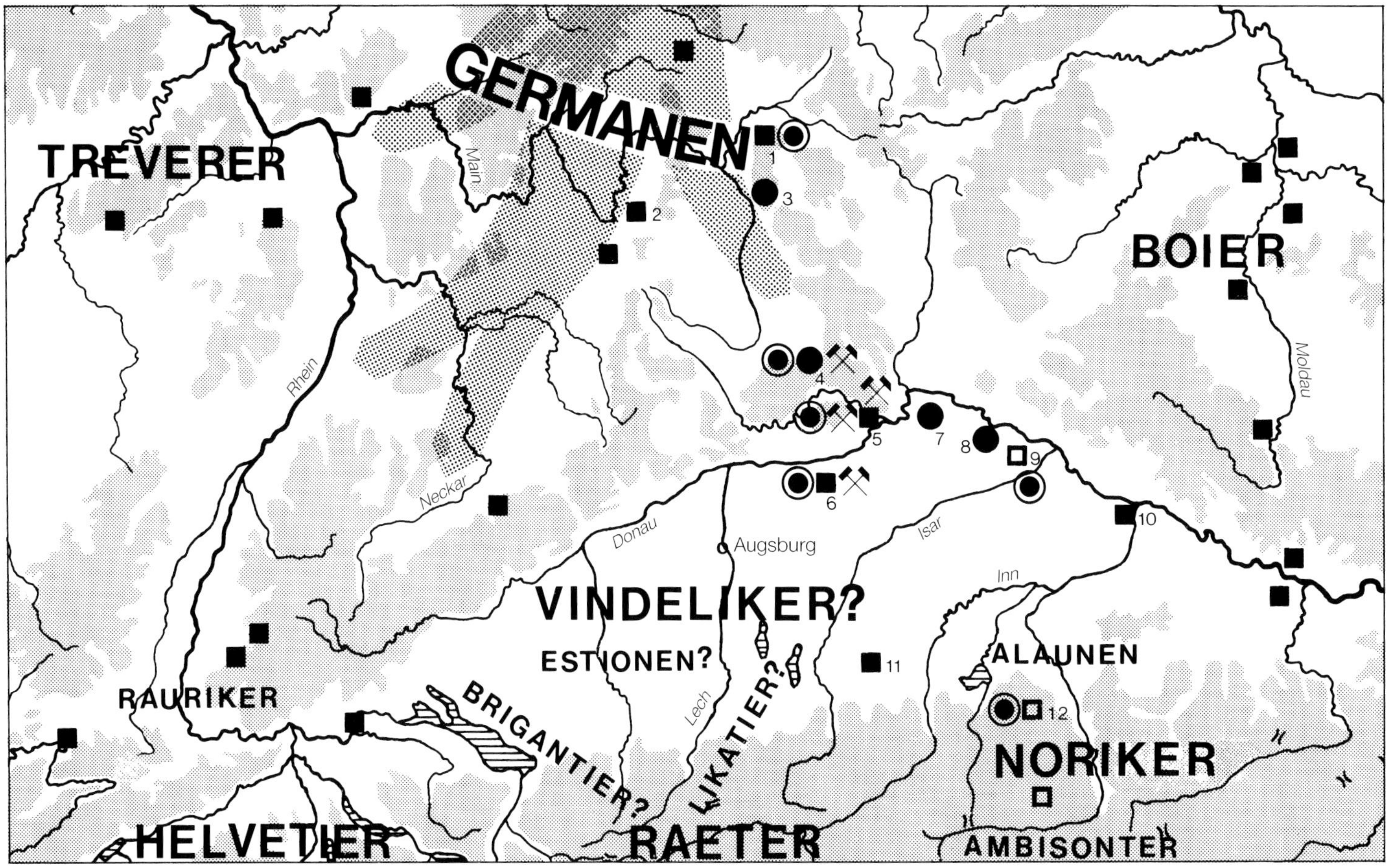

Abb. 56 Keltische Stämme und Städte (Quadrate), wichtige Siedlungen in Bayern (Punkte) und Germanenzüge zwischen 72 und 58 v. Chr. 1 Staffelberg (LIF). – 2 Schwanberg (KT). – 3 Altendorf (BA). – 4 Berching-Pollanten (NM). – 5 Kelheim (KEH). – 6 Manching (PAF). – 7 Egglfing (R). – 8 Straubing (SR). – 9 Wallersdorf (DGF). – 10 Passau (PA). – 11 Fentbachschanze (MB). – 12 Karlstein (BGL). – Offene Signatur: Oppidum vermutet. – ◉ Münzprägestätte. – ⚒ Erzabbau. Die mit Fragezeichen versehenen Stämme sind wahrscheinlich erst nach 15 v. Chr. angesiedelt worden.

so aus, als seien mit der römischen Eroberung 15 v. Chr. alle Spuren jener Restbevölkerung untergegangen. Unter Kaiser Augustus eroberten die Römer das zentrale Alpengebiet und nördliche Voralpenland in einem ›Blitzkrieg‹ – und zwar so gründlich, daß die ehemals gefürchteten Alpenstämme nie wieder aufmuckten. Die ohnehin nur spärlich verstreute Bevölkerung Südbayerns wurde in ein paar Streifzügen rasch aufgerieben oder in den nächsten Jahren von der römischen Zivilisation vereinnahmt, als Sklaven, Hilfssoldaten oder Handwerker. Durch dieses Bevölkerungselement konnten wohl einige Ortsnamen, vielleicht auch handwerkliche und religiöse Traditionen, aber kein tragendes kulturelles Erbe bewahrt werden. Es ist sicher kein Zufall, daß die frühesten römischen Niederlassungen sämtlich im Einzugsbereich von Augsburg, dem ersten Legionsstandort und Straßenverkehrsknotenpunkt, entstanden und der ostbayerische Raum, in dem sich die keltisch-germanische Restbevölkerung konzentriert hatte, sozusagen – von Rom aus gesehen – rechts liegen gelassen wurde. Das 1986 entdeckte Legionslager von Marktbreit – ebenfalls unter Augustus genau an der Südspitze des Maindreiecks errichtet – bildete nur eine kurzfristige Aufmarschbasis gegen Germanien. Sie wurde spätestens nach der Niederlage im Teutoburger Wald 9 n. Chr. wieder aufgegeben, nachdem die germanische Bevölkerung Mainfrankens ohnehin mehr oder weniger freiwillig nach Böhmen deportiert worden war.

Wo keine römischen Neugründungen zu verzeichnen sind, herrschte in ganz Süddeutschland tatsächlich mehr oder weniger Leere, im Westen die *»Helvetier-Einöde«* (Ptolemaios) und im Osten – frei nach Ptolemaios – die

›Boier-Einöde‹. Die Boier waren ursprünglich Nachbarn der Helvetier gewesen, bevor sich diese in die Schweiz zurückgezogen hatten; offenbar stellten ›Boier‹ einen Sammelnamen für eine größere Zahl ostkeltischer Stämme zwischen Schwäbischer Alb und Sudetengebirge dar. Zu diesen könnten auch die Vindeliker gehört haben, die allgemein als ›keltische Ureinwohner‹ des Alpenvorlandes gelten. Diese Vindeliker entziehen sich aber beharrlich dem archäologischen Zugriff, trotz einer nun schon ein halbes Jahrhundert währenden intensiven Suche. Man könnte daraus folgern, daß die Römer den Stammesverband der Vindeliker (Estionen, Brigantier, Likatier – vgl. Abb. 56) erst nach dem Alpenfeldzug 15 v. Chr. im Alpenvorland angesiedelt haben, um eine Infrastruktur aufzubauen (Sommer 1988). Zu dem gleichen Zweck haben sie nämlich in den dreißiger Jahren des 1. Jahrhunderts n. Chr. nachweislich Kolonisten aus den Rätischen Alpen geholt: die sollten im Dreieck der Römersiedlungen Kempten, Augsburg, Gauting (STA) das Land urbar machen, um die Verpflegung der militärischen Stützpunkte und die Versorgung der aufblühenden Landstädtchen zu gewährleisten. Vindeliker und Räter erwiesen sich jedenfalls als stabiles Element und sind schließlich auch namengebend geworden. Um das Jahr 40 n. Chr. herum sind Teile des heutigen Bayern – zwischen Bodensee und Inn, zwischen Alpenrand und Donau – endlich im verwaltungsrechtlichen Sinne der Provinz *Raetia* zugeschlagen worden, und deren Hauptstadt wurde *Augusta Vindelicum*-Augsburg. Damit begann ein neuer Abschnitt bayerischer Geschichte; neue Stämme und Völker strömten nach Süddeutschland hinein. Von nun an bestimmte Rom für ein halbes Jahrtausend die Geschichte an Rhein und Donau. Das Ende der Keltenherrschaft bedeutete die erste große Zäsur in einer jahrtausendealten ungebrochenen Entwicklung auf bayerischem Boden.

Ausblick

Die Provinz Rätien blieb stets ein wenig das ungeliebte Kind. Roms Interessen konzentrierten sich großräumig gesehen auf zwei Nord-Süd-Achsen, auf den Anschluß an die Wasserstraße des Rheins beziehungsweise auf den Weg über die Ostalpen an die untere Donau. Der Keil zwischen Rhein und Donau, der schwäbisch-bayerische Raum, wurde zwar systematisch geschlossen, um den Weg über Hochrhein und Bodensee abzuschneiden und den Truppenverkehr dadurch zu beschleunigen – eine Konzeption, die schließlich mit der Errichtung des Limes ihren Abschluß fand. Aber die Provinz Rätien profitierte davon nur in bescheidenem Umfang, sie blieb Durchgangsstation. Reichtümer wie Köln oder Budapest sammelte hier keine Stadt. Nordbayern, das nördlich des Limes lag, blieb sowieso ausgeklammert.

Als die Zeit der Völkerwanderung begann, als Rätien zum Einfallstor germanischer Scharen nach Oberitalien wurde und als sich abzeichnete, daß die Nordgrenze nicht mehr zu halten war, wurde die unbequeme Provinz nur noch halbherzig verteidigt. Zwar gehörte sie nominell zum Weströmischen Reich bis zur offiziellen Abdankung des letzten Kaisers (476 n. Chr.), aber de facto stand sie den Germanen bereits seit über 100 Jahren offen. Ein buntes Gemisch aus allen Himmelsrichtungen, von der Völkerwanderung zusammengewürfelt, sammelte sich hier und wuchs – mit der römischen Restbevölkerung – zum Stamm der Bajuwaren zusammen. 551 n. Chr. werden sie erstmals von einem Schriftsteller genannt; ihre Herzogsresidenz wurde das ehemalige Römerlager *Castra Regina*-Regensburg. Von nun an scheint die Geschichte in immer kleineren Schritten immer schneller voranzugehen. In karolingischer Zeit treten die Schriftzeugnisse gleichwertig neben die archäologischen Quellen. Das Netz aus historischen Daten zieht sich enger und enger zusammen.

Die Erkenntnisse der Archäologie werden immer lückenhaft bleiben. Aber diese Wissenschaft behält ihre eigene Faszination. Mit dem Untergang der Kelten geht etwas von der geheimnisvollen Aura verloren, die die jahrtausendealten Fundstücke aus schriftloser Frühzeit umgibt – gerade weil sie sich nicht alle Geheimnisse entlocken lassen.

Farbtafel nächste Seite:
Blick auf die Roseninsel im Starnberger See, im Hintergrund die Alpenkette. Die oberbayerische Landschaft mit ihren Hügeln und Seen entstand durch die Einwirkung der Alpengletscher, die sich während des letzten Eishochstandes bis kurz vor München erstreckten. Die Insel selbst ist ein noch unerforschtes archäologisches Objekt. Seit dem 3. Jahrtausend v. Chr. war sie in politisch unruhigen Zeiten immer wieder dicht bewohnt.

BILDER ZUR FRÜHGESCHICHTE

Sammlerinnen und Jäger

ALT- UND MITTELSTEINZEIT (800 000–5500 v. Chr.)

Der Mensch des Eiszeitalters lebte von der Jagd und dem Sammeln wilder Pflanzen. Die wechselnden Warm- und Kaltzeiten mit ihrer gegensätzlichen Pflanzen- und Tierwelt zwangen ihn immer wieder zu technischen Erfindungen. Waffen und Werkzeuge erhielten eine zunehmend zweckmäßigere Form. An ihnen läßt sich die Entwicklung der Altsteinzeit ablesen.

Sie ging vor 10 000 Jahren mit Beginn der jetzigen Warmzeit zu Ende. Eine Fülle an eßbaren Pflanzen verbesserte von nun an die Ernährungsgrundlage. Das erleichterte das Leben in der Mittelsteinzeit (8000–5500 v. Chr.), veränderte es aber nicht grundlegend. Nach wie vor zogen kleine Gruppen sammelnd und jagend umher und wechselten regelmäßig ihre Lagerplätze.

Von den alt- und mittelsteinzeitlichen Kulturen haben sich meist nur Geräte aus Stein, Knochen und Geweih erhalten. Behausungen, Fell oder Leder, Kleidung und Körperbemalung sind selten oder nie nachzuweisen. Gänzlich unbekannt bleiben Kulthandlungen, Sagen, Musik, Tänze und das Sozialgefüge. Nur aus dem Verhalten historisch bekannter oder noch lebender Sammlerinnen und Jäger (Ureinwohner Afrikas und Australiens, Eskimos) lassen sich einige Rückschlüsse ziehen: Bei all diesen Wildbeutern ist die Jagd stets Aufgabe der Männer. Frauen sammeln und bereiten die Nahrung, weil sie wegen der Sorge für die Kleinkinder nicht an der Jagd teilnehmen können. Diese Arbeitsteilung ist vermutlich uralt, ebenso wie die daraus entstehende Rangordnung zwischen Mann und Frau oder innerhalb der Gruppe: da die schwierige Beschaffung von Fleisch mehr gilt als das Sammeln, nimmt der erfolgreiche Jäger eine bevorrechtigte Stellung ein.

Sammlerinnen und Jäger müssen beweglich bleiben. Sie besitzen nicht mehr, als sie transportieren können, und horten keine Güter. So entfällt der Anreiz zum Krieg, dem organisierten Kampf großer Gruppen. Gearbeitet wird nur so viel, wie gerade notwendig; der Rest ist Freizeit und Geselligkeit.

Ähnliches gilt wohl auch für die Alt- und Mittelsteinzeit. Das Leben war zwar beschwerlich, aber nicht nur harter Kampf ums Dasein. Der Mensch lebte noch im Einklang mit der Natur; mit etwas Geschick und Erfahrung erhielt er alles von ihr, was er zum Überleben brauchte.

1 »Am Anfang war das Feuer«

Feuer, Wasser, Erde, Luft, die vier Elemente. Als erstes bezwang der Mensch das Feuer. Erstmals verloren Kälte und die Schwärze der Dunkelheit – tiefverwurzeltes Urbild aller Ängste – ihren Schrecken; erstmals setzte eine künstlich geschaffene Energiequelle die Gesetze der Natur außer Kraft. Das neue Wissen verlieh dem frühen Wesen Selbstvertrauen; mit dem Selbstvertrauen wuchs das Bewußtsein.

Jahrtausende hatten vergehen müssen, in denen der Mensch, schwankend zwischen Furcht und Neugier, natürlich entstandene Brände beobachtete, bis er lernte, das Feuer zu nutzen. Die bisher ältesten Feuerstellen vor 350 000–400 000 Jahren (Bilzingsleben in Thüringen, Terra Amata in Nizza) gehören in die Zeit des Frühmenschen, des *Homo erectus*. Das Feuer ermöglichte es ihm, in kühlere Breiten vorzustoßen, seine Ernährung zu verbessern, Spitzen hölzerner Speere zu formen, mit Fackeln auf Treibjagd zu gehen und sich nachts vor Raubtieren zu schützen.

Das Feuer erhellte Außen- und Innenwelt. Was ging wohl in jenem Wesen vor, das mit seiner Horde im Widerschein der Flammen die Beute teilte? Wenn Wärme und Nähe das Gefühl der Zusammengehörigkeit und den Drang nach Verständigung schürten? Selbst wenn *Homo erectus* erst die Anfänge menschlicher Sprache beherrschte, lernte er am Lagerfeuer Geborgenheit kennen, Verantwortung für die kostbare Flamme zu übernehmen und Erfahrungen weiterzugeben, zum Beispiel in der Herstellung von Werkzeugen. Auch die Entwicklung vom primitiven Geröllgerät – einem Stein mit einer scharfen Kante – zum Faustkeil war eine evolutionäre Leistung: durch die immer präziser gelingende Bearbeitung des Steinkernes schuf der Mensch ein Allzweckgerät, das Jahrhunderttausende lang seine Grundform beibehielt.

Die bayerischen Faustkeilfunde aus Rohrbach (ND), Saal (KEH) und Pösing (CHA), die zu den ältesten Spuren des Menschen in unserem Raum gehören, entstammen einem jüngeren Abschnitt der Erdgeschichte, der Riß-Eiszeit. Sie ist mit dem Altmenschen *(Praesapiens)* verknüpft, einer anatomischen Entwicklungsstufe zwischen *Homo erectus* und dem heutigen Menschen *(Homo sapiens sapiens)*. Die neue geistige Überlegenheit des Altmenschen drückt sich in seinen Faustkeilen aus: Es sind technisch perfekte Produkte, die eine geübte und rasche Hand verraten. Sie dienten weniger selbst als Waffen, sondern vor allem zur Herstellung von hölzernen Stoßlanzen, von Schlagwaffen aus Geweih und zum Zerlegen großer Jagdtiere.

Faustkeil der Altsteinzeit, vor 130 000–250 000 Jahren. Einzelfund bei Pösing (CHA). Quarzit; Höhe 15 cm; Museum der Stadt Regensburg.

2 Eiszeit

Die Entwicklung des Menschen vollzog sich nicht unter gleichmäßig günstigen äußeren Bedingungen, sondern ganz im Gegenteil in der Auseinandersetzung mit der Natur des Eiszeitalters, das von starken Klimaschwankungen geprägt war (S. 13). In den wärmsten Abschnitten war es in Bayern mild wie heute in Oberitalien; in den dichten Laubwäldern lebten Waldelefanten, und in der Donau badete das Flußpferd. Noch in der letzten Zwischeneiszeit vor 130 000–80 000 Jahren gab es Klimaphasen, in denen sich neben Hirsch und Wildschwein eine exotische Gesellschaft aus Nashörnern, Leoparden und Wildkatzen tummelte. Wenn – aus noch immer unbekannten Gründen – die Gletscher wieder anwuchsen, die Temperaturen sanken, änderten sich auch Pflanzen- und Tierwelt. In dem eisfreien Korridor zwischen nordischen und alpinen Gletschern, zwischen Berlin und München, wurden die Sommer kürzer und die Winter härter. Die Wälder starben ab bis auf kleine Inseln aus Kiefern und Birken, und die Landschaft ähnelte der heutigen Tundra Sibiriens oder Kanadas. Trotzdem bot auch die letzte Eiszeit (vor 80 000–10 000 Jahren) mit ihren kräuterreichen Grassteppen ausreichend Nahrung für die großen Pflanzenfresser Bison, Wollnashorn, Riesenhirsch (mit einem Geweih bis zu 4 m Spannweite!) und vor allem Mammut.

Das Mammut ist wohl das populärste Tier der Eiszeiten, eine an extreme Kälte angepaßte Elefantenart. Während die Backenzähne des Waldelefanten, dem das weiche Waldlaub zur Verfügung stand, weit auseinanderstehende Lamellen besitzen, sind die enggestellten Schneidekanten des Mammuts geeignet, auch zähe Gräser und Flechten der Kältesteppen zu zermahlen. Zum Schutz gegen niedrige Temperaturen trug das Mammut eine dichte Behaarung und besaß viel kleinere Ohren als heutige Elefanten; mit seinen 3–4 m langen, stark gekrümmten Stoßzähnen konnte es auch noch in tiefem Schnee die Nahrung freischaufeln.

Mammute sind gegen Ende der letzten Eiszeit ausgestorben, aber Kadaver, die sich im sibirischen Dauerfrostboden erhalten haben, ermöglichen uns ein Bild von ihrem Aussehen. In Deutschland sind unzählige Überreste gefunden worden, allerdings meist nur Zähne. Ein ziemlich vollständiges Skelett stammt aus dem Buchenhüll-Schacht (EI), der mit einer großen Anzahl verendeter eiszeitlicher Tiere gefüllt war.

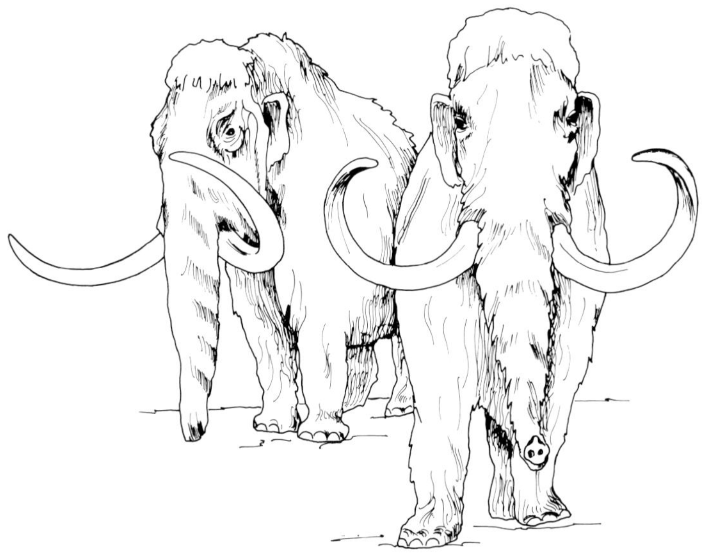

Abb. 57 Lebensbild vom Mammut (Entwurf B. Pfeifroth).

Backenzahn eines Mammuts der Altsteinzeit. Aus den Donauschottern bei Regensburg. Länge der Kaufläche 20 cm; Museum der Stadt Regensburg.

3 Spitzen-Produkte

Wie ein roter Faden zieht sich durch die Jahrtausende die Entwicklung des Faustkeils zu immer dünneren, blattartigen Geräten. Höhepunkt dieser Schlagtechnik stellen die feinen, flächig überarbeiteten und wie getrieben wirkenden, oft vollkommen symmetrischen Spitzen am Ende der Zeit der Neandertaler vor 40 000–35 000 Jahren dar. Die Verwendung dieser ›Blattspitzen‹ ist ungeklärt; sicher waren nicht alle als Geschoßköpfe in hölzerne Speere eingesetzt, denn die messerscharfen Kanten eigneten sich ebensogut zum Schneiden. Das Foto zeigt, wie man sich die Schäftung – den Einsatz in einen hölzernen Griff – vorstellt. Als Klebemittel wurde wohl Birkenpech verwendet.

Die weite Verbreitung der Blattspitzen reicht von Rußland bis Bayern. Hier liegen im Zentrum altsteinzeitlicher Besiedlung die Weinberghöhlen bei Mauern (ND), die die bisher reichste Auswahl mit den formvollendetsten und größten Exemplaren von 10–12 cm Länge bargen (Abb. 2, 4). Die Anhäufung dieser Prunkstücke tief im Höhleninneren ist mit magischen Ritualen in Verbindung gebracht worden.

Die Bedeutung religiöser Zeremonien zu jener Zeit steht außer Zweifel. Die Neandertaler waren die ersten Menschen, die ihre Toten bestatteten; sie legten Beigaben ins Grab, streuten rote Farbe – die Farbe des Blutes und des Lebens – über den Leichnam oder betteten ihn auf ein Blumenlager. Der Neandertaler, anthropologisch gesehen eine Parallelentwicklung zum heutigen Menschentyp, benannt nach dem ersten Skelettfund im Neandertal bei Düsseldorf, lebte vor rund 100 000–35 000 Jahren, überwiegend während der letzten Eiszeit (S. 15). Die Ausbildung von Überlebensmechanismen in einer unwirtlichen Umwelt, feste Zeltlager, neue Werkzeuge und ein Bewußtsein für deren ästhetische Qualität, Anfänge transzendentaler Vorstellungen und die Pflege der Kranken – all das sind Zeugnisse von Erfindungsgeist und Verantwortungsgefühl, die dem landläufigen Bild eines stumpfen, tierhaften Geschöpfes widersprechen.

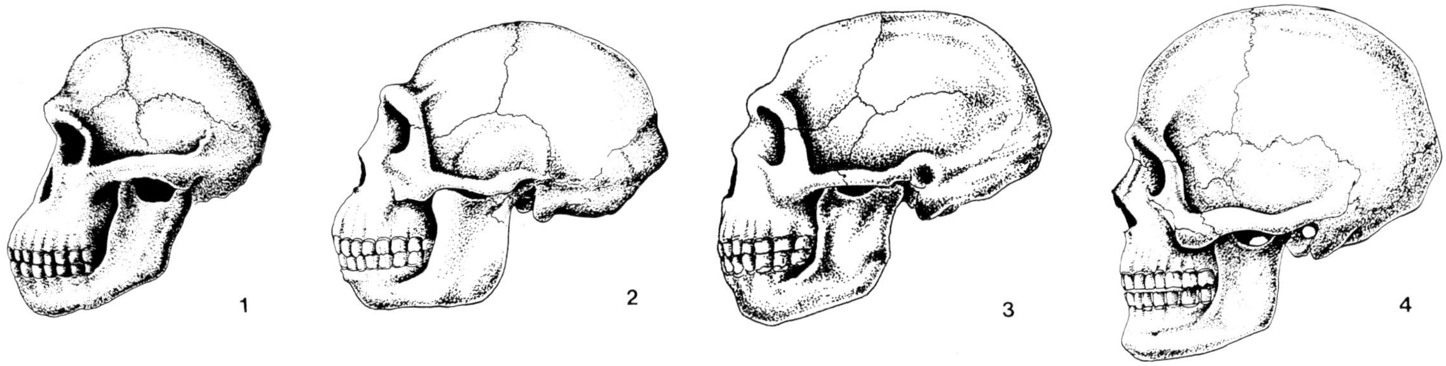

Abb. 58 Entwicklung des Menschen: 1 Australopithecus (»Südaffe«) vor 6 Millionen Jahren. – 2 Homo erectus (Frühmensch) vor 500 000 Jahren. – 3 Neandertaler vor 100 000–35 000 Jahren. – 4 Homo sapiens sapiens (heutiger Mensch) ab 40 000 Jahren vor heute.

Blattspitzen der Neandertaler von einem altsteinzeitlichen Lagerplatz bei Zeitlarn (R), 40 000–35 000 Jahre alt. Feuerstein; Länge 4,7 und 6,5 cm; im Hintergrund Messer mit rekonstruiertem Griff. Museum der Stadt Regensburg.

4 Die Höhle – Zuflucht für Tier und Mensch

Kurzfristig hat der eiszeitliche Mensch die Höhlen der Fränkischen Alb immer wieder aufgesucht. Sie boten Unterschlupf auf Jagdzügen, Schutz vor schlechtem Wetter, vor allem bei anhaltendem Regen und Hochwasser, oder sie dienten nur bestimmten Zwecken, zum Beispiel speziellen Arbeiten, religiösen Zeremonien oder einfach als Aufbewahrungsort für Nahrung und Ausrüstung. Bevorzugte Quartiere, überdies im Winter, waren sie in den seltensten Fällen, weil tiefe Höhlen zwar eine gleichbleibende Temperatur besitzen, aber sehr feucht sind.

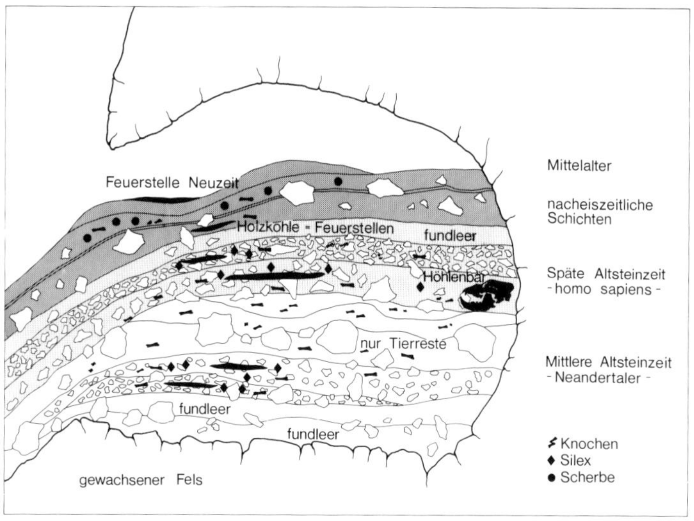

Abb. 59 Schema der Schichtablagerungen in Höhlen (Entwurf B. Pfeifroth).

Feuerstellen und Steingeräte, die die Anwesenheit des Menschen verraten, finden sich daher meist im Höhleneingang. Tierknochen mögen als Küchenabfall, Werkzeugmaterial oder ›Brennholz‹ der Jäger zurückgeblieben sein; sie mögen aber auch von der Beute der Raubtiere und Aasfresser, der Höhlenlöwen und -hyänen, herrühren. Knochen vom Höhlenbären sind zum Teil so zahlreich, daß man einen eigenen ›Bärenkult‹ in diesen ›Bärenhöhlen‹ vermutete (aus der Petershöhle bei Velden (LAU) stammen Knochen von fast 2000 Tieren!), aber trotzdem noch nie zweifelsfrei mit menschlichem Zutun erklärt worden. Wahrscheinlich überlebten in strengen Wintern sehr junge oder sehr alte Tiere den Winterschlaf nur in seltensten Fällen.

Die Hinterlassenschaften von Mensch und Tier wurden nach jedem Aufenthalt allmählich zugedeckt. Je nach Klima und Jahreszeit füllten sich die Höhlen mit eingewehtem Sand und Lößstaub, mit Kalkschutt, den der Frost von den Wänden sprengte, oder herabstürzenden Felsbrocken. So entstanden im Laufe der Zeit die meterhohen Schichten, die die Spuren der Höhlenbewohner über Jahrzehntausende bewahrten. Im Hohlen Stein bei Schambach (EI) enthält eine 17 m hohe Ablagerung Funde aus über 60000 Jahren; in der Höhle von Hunas (LAU) reichen die menschlichen Artefakte bis in die Riß-Eiszeit zurück, und der ursprüngliche Höhlenboden liegt bis zu 23 m tief.

Es ist wie auf einer Mülldeponie: was zuunterst liegt, ist am ältesten. Deshalb ist die exakte Dokumentation jeder Schichtabfolge (Stratigraphie) so unerläßlich für die Kenntnis des Geschichtsablaufes. Die Konservierung organischer Materialien über so lange Zeiträume erlaubt außerdem alle erdenklichen naturwissenschaftlichen Untersuchungen zur Geologie und Biologie, nicht zuletzt auch C14-Datierungen (S. 40). Leider lassen sich derartig umfassende Grabungsergebnisse heute kaum noch gewinnen, denn von den weit über 1000 bayerischen Höhlen und Abris (überhängenden schützenden Felswänden) sind nur noch wenige für die Erforschung des Eiszeitalters geeignet. Allzu oft haben in den letzten 100 Jahren unsachgemäße Wühlereien übereifriger Hobbyarchäologen und -speläologen, die Errichtung von Bierkellern oder modische Höhlengrillfeste die in Jahrtausenden entstandenen, empfindlichen und manchmal nur zentimeterdünnen Schichten in wenigen Stunden für immer zerstört.

Obere Klausen-Höhle bei Essing (KEH) im Altmühltal, ein altsteinzeitlicher Rastplatz.

5 Überlegene Technik

Jahrzehntausende ist die Lebensstrategie der kleinen, muskulösen, kälte-angepaßten Neandertaler erfolgreich – und ziemlich unvermittelt werden sie verdrängt. Vor 40 000–35 000 Jahren wandert *Homo sapiens sapiens*, der heutige Menschentyp, in Mitteleuropa ein; obwohl bis zu 1,80 m groß, ist er dem Neandertaler rein körperlich eher unterlegen, durch eine progressive Technologie in der geistigen wie der praktischen Beherrschung seiner Umwelt allerdings eindeutig überlegen. Diese letzten Eiszeitjäger erfinden neue Waffen, entwickeln die Geräteherstellung aus Knochen und Geweih, verbessern die Lebensqualität in allen Bereichen – sichtbar in Ernährung, Kleidung, Behausungen. Sie schaffen die ersten Kunstwerke, Abbilder einer mythischen Welt, die von den größten und gefährlichsten Tieren bevölkert wird. Ihre Ideologie ist die der Stärke (Taf. 7).

Feuersteingerät ist nicht gleich Feuersteingerät. Diese archäologische Fundgruppe bleibt das kennzeichnende Merkmal kultureller Veränderungen. Die Materialbeschaffenheit erlaubt zwar keine große Formenvielfalt, und die Menschen der Späten Altsteinzeit benötigten im Prinzip auch keine anderen Werkzeuge als die Neandertaler, denn in ihren Grundbedürfnissen wichen beide Jägergesellschaften wenig voneinander ab. Dennoch könnte der Unterschied nicht größer sein: hier die Blattspitzen der Neandertaler, formschöne Produkte handwerklicher Kunstfertigkeit, die über das Funktionale hinausreicht – dort die ›Klingenmethode‹ des Homo sapiens, die nichts als die rasche Produktion standardisierter Typen bezweckte. Die notwendige Rationalisierung erfolgte durch Zurichtung der Kerne (2) vor dem Schlag sowie durch den Schlag selbst, der nicht mit dem Schlagstein (1) direkt, sondern über ein Zwischenstück, eine Art Meißel aus zähem und elastischem Material – Holz oder besser Geweih – geführt wurde. Dadurch ließen sich die Knollen in eine größere Anzahl gleichförmiger, langer schmaler Späne oder ›Klingen‹ spalten und daraus präzisere und damit zweckmäßigere Werkzeuge gewinnen. Unbearbeitete scharfe Kanten (3) eigneten sich, um Fleisch zu zerlegen, Felle zu schneiden, Holz und Knochen zu schnitzen. Durch kleine hintereinandergesetzte Abschläge (Retuschen) erzielte man die bogenförmige stumpfe Kante des Kratzers (7), die zum Beispiel das Säubern und Weichschaben der Felle ermöglichte. Neben Bohrern besaß der Stichel (5) eine spezielle (unbekannte) Funktion. Hölzerne Geschoßköpfe wurden mit kleinen messerartigen Klingen (8) gespickt, die lange scharfe Schneiden bildeten. Mit solchen Wurflanzen bewaffnet, veranstalteten die letzten Eiszeitjäger erfolgreiche Treibjagden auf die Rentier- und Wildpferdherden, die zu jener Zeit die Wiesensteppen des Donauraumes durchquerten.

Abb. 60 1 Schlagstein aus Sandsteingeröll, 2–8 Feuerstein: 2 Restkern mit Negativabdrücken der Klingen. – 3 Einfache Klinge (Messer). – 4, 6 und 7 Kratzer mit steil retuschierter Schmalseite. – 5 Stichel mit schraubenzieherförmiger Spitze. – 8 Schneideneinsatz, zum Beispiel einer Wurflanze.

Feuersteingeräte der Eiszeitjäger von einem altsteinzeitlichen Wohnplatz an der Donau bei Barbing (R), 12 400–11 800 Jahre alt. Länge des Kratzers rechts 6,7 cm; Museum der Stadt Regensburg.

6 Nähen, Kochen, Wohnen – das ganz alltägliche Leben

Aus klimatischen Gründen muß Kleidung bereits sehr früh vorhanden gewesen sein und, weil sie die Beweglichkeit der Jäger nicht einschränken durfte, aus mehr als einem Umhang bestanden haben. Das galt wohl schon für den Neandertaler; für den Homo sapiens der Späten Altsteinzeit gibt es bereits verläßliche Anhaltspunkte aus Gräbern (Abb. 61). Aus der Lage der einst aufgenähten Schmuckstücke ließ sich ein Fell- oder Lederanzug aus Mütze, Jacke und Hose rekonstruieren. Praktische Versuche, ihn mit altsteinzeitlichem Werkzeug nachzuschneidern, zeigten, daß zum Zusammennähen auch ein einfacher Knochenpfriem zum Löcherstechen und Lederschnüre ausreichten. Aber dichtere Nähte und das Bedürfnis, die Kleidung mit fein durchlochten Tierzähnen, Elfenbeinanhängern oder Schneckenhäuschen zu schmücken, führten im Magdalénien zur Erfindung der Nähnadel mit Öhr, einer so zweckmäßigen Form, daß sich daran bis heute nichts geändert hat. Die altsteinzeitlichen Nadeln wurden aus einem Knochenspan zurechtgeschnitzt, auf einem Schleifstein poliert und mit einem Steinbohrer durchlocht; als Faden dienten zerfaserte Tiersehnen. Mit der Beherrschung all dieser Bearbeitungsmethoden, die sich auf sämtliche erreichbaren Rohstoffe – auch Geweih, Elfenbein, Gestein oder Muschelschalen – erstreckten und eine Reihe von Erfindungen ermöglichten, zum Beispiel Harpune und Speerschleuder, verfügte der Eiszeitmensch vor 12 000 Jahren über eine weit umfassendere Technologie als viele Naturvölker im letzten Jahrhundert.

Das betraf auch den Bau von Zelten oder festen Hütten, deren Überreste wegen der ungünstigen Erhaltungsbedingungen in Bayern bisher nicht, wohl aber im Rheinland und in Osteuropa entdeckt worden sind: kuppel- oder kegelförmige Behausungen, deren Überdachung aus Pferde- oder Rentierfellen über einem Gerüst aus Holz, Geweihstangen oder Mammutknochen bestand. Im Inneren waren diese Zelte oder Hütten mit Vorratsgruben, Arbeitsplätzen und einer Herdstelle ausgestattet, um die sich die Gemeinschaft scharte, um sich zu wärmen – und zu kochen.

Aus der Völkerkunde ist bekannt, daß eine Möglichkeit darin besteht, im Feuer erhitzte Steine in eine mit Tierhaut ausgekleidete Grube zu legen, um nach dem Prinzip des Tauchsieders Flüssigkeit zu erwärmen. Wenn auch nicht nachzuweisen ist, welche Nahrungsmittel und in welchem Umfang der Eiszeitmensch gekocht beziehungsweise gegart hat, der Vorgang selbst ist durch ›Kochsteine‹ seit 35 000 Jahren bezeugt.

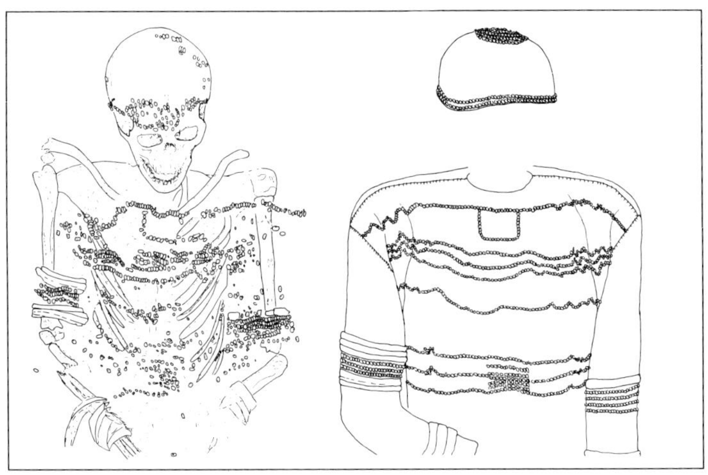

Abb. 61 Links: Bestattung eines Mannes der Altsteinzeit aus Sungir bei Moskau. – Rechts: Rekonstruktion der Bekleidung mit aufgenähten Knochenperlen (nach Scheer 1984).

Nähnadel aus Knochen der Späten Altsteinzeit, 15 000–11 500 Jahre alt. Im Hintergrund moderne Rekonstruktion mit Fell und Darmsaite. Obere Klausen-Höhle bei Essing (KEH); Länge 4,9 cm; Prähistorische Staatssammlung München.

7 Mythos – Symbol – Ritual

Die älteste Kunst der Welt beginnt vor 30 000 Jahren mit den ersten figürlichen Darstellungen: kleinen, nur wenige Zentimeter großen, aus Elfenbein geschnitzten Tieren, die in Höhlen der Schwäbischen Alb ausgegraben worden sind (Abb. 3). Nach der engen Auswahl der Arten – Mammut, Löwe, Bison, Bär und Wildpferd, den größten, stärksten und schnellsten – verfolgten die Figürchen nicht nur den bloßen magischen Zweck, das Jagdglück der Männer herbeizuzaubern; hier klafft, wie in der gesamten eiszeitlichen Kunst, ein zu deutlicher Widerspruch zu den tatsächlich erbeuteten Tieren. Die Abbilder sagen mehr, sie erzählen etwas über frühe Mythen – über Geschichten von einer Welt, die den Ursprung der Dinge verkörperte, heilige Geschichten, die eine unentbehrliche Funktion im sozialen Gefüge hatten (S. 97). In jener ›wirklichen‹ Welt der frühen Jäger scheint ein Wertsystem geherrscht zu haben, das uns in der äußeren Botschaft »Kraft und Aggression« erreicht (Hahn 1986).

Darstellungen des Menschen sind zu jener Zeit noch selten, stark vereinfacht und gehen ins Tierartige über, als ob sie zwei Gegensätze miteinander verbinden wollten: die Denkfähigkeit des einen mit der körperlichen Überlegenheit des anderen. Stellten diese Mischwesen Götter oder deren erste Vorboten innerhalb eines Denksystems dar, mit dem die Eiszeitjäger versuchten, ihren Platz in der Natur zu bestimmen und ihre Ängste vor deren Übermacht zu beschwören?

Die Fragen blieben, die Antworten konnten verschieden ausfallen. Im Gravettien, vor 27 000–20 000 Jahren, entstanden von Frankreich bis Sibirien Frauenstatuetten mit überbetonten Brüsten und Hüften wie die bekannte ›Venus von Willendorf‹. An Stelle einer Ideologie der Stärke trat ein Symbol für Sexualität und Schöpfung, für Leben schlechthin – und das Urwissen darum. Es blieb eingebunden in das alte Denksystem, in dem die Tiermythen weiterlebten, bereicherte es aber um neue Inhalte.

Jede Symbolsprache erhellt Probleme und Normen ihrer Gesellschaft, die sich zu dieser Zeit zweifellos geändert hatte. Das schloß aber nicht zwingend eine bevorrechtigte Stellung der Frau im täglichen Leben ein – zumal in Jägerkulturen ohnehin nur eine ausgewogene Arbeitsteilung zu erwarten ist (S. 37). Fest steht nur, daß Frauen von nun an die religiöse Sphäre besetzten, in umfassender Weise und bis zum Ende der Eiszeitkunst in immer zeichenhafteren, weil allgemeingültigeren Bildformen. Die ›Rote von Mauern‹, eine vereinfachte Frauenfigur mit überbetontem Gesäß und zugleich – aus anderem Blickwinkel – männliches Geschlechtsteil, nimmt diese stilistische Entwicklung vorweg. Auf sehr abstrakte Weise vereinigt die Statuette eine existentielle Polarität, die als weiblich-männlich, Mensch-Tier, Leben und Materie das Dasein bestimmte.

Die Statuette von Mauern lag in einer rot gefärbten Schicht, vermutlich einem als Kultplatz bezeichneten Ort. Auch die Verwendung der Kleinkunst war wohl immer, wie die Anbringung der berühmten Höhlenmalereien, mit Ritualen verbunden, mit heiligen Handlungen also, die das mythische Geschehen wiederholten. Die Inhalte dieser Riten und Mythen werden wir nie erfahren, aber so wie auch rätselhafte Träume stückweise unser Leben reflektieren, öffnen die altsteinzeitlichen Kunstwerke stückweise Einblicke in ein vergangenes Weltbild.

Die ›Rote von Mauern‹, doppelgeschlechtliche Figur der Späten Altsteinzeit, 27 000–20 000 Jahre alt. Aus den Weinberghöhlen bei Mauern (ND). Kalkstein, rot eingefärbt; Höhe 7,2 cm; Prähistorische Staatssammlung München.

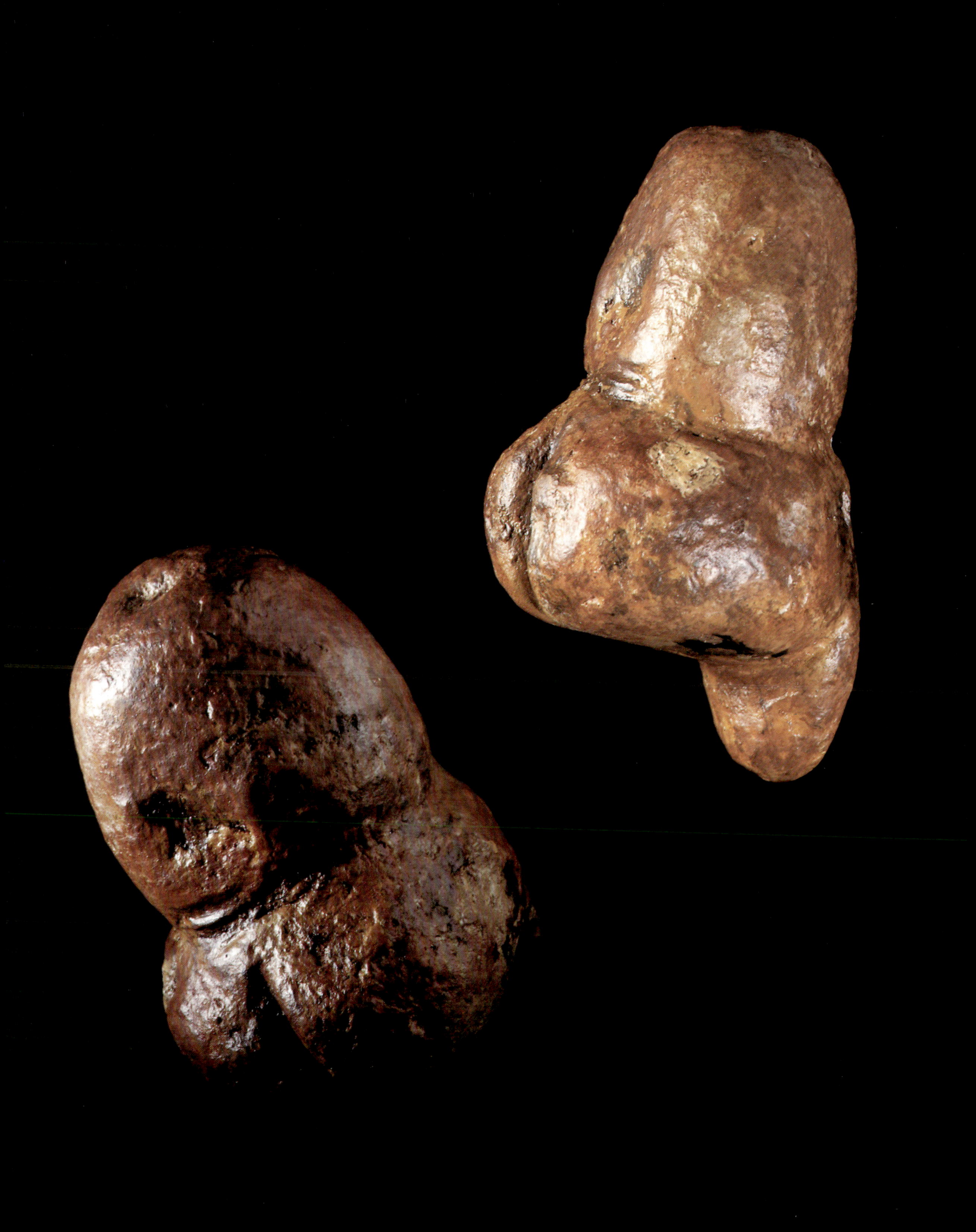

8 Das verlorene Paradies?

Mit der Klimaerwärmung vor 12 000 Jahren ging die letzte Eiszeit zu Ende. Vom einzelnen unbemerkt, aber im Vergleich zu früheren Zeiträumen relativ rasch, änderten sich Pflanzen- und Tierwelt. Die Kräutersteppen überzogen sich mit Kiefern und Birken; kältegewohnte Pflanzenfresser wie Mammut, Wollnashorn und Riesenhirsch starben aus. Die an die offene Landschaft angepaßten Herdentiere wie Ren und Wildpferd wanderten nach Norden ab – und viele Jäger folgten ihnen. Vor 10 000 Jahren, zu Beginn der Mittelsteinzeit, hatte der Wald die Landschaft erobert, und die veränderte Umwelt löste zunächst eine Art Versorgungskrise aus: Waldboden bleibt schattig, Gras und Unterholz gehen zurück, und die Waldtiere – Hirsch, Reh, Elch, Auerochs – bilden keine großen Herden. Die Jagd auf das verstreut lebende Wild wurde schwieriger und erzwang neue Techniken. Pirsch (Suchjagd) oder Lauer an Wildwechseln (Ansitzjagd) war nur in kleinen Gruppen und mit treffsicheren Fernwaffen möglich. Pfeil und Bogen wurden ebenso unentbehrlich wie die Wurfspeere mit winzigen, hintereinandergesetzten Feuersteindreiecken, den archäologischen Merkmalen der Mittelsteinzeit.

Die Jäger zogen sich vor dem Wald zurück, entweder an die Meeresküsten oder an die Seen und Flüsse des Binnenlandes mit den leichter zu erbeutenden Fischen und Wasservögeln. Zumindest die Sommerlager schlug man daher immer in der Nähe von Gewässern auf, bevorzugt auf trockenen windigen Kuppen, vielleicht um der Mükkenplage zu entgehen. Auf den Sanddünen südlich der Donau reihten sich die Lagerplätze wie Perlen an einer Schnur. In Sarching (R) haben sich 1972 erstmals eindeutige Spuren von Zelten oder Hütten gefunden, rundlichen Anlagen von etwa 4 m Durchmesser mit Herdstellen, Vorratsgruben und Werkplätzen zur Herstellung von Feuersteingeräten; einmal war sogar der steinerne Amboß noch vorhanden. Das Dünengebiet ist über Jahrhunderte hinweg von kleinen Gruppen immer wieder aufgesucht worden, vielleicht für eine Saison, vielleicht nur für Tage.

Nachdem der Mensch sich einmal umgestellt und angepaßt hatte, boten gerade die Flußterrassen mit den nahen Waldrändern einen idealen Zugriff auf alle Ressourcen. Auch eine erfolglose Großwildjagd ließ sich von hier aus durch verstärktes Sammeln von Vogeleiern und Muscheln ausgleichen; im Sommer standen Wildfrüchte und die nährstoffreichen Haselnüsse so reichlich zur Verfügung, daß man davon – gewisse Konservierungstechniken vorausgesetzt – sogar Vorräte für den Winter anlegen konnte.

Die auf nahezu ganz Bayern verteilten Fundplätze sprechen für eine erste steile Bevölkerungszunahme. Natürliches Angebot und menschliche Bedürfnisse hielten fast 3000 Jahre lang ein uns paradiesisch erscheinendes Gleichgewicht, das freilich weder zu technischen Innovationen noch zu künstlerischen Impulsen herausforderte. Erst bäuerliche Kolonisatoren aus dem Osten, die das Donautal heraufkamen, haben dieses Gleichgewicht so nachhaltig gestört, daß die letzten Wildbeuter unserer Breiten innerhalb weniger Generationen verschwanden.

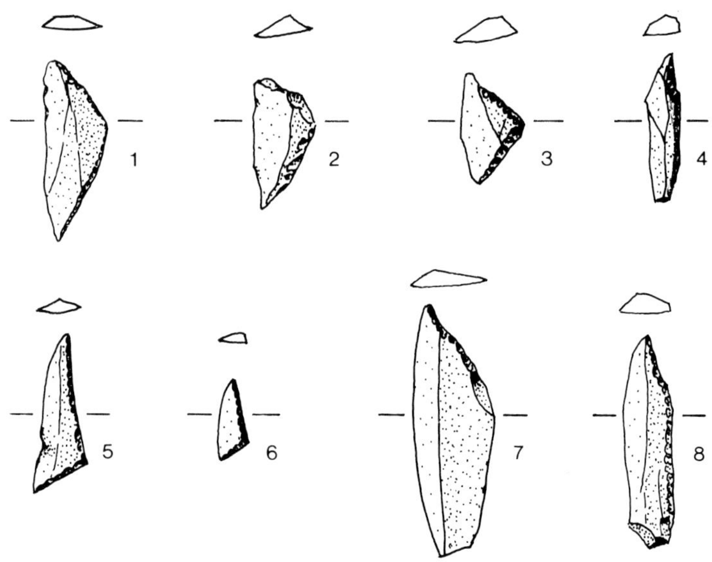

Abb. 62 Feuersteingeräte aus der Werkstattgrube von Sarching: Einsätze für Messer, Pfeile, Speerschäfte oder Harpunen. Natürliche Größe.

Amboß und Schlagstein, Feuersteingeräte (im Vordergrund) und -abfälle, Kochsteine (hinten links), verbrannte Schalen gerösteter Haselnüsse und Perlhuhnknochen (rechts) aus einer Werkstattgrube der Mittelsteinzeit (8000–5500 v. Chr.). Freilandsiedlung bei Sarching (R). Höhe des Steinambosses 11,5 cm; Museum der Stadt Regensburg.

9 Der Tod und die Farbe des Lebens

Irgendwann muß der frühe Mensch begriffen haben, daß sein Leben begrenzt war, und dieses Wissen veränderte ihn. Er ließ seine Toten nicht länger einfach achtlos liegen, er begann, ihr Schicksal nicht mehr als ein individuelles oder natürliches Ereignis anzusehen, sondern als Verlust für die Gemeinschaft, den es auszugleichen galt. Das konnte auf mannigfaltige Weise geschehen. Die älteste uns bekannte – der kultische Kannibalismus, das Aufessen bestimmter Körperteile, meist des Gehirns, um der Gruppe die Kraft des Toten zu erhalten – ist nur eine, sehr primitive, von vielen denkbaren Möglichkeiten.

Abb. 63 Kopfbestattung in der Großen Ofnet-Höhle (DON).

Schon zur Zeit der Neandertaler spielte sie kaum noch eine Rolle. Deren geistige Leistung bestand darin – wie die ersten echten Bestattungen zeigen – an Stelle dieses primitiven Analogiedenkens die Idee von der Wiedergeburt oder Wiederverkörperung des Toten zu setzen. Dazu bedurfte es ritueller Handlungen, die später auf ganz unterschiedliche Weise zur Regel wurden: die Anlage gemeinsamer Begräbnisplätze, der Schutz des Grabes, Beigaben oder Abschiedsgeschenke wie Fleischstücke, vielleicht Steingeräte – und rote Farbbrocken.

Der Homo sapiens der Späten Altsteinzeit führte diesen Totenkult weiter, stattete den Verstorbenen zuweilen mit Schmuck aus Tierzähnen, Schneckenhäusern oder Elfenbeinperlen aus – und bemalte oder umgab ihn mit Rötel, einem blutroten, stark färbenden mineralischen Gemenge. Auch die einzige, gesichert altsteinzeitliche Bestattung aus Bayern war damit umhüllt: das Skelett eines etwa 30jährigen Mannes in der Mittleren Klausen-Höhle im Altmühltal, und desgleichen vom Kaufertsberg (DON) ein einzelner männlicher Schädel, der aber möglicherweise schon der Mittelsteinzeit angehört.

Denn der Schädelkult lebte weiter. Er wurzelte in der Überzeugung, daß dem Kopf besondere Kräfte – gute oder böse – innewohnen (faßbar noch in Schädelbechern als christlichen Trinkschalenreliquien). Für die Mittelsteinzeit ist dieser Kult geradezu kennzeichnend, und einer der berühmtesten Fundplätze ist die Ofnet-Höhle. Hier waren in zwei Gruben die Köpfe von 4 Männern gebettet worden, dazu 9 Frauen und 20 Kinder, beide mit Ketten (?) aus 205 ›Hirschgrandln‹ und über 4000 Schneckenhäuschen ausgestattet. Die Gesichter blickten nach Westen, der untergehenden Sonne entgegen; Spuren von Hiebverletzungen bezeugen gewaltsame Tötung; die Körper waren offenbar an anderer Stelle deponiert worden. Ob hier, und wenn ja aus welchem Grund, Menschenopfer dargebracht wurden – die durch die Jahrtausende in zahlreichen, auch hochentwickelten Kulturen geübt worden sind – bleibt ein Geheimnis. Nur die Rotfärbung der Gruben, das Symbol für Blut, die Farbe des Lebens, drückt unverändert die uralte und allen Ritualen eigene Hoffnung aus, den Tod zu überwinden.

Schmuck aus Hirscheckzähnen und Schneckenhäusern, Beigaben einer Kopfbestattung der Mittelsteinzeit, 7. Jahrtausend v. Chr. Große Ofnet-Höhle (DON); Durchmesser der Schnekken ca. 6 mm; Prähistorische Staatssammlung München.

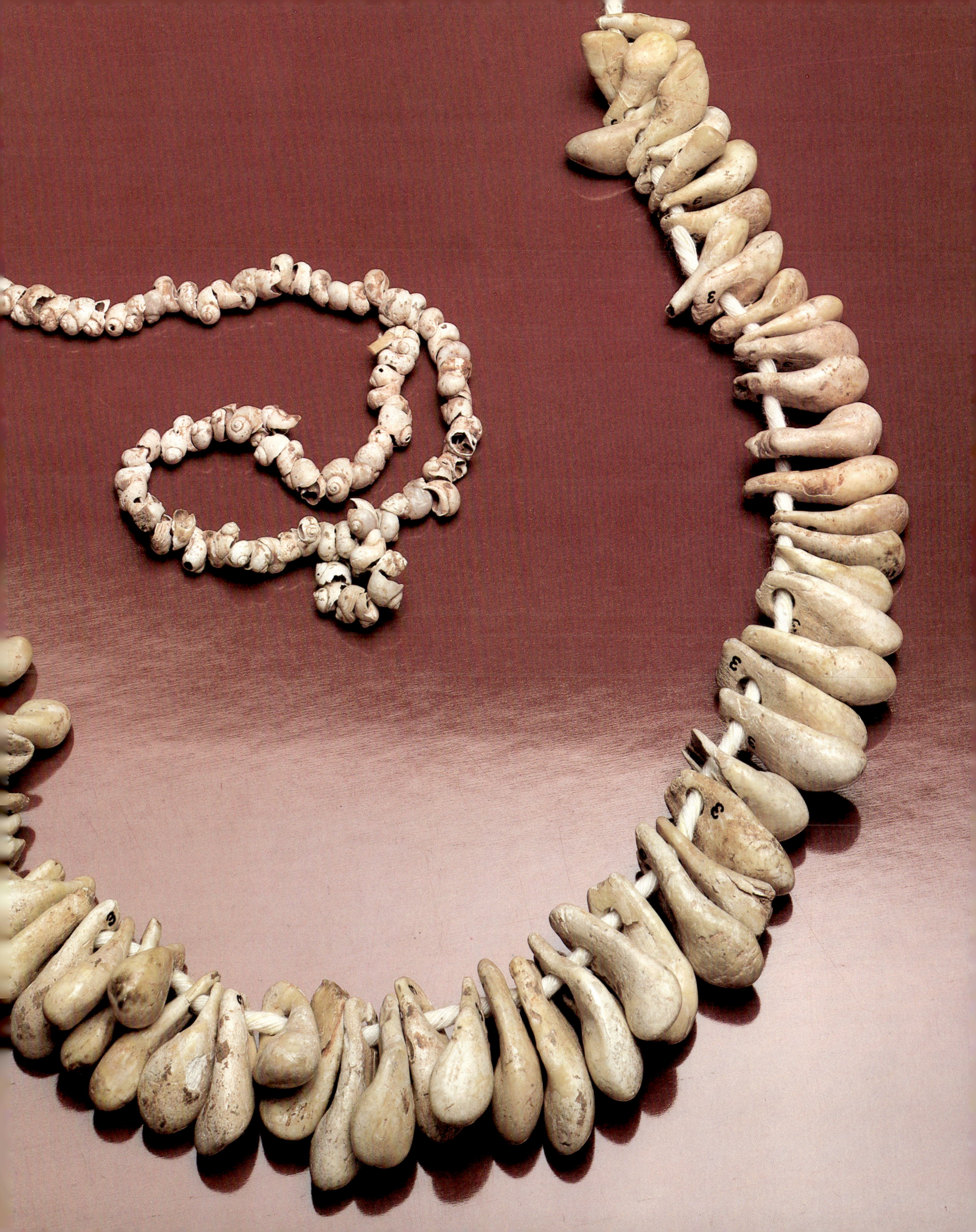

Die ersten Bauern

JUNGSTEINZEIT (5500–3200 v. Chr.)

Die Entwicklung vom umherziehenden Sammler und Jäger zum seßhaften Bauern ist einer der tiefgreifendsten Einschnitte in die Geschichte. Erst die Industrialisierung des 19. Jahrhunderts hat wieder zu einer vergleichbaren Umwälzung geführt.
Die bäuerliche Wirtschaftsform kam aus dem Vorderen Orient nach Europa. Hier begannen mit der Urkultur der ›Linienbandkeramik‹ im 6. Jahrtausend v. Chr. Seßhaftigkeit, Ackerbau, Viehhaltung, Herstellung von Tongefäßen und Steinschliff. Die Neuankömmlinge waren durch ihr technisches Wissen den Ureinwohnern, den mittelsteinzeitlichen Wildbeutern, rasch überlegen und sogen diese auf.
Im Donautal entstanden die ersten Dörfer aus mächtigen Holzhäusern. Die neue Technik, Beile aus nicht splitterndem (Fels-)Gestein zu schleifen, erleichterte die Bauarbeiten. Feuerstein blieb aber weiterhin in Benutzung; neue Geräte wie Sicheln erhöhten sogar den Bedarf nach mehr und besserem Rohmaterial.
Haustiere und der Anbau von Getreide und Gemüse sicherten von nun an die Ernährung unabhängig vom Jagderfolg oder dem Bestand an Wildfrüchten. Gebrannte Tongefäße erleichterten die planvolle Wirtschaft: Kochen wurde einfacher, mehr Nahrungsmittel eß- und konservierbar, Vorratsgefäße ermöglichten die Aufbewahrung. Da Rodung, Feldbebauung und Ernte nur als Gemeinschaftsleistung möglich waren, entstand eine neue Gesellschaftsordnung. Wenige Personen (Dorfälteste? Weise Frauen?) waren jetzt für größere Gruppen (Sippe, Dorf) verantwortlich. Für den Einzelnen wuchs die Sicherheit, aber auch die Abhängigkeit.
Die ersten Ackerbauern bildeten noch, ähnlich den Jägervölkern, eine kulturelle Einheit in einem riesigen Gebiet zwischen Warschau und Paris. Als aber mit wachsendem Lebensstandard auch die Bevölkerung wuchs, kam es zur Bildung von Gruppen, zur Besiedlung bislang ungenutzter Böden und zur wirtschaftlichen Spezialisierung, zum Beispiel auf Jagd oder Feuersteinbergbau. Bevölkerungsdruck und unterschiedliche Besitzverhältnisse schufen Anlaß zu Konflikten. Im 4. Jahrtausend verstärkte sich der Einfluß der balkanischen Kupferkulturen; gleichzeitig mehren sich erste Anzeichen patriarchalischer Gesellschaftsformen. In Bayern ist das Ende der Entwicklung geprägt von der Macht einer Herrenschicht, die die ersten ›Burgen‹ anlegte, und von kriegerischen Katastrophen.

10 »Alle Wunder geschehen an Strömen ...« *(Carossa)*

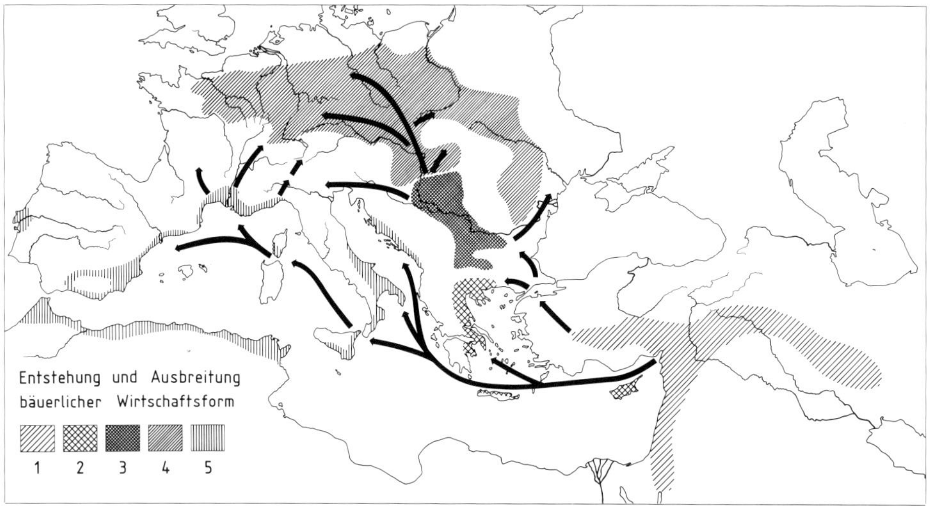

Abb. 64 1 Entstehungsgebiet im Vorderen Orient (zwischen 10000 und 7000 v. Chr.) – 2 Erste Kolonisationswelle – 3 Donauländisches Kerngebiet – 4 Zweite Kolonisationswelle im 6. Jahrtausend v. Chr. (Kultur der Linienbandkeramik) – 5 Südeuropäisches Ausbreitungsgebiet (nach Uerpmann 1983; Lüning 1988).

Bayerns Strom ist die Donau. 2850 km lang durchbricht sie Gebirge, nimmt Flüsse auf, schafft Inseln, Auen und Moore, sie strudelt und strömt, eine riesige Ader, die jahrtausendelang Menschen und Ideen ins Herz Europas trug. Auf diesem Weg breitete sich im 6. Jahrtausend v. Chr. eine ›wirtschaftliche Revolution‹ aus.

Die ersten Bauern, die den Gäuboden besiedelten, kamen als Kolonisten donauaufwärts. Der Wasserweg selbst bot im dichten Urwald das leichteste Vorwärtskommen. Wie ein Wunder mag es Menschen eines mittelsteinzeitlichen Lagers erschienen sein, was sie da heranstaken sahen: an Stelle der ihnen bekannten schweren Einbäume eine kleine Flotte aus rundlichen Booten, deren Flechtwerkgerüst mit Rinderfellen bespannt war und die sich leicht um Stromschnellen oder über Wasserscheiden tragen ließen; in den Booten kleine (dunkelhaarige?) Menschen in fremdartiger (gewebter) Kleidung, mit Getreide und Samen in tönernen Gefäßen und allerlei seltsamem Gerät wie Steinäxten, dazu Vieh, darunter gänzlich unbekanntes, blökendes und meckerndes Getier.

Die ›Erfindung‹ von Ackerbau und Viehhaltung stammte nicht von jenen Kolonisten, sondern aus dem Vorderen Orient und lag bereits über 2000 Jahre zurück. Vielleicht ermöglichte dort zunächst ein günstiges Klima (mehr Regen) die Ausbreitung des Wildgetreides; pflanzliche Nahrung im Überfluß und Vorratshaltung von Wildgetreidekörnern könnten sodann die Jäger zu längeren Aufenthalten und die Entstehung der ersten Dörfer aus festen Lehmhäusern veranlaßt haben. Das Leben in der Dorfgemeinschaft muß sich wiederum auf den Menschen ausgewirkt haben, auf seine Bedürfnisse nach Sicherheit, seine Vorstellung von Eigentum und seine Einstellung zur Arbeit. Eine Folge war der Schritt von der reinen Erntekultur zur bewußten Aussaat. Die Idee, eingefangene Wildtiere aufzuziehen und in Herden zu halten, ist allerdings dem Zufall zu verdanken, daß im Vorderen Orient Wildschaf und Wildziege heimisch waren, die sich auch in Gefangenschaft fortpflanzen, was nicht für jedes Jagdtier gilt.

Die verbesserten Lebensbedingungen – gesicherte Ernte und Fleischversorgung – führten zu einer Bevölkerungsexplosion. Sie löste eine Wanderbewegung aus, die die Wagemutigsten zu Schiff übers Mittelmeer trieb, andere machten sich über Land auf und über das Netz der Flüsse – Mühsal und Verluste blieben beiden nicht erspart. Bis im Donaubogen bei Regensburg die erste Saat aufging, mußten einige Wunder geschehen.

Donau zwischen Straubing und Regensburg.

11 Keramik, Kommunikation, Kultur

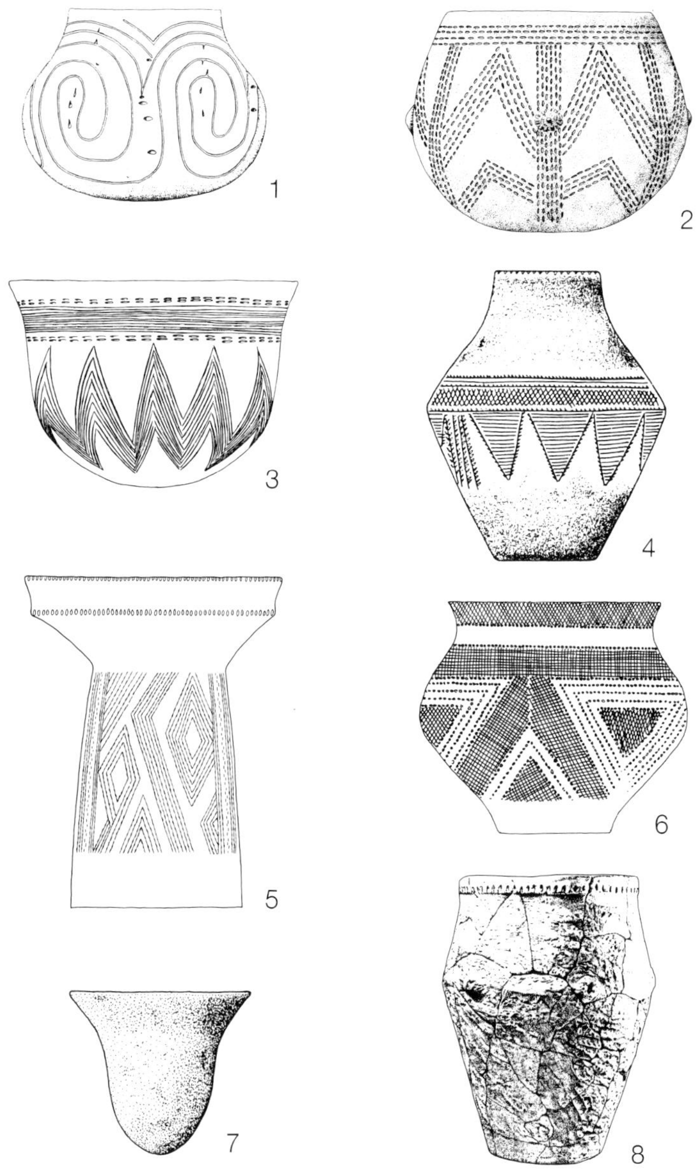

Abb. 65 Jungsteinzeitliche Kulturen in Bayern: 1 Kultur der Linienbandkeramik (5500–4900 v. Chr.), älteste europäische Bauernkultur. – 2 Kultur der Stichbandkeramik (um 5000 v. Chr.), Entwicklung in Böhmen. – 3 Oberlauterbacher Kultur (etwa 4900–4500 v. Chr.), Weiterentwicklung in Südostbayern. – 4 Bischheimer Gruppe (4700–4000 v. Chr.), Mainfranken. – 5 Münchshöfener Kultur (etwa 4500–3800 v. Chr.), Donauraum. – 6 Pollinger Gruppe (um 4000 v. Chr.), westliches Alpenvorland. – 7 Michelsberger Kultur (4200–3200 v. Chr.), Zentrum in Südwestdeutschland, Ausdehnung bis Oberfranken. – 8 Altheimer Kultur (3800–3200 v. Chr.), Südostbayern.

Auch die Zähmung des Feuers ist eine kulturelle Leistung. Aber erst als der Mensch seßhaft wird und den Boden ›kultiviert‹, werden Kulturen im Sinne von Gemeinschaften greifbar.

Kultur in der Jägergesellschaft erwuchs aus dem Bestreben, die Urbedürfnisse jedes einzelnen nach Nahrung, Sexualität und Schutz zu befriedigen. Kultur in der Ackerbaugesellschaft trieb aus der gleichen Wurzel, aber sie entfaltete sich üppiger unter dem Druck, diese Bedürfnisbefriedigung durch größtmögliche Anpassung nach außen (Umwelt) und innen (Familienstrukturen, Arbeitsteilung, Sozialverhalten) zu erhöhen. Ihre Kultur bedeutete den endgültigen Bruch mit dem Naturzustand; an dessen Stelle trat die Gesellschaft mit ihrer speziellen Ordnung, ihrer Technologie und Ideologie.

Von den Kulturen vergangener Zeiten sind nur ihre materiellen Hinterlassenschaften geblieben. Sind sie so eingeschränkt wie im Falle der Jägerkulturen, erscheint uns die Gesellschaft im Rückblick als gestaltlose Masse. Erst in der Jungsteinzeit erhöht sich die Zahl der Kulturmerkmale – Gerätschaften, Schmuck, Kultobjekte, Architektur – so weit, daß sich Gemeinschaften räumlich und zeitlich eingrenzen lassen, an erster Stelle anhand ihrer Gefäße (S. 28). Deren Form, Machart und Verzierung unterlagen bestimmten Regeln – vor allem die Verzierung. Deshalb waren individueller Gestaltungsfreude deutlich Schranken gesetzt, es gab nur die Wahl innerhalb eines verbindlichen Kanons, in dem Punkt und Linie feste Bedeutungen zukamen, zumindest in ihrem Ursprung. Und selbst wenn jene in Vergessenheit geraten waren, blieb das Muster – ein Zeichen der Gruppenzugehörigkeit wie Hautfarbe, Schmuck oder Sprache. Es erhielt das Gewicht einer Tradition, es wurde Symbol für die Welt des Wir, in der das Ich zu Hause war – oder unterging. Die soziale Grundlage der Ackerbaukulturen beruhte nicht auf der Stärke des Individuums, sondern auf der der Gemeinschaft.

Tongefäße der Jungsteinzeit, Muster zur Verdeutlichung weiß ausgemalt; Museum der Stadt Regensburg.

12 Ein Dorf vor 7000 Jahren

Kaum waren die ersten Bauern im Donaubogen erschienen, hallte der Wald wider von ihren Axtschlägen, und die ersten Stämme für den Hausbau fielen. Das war der Beginn der Architektur.

Das feuchte Klima in unseren Breiten erlaubte keine reinen Lehmbauten mit Flachdächern wie im Orient. Also erfand man das Holzhaus mit tief herabgezogenem, strohgedecktem Satteldach, um die lehmverputzten Flechtwerkwände vor Regenwasser zu schützen. Die im Boden heute noch sichtbaren Standspuren der Pfosten zeigen, daß im 6. Jahrtausend v. Chr. stattliche Bauten von etwa 6 × 25 m vorherrschten – groß genug, um einer Familie mit 6–10 Personen Platz zum Wohnen und Arbeiten zu bieten und die Ernte zu speichern. Diese Architektur erforderte einen extrem hohen Material- und Arbeitsaufwand. Weil die Statik des primitiven (nur durch Stricke verbundenen) Gerüstes wenig taugte, mußten so massive Pfosten verwendet und diese so tief in die Erde getrieben werden. Experimente bewiesen, daß für einen mittelgroßen Bau 62 Eichenstämme, für das Strohdach etwa 2 ha Getreide und insgesamt rund 2500 Arbeitsstunden erforderlich waren. Außerdem stellte sich heraus, daß ein solches Haus bereits in wenigen Jahren durch Trockenrisse in den Lehmwänden, Regengüsse, aufsteigende Feuchtigkeit und Frost erhebliche Schäden davontrug; man schätzt die Lebensdauer auf etwa 25 Jahre.

Das Grundschema bildet ein vierschiffiger Bau mit drei Reihen dicker Pfosten, die das Dach stützten, und dünneren Wandpfosten, die das Rutenflechtwerk hielten. Alle Häuser der linienbandkeramischen Kultur sind – aus unbekannten Gründen – von Nordwest nach Südost ausgerichtet. Der Nordwestteil, vielleicht der Wohn- und Schlafraum, war stets besonders stabil mit tief in einem Graben verankerten Spaltbohlen verstärkt. Den meisten Raum zum Wohnen und Arbeiten bot der Mittelteil. Der Südostteil weist häufig Doppelpfostenreihen auf, die wohl einen Speicherboden getragen haben zur Lagerung sperriger oder feuchtigkeitsempfindlicher Güter (zum Beispiel Stroh oder Laubfutter für das Vieh im Winter, denn Heuwirtschaft kam erst sehr viel später in Gebrauch).

Ein Dorf bestand im Schnitt aus 4–6 Häusern, zu denen Gärten gehörten und die umliegenden Ackerflächen, die man dem Urwald abgetrotzt hatte. Aus der Luft betrachtet, hätte sich damals das Bild eines geschlossenen Laubmischwaldes geboten, durchsetzt mit kleinen Rodungsinseln, in denen die wenigen Häuser fast verloren wirkten – trotz ihrer imposanten Ausmaße. In der Siedlung von Regensburg-Harting erreichten sie eine ungewöhnliche Länge von 50 m, eine gewaltige Architektur, die mit dem Ende der bandkeramischen Kulturen so plötzlich verschwand wie sie aufgetaucht war (Taf. 18). Erst einige tausend Jahre später unter den Römern entstanden wieder ähnlich großartige Hallenbauten in Stein, und ein neues Zeitalter der Architektur begann.

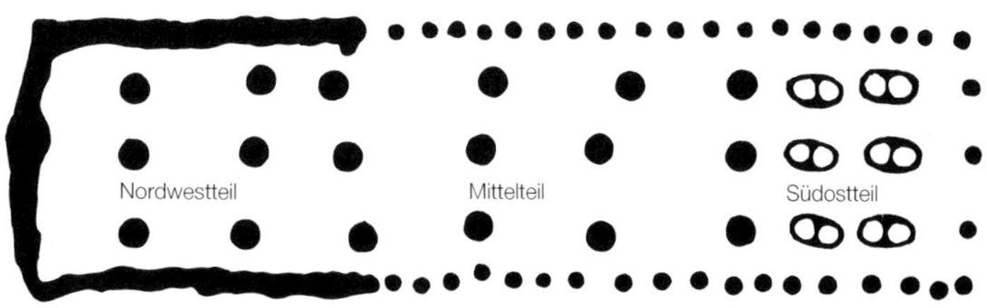

Abb. 66 Grundrißschema eines Hauses um 5000 v. Chr., von dem sich der Wandgraben des Nordwestteiles und die Standspuren der Pfosten erhalten haben. Die mittlere Firstpfostenreihe bestand aus etwa 40 cm dicken und 6–7 m langen Stämmen, die bis zu 1,50 m tief in den Boden eingelassen waren.

Modell eines jungsteinzeitlichen Dorfes nach Ausgrabungen in Regensburg-Harting aus der Zeit der Linienbandkeramik, 6. Jahrtausend v. Chr. Im Vordergrund ein Haus in Benutzung; ein zweites links hinten wird gerade gebaut, daneben die verkohlten Reste eines abgebrannten Gebäudes. Archäologisches Museum im BMW Werk Regensburg.

13 Aus Küche und Keller

Grundnahrungsmittel wurde Getreide, vor allem Einkorn und Emmer, zwei Weizenarten, und seit der späten Jungsteinzeit auch Gerste. Körner, die beim Töpfern zufällig in den Ton geraten und nach dem Brand des Gefäßes als Negativabdruck erhalten geblieben sind, sowie verkohltes Getreide, das nahezu unbegrenzt haltbar ist, stellen die wichtigsten Informationsquellen zum frühgeschichtlichen Anbau dar.

War das Korn reif, pflückte man weder nur die Ähren, noch riß man die Halme ganz aus, sondern schnitt sie mit Sicheln aus Geweih oder Holz, in die Feuersteinmesserchen eingekittet waren. Originale solcher Sicheln sind in Bulgarien zuhauf gefunden worden, und die Sichelklingen selbst in hiesigen Siedlungen. Sie sind an ihrem lackartigen Glanz kenntlich, der durch die ständige Reibung an den Siliciumkristallen der Halme entstand.

Vor seiner Verwendung mußte das Getreide gedroschen und von seinen Spelzen befreit werden, eine Arbeit, die sich am schonendsten in einem Holzmörser durchführen ließ, wie moderne Experimente zeigten. Das Entspelzen der Früchte gehörte genauso zur täglichen Nahrungszubereitung wie die anschließende mühsame Arbeit an den Reibmühlen, die aus Mahlplatte und Läufer aus grobkörnigem Sandstein oder Granit bestanden. Da damit jeweils nur eine Handvoll Korn gemahlen werden kann, und dies 10–15mal wiederholt werden muß, dauerte es fast 2 Stunden, das Mehl für ½ Pfund Brot zu erhalten – etwa der Tagesbedarf einer Person. Gebacken wurde in unterirdischen Öfen (einer Höhlung in der Wand einer Arbeitsgrube) oder innerhalb der Häuser in Lehmkuppelöfen – Backversuche ergaben in beiden Fällen ein schmackhaftes Produkt. Das älteste erhaltene Brot stammt aus der Zeit um 3500 v. Chr. und war bereits gesäuert, wohl durch Zugabe von Sauerteig. Damit waren die Grundlagen des Backprozesses erfunden, an denen sich seither nichts mehr geändert hat. Den Hauptanteil der Ernährung dürften aber grützeartige Getreidespeisen gebildet haben, deren Herstellung durch die Erfindung des tönernen Kochtopfs möglich geworden war. Chemische Analysen von Gefäßresten mit Speisekrusten haben gezeigt, daß Getreidebreie mit Obst oder Gemüse zu einer Art Eintopf verbessert wurden.

In den Gärten der linienbandkeramischen Siedlungen wuchsen Erbsen und Linsen sowie die Ölfrüchte Lein und Mohn. Dessen schmackhafte Samen dienten auch als Gewürz, und die schmerzstillende Wirkung des Opiums, des Saftes aus den unreifen Kapseln, wurde vielleicht schon damals entdeckt (die Weiterverarbeitung zu Rauschgift scheint erst eine arabische Erfindung zu sein). Lein-(Flachs-)Stengel lieferten zusätzlich Textilfasern. Alle diese Kulturpflanzen waren in Mitteleuropa nicht heimisch, sondern kamen im Gepäck der ersten Ackerbauern hierher.

Eine wichtige Ergänzung der Ernährung blieb das Sammeln von Wildfrüchten, Wildgemüse und vor allem Honig, dem Zuckerersatz. Am Waldrand wuchsen Haselnüsse (die wegen ihres Fettgehaltes einen hohen Nährwert besitzen), Holzäpfel, Wildbirnen, Schlehen, Holunder, Himbeeren und Brombeeren. Die durch Samen nachgewiesenen Kräuter umfassen inzwischen eine stattliche Liste, doch meist ist noch unklar, ob sie als Unkraut oder als Sammelgut zu gelten haben, ob sie als Nahrung, als Heilpflanzen oder als Farbstoff dienten.

Um Sommergetreide bis zur nächsten Aussaat haltbar aufzubewahren, legte man fest verschließbare Erdspeicher an, die bis zum Rand gefüllt sein mußten. Ihre Brauchbarkeit ist mehrfach und mit guten Ergebnissen getestet worden. Allerdings bedurfte es einiger Erfahrung, um zu verhindern, daß diese Silos einstürzten, überschwemmt oder von Mäusen heimgesucht wurden. Aber sicher gab es auch einmal ein Unglück: das Getreide wurde feucht, wilde Bierhefen vergoren den Zucker zu Alkohol, und beim Öffnen der Grube schlug dem Bauern ein berauschender Geruch entgegen – und damit war das Bier schon fast erfunden.

Ernährung in der Jungsteinzeit: originale Steinmühle, rekonstruierte Getreidesichel (im Hintergrund) und eine Auswahl an Nahrungsmitteln (Weizen, Linsen, Erbsen, Mohnsamen). Museum der Stadt Regensburg.

14 Mensch und Tier

Von Anfang an werden in den Dörfern der bandkeramischen Kultur Haustiere gehalten: Rinder, Schweine, Schafe, Ziegen – und Hunde. Im Gegensatz zu den übrigen Vierbeinern, die mit Sicherheit im Vorderen Orient (Schaf, Ziege), möglicherweise auch in Nordgriechenland (Rind) erstmals gezähmt wurden, lebte der Hund in Mitteleuropa bereits vor 14 000 Jahren mit dem altsteinzeitlichen Jäger zusammen. Die Entwicklung vom Wolf zum Hund ging mit einem deutlichen Rückgang der Körpergröße einher – so wie das bei allen frühen Haustieren zu beobachten ist, bevor in römischer Zeit die gezielte Zucht einsetzte. Durch die jungsteinzeitlichen Dörfer ganz Europas streunte der ›Torfhund‹, eine kleine schlankwüchsige Rasse, nicht unähnlich den heutigen Dorfkötern in Mittelmeerländern. Fast überall sind Hunde zeitweilig auch geschlachtet worden; erst gegen Ende der Jungsteinzeit scheinen sie als Wächter für Haus, Hof oder Herde unentbehrlich geworden zu sein.
Ein Nachweis für Stallhaltung ist bis jetzt nirgends erbracht. Vermutlich war sie wegen der robusteren Rassen und des wärmeren Klimas auch nicht erforderlich. Stattdessen weidete das Vieh auf brachliegenden Feldern oder im Wald (und trug dadurch zu dessen Auflichtung bei). Die Schweine wichen am augenfälligsten von heutigen EG-Normen ab: es waren hochbeinige, schlanke Tiere mit Stehmähnen wie ihre wilden Vorfahren.
So wie trotz Ackerbau das Sammeln der Wildpflanzen bedeutsam blieb, so ging trotz Viehhaltung die Jagd weiter: um die Getreidefelder vor Wildschäden zu bewahren und um den Materialbedarf an Geweih, Pelz, Federn für Werkzeuge, Kleidung und Schmuck zu dekken. Man stellte Wildschwein, Reh und dem schmackhaften Biber nach, an erster Stelle jedoch dem begehrten Rothirsch, im Donautal auch dem Wildrind, dem Auerochsen oder Ur, der erst im 17. Jahrhundert ausgestorben ist. Das jägerische Erbe der Mittelsteinzeit blieb bis ins 4. Jahrtausend hinein lebendig. Erst dann überwiegen allgemein Haustiere, und Jagen und Fischen entwickelte sich zum sportlichen Vergnügen einer privilegierten Oberschicht.
In der Regel sind Tierknochen nur als Küchenabfälle vorhanden. Vollständige Skelette weisen auf eine Sonderbehandlung hin, wozu auch Begräbnis und Opfer zählen. Das junge Torfhündchen aus Mintraching war in eine große Siedlungsgrube gelegt worden, vielleicht nur um sich des Kadavers zu entledigen, wohl eher aber in absichtsvoller Weise. Ob nun in liebevoller Fürsorge oder aus religiöser Angst, ist nicht mehr zu ergründen.
Als der Mensch gelernt hatte, Tiere zu zähmen, verloren sie viel von ihrer ursprünglichen, ängstigenden Macht über sein Denken, aber sie blieben ihm nahe – nur das Tier atmet wie der Mensch. In frühen Religionen wurde es oft wie ein höheres Wesen verehrt oder als Erscheinung einer Gottheit verstanden. Für den Hund mag das schon in der Jungsteinzeit gegolten haben, weil er so häufig im Totenritual erscheint. Die Erinnerung daran klingt noch in dem Hundekopf des ägyptischen Todesgottes Anubis und in griechisch-römischen Mythen nach – als Höllenhund (Zerberus) bewacht er das Reich der Toten. Gleichzeitig symbolisiert der Hund aber auch Heilung (zusammen mit dem Gott Aeskulap) und Wiedergeburt – als Begleiter keltisch-germanischer Muttergöttinnen. Ihre mythische Urfigur ist die ›Große Göttin‹ der frühen Ackerbaukulturen, die Fruchtbarkeit gibt und nimmt (S. 37). Deshalb vereint sie beide Aspekte in sich, Tod und Leben; und der Hund, ursprünglich das gefährliche, durch die Nacht schweifende Raubtier, später der das Leben schützende Wächter, verkörperte diese Doppeldeutigkeit eindringlicher als jedes andere Tier. Er wurde zum Sinnbild der Göttin und wäre als solches würdig des Opfers gewesen.

Skelett eines jungen Hundes, Alter etwa 1 Jahr. Aus einer Grube der Münchshöfener Kultur bei Mintraching (R), 5.–4. Jahrtausend v. Chr. Schulterhöhe ca. 35 cm; Museum der Stadt Regensburg.

15 Feuerstein – Bergbau und Handel

Der Bedarf an Feuerstein stieg mit dem Bevölkerungswachstum der Jungsteinzeit sprunghaft an. Die gezielte Suche nach Rohknollen in Flußschottern oder nach ausgewitterten Platten auf der Alb reichte bald nicht mehr aus. Man ging zum regelrechten Abbau über.

Abb. 67 Modell des Tiefbauverfahrens (sogenannter Duckelbau) im Feuersteinbergwerk von Arnhofen bei Abensberg (KEH). Archäologisches Museum Kelheim.

Mit dem Sammelbegriff ›Hornstein‹ oder ›Feuerstein‹ (Flint, Silex) werden Kieselgesteine bezeichnet, die in Kalkgebirgen wie der Fränkischen Alb als Knollen, Fladen oder Platten auftreten. Ähnlich wie Glas ist Feuerstein sehr hart, aber leicht sprengbar und durch gezielte Schläge in die gewünschte Form zu bringen, was weder mit weicherem Kalk- und Sandstein noch mit härterem Granit möglich ist. Frische Bruchkanten sind messerscharf, und bis zur Erfindung der Bronze blieb der ›Stahl der Steinzeit‹ ein unübertroffenes Rohmaterial für alle Werkzeuge und Waffen: für Messer, Dolche, Pfeilspitzen, die altbekannten Kratzer, neue Formen wie Sichelblätter und für die unzähligen Bohrer.

Feuersteinbergwerke legte man in ganz Europa an. Am einfachsten war der Tagebau in großen Kuhlen (Pingen), die bis in 3 m Tiefe reichten. Seit dem 5. Jahrtausend arbeitete man auch im Untertage- oder Tiefbau, indem man Schächte abteufte, die sich an der Sohle strahlenförmig erweiterten. Der erste Tiefbau in Deutschland und zugleich das bisher größte Revier in Mitteleuropa ist durch die Grabungen 1984–1987 in Arnhofen bekannt geworden. In Ausläufern der Frankenalb treten hier hornsteinführende Plattenkalke des Malm (Weißer Jura) auf, die zum Teil bis an die Oberfläche reichen. Über der Masse des Materials liegen allerdings bis zu 8 m mächtige Deckschichten aus Kies und Sand. Insgesamt sind in Arnhofen mindestens 8000 Schächte angelegt und rund 90 Tonnen Feuerstein gewonnen worden, möglicherweise aber auch mehr als das Doppelte. Um einen 8 m tiefen Schacht auszubeuten, benötigten zwei Arbeiter mit steinzeitlichem Handwerkszeug je rund 160 Arbeitsstunden. Daraus läßt sich errechnen, daß 1 kg Feuerstein dem beachtlichen Wert von 29 Arbeitsstunden entsprach.

Das Fördergut wurde an den Schachträndern sofort durch Schlag auf seine Qualität hin überprüft. Schlechtes Material kam wieder in die Verfüllung, geeignete Ware wanderte in die umliegenden Dörfer zur Weiterverarbeitung im großen Stil: in einer einzigen Siedlungsgrube bei Oberfecking fanden sich 105 Bohrer! Nicht weniger beeindruckt der Umfang des Fernhandels. Der typische Arnhofener Feuerstein, graugebändert mit rötlichen Streifen, taucht in Siedlungen des 5. Jahrtausends v. Chr. vom Mittelrhein bis zum Bodensee, von Böhmen bis Österreich auf.

Rohmaterial (Knollen, Platten) und Geräte (Bohrer) aus Feuerstein des Bergwerks von Arnhofen (KEH). Die 3–6 cm langen Bohrer dienten unter anderem der Herstellung von Kalksteinperlen (im Bild rechts). Bohrer und Perlen aus Oberfecking (KEH), 5. Jahrtausend v. Chr. Archäologisches Museum Kelheim.

16 Schmuck, Amulett, Freundschaftspfand

Wieviel bunter ließe sich das Bild vergangener Kulturen entwerfen, wenn uns der Schmuck in seiner ganzen Fülle und Farbigkeit erhalten geblieben wäre! Allein ein Blick auf den Kopfschmuck der Naturvölker und deren Haar-, Ohr- und Halsketten, auf Lippenpflöcke, durchbohrte Nasen, Wangentätowierung und gefeilte Zähne genügt, um die schier unerschöpfliche Vielfalt zu ermessen, die auch in vormetallzeitlichen Kulturen denkbar ist. Schon in der Späten Altsteinzeit waren Anhänger aus Tierzähnen, Elfenbein oder fossilem Holz allenthalben beliebt, und durch weiträumigen Tausch gelangten Schneckenhäuschen vom Mittelmeer bis in die Ofnet-Höhlen ins Ries (Taf. 9). Seither riß die schmuckhafte Verwendung von Naturalien aller Art nicht mehr ab, und ihrer ›Stoffheiligkeit‹ ist zu jeder Zeit amuletthafte Kraft nachgesagt worden, ob nun eine glückbringende oder unheilabwehrende. Zu dieser Kategorie zählen auch prächtig wirkende schwere Perlen, Anhänger und Armringe aus der ehemals purpurroten Spondylusmuschel.
Spondylusmuscheln leben in warmen Meeren wie der Ägäis. Von dort sind sie in den Balkan und donauaufwärts bis in den bayerischen Raum gehandelt worden – in jener Frühzeit freilich nicht im direkten Ferntransport, sondern über verkettete Tauschbeziehungen, die jeweils höchstens einige Tagesmärsche erforderten. Grundlage dieser Beziehungen bildete irgendein begehrtes Gut, zum Beispiel ein spezielles Gestein (Taf. 15 und 17). Zweierlei kennzeichnet solch profanen ›Handel‹: erstens betrifft er hochwertige Gebrauchsgüter, und zweitens geht deren Zahl mit zunehmender Entfernung vom Ursprungsort deutlich zurück. Prestigeobjekte wie der Spondylusschmuck dagegen erhalten erst durch die Tauschaktion ihren – ideellen – Wert und streuen gleichmäßig über ihr gesamtes Geltungsgebiet (S. 59). In der Kultur der Linienbandkeramik, deren Einheitlichkeit ein hohes Maß an engen gesellschaftlichen Kontakten voraussetzt, konnte ein solch ritueller Tausch die politische Allianz ersetzen und einen friedlichen Rahmen schaffen. Erst in diesem Rahmen funktionierten Gütertausch und die notwendige Exogamie (Heirat außerhalb der eigenen Gruppe), auch und gerade in einem riesigen Gebiet ohne übergeordnete Herrschaftsinstanzen. Das beste Beispiel für den friedenstiftenden Zweck des ›Zeremonialtausches‹ liefern die Trobriander bei Neuguinea – mit Armreifen und Halsketten aus Scheiben der Spondylusmuschel (!), deren Besitz als Auszeichnung empfunden wird.
Erhöhtes Ansehen, Freude am Schmuck, der Glaube an dessen magische Wirkung – in der Frühzeit konnte mit dem Besitz der Spondylusobjekte alles verbunden sein. Zeugnis einer krassen gesellschaftlichen Schichtung, für die weder Siedlungen noch Gräber der ältesten Bauernkultur Hinweise liefern, ist er nicht. Im Gegenteil, er festigt das Bild einer noch friedlichen Zeit, der Haß und Kampf nicht fremd gewesen sein kann (S. 37), die aber (noch) nicht von aggressiven Eroberungsgelüsten beherrscht wurde.

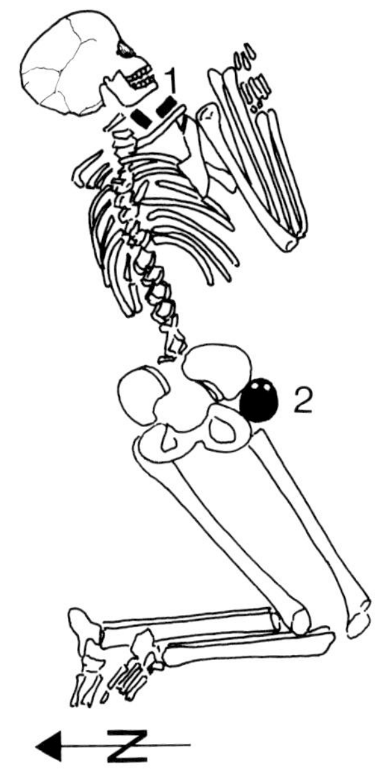

Abb. 68 Lage der Perlen (1) und des durchlochten Gürtelanhängers (2) in einem Frauengrab von Sengkofen (R).

Perlen, Armringe und Gürtelanhänger aus Muschelschalen. Grabbeigaben von Sengkofen und Mangolding (R) aus der Zeit der Linienbandkeramik, 6. Jahrtausend v. Chr. Im Hintergrund heutige Spondylusmuschel im Naturzustand. Etwa natürliche Größe; Museum der Stadt Regensburg.

17 Sägen, Schleifen, Bohren

Die Rodung der Wälder, der Hausbau und die Errichtung von Palisaden um Kultplätze und Burgen machten Äxte und Beile zu unentbehrlichen Werkzeugen. Statt des leicht schlagbaren und härteren, aber schnell splitternden Feuersteins wurde für die Schneiden nun Felsgestein verwendet. (Darunter versteht man alle kristallinen Massengesteine wie Sandsteine, Quarzite, Basalte und sonstige, unabhängig davon, ob es sich um Sediment-, Vulkan- oder metamorphe Gesteine handelt.) Geeignete Brocken ließen sich fast überall bequem im Flußschotter aufsammeln; im Laufe der Zeit unterschied man allerdings sehr genau zwischen verschiedenen Materialeigenschaften, bevorzugte diese oder jene Färbung und Schichtung. Um begehrte Gesteinsarten entwickelte sich daher – nicht anders als beim Feuerstein (Taf. 15) – ein schwunghafter Handel. In die Siedlung von Hienheim bei Kelheim (S. 26) gelangten zum Beispiel Rohlinge teils als Lesefunde aus Bachbetten, teils als frisch aus der Felswand gebrochene Brocken eines Amphibolits aus dem Bayerischen Wald.

Die weitere Bearbeitung, das Sägen, Schleifen, Bohren des zähen Gesteins war zwar mühsam, erlaubte aber auch eine neue Formenvielfalt. Rohlinge mit Sägespuren (im Bild ganz links) zeigen, daß sie nur 2–3 cm tief eingesägt wurden, wozu man außer einem Sandstein- oder Hartholzplättchen, Quarzsand und Wasser (um den Schleifstaub zu binden) nur ausreichend Geduld benötigte. Mit Hilfe eines Holzkeiles, den man anschließend in den Sägeschnitt trieb und im Wasser aufquellen ließ, konnten beachtliche Brocken so gezielt gespalten werden, daß das Produkt bereits seine rohe Form besaß. Mit dem Schlagstein, zum Beispiel einem Quarzitgeröll (im Bild hinten rechts), wurden dann die feineren Konturen herausmodelliert. Schließlich erhielt das Gerät auf einer harten grobkörnigen Platte aus Granit oder Sandstein (vorne rechts) unter Zusatz von Wasser den ›letzten Schliff‹, vor allem eine scharfe Schneide. Aus funktionalen Gründen war ein totales Überschleifen nicht nötig; trotzdem hat man auf dieses ›Design‹ zwei Jahrtausende lang selten verzichtet (wie bei der Dechsel rechts auf der Schleifplatte), und erst die Altheimer Kultur verfuhr rationeller (Abb. 13). Auf diese Weise entstanden Geräte jeder gewünschten Größe, von wuchtigen Schneiden für beidhändig geführte Fälläxte bis hin zu winzigen Meißelchen für feine Schnitzarbeiten.

Um 5000 v. Chr. kam eine epochale Erfindung zum Tragen: die ›Bohrmaschine‹. Die Technik als solche war zwar bereits seit der Späten Altsteinzeit bekannt, aber erst jetzt setzte die arbeitssparende und präzisere Hohlbohrung ein: Mit einem ausgehöhlten Holunderstab, dessen Mark sich leicht entfernen läßt, und Quarzsand als Schleifmittel wird ein dünner Ring, so breit wie die Wandung des Holunderholzes, ausgebohrt; dabei bleibt im Inneren des Ringes ein Zapfen stehen, der typische Bohrkern (Bildmitte). Die glatten Wände der Bohrlöcher und -kerne beweisen, daß die Drehbewegung der Bohrspitze vollkommen gleichmäßig verlaufen sein muß. Das trifft auf einen Bohrertyp zu, dessen Prinzip aus der Völkerkunde bekannt ist: zieht man den straff gespannten Bogen hin und her, dreht sich der Bohrstab. Obwohl kein archäologischer Nachweis vorliegt, geht man allgemein von der Verwendung eines solchen Bogenbohrers in der Jungsteinzeit aus, und zahlreiche praktische Versuche verliefen erfolgreich. Eine Steinklinge läßt sich damit ohne Kraftaufwand in etwa 70 Stunden durchbohren.

Felsgestein stellte neue Anforderungen: genaue Kenntnisse des Rohmaterials; genügend Zeit für die Tage dauernde Herstellung von Schneide und Griff; den Besitz einer ›Bohrmaschine‹. Wer über all das verfügte, wurde Spezialist. Damit waren die ersten Voraussetzungen zur Entstehung des Handwerkerberufes gegeben.

Herstellung einer Steinaxt. Moderne Rekonstruktion einer ›Bohrmaschine‹, Äxte, Bohrkerne, Dechsel (Querbeil) mit Schleifplatte, Schlagwerkzeug aus Stein. Aus jungsteinzeitlichen Siedlungen im Donautal; Länge der vorderen Axt 13,4 cm; Museum der Stadt Regensburg.

18 Der erste Kahlschlag

Zur Präzision der steinernen Klingen (Taf. 17) trat die der hölzernen Schäfte und Griffe. Erst deren noch weit sorgfältigere Herstellung garantierte funktionstüchtige Werkzeuge.
Die Schäftung der ältesten Äxte und Beile läßt sich nur aus der Form der Klingen rekonstruieren. Kennzeichnend sind die abgeschrägte Schneide und ihr D-förmiger Querschnitt. Bei diesen ›Schuhleistenkeilen‹, wie sie früher genannt wurden (und die man lange Zeit für Pflugscharen hielt), handelte es sich um Dechsel, das heißt um Holzbearbeitungsgeräte, deren Schneiden quer zur Schlagrichtung standen. Die Bäume mußten deshalb etwa in Brusthöhe gefällt werden.
In der mittleren Jungsteinzeit kamen die ›Schuhleistenkeile‹ außer Gebrauch; an ihre Stelle traten Werkzeuge, deren Grundform und Verwendung sich bis heute nicht geändert haben. Im modernen Sprachgebrauch unterscheidet man zwischen Äxten und Beilen nicht nach ihrer Klingenform, sondern nach der Größe: große Fälläxte werden beidhändig, die kürzeren Beile einhändig geführt, unabhängig von ihrer Befestigung im Holz. Originalgriffe, die in Feuchtbodensiedlungen erhalten blieben, dokumentieren überzeugend, wie perfekt der jungsteinzeitliche Mensch die physikalischen Gesetze und das Material beherrschte. Der verbreiterte Griffkopf erhöhte die Schlagwucht, die Handrast verhinderte ein Abgleiten, und noch heute bestehen Axtstiele vorwiegend aus Eschenholz, das bereits vor 6000 Jahren bevorzugt wurde, weil es ebenso bruchfest wie elastisch ist.
Die Brauchbarkeit der ersten Äxte und Beile, Hobel und Meißel ist erwiesen, sowohl durch zahlreiche Experimente wie durch Holzfunde. Wo diese fehlen, wie in Bayern, sprechen die Pfostenspuren der riesigen Hallenbauten des 6. und 5. Jahrtausends v. Chr. für sich (Taf. 12). Ihr Verschwinden ist aber keinesfalls auf einen Verfall der Architektur zurückzuführen, im Gegenteil. Offenbar hatten die Zimmerleute gelernt, mit Hilfe von Verzapfungen einfachere und zugleich stabilere Konstruktionen zu schaffen. Die neuen ebenerdigen oder nur flach fundamentierten Hauskonstruktionen haben zwar auf Trockenböden keine Spuren hinterlassen, aber Ufer- und Moorsiedlungen des 4. Jahrtausends v. Chr. rund um die Alpen belegen, daß es für die Zimmerleute keine natürlichen Hindernisse mehr gab (S. 42). Der Fortschritt war zweifellos imposant, bedeutete aber auch zunehmende Eingriffe des Menschen in seine Umwelt. Damals begann, was letztendlich zu unserer heutigen Kulturlandschaft führte, in der Wälder zu einer Kostbarkeit geworden sind.

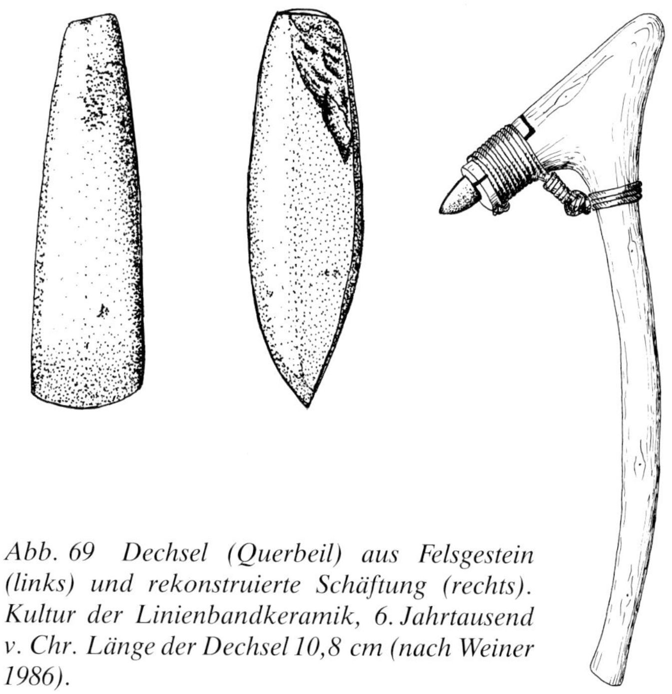

Abb. 69 Dechsel (Querbeil) aus Felsgestein (links) und rekonstruierte Schäftung (rechts). Kultur der Linienbandkeramik, 6. Jahrtausend v. Chr. Länge der Dechsel 10,8 cm (nach Weiner 1986).

Rekonstruktion einer Axt aus originaler Steinklinge der Altheimer Kultur und originalgetreu nachgebildetem Griff, 4. Jahrtausend v. Chr. Ein Eichenstamm wie hier von 20 cm Durchmesser läßt sich damit in eineinhalb Stunden fällen. Länge 66 cm; Museum der Stadt Regensburg.

19 Die ›Große Göttin‹ in Archäologie und Religionsgeschichte

Der berühmte ›Kultkessel‹ von Gneiding unterscheidet sich von gewöhnlichen Vorratsgefäßen nur durch die Auflage eines mit einfachsten Mitteln gebildeten halbplastischen Figürchens: Rumpf, Arme und Kopf sind aus Tonwülsten geformt; kräftige Eindrücke bezeichnen Augen, Mund und Finger. Die erhobenen Arme des »eidechsenhaften« Geschöpfes (Höckmann 1972) schließen es an südosteuropäische, als weiblich gekennzeichnete »Krötenfiguren« an, die durch ihre Haltung – hocherhobene Arme und weit gespreizte Beine – die ›Geburtsgöttin‹ symbolisieren. (Eine Kröte begleitete auch die ägyptische Geburtsgöttin, und das Tier selbst galt aufgrund seiner ungestalten Form noch im antiken und neuzeitlichen Volksglauben als Zeichen für Fötus und Schwangerschaft.)

Das Bild der gebärenden (beziehungsweise sitzenden) Göttin als Symbol der Fruchtbarkeit entstand in den ältesten Ackerbaukulturen; als Gipsrelief schmückte es die Heiligtümer von Çatal Hüyük (Anatolien) seit dem 7. Jahrtausend v. Chr. Die zentrale Göttergestalt aller bäuerlichen Kulturen zwischen Vorderem Orient und südlichem Mitteleuropa (Abb. 64) war aber niemals eine ›Muttergöttin‹, die nur als Gebärerin und Ernährerin auftrat. Sie war auch keine reine ›Erdgöttin‹, die den Äckern und Frauen Fruchtbarkeit schenkte, und ebenso wenig ausschließlich eine ›Herrin der Tiere‹, die blutige Opfer verlangte. Die Gestalt der ›Großen Göttin‹ über Leben, Tod und Wiedergeburt war mehr, sie schloß jeden dieser Aspekte ein. Sie wurde in unterschiedlichsten Regionen verehrt, wie nicht nur Tausende von nahezu ausschließlich weiblichen Statuetten bezeugen, sondern auch die ältesten Mythen, die in den Religionen späterer Hochkulturen überlebt haben, wenn auch patriarchal verfremdet. Ob Inanna (Sumer), Hathor (Ägypten), Kybele (Kleinasien) oder Demeter (Kreta), jede verkörperte ursprünglich die dreigestaltige Göttin, oft in mehreren Personen – Demeter zum Beispiel als Kore, Persephone und Hekate, als junges Mädchen, als Fruchtbarkeits- und Todesgöttin, die Wachstum, Reife und Ernte des Getreides versinnbildlichten (S. 37 f.).

Die Mythen erzählten immer die gleiche Geschichte vom Kreislauf der Jahreszeiten: Die Göttin wählte sich ihren Heros jährlich neu, sie befruchtete das Land durch die ›Heilige Hochzeit‹ mit ihm, sie ließ ihn im Winter (beziehungsweise in der Dürreperiode) sterben und im Frühjahr wieder auferstehen. Unzählige überlieferte oder bildlich dargestellte Kulthandlungen der Alten Welt weisen auf den Kern dieser Mythen hin. Männliche Götter spielten darin ursprünglich keine Rolle – wenn Hades, der Gott der Unterwelt, Kore mit Gewalt entführt, ist das eine spätere, typisch patriarchale Version des Demeter-Mythos.

Wenn man die »heiligen Geschichten« als »Widerspiegelung des wirklichen Lebens« (Gulian 1981) ernstnimmt und Göttin durch Priesterin, Heros durch König und seinen Tod durch Opferzeremonie ersetzt, lassen sich im Rückschluß auf die jungsteinzeitlichen Gesellschaftsformen deutlich deren mutterrechtliche Züge erkennen. Sie dürfen auch auf die bandkeramischen Kulturen Mitteleuropas übertragen werden, obwohl deren Kultobjekte und Statuetten spärlich bleiben – Ergebnis der Auseinandersetzung mit einer so ganz anders gearteten Natur und Umwelt?

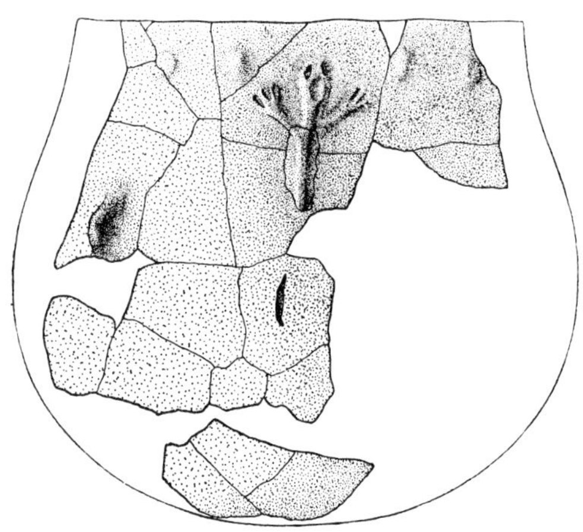

Abb. 70 Gesamtansicht des Kultkessels. Ton; Höhe 28 cm (nach Torbrügge 1963).

Kultkessel mit ›Geburtsgöttin‹ aus der Zeit der Linienbandkeramik, 6. Jahrtausend v. Chr. Gneiding (DEG); Prähistorische Staatssammlung München.

20 Geheimnisvolle Tiefe

Nicht von ungefähr ranken sich absonderlich-schaurige Sagen um die Felsspalten und -schächte im Karstgebiet des oberpfälzisch-fränkischen Juras. Es scheint, als hätte der Volksmund die Erinnerung an Zeiten bewahrt, in denen diese – unbewohnbaren – Höhlen mit Feuerbränden und Opfergaben angefüllt wurden, mit Gefäßen, Gerät und den Überresten von Tier und Mensch. Von der Jungsteinzeit bis zu den Kelten reichen die Spuren blutiger Rituale, die am Eingang solcher Schächte stattfanden, bei denen auch Menschen verbrannt und geschlachtet wurden, vor allem Kinder.

Eine der ältesten Opferstätten ist die Jungfernhöhle bei Tiefenellern. Bereits in der Jungsteinzeit sind hier immer wieder die Reste von Opfermahlzeiten versenkt worden, darunter die Körperteile von mindestens 38 Personen: zwei Männern, acht Frauen und 28 Kindern, die meisten unter sieben Jahren. Einige waren erschlagen, einige teilweise verzehrt worden – fast alle Schädel und Langknochen scheinen aufgebrochen worden zu sein, um Hirn und Mark zu entnehmen. Die Schneidezähne waren entfernt und zusammen mit den Überresten der Leichen irgendwo verstreut oder vergraben worden. In unzähligen bekannten Beispielen aus der Alten und Neuen Welt verbarg sich hinter solch kultischem Kannibalismus der Glaube, daß sich auf diese Weise die Kraft des Opfers, in das der Gott eingegangen war, auf die Opfernden übertrage. Der Kult mit Menschenopfern ist Tausende von Jahren alt und konnte tausend Variationen annehmen, aber der Sinn des Opfers blieb derselbe: mit dem einen Leben (das oft nicht viel galt, zum Beispiel im Falle von Kriegsgefangenen, Verbrechern, Kranken oder Kleinkindern) das Leben vieler zu retten.

Die jungsteinzeitlichen Opfergaben aus der Jungfernhöhle reichen zurück bis ins 6. Jahrtausend, in die Zeit der ältesten Ackerbauern und ihres umfassenden Fruchtbarkeitskultes um die ›Große Göttin‹ (Taf. 19). In der späten Jungsteinzeit führten Menschen der in Oberfranken beheimateten Michelsberger Kultur den Jungfernhöhlenkult fort. Viele Fruchtbarkeitskulte kennen das Motiv der Leichenzerstückelung; der älteste Mythos berichtet von der ägyptischen Erd- und Muttergöttin Isis, die die über die Felder – gleichsam wie Saatgut – gestreuten Körperteile ihres göttlichen Bruders und Geliebten Osiris suchte und neu zusammenfügte. Tod und Auferstehung des Osiris symbolisierten das Verdorren und Wiederkehren der Vegetation. Grausame Praktiken bis hin zu realen Menschenopfern waren auch mit anderen Erscheinungen der ›Großen Göttin‹ verbunden, »in der sich die schaffende und die zerstörende Kraft der Natur verkörpert« (Fauth 1979). Eine von ihnen, die griechische Artemis, verkörperte auf exemplarische Weise die dreifache Erscheinung – als orgiastische Nymphe (Jungfrau), Muttergöttin (Geburtshelferin) und Todesgöttin (Jägerin), deren Pfeile den in einen Hirsch verzauberten Aktaion, ihren Heros, trafen. Dieser Mythos forderte lange Zeit blutige Rituale: einst habe man ihr Menschenopfer dargebracht, jetzt aber, so berichtete der Reiseschriftsteller Pausanias im 2. Jahrhundert n. Chr. aus Sparta, würden vor dem Altar der Göttin als Ersatz dafür Knaben blutig gepeitscht (S. 37f.).

Fand auch vor der Jungfernhöhle seit dem 5. Jahrtausend v. Chr. eine Art ›Ersatzhandlung‹ statt? Wurden nun im Rahmen der Erntefeiern an Stelle des ›Königs‹, das heißt einer führenden männlichen Persönlichkeit, die für die Gemeinschaft leichter zu entbehrenden Personen, vor allem Kinder geopfert? (In Mesopotamien mußte es die Jugend aus der höchsten sozialen Schicht sein.)

Vieles, nicht zuletzt die Höhle selbst, der tiefe Schlund, der in den Schoß der Erde führt, spricht dafür, daß hier die Kräfte der Natur beschworen werden sollten, die eine weibliche Gottheit spendete oder versagte. Vieles bleibt freilich auch Geheimnis. Im Namen der Höhle und in der Sage von den drei Jungfrauen ohne Kopf, die dort umgehen, lebte nur eine verschwommene Erinnerung an heilig-schaurige Riten bis in unsere Tage fort.

Die Jungfernhöhle bei Tiefenellern (BA), ein jungsteinzeitlicher Opferplatz. Höhe des Eingangs 1,25 m; der etwa 8 m lange Innenraum fällt schräg nach unten ab.

21 Ein Zepter aus Stein

Beilklingen mit Bohrung waren untaugliche Werkzeuge. Stein und Holm sind am Schaftloch zu dünn und brechen leicht; entsprechend viel Abfall findet sich in den Siedlungen. Um so auffälliger sind einzeln gefundene und vollständig erhaltene, nicht selten besonders prächtige Exemplare, deren Zahl in der späten Jungsteinzeit so sprunghaft ansteigt, daß an lauter zufällige Verluste nicht zu denken ist. Hier offenbart sich vielmehr ein neuer Opferkult um Berge, Quellen und Flüsse, um naturheilige Plätze, die Himmel und Sonne nahe waren, um Wege und Wasserstraßen, auf denen der Mensch das Land eroberte auf der Suche nach Mineralien aller Art. Im Mittelpunkt dieses Kultes standen die ›Streitäxte‹ oder Kampfbeile (vgl. Taf. 18).

Bemerkenswerterweise wurden nicht Lanze oder Pfeil und Bogen, die uralten Fernwaffen des Jägers, zum Symbol der beginnenden Metallzeit, sondern die erste Nahkampfwaffe. Am Beginn der Entwicklung standen balkanische Kupferäxte, die weniger Arbeitsgeräte waren wie ihre steinernen Vorbilder als vielmehr Symbole für Reichtum und Macht. Die repräsentative Wirkung, die von diesen schimmernden Metallprodukten ausging, reizte die mittel- und nordeuropäischen Steinhandwerker im Gegenzug zu bombastischen Nachschöpfungen. Das beginnt mit sogenannten ›Knaufhammeräxten‹, unübersehbaren Phallus-Symbolen, und endet mit mehr oder weniger ovalen Formen und einer weiblichen Symbolik (Abb. 19). Alle diese steinernen Streitaxttypen besitzen plötzlich zylindrische, später sogar ovale Schaftlöcher, deren zeitraubende Herstellung so gar nicht in eine Zeit paßte, in der nach immer rationelleren Produktionsmethoden und effektiveren Geräten gesucht wurde (Abb. 13; 17). So wie die Axtgestalt muß auch die Bohrung eine jenseits aller Begründbarkeit liegende (sexuell-) rituelle Bedeutung erhalten haben – anders läßt sich der unnötig hohe Arbeitsaufwand kaum erklären (S. 45).

Entsprechend Zeit und Mühe verwandte man auf sämtliche Arbeitsgänge, angefangen beim Suchen nach geeignetem Gestein. Man bevorzugte grüne und schwarze Färbung oder eine auffällige Maserung wie im Falle der Streitaxt von Moosham. Ihre natürliche Schichtung wußte der Hersteller so geschickt auszunutzen wie ein antiker Gemmenschneider, ihre Symmetrie ist so makellos und ihre Politur so spiegelblank, als ob sie in Form gegossen worden sei. Die fehlende Schneide läßt keinen Zweifel daran, daß es sich nur um eine symbolische Waffe, um eine Art Zepter handelte.

Ob Prunkwaffe, Hoheitszeichen oder Kultgerät, die Streitäxte wurden von Südskandinavien bis Bulgarien zu Insignien männlicher Macht, Ausdruck eines gesellschaftlichen Wandels hin zu patriarchalischen Organisationsformen, die erstmals deutlich kriegerische Züge trugen. Die Streitaxt markiert einen Einschnitt in der Geschichte der Aggressionen, zu denen in früheren Zeiten kaum Anlaß bestand: In der Altsteinzeit waren sich nur umherschweifende Jäger begegnet, und die jungsteinzeitlichen Bauern hatten ein fast leeres Land kolonisiert. Jetzt aber war die Welt enger geworden, das Land knapper. Auf der Suche nach Metallen oder angelockt vom Reichtum blühender Bauernkulturen, die Kupfer und Gold besaßen, entbrannte der Kampf um Besitz und Macht.

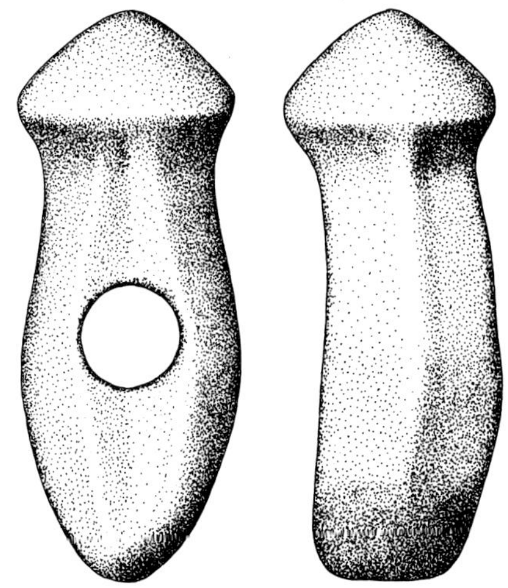

Abb. 71 ›Knaufhammeraxt‹ der Altheimer Kultur, 4. Jahrtausend v. Chr. Aus der Donau bei Regensburg. Felsgestein; Länge 12,5 cm; Stadtmuseum Amberg.

Prunkaxt aus Felsgestein der Altheimer Kultur, 4. Jahrtausend v. Chr. Gefunden bei einer Quelle in Moosham (R); Länge 12,5 cm; Museum der Stadt Regensburg.

22 Kindertod

Durch die Bindung an den Boden entwickelte sich in den ältesten Ackerbaugesellschaften ein Heimatbegriff, der auch die Verstorbenen miteinschloß. Die Friedhöfe der frühen Jungsteinzeit im Donautal lagen nicht weit vom Dorf entfernt, sichtbar an die Vergänglichkeit des Lebens mahnend. Die Toten wurden in einfachen Erdgruben beigesetzt, das Grab als heiliger Platz auf irgendeine Weise oberirdisch markiert. Einige feste Bräuche bürgerten sich ein, wie die Beisetzung des Toten in ›Hockerstellung‹ – als ob er nur schliefe. Die Idee des Todes barg – noch – keinen Schrecken. Sterben gehörte zum Kreislauf der Natur und hatte einen magischen Sinn, denn auf Tod folgte Leben, Fruchtbarkeit, Überfluß. Wer nur ›schlief‹, erwachte wieder – wenn auch in einer anderen Welt.

Mit dem Auseinanderbrechen der Einheitskultur der Linienbandkeramik in regionale Gruppen änderten sich die Grabsitten. Soweit es Bayern betrifft, wurden Begräbnisse seltener, die Leichen verbrannt, verstümmelt, verscharrt in ehemaligen Abfallgruben inmitten der Siedlungen oder einsam auf freiem Feld, und schließlich so beseitigt, daß sie keinerlei Spuren hinterließen – die alte Ordnung hatte sich aufgelöst. Verächtlich hat man Tote jedoch zu keiner Zeit behandelt. Auch die seltsamsten Bräuche wurzeln in religiösem Denken, das aber immer stärker von der Vorstellung des Toten als ›Wiedergänger‹ beherrscht wurde. Historische Ereignisse und menschliche Erfahrungen hatten neue Mythen entstehen lassen, und zu dem alten Glauben an die Wiedergeburt gesellte sich die Furcht vor ›gefährlichen Toten‹, die wiederkehrten, um Rache an den Lebenden zu nehmen – eine Furcht, die im Volksglauben bis in die Neuzeit lebendig blieb. Gefährlich konnten viele erscheinen, auch diejenigen, die einen vorzeitigen und damit sinnwidrigen Tod erlitten hatten, also Kinder (S. 36).

Besonders den Kleinsten, Säuglingen und Kindern vor dem Zahnwechsel, ist deshalb oft und in vielen Kulturen ein Sonderbegräbnis zuteil geworden, wie auch dem sechs- bis siebenjährigen Kind aus Sengkofen. Es lag ganz für sich, weitab von seinem Dorf, wie üblich in ›schlafender‹ Haltung, aber mit extrem angezogenen Beinen, als ob sie einst gefesselt worden seien oder dies versinnbildlichen sollten – eines der vielen magischen Mittel, die Toten ins Grab zu bannen. Als Bannmittel gegen Gefahren – die den Toten oder den Hinterbliebenen drohten – galt auch amuletthafter Schmuck, den das Kind in ungewöhnlich reichem Maße besaß: Anhänger und eine Kette oder Kleiderbesatz aus durchbohrten Tierzähnen von Hund (2), Schwein (4) und mindestens sieben (!) Mardern (3). Der Typ des kleinen – leider vom Pflug zerstörten – Krugs (5) läßt vermuten, daß das Kind in einer Zeit starb, aus der in Bayern Gräber so gut wie unbekannt sind. Aber gerade deshalb mag der Tod eines auserwählten Kindes die Ausnahme veranlaßt haben, die die Regel bestätigt.

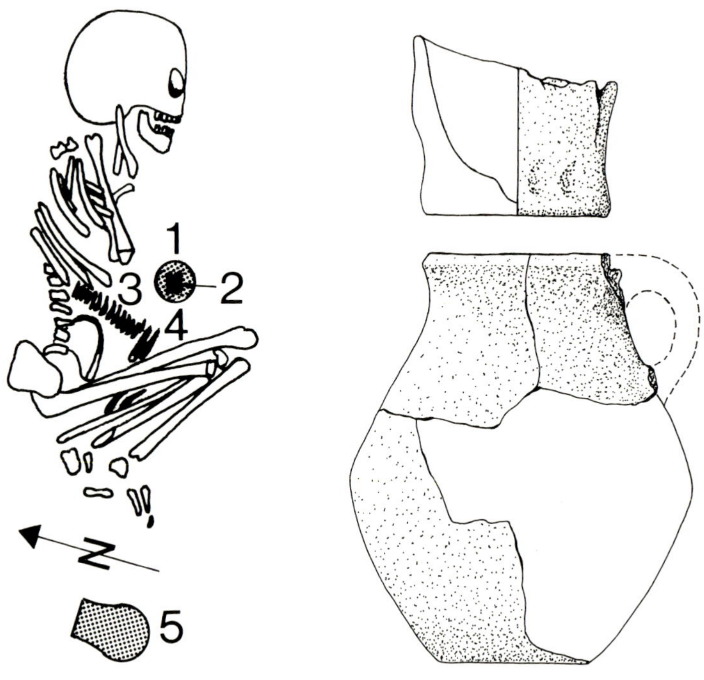

Abb. 72 Links: Plan des Kindergrabes aus Sengkofen (R). – Rechts Gefäßbeigaben: Kleiner Napf (1) und Krug (5), Höhe 11 cm.

Kindergrab mit ungewöhnlichem Tierzahnschmuck, wohl 4. Jahrtausend v. Chr. Sengkofen (R); Museum der Stadt Regensburg.

Welt im Umbruch

ÜBERGANG STEINZEIT – METALLZEIT (3200–1600 v. Chr.)

Es dauerte von Kultur zu Kultur unterschiedlich lang, bis Metall den Stein verdrängt hatte. In Süddeutschland begann der Prozeß bereits vor 4000 v. Chr. mit vereinzelten Kupferimporten aus Südosteuropa. Eine wirtschaftliche Veränderung trat daraufhin nicht ein, aber die Faszination des Metalls schuf neue Wertmaßstäbe. Imitationen in Stein wie die Streitäxte verdeutlichen dies.

In der Folgezeit verlief die Entwicklung nicht geradlinig. In der bayerischen Chamer Kultur (etwa 3200–2300 v. Chr.) wurde – vermutlich weil die Rohstoffquellen für Metall vorübergehend versiegten – die Bearbeitung der altbekannten Materialien Ton, Stein, Knochen vorangetrieben. Zahlreiche kleine Burgen drücken Selbstbewußtsein, aber auch das Schutzbedürfnis einer Zeit aus, die Umbruch und Aufbruch erlebte: Bevölkerungsexplosion und Landverknappung, kriegerische Auseinandersetzungen, Hierarchisierung und Patriarchalisierung der Gesellschaft, wirtschaftliche und technische Neuerungen, die aus dem Vorderen Orient und den Steppen Osteuropas kamen: die Nutzung der tierischen ›Zweitprodukte‹ Milch, Wolle und Zugkraft, die Erfindung von Rad und Wagen, das Hauspferd. Spezialisierung auf Weidewirtschaft, rollende Transportmittel und Handel über große Entfernungen führten zu neuer Beweglichkeit der Menschen.

Davon profitierten die Leute der Schnurkeramik- und Glockenbecher-Kultur. Ihre kleinen politischen Einheiten sind vor allem aus Bestattungsplätzen mit jeweils nur wenigen Gräbern bekannt; begrenzte Seßhaftigkeit und eine flüchtige Architektur verraten nicht viel über Wirtschafts- und Lebensweise. Um so spürbarer ist ihr progressiver Einfluß auf Religion, soziale Ordnung und Technologie – erkennbar in neuen Bestattungssitten, in Tracht und Bewaffnung und im Gebrauch von Kupfer und Gold.

Aus der Verschmelzung von einheimischen Traditionen und fremden Einflüssen aus West und Ost entstand die Kultur der Frühen Bronzezeit (etwa 2300–1600 v. Chr.), in deren Verlauf sich die Kupfer-Zinn-Legierung (Bronze) durchsetzte. Erst damit vollzogen sich grundsätzliche Änderungen: Diejenigen, die die Rohstoffe ausbeuteten oder verhandelten, mußten einen Teil der Bevölkerung dafür bereitstellen und zu deren Ernährung landwirtschaftlichen Überschuß produzieren. Diese Arbeitsteilung in Bauern, Bergleute, Händler, Schmiede erforderte eine neuartige politische Organisation, um jeden mit Lohn für seine Arbeit zu versehen.

23 Unter dem Hagel der Pfeile …

Die Zahl der Befestigungen stieg weiter an. Zwar sind die Palisaden – wie immer – längst vermodert, die Wälle vom Pflug eingeebnet, aber die zugeschwemmten Gräben heben sich als dunkle Streifen im Boden ab, am deutlichsten vom Flugzeug aus. Auf diese Weise ist das Grabensystem auf dem Galgenberg bei Landshut im Herbst 1980 im frisch gepflügten Acker entdeckt worden. Dank der anschließend durchgeführten rund 40 000 Messungen mit dem hochempfindlichen Cäsium-Magnetometer (S. 26) lag bereits vor Beginn der Ausgrabungen ein vollständiger Grundriß vor: deutlich zeichnete sich ein ovaler Ringgraben ab und vor dem einzigen Tor ein zwingerartiges Vorwerk. Man muß sich hinter dem noch über 2 m tiefen und 6 m breiten Ringgraben den einst nicht minder mächtigen Erdwall vorstellen, der den Galgenberg, Ausläufer eines Bergrückens hoch über dem Isartal, zu einem monumentalen Bollwerk machte. Im Unterschied zu früheren Epochen suchten die Menschen jetzt an erster Stelle – auch wenn damit landwirtschaftliche Nachteile verbunden waren – den natürlichen Schutz steiler Bergflanken oder den der Geländevorsprünge, die sich durch einen Querwall abriegeln ließen. Ob Vorwerk, Holzpalisaden oder Torbauten (in Moosham bei Regensburg vielleicht sogar durch Mauern verstärkt und in diesem Falle der älteste steinerne Festungsbau Bayerns!), ob in beherrschender Lage inmitten fruchtbaren Landes oder an einem wichtigen Verkehrsweg errichtet – alle Einzelheiten der letzten jungsteinzeitlichen ›Burgen‹ verraten planmäßige Architektur.

Diese Burgen wurden umkämpft. Verkohlte Palisaden und Schuttfüllungen berichten von Brandkatastrophen und geschleiften Befestigungen. Feuersteinpfeilspitzen oder Knochenbolzen lagen in allen Gräben, auf dem Galgenberg bezeichnenderweise fast ausschließlich im Bereich des Tores und des Vorwerks; manchmal fanden sich auch menschliche Knochen dazwischen. Kein Zweifel, daß hier ein Hagel von Pfeilen auf den Feind niederprasselte … Das Ausmaß solcher Kriege kennen wir nicht. Sicher ist nur, daß sie keine kontinentalen Invasionen spiegeln, die Angreifer nicht zu Pferde kämpften und nicht aus irgendwelchen fernen Steppen stammten (S. 51). Boden- und Besitzverhältnisse hatten innerhalb der Gesellschaft einen Druck erzeugt, der sich gewaltsam entladen konnte (S. 34). Warum sollten es nicht einfach aufgebrachte Nachbarn gewesen sein, die wegen einer gestohlenen Herde zu Felde zogen?

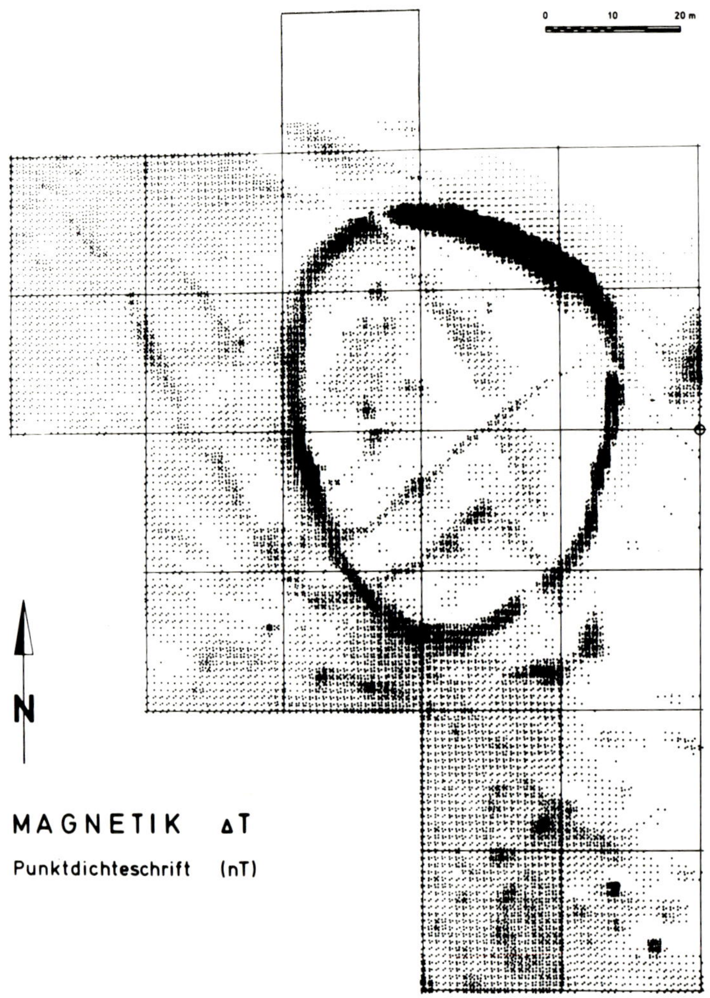

Abb. 73 Grundriß der Befestigung der Chamer Kultur auf dem Galgenberg bei Ergolding (LA) im Magnetogramm. Innenfläche etwa 50 × 55 m (nach Ottaway 1986a).

Pfeilspitzen und Bolzen der Chamer Kultur (etwa 3200–2300 v. Chr.). Links: Rekonstruktion einer mit Birkenrindenpech im Schaft befestigten Steinspitze (nach Originalfunden). Rechts: menschliches Schädeldach mit vermutlicher Schußverletzung. Aus den Befestigungsgräben der Siedlungen von Riekofen und Moosham (R). Feuerstein (oben) und Knochen; Länge der Bolzen 6–8 cm; Museum der Stadt Regensburg.

24 Der Ausklang

Am Ende der Jungsteinzeit war die Urkultur der europäischen Bauerngesellschaft auf verwirrend viele Kulturgruppen und -grüppchen verteilt, die oft aus wenig mehr als einem namengebenden Fundort bestehen (Abb. 16).
Das kennzeichnende Kriterium jeder Gemeinschaft bildet nach wie vor die Keramik. Die Formenvielfalt der Chamer Kultur ist beschränkt: Schüsseln und kübelförmige Vorrats- oder Kochgefäße herrschen vor, Tassen oder Becher und kultisches Trinkgeschirr bleiben in der Minderzahl. Erstmals wird die Tonware wieder verziert. Symbolhaltige Muster wie in der Frühzeit bilden allerdings die Ausnahme. Vorwiegend handelt es sich um reine Dekoration aus meist plastischen Elementen – Knubben, Buckeln, Wülsten, gekerbten Leisten

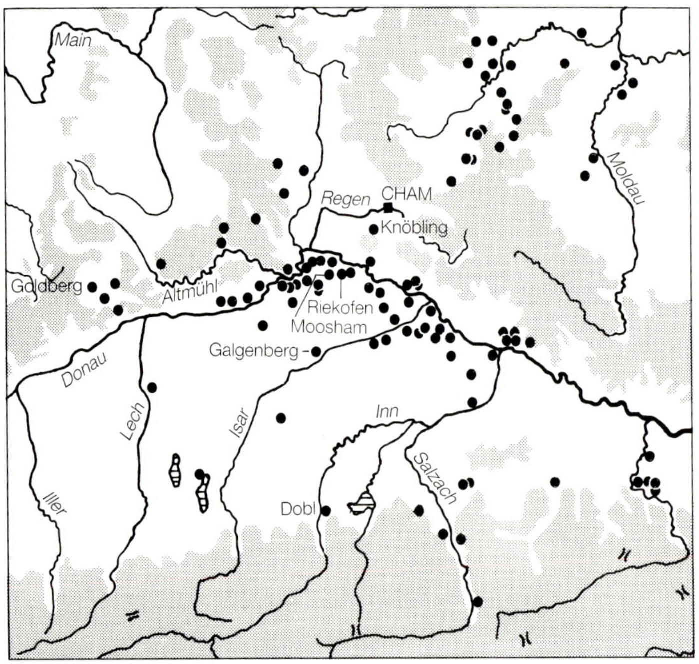

Abb. 74 Verbreitung der Chamer Kultur und ihrer wichtigsten Fundplätze (nach Burger 1988).

(Abb. 15), die Aufhängevorrichtungen wie Ösen, Schnüre, Netze imitieren und nur gleichsam die Architektur der Gefäße beleben. Auch die Aufrauhung der Gefäßoberfläche durch Tonschlicker, Schraffen, Abdrücke von Textilien oder einfach mit dem Reisigbündel entsteht aus dem rein praktischen Grund, die Gefäßoberfläche künstlich zu vergrößern, was sich sowohl auf den Brand (Spannungsausgleich) wie auf den Gebrauch (Temperaturwechselbeständigkeit) förderlich auswirkt. Aus dem gleichen Grund, um Risse im Brennofen zu verhindern und die Feuerfestigkeit der Kochtöpfe zu erhöhen, setzt man dem Ton Magerungsmittel bei wie Pflanzenhäcksel, groben Granit- oder Kalkgrus. Kalk hat eine besonders festigende Wirkung, aber auch nachteilige chemische Reaktionen zur Folge, deren Ausschaltung eine hohe Töpfertechnik mit speziellen Kenntnissen voraussetzt. Durch diese ›Veredelung‹ lassen sich auch schlecht aufbereitete Tone kurzfristig verwenden.
Diesen technischen Standard sieht man der »plumpen«, »schludrigen« Keramik (eine ganz allgemeine, über Bayern hinausgehende Zeiterscheinung) tatsächlich auf den ersten Blick nicht an, weshalb sie immer wieder zu abwertenden Thesen über Herkunft und Sozialgefüge der betreffenden Kulturen verleitet hat. Genauer betrachtet erweist sich die damalige Zeit jedoch als höchst erfinderisch im Umgang mit den altbekannten Materialien, nicht nur mit Ton, sondern auch mit Stein, Knochen- und Geweih (Abb. 17 und 18). Dies sollte davor warnen, heutige ästhetische Vorstellungen zum Maßstab einer frühgeschichtlichen Zivilisation zu machen.

Tongeschirr der Chamer Kultur (etwa 3200–2300 v. Chr.) aus den Siedlungen von Riekofen und Moosham (R). Höhe des großen Vorratsgefäßes rechts 40 cm; Museum der Stadt Regensburg.

25 Das goldene Vlies

Als Pelias König in Thessalien war, erschien eines Tages Iason vor ihm und forderte von seinem Onkel Erbe und Thron zurück. Um Iason ins Verderben zu schicken, beauftragte Pelias ihn mit einer Expedition nach Kolchis an die Ostküste des Schwarzen Meeres, um das goldene Widderfell von dort nach Griechenland zurückzuholen. Iason rüstete ein Schiff aus, die Argo, auf der sich die berühmtesten Helden zusammenfanden. Nach langer Irrfahrt erreichten sie Kolchis. Iason gelang es mit Hilfe der Zauberkünste Medeas, das Vlies zu rauben. Nach einer abenteuerlichen Rückreise landeten die Argonauten wieder in ihrer thessalischen Heimat, in ihrem Besitz das goldene Fell ... So weit die Sage.

Die Untersuchung an Tierknochen aus mehreren vorgeschichtlichen Siedlungen Thessaliens führte zu folgendem Ergebnis: Bei den ältesten Schafen, die aus dem Orient nach Griechenland kamen, handelte es sich um Haarschafe. Ihre Körpergröße ging, wie üblich im Verlauf der Jungsteinzeit als Folge der Haustierhaltung, deutlich zurück. Um 3500–3000 v. Chr. setzte dann wieder eine plötzliche Größenzunahme ein, die darauf zurückgeführt wird, daß erneut Schafe nach Griechenland gebracht wurden, eine fremde größere »Rasse«, denn »das wollvliestragende Schaf entstand aller Voraussicht nach in Mesopotamien« (von den Driesch 1987). In Ägypten wird die Einfuhr dieser Wollschafe sogar in bildlichen Darstellungen überliefert. In Thessalien sagt nur das Knochenmaterial etwas aus: die Schafe wurden hier nicht nur deutlich größer, sondern ihres Wollkleides wegen auch später geschlachtet ... So weit die Tierknochenspezialisten.

Das Interesse am ›goldenen Vlies‹, das heißt an den wirtschaftlich wertvolleren Wollschafen, hat für deren rasche Verbreitung in Europa gesorgt. Unter den – spärlichen – Tierknochen der Chamer Kultur sind sie bisher noch nicht sicher nachzuweisen, obwohl Schafzucht eine wichtige Rolle in jenen Gemeinschaften gespielt haben muß, die sich in unwirtlichere Gegenden zurückgezogen hatten: auf die Alb, in den Bayerischen Wald, ins Voralpenland. Denn gleichzeitig steht plötzlich bäuerliches Gerät zum Spinnen und Weben im Vordergrund: ›Webgewichte‹ – große und kleine Tonspulen zum Spannen der Kettfäden am Webstuhl, und ›Spinnwirtel‹ – Tongewichte, um die Spindel in Schwung zu halten (Abb. 46b).

Die weit über das Alltägliche hinausgehende Bedeutung dieser Chamer Spinnwirtel bezeugt ihre ›Beschriftung‹: Strahlenförmig um die Durchlochung angeordnete Punktreihen, Linienbündel und ›Tannenzweigmuster‹ finden ihre Entsprechung bezeichnenderweise nicht auf Gefäßen, sondern in Verzierungen auf einigen Prunkäxten (Abb. 19). Hier herrscht dieselbe ›Bildsprache‹ eines Fruchtbarkeitszaubers, der allerdings zwei deutlich getrennten Welten entstammt, der männlichen und der weiblichen (S. 46). So wie die Waffe der Männer erhielt der Spinnwirtel, beziehungsweise die Spindel der Frauen von nun an eine zentrale Rolle im Opfer- und Totenkult. Märchen, Sagen und Mythen haben die Erinnerung daran bewahrt – überall zählt die Kunst des Spinnens und Webens zu den magischen (schicksalhaften) Kräften der Frauen, im Götterhimmel wie unter den Sterblichen. Germanische Nornen, römische Parzen und griechische Moiren spannen die Schicksalsfäden. So schließt sich der Kreis wieder in der griechischen Mythologie, deren Ursprünge weit zurück in schriftlosen Zeiten wurzeln.

Webgewicht und Spinnwirtel der Chamer Kultur (etwa 3200–2300 v. Chr.) aus Riekofen, Moosham und Eichhofen (R). Holzspindel und Schafwolle modern ergänzt. Ton; Höhe des Webgewichtes 12,5 cm; Museum der Stadt Regensburg.

26 Totentanz

Bei Großeibstadt im fränkisch-thüringischen Grenzgebiet ist 1983 ein ›Totenhaus‹ entdeckt worden, das erste Kollektivgrab in Bayern, eine Form, die jenseits des Thüringer Waldes in Mitteldeutschland verbreitet war. Die etwa 4 × 3 m große Holzkammer, die über Jahre oder Jahrzehnte hinweg als (Familien?-)Gruft gedient hatte, barg die Gebeine von 20 oder mehr Personen. Trotz bescheidener Bauweise und Ausmaße gehören solche Kammern vom Typ der thüringischen Bernburger Kultur zum Kreis der europäischen Megalith- oder Großsteingräber, der viel größeren, aus tonnenschweren Platten errichteten ›Hünengräber‹. Es war die Zeit der Megalitharchitektur, die ihren gewaltigsten Ausdruck in den Tempeln auf Malta, in den Menhiren von Carnac (Bretagne) oder in Stonehenge (Südengland) fand (S. 47).
An Beigaben besaßen die Toten der Großeibstädter Kammer nicht viel – zwei schlichte Feuersteingeräte. Außerdem ließ sich eine Anzahl im Feuer verglühter Scherben zu einem Hohlkörper zusammenfügen – nach weltweiten Vergleichsstücken eine Tontrommel, deren Resonanzkörper ein tief eingestochenes, ehemals wohl weiß inkrustiertes Muster trägt und mit einer Tierhaut bespannt war. Solche Tontrommeln finden sich in vielen spätjungsteinzeitlichen Kulturen von Dänemark bis Polen, vor allem aber in Mitteldeutschland und hier meist absichtlich zerschlagen in den Gräbern. Verbrennen und Zerschlagen von Kultgerät, um es vor unheiligem Gebrauch zu bewahren, gehörte zu zahlreichen Bestattungszeremonien.
Zu diesen konnte Rhythmik und Gebärdensprache treten, das heißt – in ritualisierter Form – Musik und Tanz. Bereits die Wiederholung ein und desselben Trommeltones, gegliedert in Zeitwerte bestimmter Dauer, ergab ein musikalisches Gebilde, und aus der Rhythmisierung von Schritten, Körperstellungen und Handbewegungen formte sich der Tanz. Im Tanz drückten sich Lebensangst und Lebensfreude aus, verschmolzen religiöse Ekstase, Todesangst und sexuelle Erregung miteinander – nicht von ungefähr verteufelte die mittelalterliche Kirche das sinnenfreudige Tanzen des Volkes im Bild des Totentanzes; nicht von ungefähr verdichtete sich in diesem Bild, als in Europa die Furcht vor der Pest umging, die Sinnlichkeit zum magischen Abwehrritual. »Die Tanzbewegungen imitieren und dementieren die Macht des Todes« (Confurius 1986) – das läßt sich auch auf den kultischen Tanz der Vergangenheit übertragen. Die Trommel, die den Rhythmus dazu schlug, ist deshalb weniger als persönlicher Besitz eines Toten, sondern als heiliges Gerät anzusehen, das auf dem Scheiterhaufen oder im Opferfeuer vernichtet werden mußte.

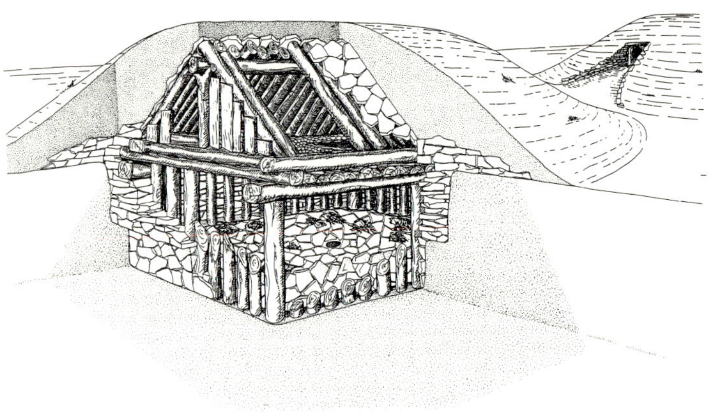

Abb. 75 Rekonstruktion des Gemeinschaftsgrabes von Großeibstadt (nach Wamser 1990).

Tontrommel aus einem Gemeinschaftsgrab um 3000 v. Chr. bei Großeibstadt (RG); links moderne Rekonstruktion. Höhe 32,5 cm; Mainfränkisches Museum Würzburg.

27 Auf dem Ochsenkarren: die ›Leute mit Schnurkeramik‹

Nichts überlebt so zäh wie ein Vorurteil. Noch immer geistern »die Schnurkeramiker« als die ersten Indogermanen durch verschwommene Erinnerungen an den Geschichtsunterricht von einst – wie eine Indianerhorde, zu Pferd und die Streitaxt schwingend ... Allenthalben überrumpeln sie friedliche Bauern, unterwerfen halb Europa, dem sie ihre Sprache aufzwingen, ihre martialischen Sitten, ihre Götter ...

Inzwischen sind die Reiterkrieger der Jungsteinzeit ins Reich der Fabel verwiesen worden (S. 52) – aber die ›Leute mit Schnurkeramik‹ geben immer noch Rätsel auf. Die Verbreitung auffälliger Gemeinsamkeiten über den halben Kontinent – der Schnurverzierung, der Streitaxt, des Einzelgrabes, des Mangels an Siedlungen – steht in solchem Gegensatz zur vorangehenden Zeit, daß all dies ohne Einwanderung eines fremden Volkes nicht denkbar schien. Je nach Forschungsstand suchte man die Heimat dieses Schnurkeramik-Volkes in den nördlichen Tiefebenen, in Südrußland oder in Mitteldeutschland; Anknüpfungen an die einheimischen Traditionen ließen sich überall ermitteln (Abb. 23). Gerade darin liegt wohl des Rätsels Lösung. Nicht die Bevölkerung änderte sich, sondern ihre Lebensweise, wenn auch nur langsam, denn eine bäuerliche Gesellschaft nimmt wirtschaftliche und technische Neuerungen nur zögernd an. Spezialisierung auf Weidewirtschaft, die Haltung von Wollschafen und Pferden, die Erfindung von Rad und Wagen, der Einsatz von Packpferden und Rindergespannen vor Pflug und Fahrzeugen wirkten im 3. Jahrtausend gesellschaftsformend (S. 50). Herdenhaltung und rollende Transportmittel sorgten ihrerseits für immer rascheren Informationsaustausch, und weiträumiger Handel (Bernstein, Feuerstein, Metalle) unterstützten diese noch nicht dagewesene Dynamik, die von Ost nach West ausgriff, allmählich auch Bayern erfaßte, das heißt die bäuerliche Chamer Kultur (Taf. 24). Diejenigen, die von den Neuerungen profitierten, gingen Bündnisse ein und bekräftigten sie durch gemeinsame Riten. Dazu gehörten der Umtrunk aus schnurverziertem Geschirr (Amphore und Becher), Kleidung (aus weichen Wollstoffen?), die erstmals mit Nadeln zusammengehalten wurde, Bewaffnung und Statussymbole (Dolch, Beil, Streitaxt), nicht zuletzt Bestattungssitten (Einzelgrab unter Hügel). Auf diese Weise entsteht für uns das Bild einer neuen Kultur – der Schnurkeramik.

Zwangsläufig blieben erhebliche Unterschiede von Landschaft zu Landschaft bestehen, so auch zwischen den Schnurkeramik-Dörfern des fruchtbaren Mainfrankens, den Gemeinschaften, die die rauhen Höhen der nördlichen Frankenalb aufsuchten, und denjenigen der südbayerischen Schotterböden. ›Echte‹ frühe Schnurkeramik (im Bild ganz rechts) ist in Bayern selten. Die über Nordbayern eindringende Kulturerscheinung fand bald Nachfolger in eigenen regionalen Stilen mit Ritz- oder Stempelmustern, auch mit Anleihen bei Keramik der Chamer Kultur (Bildmitte vorne). Abgesehen von diesen lokalen Unterschieden gilt aber mehr oder weniger überall: die Leute mit Schnurkeramik lebten in kleineren politischen Einheiten; sie verlegten ihre Wohnsitze kurzfristiger, wenn erschöpfte Böden oder Viehhaltung dies verlangten. Vorbei war die Zeit zentraler Kultplätze, erloschen die Autorität derjenigen, die den Bau von Befestigungen organisiert hatten.

Das Individuum schien einen neuen Handlungsspielraum zu besitzen, wenn man die Sitte des Einzelgrabs so deuten will (Taf. 29). Die Ausstattung der Gräber selbst wirkt einheitlich. Unterschiede betrafen vor allem Alter und Geschlecht; die Streitaxt war mehr Würdezeichen, das selten ins Grab gelegt, sondern als Weihegabe dargebracht wurde wie diejenige auf dem Schloßberg von Kallmünz (R). Die Leute mit Schnurkeramik, einst Inbegriff kriegerischer Invasion, wirkten bei näherer Betrachtung eher entspannend in dieser Welt des Umbruchs.

Streitaxt und Becher der Schnurkeramik-Kultur (etwa 2800–2300 v. Chr.) aus Kallmünz (R), Riekofen (R) und Straubing (SR). Länge der Axt 17 cm; Museum der Stadt Regensburg und Gäubodenmuseum Straubing.

28 Farbig, exklusiv, rätselhaft: der Glockenbecher

Farbige Tupfer setzt dieser Glockenbecher, nicht nur in der Töpferware des 3. Jahrtausends; auch in der archäologischen Wissenschaft stammen die buntesten Theorien über die ›Leute mit Glockenbechern‹.

Glockenbecher sind Gefäße von gelbroter Farbe, glänzend poliert, mit einem feinen Stempel in horizontalen Zonen verziert, in umgestülpter Form einer Glocke ähnlich. Glockenbecher finden sich von Nordafrika bis Schottland, von Portugal bis Ungarn. Wieder erwecken, wie bei den ›Leuten mit Schnurkeramik‹, die weite Verbreitung, der Mangel an Siedlungen und die Bewaffnung der Männer den Eindruck unsteter Lebensweise einer ›kriegerischen Elite‹. Viele Glockenbecher-Skelette aus Mitteleuropa stellen außerdem anthropologisch, vor allem hinsichtlich ihrer ›Steilköpfe‹, einen eigenen Menschenschlag dar. Wieder drängt sich die Frage auf: Gab es ein eigenes Glockenbecher-Volk, und woher kam es?

Die Antworten darauf sind so widersprüchlich wie die Fakten. Die Entstehung der Glockenbecher-Kultur wurde lange Zeit auf der iberischen Halbinsel vermutet, dann mit ebenso guten Argumenten am Niederrhein, zwischenzeitlich auch in Böhmen und auf dem nördlichen Balkan. In den 70er Jahren wich das Bild von den über Europa »schwärmenden Fremdlingen« mehr und mehr »sozial-ökonomischen« Theorien, die auf einem Ausbreitungsmechanismus wirtschaftlicher, politisch-gesellschaftlicher oder religiös-ideologischer Art beruhen. An Stelle der Einwanderung des Glockenbecher-*Volkes* trat die Idee von der Ausbreitung einer Glockenbecher-*Ausrüstung* aus Becher, Pfeil und Bogen, Armschutzplatte, Kupferdolch, Knöpfen und Anhängern (Taf. 29) – Statussymbolen, die verschenkt, verhandelt oder nachgeahmt worden seien. Gleichzeitig standen wieder anthropologische Spuren der Steilköpfe – im kaukasisch-anatolischen Gebiet, in Ungarn, in Süditalien – zur Diskussion und erinnerten an Bevölkerungsbewegungen auf uralten Kolonisationswegen vom Vorderen Orient nach Westen (Abb. 64). Das Rätsel des Glockenbechers blieb ungelöst.

Das gilt auch für Bayern, obwohl gerade hier die Glokkenbecher-Inventare in den letzten zehn Jahren stattlich angewachsen sind, weil durch immer größere Grabungsflächen – im Rahmen von Industrieansiedlungen, Strassentrassen, Kiesgrubenbetrieben – die Chance zur Auffindung verstreuter Einzelgräber und kleiner Grabgruppen gestiegen ist. Diese bestätigen die alte Beobachtung, daß im 3. Jahrtausend v. Chr. in ganz Bayern kleine Menschengruppen auftauchen, die auch vor unfruchtbaren Landstrichen nicht zurückscheuen und die nur eine flüchtige Zelt- oder Hüttenarchitektur kennen (S. 55). Es steht dahin, ob alle diese ›Familienverbände‹ zugewandert sind und woher; deutlich ist, daß sie durch eine festgefügte soziale und religiöse Ordnung miteinander verbunden sind, die sie in ihren Gräbern zur Schau stellen. Die wirtschaftliche Grundlage dieser Ordnung bleibt allerdings verborgen. Spezialisierte Viehzüchter, wandernde Schafhirten und Pferdehändler, hinterlassen keine Spuren. Oder suchten die hochgewachsenen Männer nach Kupfer? Kannten sie die (verloren gegangenen?) Geheimnisse des Verhüttens? Waren sie Goldwäscher? Oder erfanden sie den Alkohol und verkauften dazu gleich den passenden Humpen? Nichts hat die Phantasie der Archäologen so angeregt wie die »Zigeuner der Vorzeit«.

Im Laufe von Generationen wandelte sich das Bild jedenfalls: Siedlungen und größere Friedhöfe in fruchtbaren Lößgebieten Bayerns zeugen davon, daß eine Verschmelzung in der Bevölkerung stattgefunden hatte. Die Glockenbecher-Ausrüstung verlor ihre Exklusivität. Was auch immer sie ausgedrückt hatte – das Know-how der Pferdezucht? die Kenntnis von Kupferlagerstätten? – war jetzt nicht mehr einigen wenigen vorbehalten. Auch das Symbol dieser Exklusivität, der verzierte Becher, verschwand. Nur das Rätsel um seine Herkunft blieb bis heute.

Tonbecher mit weiß eingelegtem Stempelmuster. Grabfund von Barbing (R) der Glockenbecher-Kultur (etwa 2600–2300 v. Chr.). Ausschnitt des Bechers Abb. 24; Museum der Stadt Regensburg.

29 Mit Pfeil und Bogen

Vieles in der Glockenbecher-Ausrüstung, so wie sie dem Toten ins Grab gelegt wurde, wirkt neuartig und fremd. Die Männer trugen keine Streitaxt mehr; Pfeil und Bogen waren nun Waffe und Würdezeichen zugleich. Erhalten geblieben sind allerdings nur die Feuersteinspitzen der Pfeile, oft mehrere beieinander (Abb. 25, Grab 3), ganz so, als sei der Tote mit dem gefüllten Köcher auf dem Rücken beigesetzt worden – gerüstet zur Jagd im Jenseits. Dazu gehörte eine Armschutzplatte, die der Bogenschütze am linken Unterarm festband, um diesen vor der zurückschnellenden Sehne zu schützen. Im Prinzip genügte dafür, wie heute, eine Art Lederstulpe. Ein kleiner Prozentsatz der bayerischen Glockenbecher-Gräber enthält statt dessen eine Schutzvorrichtung aus Stein, millimeterdünne, leicht gewölbte Plättchen, deren exakter Schliff und Bohrung viel Mühe und Sorgfalt erforderten – und die deshalb sicher als Statussymbole anzusehen sind (im Bild ganz links). Ein weiteres jägerisches Element tritt vielleicht in den kleinen bogenförmigen Anhängern zutage, die als Miniaturwaffen gedeutet werden – jedenfalls wurde dieser Schmuck nur von Männern getragen.

Eine auffällige und seltene Beigabe sind die ersten Kupferdolche Mitteleuropas. Es waren zwar eher bescheidene Messerchen, vom vielen Nachschärfen oft nur noch wenige Zentimeter lang, kaum geeignet, eine Fleischportion zu zerlegen, geschweige denn als Kampfwaffe – und deshalb auch nur von symbolischem Wert. Der aber muß beträchtlich gewesen sein, denn Kupfer war immer noch rar, nicht viel weniger kostbar als Silber und Gold, das hie und da in Glockenbecher-Gräbern auftaucht, meist als Männerschmuck. Frauen schmückten sich bescheidener mit Perlen, Anhängern oder Knöpfen aus Knochen und – als Ersatz für Metall – mit Bernstein.

Diese Unterschiede zwischen Mann und Frau waren kein Zufall; sie kommen noch stärker in der Sitte zum Ausdruck, die Toten unterschiedlich zu begraben – die Männer auf der linken, die Frauen dagegen auf der rechten Körperseite liegend. Obwohl die Schnurkeramik-Leute genau gegensätzlich verfuhren (Männer rechts, Frauen links), drückt sich doch in beiden Ritualen die gleiche gesellschaftsbestimmende Polarisierung der Geschlechter aus, die beide Kulturen mehr verbindet als trennt (S. 53ff.).

Verbindend ist auch die Rolle des Einzelgrabes, und hier wie dort bestimmten an erster Stelle nicht persönliche Eigenschaften, sondern Geschlecht und Alter die Stellung des einzelnen in der Gesellschaft, bei den Glockenbecher-Leuten allenfalls noch deutlicher. Die Ausrüstung der Männer – die mehr symbolisch als kriegerisch, mehr wie eine Ordensregel als ein militärisches Reglement wirkt – trennte den Mann von der Frau, den Krieger vom Knaben und den Anführer von der Gruppe (S. 55).

Jahrhundertelang war die Bestattung des Individuums unwichtig oder verboten gewesen, jetzt plötzlich stand sie bei den Leuten mit Schnur- beziehungsweise Glockenbechern im Mittelpunkt des Totenkultes. Darin äußert sich die Auflösung des kollektiven Denkens und ein neues individuelles Bewußtsein, wie es überlegenes Wissen verleiht. Von nun an bis in die Zeit der ›Urnenfelder‹ (Taf. 42) bleibt die Einzelbestattung ein Vorrecht führender Personen und ihres Anhangs.

Ausrüstung der Männer in der Glockenbecher-Kultur (etwa 2600–2300 v. Chr.): Armschutzplatte und Pfeilspitzen aus Stein (links); fünf Knochenanhänger; Kupferdolch, dessen Holzgriff vergangen ist (oben), Länge 11,8 cm. Aus Gräbern in Barbing (R) und Straubing (SR); Museum der Stadt Regensburg und Gäubodenmuseum Straubing.

30 Einsame Wege

Wer von der Donauebene hinauf ins ostbayerische Grenzgebirge zog, in den Oberpfälzer und Bayerischen »Wald«, spürte den jähen Wechsel: das Klima hier oben ist kühler und feuchter, der Schnee liegt länger, die Böden sind karg und die kalten Winde aus Böhmen berüchtigt. Die ›Steinpfalz‹ ist erst spät, im hohen Mittelalter, erschlossen worden und immer arm geblieben; wo sonst »kennzeichnen manche Ortsnamen die Sachlage ... beinahe verzweiflungsvoll Noth – Jammer – Elend für drei Einöden dicht beieinander?« (Torbrügge 1984). Um 3000 v. Chr. wurden die ersten Bauern im Chamer Bekken seßhaft; nur wenige Kilometer südlich des Ortes bei Knöbling ist 1935 die Siedlung entdeckt worden, nach der die ›Chamer Kultur‹ heißt (Abb. 74).

Der Boden gibt auch heute nicht viel mehr her als vor 5000 Jahren. Ausgedehnte Feldbestellung lohnt sich nicht, aber die Talmulden lassen sich als Weiden nutzen. Deshalb konnte erst mit der Auflichtung der Urwälder und der Intensivierung der Viehwirtschaft im 3. Jahrtausend v. Chr. die Kolonisation solch rauher Landstriche einsetzen. Viehzüchter und Hirten waren es wohl auch, die die Täler hinauf und hinunter zogen und auf ihren einsamen Wegen gelegentlich ein Opfer brachten, etwa ein Steinbeil vergruben.

Etwa 15 km nördlich der Regenmündung geht eines dieser einsamen Tälchen ab, das einen von Ost nach West streichenden Bergrücken begleitet. Um einen seiner Gipfel, den Riesensprung (573 m), zieht sich eine bizarre Felslandschaft. Wie von Riesenhand geworfen türmen sich die glattgeschliffenen ›Riesensteine‹. Wechselnde Tages- und Jahreszeiten tauchen die Szenerie bald in dunkel-drohende Düsternis, bald in ein friedlich-mystisches Licht. Hier wohnte niemand, hier führte kein wichtiger Verkehrsweg vorbei. Hier vollzog irgend jemand, vielleicht ein Hirte, dessen Herde unten im Tal weidete, eine Opferhandlung, vergrub ein Steinbeil, das er den Göttern der Berge, der Herden oder irgendeiner Naturgewalt weihte. Der Anlaß bleibt so dunkel-mystisch wie das Spiel aus Licht und Schatten, das uns noch heute fasziniert ... Vielleicht war es genau diese Faszination? Im Kult um die Beilchen, ursprünglich reines Handwerkszeug, die an abgeschiedenen Plätzen, aber nicht weit von den Dörfern entfernt niedergelegt wurden, äußert sich etwas sehr Individuelles.

Ganz anders die vier Streitäxte aus dem »Wald« aus der Zeit der Chamer Kultur, darunter zwei bemerkenswerte Prunkstücke. Sie sind bezeichnenderweise alle vier an das Wegenetz gebunden, an den Lauf von Donau und Regen beziehungsweise an zwei Pässe, so wie ja auch die Streitäxte im Flachland meist in oder an Wasserläufen, im Bereich alter Verkehrslinien, auftauchen (S. 61). Mit der Besiedlung des Gebirges entwickelte sich ein reges Hin und Her zwischen Donautal und Böhmen. Zwei wichtige Verbindungen – von Straubing über die Stallwanger Senke und von Regensburg über das Regental – führten zur Cham-Further-Senke, die den bequemsten Übergang bildet, dem deshalb 1861 auch die Eisenbahnlinie Nürnberg-Pilsen-Prag folgte. Mit Beginn des organisierten Metallhandels in der Frühen Bronzezeit wurde er eine der wichtigsten Verkehrsadern Bayerns.

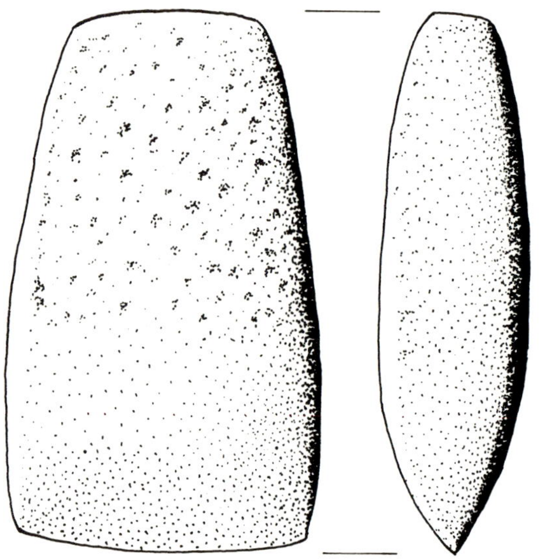

Abb. 76 Steinbeilchen der Chamer Kultur vom Riesensprung. Länge 7 cm; Museum der Stadt Regensburg.

Felsformation auf dem Gipfel des Riesensprungs, einem Opferplatz der Chamer Kultur (etwa 3200–2300 v. Chr.). Bei Regenstauf (R).

31 Vom Stein zum Kupfer, vom Kupfer zur Bronze

Irgendein Werkzeugmacher der Steinzeit fand vor 10000 Jahren in einem Bachbett im irakischen Hochland einen ›grünlichen Stein‹, der unter seinen Schlägen rotgold zu glänzen begann und sich formen ließ ohne zu brechen. Damit waren zwei wesentliche Eigenschaften des Kupfers bekannt. Dennoch änderte sich dadurch einige Tausend Jahre lang wenig, da gediegenes Metall genau wie Stein nur gehämmert wurde. Erst mit der Erzverhüttung wurde der Schritt zur Metalltechnik getan.

Überall im Vorderen Orient durchziehen Adern aus kupferhaltigen Erzen das Gebirge. Die vom Wasser freigespülten Erzbrocken wurden wahrscheinlich zuerst wegen ihrer auffälligen giftgrünen oder himmelblauen Farbe gesammelt, zermahlen und zum Einfärben von Keramik verwendet. Beim Brennen der Gefäße muß irgendein Töpfer vor 8000 Jahren entdeckt haben, wie Kupfer ausschmilzt – denn nur im geschlossenen Ofen herrschten genügend hohe Temperaturen und sauerstoffarme Luft.

Dieses entscheidende Geheimnis wurde sicher sorgfältig gehütet. Aber durch den einsetzenden Handel mit Rohkupfer breitete sich die Kenntnis zwangsläufig aus, und über die Voraussetzungen für Kupfergewinnung verfügte man in der Steinzeit überall: Prospektion (die gezielte Suche nach geeignetem Rohmaterial), organisierter Bergbau (auf Feuerstein) und (Töpfer-)Öfen gehörten zum selbstverständlichen Know-how. Das erste Metallurgiezentrum entwickelte sich zwischen 4500 und 4000 v. Chr. in Südosteuropa. Nach Ausgrabungen in Aibunar (Bulgarien) sind allein in diesem Bergwerk an die 30000 t grüner Malachit und blauer Azurit abgebaut worden, oxydische Kupfererze, die im Tagebau erreichbar und leicht zu verhütten waren. Das Rohkupfer wurde über 1500 km bis zur unteren Wolga gehandelt.

Über 3000 Jahre experimentierte man herum, um die Eigenschaften des Kupfers zu verbessern. Alle Erze sind durch andere Metalle verunreinigt; im richtigen Mischungsverhältnis läßt sich die Qualität des Schmelzproduktes dadurch sogar erhöhen. Lange Zeit bevorzugte man eine Kupfer-Arsen-Legierung, die sich leichter gießen und härter schmieden läßt. Bei der Verarbeitung werden allerdings giftige Salze und Dämpfe freigesetzt, die zu Hautkrankheiten und Lähmungserscheinungen führen können. Im Mythos vom hinkenden Schmied, dem griechischen Gott Hephaistos, blieb die Erinnerung an diese Frühzeit lebendig.

In der Frühen Bronzezeit wurde Mitteleuropa führend in der Metallurgie, weil die technisch schwierigere Ausnutzung eigener sulfidischer Kupfersorten im Untertagebau gelang sowie, ungefähr seit dem 20. Jahrhundert v. Chr., die Herstellung echter Bronze. Zinnbronze, das heißt Kupfer mit 8–12% Zinn, die sich fast so hart wie Stahl schmieden läßt, beherrschte von nun an bis zur Erfindung des Eisens den Markt.

Reines oder legiertes Kupfer ist in verschiedenen Barrensorten in den Handel gekommen (Taf. 34). Stangenbarren, eine auf die ostalpinen Kupferreviere beschränkte Handelsform, wurden im Voralpenland zwischen Salzach und Inn gegossen. Sie sind nur aus Depots bekannt, aus Opfer- oder Schatzfunden (S. 60), die sich entlang wichtiger Verkehrswege reihen, sowohl Richtung Norden nach Böhmen, wie Richtung Westen durchs Alpenvorland (Abb. 26). Auf diesem Weg nach Westen ist gut 150 km vom Zentrum des Bergbaus entfernt eines der größten Depots jener Zeit vergraben worden. Im Münchner Luitpoldpark fanden sich in etwa 1 m Tiefe rund 500 Stangenbarren, insgesamt etwa 85 kg Kupfer und Bronze, die Last von drei Trägern. Das Gewicht eines Barrens lag bei 180 g, seine Länge zwischen 19,4–23,5 cm. Diese Normierung macht deutlich, daß mit den Metallen ein neuer Wertmesser geschaffen war, mit dem auch die Kunst des Zählens, Messens und Wiegens Einzug hielt.

Stangenbarren aus Kupfer und Bronze.. Depotfund der Frühen Bronzezeit (etwa 2300–1600 v. Chr.) aus dem Luitpoldpark in München. Länge eines Barrens ca. 20 cm; Prähistorische Staatssammlung München.

32 Nach Rang und Stand

Am Anfang muß es ein paar unerschrockene Männer gegeben haben, die auf der Suche nach neuen Erzlagerstätten waren. Sie kamen donauaufwärts, auch aus dem ungarischen Raum, wo die Metallurgie eine über 2000 Jahre alte Tradition hatte. Die ersten Gemeinschaften dieser Leute finden wir im fruchtbaren Donautal zwischen Altmühl- und Vilsmündung, aber auch entlang der Alpenflüsse. Hier lockten nicht gute Ackerböden, sondern hier zeichnet sich der Weg in die Berge ab.

Die Expeditionen lohnten sich. Vor allem im Salzburger Land entwickelte sich eines der wichtigsten Bergbaureviere (S. 57). In ganz Südbayern – Nordbayern blieb von der Konjunktur ausgeklammert (Abb. 26) – stieg der Anteil des Metalls an der Grabausstattung, wenn auch langsam und über Jahrhunderte hin. Viele Generationen mußten sich ersatzweise noch mit Knochennadeln oder Muschelanhängern begnügen, und das rare Metall reichte nur für leichtgewichtigen Draht- und Blechschmuck, hie und da für einen kleinen Pfriem oder ein Messer aus. Erst als Bergbau, Verhüttung, Legierung und Guß auf der technischen Höhe ihrer Zeit waren, gehörten Bronzegegenstände auch in Bayern zum Alltag – vorausgesetzt, man konnte sie bezahlen, denn die Ware hatte ihren Preis. Aber den konnten sich die reichen Bauern im Donautal leisten, die genügend gefüllte Getreidesäcke, Wolldecken, Packpferde oder Lederzeug zum Tausch anboten und die zugleich wichtige Schlüsselpositionen im Handelsverkehr einnahmen. Ein Weg führte den Strom entlang nach Westen Richtung Rhônetal, das Anschluß an die Zinnroute bot (Abb. 31); die Handelskontakte lassen sich bis ins Wallis verfolgen, zum Beispiel in der Form des zepterartigen Prunkbeiles aus Alteglofsheim bei Regensburg (im Bild rechts). Ein zweiter Weg führte über den Strom nach Norden durch die Cham-Further Senke hinüber nach Böhmen (Taf. 30); daraus erklären sich viele Übereinstimmungen im Schmuck der Frauen zwischen Böhmen und Südbayern.

Als der steigende Anteil am Metallhandel den Wohlstand unterschiedlich wachsen ließ, die Arbeitsteilung zwischen Mann und Frau verstärkte und ein gewisses Maß an zentralisierter Organisation verlangte, kam es zu neuen Rangunterschieden in der Dorfgemeinschaft. Von nun an galt die Regel, Rang und Stand jedes einzelnen zu kennzeichnen: Frauen durch Tracht und Schmuck, Männer durch Waffen und ›Orden‹ wie Armringe oder Goldschmuck. Im Bestattungsplatz von Alteglofsheim, einem Friedhof mit 34 Gräbern (Abb. 27), stellten Männer mit Beil und Dolch deutlich mehr dar als die, die nur den Dolch führten, und ganz unten standen die, die beigabenlos blieben. Es scheint sich aber (noch) nicht um Abstufungen innerhalb einer Kriegerkaste gehandelt zu haben, denn nach wie vor wirkt die Bewaffnung eher symbolisch als funktional. Das betrifft sowohl die kleinen ›Dolche‹ (Bild Mitte), über die sogar einige ›weise Frauen‹ verfügten (Taf. 33), als auch prunkhafte Beilformen, die weniger Angriffslust als vielmehr Repräsentationsbedürfnis und Metallbesitz dokumentieren. Nur einem einzigen, kräftig gebauten, schon älteren Mann war die komplette Kombination aus Prunkbeil, Dolch, Armring und Goldschmuck ins Grab gelegt und überdies die Ehre zuteil geworden, in einem über 2 m tiefen Schacht beigesetzt zu werden (Abb. 28 und 29).

Der Reichtum an Statussymbolen bezeugt den hochgestellten Rang dieses Mannes zu Lebzeiten, dessen Einfluß weit über sein Dorf hinausgereicht haben muß durch die Teilhabe an der neuen Form des Fernhandels, der weit über den einfachen Tausch von Gebrauchsgütern im Nahhandel hinausging: Kupfer aus dem Salzachtal gegen landwirtschaftliche Produkte aus dem Donautal, Salz aus Mitteldeutschland gegen Gold aus Böhmen und Gold und Salz gegen Kupfer und Zinn – es war ein überregionales enges Geflecht, das bereits eine primitive Geldwirtschaft einschloß (Taf. 34).

Dolch, Beil, schmales Prunkbeil der Frühen Bronzezeit, 20.–17. Jahrhundert v. Chr. Die ursprünglich goldfarbenen Bronzeklingen sind jetzt mit Grünspan überzogen; das Holz von Griff und Stielen hat sich nicht erhalten. Aus Gräbern bei Regensburg; Länge des Dolches 9,5 cm; Museum der Stadt Regensburg.

33 Reichtum und Tracht

Der neue Metallreichtum stürzte die Menschen in einen gewissen Zwiespalt: solch ein Reichtum will gezeigt werden, aber er schürt auch die Angst vor Verlust und Diebstahl. Wenn man frühbronzezeitliche Grabausstattungen betrachtet, könnte man zu dem Schluß kommen, die Männer hätten das Problem geschickt gelöst, indem sie ihre Frauen mit diesem Reichtum behängten, mit massiven Halsreifen (im Bild links) oder mit Manschetten, die an Hand- und Fußgelenk getragen wurden (im Bild hinten). Es handelte sich um eine Art Schmuckgeld, denn die gleichen Typen sind als Barrenform im Metallhandel benutzt, im Falle der Halsringe wohl auch als Zahlungsmittel eingesetzt worden (Taf. 34). Da die Manschetten sich nicht wieder abstreifen ließen, ohne ihre Gestalt zu verlieren, gehörten sie zu jenen Schmuckstükken, die Tag und Nacht getragen werden mußten. Solange man den Metallwert nicht veräußern wollte, war er auf diese – für die Frauen freilich ziemlich unbequeme – Weise bestens aufbewahrt. Selbst die vier Stachelscheiben (Bild Mitte), eine sperrig wirkende Schmuckform, die eine feste Unterlage, Leder oder filzartigen Stoff benötigte, scheinen vor allem den Zweck verfolgt zu haben, Reichtum zu präsentieren und zugleich Metallwert zu horten.

Derartige Stachelscheiben, entweder zwei oder vier an der Zahl, fanden sich im Donautal so wie in Grab 2/83 (Abb. 27) stets im Rücken der Frauen, eingerahmt von parallel liegenden Bündeln von Blechröhrchen (Bild Mitte). Es sieht ganz so aus, als habe man neben Frauen eines bestimmten Standes jeweils das gleiche Kleidungsstück niedergelegt, das je nach Rang unterschiedlich mit Stachelscheiben besetzt und mit klappernden Röhrchen behängt war. Es ist gewissermaßen die älteste Tracht des Gäubodens.

Weitere Hinweise auf Kleidung – einfach geschnittene Röcke oder Blusen wie aus nordeuropäischen Mooren – haben sich nicht erhalten. Männer wie Frauen waren bei der Bestattung offenbar in einen Umhang oder in ein Leichentuch gehüllt, das auf der Brust von Bronzenadeln zusammengehalten wurde (im Bild hinten). Einzig der Kopfputz der Frauen hat Spuren hinterlassen, bronzene Bänder, Ringlein, Röhrchen, die im Haar, auf Schleiern, Hauben oder regelrechten Hüten befestigt waren. Haar besitzt, weil es ständig wächst, in vielen Kulturen eine tiefe Symbolik und unterliegt deshalb rituellen Vorschriften, die sich auf Frisur und Kopfbedeckung erstrecken (S. 69).

Mit den neuen Rangunterschieden begannen solche Vorschriften verbindlich zu werden und sich in der Tracht auszudrücken. Schmuck war immer mehr als bloßer Zierat. Er stellte eine Form der Kommunikation dar, die in der Tracht – dem reglementierten Schmuck aus kostbaren Materialien – noch eine Steigerung fand. Nicht Geldwert, sondern ihr Kostüm, das schönste von allen, und der Dolch, der alten (›weisen‹) Frauen vorbehalten war, verliehen der Toten einst ihre Würde.

Abb. 77 Lage des Schmucks in Grab 2/83.

Reicher Frauenschmuck der Frühen Bronzezeit, 20.–17. Jahrhundert v. Chr. Grabfund aus Alteglofsheim (R); Museum der Stadt Regensburg.

34 Gold und Geld

Unweit des Donauufers von Regensburg wurde 1937, nur 45 cm unter dem Straßenpflaster des Hochwegs, ein Metalldepot entdeckt. Unter einer großen Scherbe lagen rund 9 kg Rohkupfer in Form von Gußbrocken, 20 Fertigprodukte in Form von Beilen und 3 Goldringe.

Abb. 78 Bronzebeile aus dem Depotfund Regensburg-Hochweg; Länge 18 cm; Museum der Stadt Regensburg.

Gold war und ist das edelste der Metalle. Es glänzt wie die Sonne, ist unzerstörbar und deshalb von Anfang an Statussymbol; nie hat es in seiner mehr als 6000jährigen Geschichte praktische Verwendung gefunden. Die wenigen frühen Goldfunde Bayerns stammen wohl aus Böhmen, das reich an Flußgold war. Bis auf einen verbogenen Armreif (im Bild rechts) sind es dünne Drahtringe, Haarschmuck der Männer – der kleinste Ring (Bildmitte) lag im Grab eines fünfjährigen Jungen in Alteglofsheim (R). Außer solch persönlichen Schmuckstücken enthielt das Depot vom Hochweg auch einen Beiltyp, der nicht als Gerät oder Waffe, sondern als Barren anzusehen ist und darüber hinaus als eine primitive Form des Geldes.
Reichtum aus Metall hatte viele Vorteile gegenüber Getreidefeldern und Viehherden. Er ließ sich auf kleinem Raum horten, war transportabel und unzerstörbar. Das führte bald dazu, Rohkupfer in genormter Form von einheitlichem Gewicht und gleicher Größe im Tauschhandel einzusetzen, als Ringe, Stangen oder Beile. Diese Barren stellten handliche Wertmesser dar, die als erstes ›Geld‹ Verwendung fanden.
Wie die Verbreitung zeigt, wurde das Kupfer außerhalb der eigentlichen Bergbaureviere zu Barren umgeschmolzen, im Falle der Salzburger Lagerstätten zu Ringbarren, die sich im Voralpenland zwischen Inn und Salzach häufen. Genauso verhielt es sich mit einem beilförmigen Barrentyp, der auf den Großraum Bodensee beschränkt blieb, den Einzugsbereich der Graubündner Kupferreviere. Auch der mitteldeutsche Kupferhandel besaß seinen eigenen Beiltyp. Offenbar benutzte jedes Handelszentrum unterschiedliche Formen als »Rechnungseinheit und bevorzugtes Zahlungsmittel bei größeren Geschäften« (Pauli 1980). Gelegentlicher Austausch zwischen den verschiedenen ›Währungen‹ setzte nur eine einfache Waage voraus. Grundsätzlich scheint sich die Situation nicht sonderlich von der zu Beginn der keltischen Geldwirtschaft unterschieden zu haben (Taf. 64), aber viele Fragen stehen noch offen: Was, zum Beispiel, steckte hinter der ›Währungsreform‹ des Alpenvorlandes, als nach über 300 Jahren die Stangenbarren (Taf. 31) die Halsringe ablösten?
Das frühe Geld ist nur *ein* Merkmal der veränderten Lebensbedingungen im Metallzeitalter, aber ein sehr wesentliches. Diejenigen, die die Rohstoffe ausbeuteten oder handelten, mußten einen Teil der Bevölkerung dafür bereitstellen und zu deren Ernährung landwirtschaftlichen Überschuß produzieren. Diese Arbeitsteilung in Bauern und Bergleute, Lastenträger und Schiffer, Händler und Schmiede erforderte eine neuartige politische Organisation, um jeden mit Lohn für seine Arbeit zu versehen.

Goldschmuck der Frühen Bronzezeit aus der Umgebung von Regensburg, 17. Jahrhundert v. Chr. Durchmesser des Armreifs 4 cm; Museum der Stadt Regensburg.

Im Zeichen des Schwertes

MITTLERE UND SPÄTE BRONZEZEIT (1600–750 v. Chr.)

Die Vormachtstellung der mitteleuropäischen ›Bronzeindustrie‹ wurde im 16. Jahrhundert v. Chr. erschüttert, als neue Gerätetypen und Technologien aus Skandinavien und dem Karpatenbecken auf den Markt drängten. Das löste Veränderungen und Unruhen aus, wie das Auseinanderbrechen vieler Gemeinschaften vermuten läßt.

Unter dem Einfluß fremder Menschen und Ideen formte sich die Kultur der Mittleren Bronzezeit (1600–1200 v. Chr.). Die Beigaben der Toten – die jetzt unter Grabhügeln bestattet wurden – zeigen, daß von nun an Metallbesitz endgültig das Leben eines jeden prägte: als Geld, als Ware oder Statussymbol – in der Tracht, im Schmuck und vor allem bei den Waffen.

Wirtschaftlich entscheidend wurde der Umstand, daß Bronze bald überall und im Überfluß erhältlich war durch ein überregionales dichtes Fernhandelsnetz. Seine Kontrolle lag in den Händen einer Führungsschicht, deren Gräber eine militärische Ordnung erkennen lassen: je höher der Rang, desto schwerer die Bewaffnung. Neu hinzu kam das Schwert, von nun an die kostbarste Waffe des Mannes und Sinnbild weltlicher Macht.

Im 13. Jahrhundert v. Chr. geriet das wirtschaftliche und politische Gefüge in Bedrängnis. Neue Landstriche und Lagerstätten wurden erschlossen, Verkehrswege verlagerten sich, und unter dem Adel kam es zu Machtverschiebungen. Die geschichtlichen Ereignisse sind unbekannt, aber bei den weitgespannten Verbindungen dieser Zeit liegt ein Zusammenhang mit den Unruhen nahe, die damals den östlichen Mittelmeerraum erschütterten. Ägypten wurde von den ›Seevölkern‹ – unter Beteiligung mitteleuropäischer Söldner? – heimgesucht; um 1200 v. Chr. brach die Herrschaft Mykenes und des Hethiterreiches zusammen.

Starke politische Kräfte müssen hinter einer religiösen Bewegung gestanden haben, die sich in einer Vogel-Sonnen-Symbolik und der bald überall herrschenden Feuerbestattung ausdrückt, dem Merkmal der Späten Bronzezeit (1200–750 v. Chr.). Ihre großen ›Urnenfriedhöfe‹, die regelmäßig angelegten Dörfer und stadtähnlichen Höhensiedlungen vermitteln ein Zeitbild, das geprägt war von kultischen Vorschriften und fortschrittlicher Technik, von einer breiten Schicht ohne große soziale Unterschiede, aber neuer Machtfülle bei denen, die nun Priester und Landesherren zugleich waren.

35 »... an einem Totenweg auf dem Grunde der Flüsse ...«

»Wir verehren die Quellen großer Flüsse als heilige Stätten. Die plötzliche Entstehung eines gewaltigen Stromes aus dem Unbekannten heraus läßt uns Altäre errichten. Verehrung finden die heißen Quellen, und manchem stehenden Gewässer hat die schattige Lage oder die unergründliche Tiefe Weihe verliehen.« Die Worte des Philosophen Seneca aus dem 1. Jahrhundert n. Chr. bezeugen die einstige Ehrfurcht vor dem Wasser. Der Fluß wurde zum Symbol – ständige Erneuerung und Vergänglichkeit zugleich: *»Man steigt nicht zweimal in denselben Fluß«*, sagten die Griechen. Der Fluß war reinigendes Element,

Abb. 79 Von links nach rechts: Vollgriffschwert, Schalenknaufschwert und Antennenschwert aus Kösching (EI), dem Main bei Stockstadt (AB) und München-Schwabing, 16.–8. Jahrhundert v. Chr. Bronze; Länge des Griffs links 12 cm; Prähistorische Staatssammlung München.

war Grenze und Verbindung zwischen der Welt der Lebenden und der Toten, ganz real auch Grenze zwischen Stammesgebieten und hilfreiches Element für Handel und Verkehr.

Für Opferhandlungen bevorzugte man stets auffällige Stellen wie Quellen, Stromschnellen, Furten oder Mündungen. Am Zusammenfluß von Naab und Donau zum Beispiel sind über Jahrtausende, von der Jungsteinzeit bis ins Mittelalter, Gaben versenkt worden, und eine Wallfahrtskapelle hat die Weihe des Ortes bis heute bewahrt.

Wie in allen Flüssen überwiegen Waffen. Das trifft auch für den bayerischen Innabschnitt zu, aus dem mehrere Dutzend stammen, der Löwenanteil davon aus der Bronzezeit. Beile und Schwerter halten sich in etwa die Waage, gefolgt von Lanzenspitzen. Die einseitige Auswahl ist kein Zufall; die Tradition reicht zurück bis zu den Steinäxten des 4. Jahrtausends (Taf. 21). Und nicht von ungefähr findet sich bronzezeitlicher Frauenschmuck statt dessen häufiger in Mooren und ehemals »stehenden Gewässern« – Zugängen zu einer ganz anders gedachten mythischen Welt (Taf. 40).

Denn jetzt war die Zeit der Waffen. Im 16. Jahrhundert v. Chr. wurde aus dem Dolch das Schwert, das sich rasch den vornehmsten Platz in der Bewaffnung der Oberschicht von Griechenland bis Skandinavien eroberte. Bald rückten dekorative Metallgriffe in den Vordergrund, die komplizierte Guß-, Niet- und Punztechniken erforderten. Auch Form und Verzierung der Klingen wurden ständig verändert und verbessert. Im 12. Jahrhundert entstanden die ersten funktionsgerechten Hiebschwerter, deren Klingen sich im unteren Drittel verbreiterten, um die Schlagwucht zu erhöhen (im Bild ganz rechts). Die Fülle der Schwertformen verrät die Faszination dieser Waffe, die bis ins Mittelalter gleichsam als *alter ego* des Kriegers galt. Von Anbeginn kündete das Schwert nicht nur von Kampfgeist und Wohlstand, sondern vor allem von Rang und Machtbefugnissen seines Besitzers (S. 69). Mehr als die Hälfte aller Schwerter stammt aus Flüssen. Der Anlaß des Opfers muß zuerst wie in früheren Zeiten in offiziellen Ritualen gesucht werden, vielleicht in der Idee des ›Königsopfers‹ (S. 38). In Analogie zu den Grabfunden konnte die Versenkung auch als Ausstattung fürs Jenseits gedacht sein. Der Weg zu den Toten übers Wasser ist ja ein altes Bild, und die Schwerter, die »wie an einem Totenweg auf dem Grunde der Flüsse aufgereiht« liegen (Torbrügge 1981), mögen sein verschwommenes Spiegelbild bieten.

Flußopfer aus der Donau bei Regensburg und dem Regen: Schwerter, Beile, Lanzenspitze und Nadel der Frühen bis Späten Bronzezeit, 17.–10. Jahrhundert v. Chr. Bronze; Länge der Schwerter ca. 65 cm; Museum der Stadt Regensburg.

36 Wie die Spinne im Netz

Eine Folge des zunehmend dichteren Handelsnetzes war der wachsende Reichtum derjenigen, die wichtige Fernstraßen kontrollierten. Sie heimsten ›Zölle‹ ein, bezahlten damit ihre ›Söldner‹ und erweiterten mit deren Hilfe ihre Herrschaft – genauer gesagt, sie lebten von Wegelagerei und Raubzügen, um mit der Beute ihr Gefolge zu beschenken (S. 73). Natürlich gerieten diese kleinen Häuptlinge oder Landesherren untereinander in Machtkämpfe. In Süddeutschland könnte am Ende der ›Fürst von Hagenau‹ als Sieger hervorgegangen sein. Sein Hügelgrab lag etwa 10 km nördlich von Regensburg im Regental, im Schnittpunkt herausragender Verkehrswege. Sie verbanden Main- und Donautal miteinander, das Tor nach Südosteuropa, vor allem aber Böhmen mit dem Alpenvorland sowie Böhmen mit Südwestdeutschland, das heißt großräumig gesehen den metallhungrigen Norden mit den Lagerstätten in den Salzburger Alpen und in Westeuropa (Abb. 31). Im Zentrum dieses geographischen Einzugsbereiches, im Schnittpunkt des Handels mit Kupfer, Zinn, Salz, Gold und Bernstein saß, wie die Spinne im Netz, einer der reichsten Männer seiner Zeit, ob man ihn nun mit dem ethnologischen Begriff *big man*, als ›Oberhäuptling‹ oder in Anlehnung an historische Zeiten als ›Fürsten‹ bezeichnen will (S. 89). Mit einzigartiger Ausstattung wurde er beigesetzt.

Der Tote war bis an die Zähne ›überbewaffnet‹. Nur Pfeil und Bogen dienten wohl einst dem Jagdvergnügen, ebenfalls ein Privileg seines Standes. Auszeichnung vor anderen bedeuteten zwei Armringpaare und vor allem zwei Golddrahtringe, üblicherweise Haarschmuck, der nach Lage im Grab vielleicht in einen hüftlangen Zopf eingeflochten war. Das exklusivste Stück der Ausstattung stellt die 52 cm lange Bronzenadel dar, ganz und gar unpraktisch, aber repräsentativ. Die Sonderanfertigung läßt formale Ähnlichkeiten mit der Nadeltracht von Ostfrankreich bis Böhmen und Oberbayern erkennen, das heißt also aus dem gesamten Einflußbereich dieses Mannes.

Will man die Ausstattung in ihrer einstigen Pracht ermessen, muß man sich noch all das hinzudenken, was sich im Boden nicht erhalten konnte, weil es aus vergänglichem Material war: Griffe und Scheiden der Waffen, den Bogen, Helm und Schild, möglicherweise auch einen Brustpanzer, vielleicht alles bunt bemalt, sicherlich auch farbige Stoffe, Federn oder edle Pelze (Abb. 30).

Aus Bewaffnung und Kleidung spricht eine Übersteigerung der Lebensformen, eine Erregung, die ihren Ausdruck noch nicht in der Kunst finden konnte. Sie suchte ihn im Prunk des Kostüms und in der Entfaltung der Trauer, die im Monument des Grabhügels heroische Größe erhielt.

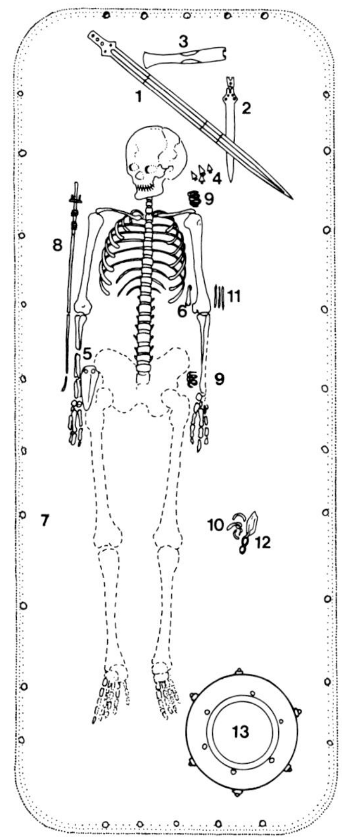

Abb. 80 Das Grab von Hagenau (R): 1 Langschwert. – 2 Kurzschwert. – 3 Beil. – 4 Pfeilspitzen. – 5 Dolch. – 6 Haken vom Schwertgurt (?). – 7 Nägel (Sargbeschläge). – 8 Prunknadel. – 9 Goldspiralen. – 10 Armringe. – 11 Tätowiernadeln. – 12 Rasiermesser. – 13 Gefäß (nach Stary 1980 mit Ergänzung).

Prunknadel des ›Fürsten von Hagenau‹ bei Regenstauf (R), 14.–13. Jahrhundert v. Chr. Bronze; Museum der Stadt Regensburg.

37 »Von des Lebens Gütern allen ist der Ruhm das höchste doch ...«

»... wenn der Leib in Staub zerfallen, lebt der große Name noch.« So dichtete Schiller, so ähnlich drückte es Cicero schon im 1. Jahrhundert v. Chr. aus, als er über den Ruhm sprach: »... dieser allein sei es, der durch die Erinnerung der Nachwelt über die Kürze des Daseins hinwegtröste ...«. Sich um die Gräber zu sorgen und das Andenken der Verstorbenen zu bewahren, stand im Mittelpunkt des römischen Totenkultes. Ähnliche Gedanken müssen auch die Erbauer der vorzeitlichen Grabhügel bewegt haben.

Abb. 81 Ausgrabung eines Doppelgrabhügels in Mantlach (NM), 16.–15. Jahrhundert v. Chr. Die Bauweise erklärt sich aus der Zusammengehörigkeit der Toten. Durchmesser des äußeren Steinkreises ca. 11 m.

In den Wirren der Ereignisse, die der Mittleren Bronzezeit (1600–1200 v. Chr.) vorausgingen, brachen viele Traditionen ab, neue Sitten kamen auf (S. 68). Das betraf unter anderem den Wechsel von der hockenden zur gestreckten Totenhaltung, sowie den Grabhügel, bis dahin nur dann und wann anzutreffen, der nun zum Wahrzeichen der ›Hügelgräberkultur‹ wurde. Hinter der Idee des Hügels standen sowohl religiöse als auch sehr weltliche Vorstellungen einer Oberschicht, die sich ein Denkmal setzen wollte. Die magische Bedeutung eines solchen Denkmals – die Kräfte der Erde zu steigern, um dem Toten die ewige Ruhe zu schenken – blieb davon unberührt.

Der Grabhügel war ein Mahnmal für die Hinterbliebenen. Das schloß regelmäßige Kulthandlungen am Grab ein – auch wenn solch flüchtige Aufenthalte, erkennbar an Brandspuren und Gefäßresten, nur schwer von den eigentlichen Bestattungszeremonien zu unterscheiden sind. Das Grab wurde zum Mittelpunkt der Familientradition: mehrere Bestattungen in einem einzigen Hügel drücken wohl Verwandtschaftsverhältnisse aus, reiche und arme Gräber wohl eine gesellschaftliche Abhängigkeit. In der Regel ruhte der Tote, vollständig bekleidet und versehen mit seinem persönlichen Besitztum, mit seinem Schmuck oder seinen Waffen, in einem Holzsarg zu ebener Erde und darüber wölbte sich der Hügel. Wo es Steine gab, wurde der Sarg mit Steinen bedeckt, der Hügel mit einer Steinmauer umkränzt. In Mantlach, Hügel 2A (Abb. 81, im Vordergrund), hatte dieser Kranz eine Höhe von etwa 60 cm. Der Holzsarg war verfault und unter der Last der Steine zusammengebrochen; so blieb in der Hügelmitte nur eine flache Steindecke zurück. Hügel 2B (im Hintergrund) enthielt das Grab einer Frau und war zu einem späteren Zeitpunkt angebaut worden.

Schwert, Dolch, Beil und Lanze in wechselnder Kombination trennten den Anführer von der Gefolgschaft, den Schwertträger vom Fußvolk, den Krieger vom waffenlosen Mann. Hierarchie hatte es schon zuvor gegeben. Aber jetzt drückte sie sich in funktionstüchtigen Waffen aus. Die Zeiten waren wieder kriegerischer geworden.

Bronzene Lanzenspitze aus dem Hügelgrab eines Kriegers, etwa 15. Jahrhundert v. Chr. Brunn (R); Länge 19 cm; Museum der Stadt Regensburg.

38 Die ›Dame von Pflaumheim‹

Ende Mai im Jahre 1902 grub – wir nehmen an, das Wetter lud dazu ein – der Würzburger Kommerzienrat F. J. Lang im Gemeindewald des Dörfchens Pflaumheim, nahe dem See, wieder einmal in gut erhaltenen Grabhügeln. In einem Hügel »aus losem Sande, ohne alle Steine ziemlich zusammen auf- und durcheinander« wurde er über alle Maßen fündig: zwei ›Knöchelbänder‹, fünf ›Brillenspiralen‹, zwei Armspiralen, ein Fingerring, drei Nadeln, eine Anzahl kleinster Spiralröllchen, etwa 60 spitzkegelige durchlochte Hütchen, alles aus Bronze, und 16 Bernsteinperlen zählte der glückliche Finder am Abend. Lang verleibte die Gegenstände seiner Sammlung ein, die später vom Fränkischen Kunst- und Altertumsverein erworben und schließlich geschlossen in öffentlichen Besitz kam. So blieb der Pflaumheimer Hügelfund glücklicherweise beieinander, wurde nicht in alle Winde zerstreut (verkauft) und ließ sich noch Jahrzehnte später, durch Vergleiche mit anderen Gräbern aus Süddeutschland, als Tracht der ›Dame von Pflaumheim‹ rekonstruieren. Bei vielen, wenn nicht den meisten bronzezeitlichen Komplexen gelingt das nicht mehr, denn ihre Herkunft verdanken sie nahezu alle der Grabungstätigkeit mehr oder weniger idealistischer, mehr oder weniger gewinnsüchtiger Forscher und Sammler um die Jahrhundertwende (S. 65).

Bei Pflaumheim öffnet sich die Untermainebene hin zum Rheintal. Es ist ein klimatisch gesegneter, siedlungsfreundlicher Landstrich, der landwirtschaftlichen Wohlstand und Verbindungen nach verschiedenen Richtungen gewährte. Eine reiche Frauentracht aus der Gegend von Darmstadt gleicht der Pflaumheimer Ausstattung deshalb bis auf Einzelheiten; und voluminöser Wadenschmuck von ähnlicher Form wurde auch in Nordost- und Südbayern getragen. Die Hügelgräberkultur ist eine gesamtmitteleuropäische Erscheinung, aber die immer stärkere Aufsiedlung des Landes führte zum Zusammenschluß regionaler Gruppen. In jeder von diesen entwickelte sich eine eigene Frauentracht, nicht anders als es bis ins letzte Jahrhundert hinein von Landschaft zu Landschaft, von Tal zu Tal üblich war.

In solchen Gruppierungen spiegelte sich stets die Selbstdarstellung einer ländlichen Oberschicht. Auch in der Neuzeit war es der reiche Bauernstand, dessen Kleidung, Möbel und Gebräuche – von der Taufe bis zum Grab – die sogenannte ›Volkskultur‹ bildeten. Aber ein großer Teil des Volkes hatte daran gar keinen Anteil. In der Bronzezeit war das nicht anders.

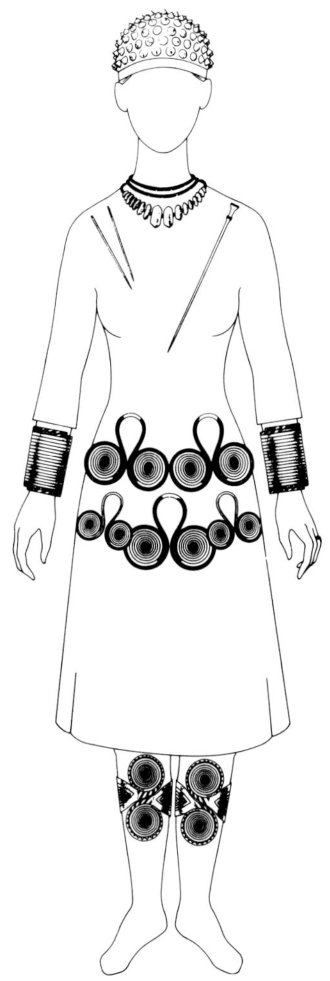

Abb. 82 Rekonstruktionsvorschlag zur Tracht der reich ausgestatteten Frau aus Pflaumheim. Nach: Schätze aus Bayerns Erde (1983).

Grabfund aus Pflaumheim (AB), 13.–12. Jahrhundert v. Chr. Nadel und Spiralschmuck aus Bronze, Halskette aus Bernstein. Länge der Nadel 23 cm; Mainfränkisches Museum Würzburg.

39 Berg und Burg

Weder die Häuptlinge, die das Schwert führten, ja nicht einmal Männer von der Machtfülle eines Fürsten von Hagenau (Taf. 36) haben Wohnsitze hinterlassen, die sich auch nur entfernt mit mykenischen Burgen vergleichen ließen. Lesescherben, allenfalls ein paar Pfostenlöcher sind der übliche Restbestand unzähliger namenloser mittelbronzezeitlicher Weiler. Die markanten Höhen, die zu Beginn des 2. Jahrtausends v. Chr. eine Konzentration der Macht angezeigt hatten (S. 59), schienen verlassen oder doch in ihrer Bedeutung gesunken zu sein.

Um so auffälliger ist der erneute Zustrom auf hochgelegene Plateaus und unzugängliche Bergrücken in der Späten Bronzezeit (1200–750 v. Chr.). Viele der altbekannten Plätze werden wieder aufgesucht, wohl meist auch befestigt. Neben kleineren Burgen spielen jetzt erstmals großflächige Höhensiedlungen eine Rolle. Die Bevölkerung dieser Bergklötze in verkehrsgünstiger Lage – Bogenberg bei Straubing im Donautal (1000 m lang), Schloßberg von Kallmünz (400 m lang; Abb. 41), Großer Knetzberg (600 m lang) und Bullenheimer Berg (1200 m lang), beide am Westrand des Steigerwaldes gelegen, Ehrenbürg bei Forchheim (1500 m lang) – lebt von Handwerk und Handel. Es sind stadtartige Plätze, angewiesen auf die landwirtschaftliche Versorgung durch ein bäuerliches Umland, ihrer Funktion nach wirtschaftliches und religiöses ›Oberzentrum‹, wie man heute sagen würde (S. 78f.).

Es gab auch Neugründungen, die offenbar andere Funktionen besaßen. Die Heunischenburg auf dem Wolfsberg bei Kronach (KC) besitzt nur eine Innenfläche von etwa 140 × 125 m, aber eine mächtige Wehranlage. Um die steil abfallenden Hänge zog sich eine hölzerne Palisade, und die ungeschützte Flanke des Bergsporns riegelte eine 110 m lange und 2,6 m breite, ursprünglich etwa 3,5 m hohe Steinmauer ab. Ihr waren eine 3,6 m breite und 1 m hohe steinerne Böschung und ein seichter Graben vorgelagert. Die hölzerne Brustwehr, aus verteidigungstechnischen Gründen unerläßlich, ist frei ergänzt, aber alle anderen technischen Details beruhen auf Ausgrabungsergebnissen. Die Mauer endete in einer etwa 30 m langen Torgasse, deren äußere Flanke im Vordergrund zu sehen ist; in der inneren Torwange befand sich eine schmale, knapp 1 m breite Ausfallspforte, die von einem hölzernen Turm aus gesichert wurde. Aus diesen Details sprechen Einflüsse des mediterranen Festungsbaus – Einflüsse, wie sie zu dieser Zeit im Kriegshandwerk allenthalben zu spüren sind (Taf. 41).

Die militärische Aufgabe der Heunischenburg wird im Schutz einer wichtigen Verkehrsverbindung nach Mitteldeutschland hinüber gelegen haben, bis ein feindlicher Angriff und Brände die Burg zerstörten. Die Mauern verfielen zu einem Wall, der sich immerhin noch im Mittelalter so mächtig ausnahm, daß man sagenhafte Hünen oder die schrecklichen Hunnen für die Erbauer hielt – so kam die Heunischenburg zu ihrem Namen.

Die Heunischenburg bei Kronach (KC), eine Befestigung des 9. Jahrhunderts v. Chr. Rekonstruierte Burgmauer mit Pforte und Holzturm.

40 Funktional, repräsentativ, magisch

Nadeln gehören seit dem 3. Jahrtausend v. Chr. zur Kleidung. In Bayern beginnt dieser Brauch mit vereinzelten knöchernen Exemplaren der Männer mit Schnurkeramik – mit Nadeln so dick und stumpf, daß damit nur locker gewebte Wollstoffe gehalten werden können, aber offenbar trotzdem von Vorteil für irgendeine Veränderung im Schnitt der Kleidung (Taf. 27). In der Frühen Bronzezeit hatte sich die Nadel als Zubehör bald so eingebürgert, daß sie beiden Geschlechtern unentbehrlich wurde. Wer von einigem Stand ist, wird zumindest mit der Nadel begraben, die das Totengewand zusammenhält und dadurch ihrerseits wiederum eine über das Praktische hinausreichende Wertsteigerung erfährt.
Um den wertvollen Metallschmuck zu sichern, wird zuweilen ein Faden durch den ringförmigen Nadelkopf gezogen und um die Nadelspitze, die aus dem Stoff ragt, gewickelt. Diese Hilfskonstruktion behalten die Nadeln mit durchlochtem Hals noch bis ins 16. Jahrhundert v. Chr. bei (Nr. 3 von links). Bei späteren Nadeln erübrigt sich der Faden ohnehin, weil die Schaftlänge zunimmt – 43 cm (Nr. 9) und mehr sind keine Seltenheit. Ganz allgemein geht die Entwicklung von schlichten (Nr. 6) zu bombastischen Formen (Nr. 10), vorzugsweise von Frauen in doppelter Ausführung getragen, während Männer bei der Einzelnadel bleiben. Im Alltag stören solch lange Ungetüme allerdings nur und bleiben deshalb wohl auf die Festtagstracht beschränkt. Innerhalb der hierarchisch gegliederten Gesellschaft der Hügelgräberkultur sollen sie in erster Linie den sozialen Rang betonen – ein Musterbeispiel dafür ist die Nadel des Fürsten von Hagenau (Taf. 36). Kein Wunder also, wenn mit der Gleichschaltung der Bestattungssitten in den Urnenfriedhöfen seit dem 12. Jahrhundert v. Chr. die Masse der Nadeln wieder kürzer und unauffälliger wird (Abb. 39, 2–3). Nur einige wenige Personen fallen durch wahre Prunkstücke auf; neu hinzu kommen Nadeln mit Schmuckplatte (Abb. 33). Aber mit diesen zweiteiligen Broschen oder Fibeln beginnt bereits ein neuer Abschnitt der Technik- und Modegeschichte (S. 70).
Symbolische Bedeutung wird meist den Radnadeln unterlegt. Rad und Sonne – die Idee des Sonnenrades, das über den Himmel rollt – gehören zu den archetypischen Zeichen, die so weithin als Symbolsprache genutzt worden sind, daß sie gerade auch für die Bronzezeit gegolten haben müssen (Taf. 44). Aber zu mehr als solch allgemeinen Feststellungen taugen die Funde nicht. Einen wirklichen Einblick in mythische Vorstellungen vermittelt das Nadelopfer. Als Idee ist es bis in griechische Sumpfheiligtümer der Artemis – wieder einmal (Taf. 20) – und zum Kult um die venetische »Reitia« in Oberitalien zu verfolgen (Taf. 57). In den Mooren des bayerischen Alpenvorlandes hat es schließlich seine eigene heimische Ausprägung erfahren. Hunderte von Jahren, über die gesamte Bronzezeit hinweg, haben hier Frauen auf schwankendem Boden oder an ehemaligen Weihern, die als Zugang zur Unterwelt gedacht wurden, ihre Nadel einer dort behausten Göttin geweiht, in der ein Aspekt jener allumfassenden ›Großen Göttin‹ weiterlebte, die seit Beginn der Metallzeit aus dem öffentlichen Leben verschwunden war.

Bronzenadeln aus Grabhügeln der Oberpfalz, 16.–12. Jahrhundert v. Chr. Länge der Radnadel ganz links 23,5 cm; Museum der Stadt Regensburg.

41 Die Zeitgenossen Hektors und Achills

Handel und Söldnerdienste, Kriegszüge und diplomatische Begegnungen, Geschenke und Tribute – seit dem 13. Jahrhundert v. Chr. waren die internationalen Beziehungen des Adels enger geworden. In der Folge wurde auch die Bewaffnung einheitlicher: die Helden vor Troja waren nicht viel anders ausgerüstet als die Krieger in Bayern. Die Schutzwaffen – Helm, Panzer, Beinschienen, Schild – bestanden üblicherweise je nachdem aus Leder, Geflecht und Holz. Nur Fürsten und Feldherren trugen bronzene Prunkstücke, die für den Kampf ohnehin nicht taugten. Sie waren das Werk hochspezialisierter Handwerker, die im 13. Jahrhundert v. Chr. die Toreutik, das Treiben von Bronzeblech, zu einer neuen Kunst entwickelten (S. 71).

1857 wurden bei Bamberg aus dem Flußschotter in der Regnitzniederung zwei Bronzeschilde geholt, die bereits kurze Zeit später verschollen waren; einer davon, der hier abgebildete, scheint später nach Mainz verkauft worden zu sein. Er hat einen Durchmesser von nur 42 cm und ist aus dünnem Blech, das in der Mitte zu einem Schildbuckel aufgewölbt wurde, um der Faust Platz zu schaffen; deutlich sind die kegelförmigen Nieten zu erkennen, die auf der Rückseite den Griff befestigen. Ebenfalls aus feuchtem sumpfigen Grund stammt der ›Kammhelm‹ von Pocking. Er besteht aus zwei Blechen, die unten mit spitzen Nieten zusammengehalten werden und auf dem Scheitel kammartig übereinandergeschlagen worden sind. Zusammen mit zwei weiteren spätbronzezeitlichen Helmen sowie der Beinschiene von Schäfstall (DON) – aus einer bemerkenswerten Fundansammlung, die wohl einen alten Donauübergang markiert – ist damit der Bestand an Metallrüstung aus Bayern schon erschöpft. Kein Stück entstammt einer regulären Bestattung. Ob bayerischer Fluß, ob norddeutsches Moor oder griechisches Heiligtum: Paradewaffen – zugleich Rangabzeichen – werden fast überall geopfert, geweiht oder an abgelegener Stelle deponiert. Wenn sie den Toten ins Grab folgen, dann nur in Auswahl. Noch nie ist irgendwo eine komplette Rüstung gefunden worden:

»Da trat hervor aus den Lagern der Philister ein Riese mit Namen Goliath ... und er hatte einen ehernen Helm auf seinem Haupt und einen Schuppenpanzer an ... und hatte eherne Beinschienen an seinen Füßen und einen ehernen Schild auf seinen Schultern ... und das Eisen seines Speeres hatte sechshundert Lot Eisen ...« (1. Samuel 17,4). Abgesehen davon, daß es zu dieser Zeit nördlich der Alpen noch keine Eisenwaffen gab – ähnlich gerüstet darf man sich auch den Kriegeradel von der Heunischenburg vorstellen. Den Kampf focht allerdings das Fußvolk der Lanzenträger aus, vor allem aber die Bogenschützen. Über 100 Pfeilspitzen blieben in der Festung zurück.

Abb. 83 Bronzene Paradebewaffnung eines Fürsten des 12.–11. Jahrhunderts v. Chr. in Mitteleuropa (nach Schauer 1975; Entwurf B. Pfeifroth).

Schild und Helm der Späten Bronzezeit, 12.–10. Jahrhundert v. Chr. aus Bamberg (BA) und Pocking (PA). Bronze; Landesmuseum Mainz und Prähistorische Staatssammlung München.

42 Die eiserne Kraft des Feuers

Das übliche Urnengrab besteht aus nicht mehr als einer einfachen Grube, darin ein Häufchen Knochenasche, eine Anzahl zerscherbter Gefäße, vielleicht ein paar verschmolzene Bronzestücke und verbrannte Tierknochen. Der Anblick läßt leicht vergessen, daß eine Brandbestattung nicht weniger aufwendig als ein Hügelbegräbnis sein konnte. Aus der Kulturgeschichte sind zahllose Vorschriften bekannt: über das Einkleiden des Leichnams, die Wahl des Holzes und Größe des Scheiterhaufens, über die Verbrennungszeremonien, das Übergießen der Leiche mit Fett, um das Feuer zu verstärken, das Besprengen mit Ölen, um den Geruch zu überdecken, das Auslesen der Knochenreste und deren Vergrabung. Ein eindrucksvolles Beispiel solcher Riten bot die Verbrennung von Indira Ghandis Leichnam noch im Jahr 1984.

Der Wechsel zur Leichenverbrennung ist untrennbar mit der Glaubenswelt der Späten Bronzezeit verbunden, aber deren Kultgegenstände deuten nicht mehr als vage Zusammenhänge zwischen Sonnenkult und Feuersymbolik an (Taf. 44). Nur die Beibehaltung der Beigabensitte weist ganz klar darauf hin, daß man sich nach wie vor ein körperhaftes Weiterleben nach dem Tode vorstellte. Der Adel legte Wert darauf, seine Statussymbole ins Jenseits mitzunehmen, darunter erstmals Wagen und bronzenes Trinkgeschirr. Für diese Schicht darf man wohl immer Begräbnisfeierlichkeiten im großen Stil voraussetzen, auch als persönlicher Besitz immer seltener beigegeben wurde.

Ein solch prunkvolles Begräbnis beschreibt Homer, als Achill seinen Freund Patroklos, der im Kampf um Troja gefallen ist, nach griechischer Sitte begraben läßt (Abb. 38): Zehntausende haben den Toten zur Brandstätte begleitet, bedeckt mit den Locken der Freunde; auch Achill legt sein abgeschnittenes Haar als Totenopfer nieder. Dann wird ein rechteckiger Holzstoß aufgeschichtet und die Leiche darauf gelegt:

»Und viele feiste Schafe und schwerwandelnde Rinder zogen sie ab vor dem Scheiterhaufen und richteten sie zu; und der hochgemute Achilleus nahm von allen das Fett und umhüllte den Leichnam vom Haupt bis zu den Füßen und schichtete rings die abgezogenen Leiber auf. Und Krüge voll Honig und Salböl lehnte er an das Lager; und vier starknackige Pferde warf er hastig hinein in den Scheiterhaufen, laut stöhnend. Neun Hunde waren ihm, ernährt am Tisch des Herrn: von denen warf er zwei geschlachtet aufs Totengerüst, und auch die zwölf edlen Söhne der hochgemuten Troer, sie mit dem Schwerte mordend ...

Und hinein sandte er die eiserne Kraft des Feuers ...«

Am nächsten Tag wurden die Knochenreste des Patroklos in einer goldenen Urne bestattet. Daran anschließend fanden die Leichenspiele statt, sportliche Wettkämpfe, die die Grablegung zum gesellschaftlichen Ereignis machten. Hätte Homer es nicht beschrieben, würde alle Phantasie nicht ausreichen, es sich vorzustellen.

Einen Abglanz solcher Zeremonien ahnt man hierzulande freilich nur in Einzelfällen wie beim Grab des Fürsten und Priesters von Acholshausen (Taf. 45). Dagegen stehen Hunderte von Urnenbestattungen aus dem Donauraum, die ebenso schlicht wie uniform wirken. Meist trifft man nur die Urne an, die mit einer darüber gestülpten Schale verschlossen war, sowie einen zusätzlichen Geschirrsatz, vor allem Schälchen und Becher, kaum Metallbesitz, allenfalls die Überreste des Tieropfers, meist von Schaf oder Ziege. Vom Aufwand einer Feuerbestattung ist nicht mehr viel zu spüren, und doch muß es ihn gegeben haben, wenn auch in bäuerlichem Rahmen, denn die Vorschrift galt für jeden. Die Radikalität, mit der sie befolgt wurde, beleuchtet die politischen Kräfte dieser Zeit (S. 79).

Je zahlreicher die Vorschriften, um so größer die Gefahr, dagegen zu verstoßen. Komplizierte religiöse Riten engen die Freiheit ein; hinter der Allgegenwart des Göttlichen verbirgt sich die Allmacht der Priester. Die ›Urnenfelder‹ im Donaubogen bergen das folgsame Heer eines strengen Zeremoniells.

Brandgrab der Späten Bronzezeit aus Sengkofen (R), 11.–10. Jahrhundert v. Chr. Höhe der großen Urne 31 cm; Museum der Stadt Regensburg.

43 Versteckte Schätze

Genügend Menschen haben noch in den letzten Tagen des letzten Krieges ihre Wertsachen – Edelmetall, Schmuck, Geld – im Garten vergraben, nicht anders als die Menschen im Dreißigjährigen Krieg oder zur Römerzeit, als die Germanen an der Reichsgrenze drohten. Nicht wenige dieser ›Schätze‹ sind nie wieder gehoben worden, sei es daß die Besitzer fliehen mußten, umgebracht wurden oder nur einfach das Versteck nicht mehr fanden.

Es gibt auch andere ›Schätze‹, Kirchenschätze zum Beispiel. Sie entstanden durch großzügige Stiftungen der Gläubigen zum Schmuck der Kirchen mit prunkvollem Gerät, das manchmal nur bei besonderen Gelegenheiten hervorgeholt und der Gemeinde gezeigt wird. Es sind Opfergaben – unwiederbringlich, aber nicht unbeabsichtigt dargebracht, denn der Stifter erhoffte sich davon Vorteile im jenseitigen Leben.

Diese beiden Arten von Schätzen in frühgeschichtlicher Zeit in jedem Einzelfall auseinanderzuhalten, ist ganz unmöglich. Die sogenannten Depots umfassen beides: Zu allen Zeiten versteckten Menschen vorübergehend ihre Reichtümer zur Sicherheit oder angesichts drohender Überfälle. Und zu allen Zeiten opferten Menschen aus Angst oder Dankbarkeit, um die Götter zu beschwören oder zu versöhnen, wertvollen Besitz. Was in Gewässern oder unzugänglichen Felsspalten – unwiederbringlich – versenkt wurde, war erkennbar für die Ewigkeit bestimmt. Manchmal weist die Landschaft – ein einsamer Felsen, eine Paßhöhe – auf den heiligen Zweck des Depots hin (Taf. 30). Dagegen sind Opfer, die auf freiem Feld an einem einst bedeutsamen Ort – einem Kreuzweg, einem heiligen Stein, einem vom Blitz getroffenen Baum – dargebracht wurden, von einem Versteckfund kaum noch zu unterscheiden.

Viel mehr als über die Beweggründe der Menschen geben die Depots Aufschluß darüber, welche Gegenstände offenbar auch als ›Geld‹ dienten. Seit Kupfer umlief, war man bestrebt, sein Vermögen, soweit es nicht aus Land und Vieh bestand, anzulegen: in Halsringen, Beilen, Schmuck. Wer sein Vermögen verstecken mußte oder den Göttern opfern wollte, griff auf sein Geld zurück (Taf. 34).

In der Mittleren Bronzezeit kamen solche Depots selten in die Erde, denn die Nadel im Moor war Opfer an die Göttin (Taf. 41), und die Waffe im Fluß Opfer an den Gott, vielleicht Totenausrüstung fürs Jenseits (Taf. 35), jedenfalls kein Geld. Es widerspräche aber aller Wirtschaftslogik, wenn Geld, einmal erfunden, in einer zunehmend arbeitsteiligen Gesellschaft außer Gebrauch gekommen sein sollte. Statt dessen können religiöse oder politische Gründe Vermögensdeponierungen eine Zeit lang verhindert haben, bis sie sich im 13. Jahrhundert erneut häuften – in der Folge einschneidender wirtschaftlicher und kultureller Veränderungen. Wie immer wurde das Alpenvorland vorrangiger Schauplatz inbrünstiger Opferszenen, ein hier alt verwurzeltes Brauchtum (Abb. 26). Charakteristischerweise zeichnen die Depots aber auch die neue Wirtschaftsachse vom Rhein-Main-Dreieck ins Donautal nach: wo neuer materieller Wohlstand aufblüht, kommt auch das Vermögen in die Erde, auch wenn es auf den ersten Blick wie Schrott aussieht (S. 73). Das Brucherzdepot von Penkhof enthielt: 1 verbogene Schwertklinge (ganz links), 2 Beile und 1 Lanzenspitze (im Vordergrund), 9 Beilfragmente, Reste von Armschmuck und Nadel, 21 Gußklumpen; vor allem aber 159 Sichelklingen, davon 7 vollständig (ganz rechts), die übrigen zerhackt. Das Depot lag etwa 50 cm tief unter dem Rasen »in schwarzer Erde« unter einer Kalksteinplatte verborgen, einsam am Hang des Wendelinberges: Opfer oder verstecktes Vermögen? Offenkundig ist nur, daß die gleichmäßige Stückelung der Sicheln in vielen derartigen Schatzfunden auf ein neues Wertmaß für das Metallgewicht schließen läßt – oder einfacher gesagt: auf gefüllte Börsen mit handlichem Zahlungsmittel.

Brucherzdepot aus Penkhof (AS), 13. Jahrhundert v. Chr. Bronze; Länge der Lanzenspitze 10,6 cm; Museum der Stadt Regensburg.

310 Gramm pures Gold, aus einem Stück getrieben, Wandstärke 0,1 Millimeter: der Goldkegel von Ezelsdorf zählt zu den Meisterwerken früher Goldschmiedekunst (Abb. 37). Seine Herstellungstechnik gibt immer noch Rätsel auf. Die Verzierungen sind offenbar mit Hilfe einzelner Bronzemodel von innen in die Gefäßwand eingepreßt worden. Mindestens 25 solcher Stempel fanden Verwendung, vorherrschend Kreismotive. Zwei der 108 Ornamentzonen werden von quergerieften Miniaturkegelchen eingenommen, und ein Band besteht aus achtspeichigen Rädern. Die Nähe der Ornamentik zur Sonnensymbolik ist offenkundig. Unbekannt ist die Funktion des Kegels, ebenso der Anlaß seiner Vergrabung. Der papierdünne Blechkörper kann weder als Gefäß noch als »Hut« gedient haben, sondern bedurfte einer Stütze und muß einen Holzpfahl, einen Obelisken oder ähnliches gekrönt haben. Die Fundumstände trugen zur Entschlüsselung des seltsamen Gebildes – eines von insgesamt drei bekannten in Europa – nichts bei: es kam fernab jeder Ansiedlung am Hang eines Bergwaldes der westlichen Frankenalb durch Zufall beim Baumstumpfroden in etwa 80 cm Tiefe zutage. Bemerkenswert ist nur die Nähe des Fundortes zur Verkehrsverbindung zwischen Main- und Donautal, die gerade in jener Zeit an Gewicht gewonnen hatte, aus der der Goldaufsatz stammt (S. 73).

Material, Herstellungstechnik, Ornamentik und Art der Deponierung – abseits der Dörfer, kaum von Erde bedeckt, manchmal mit einem großen Stein markiert – verbinden die Goldkegel mit Goldgefäßen und Goldscheiben der Bronzezeit. Aus Unterglauheim (DLG) stammen zwei Goldschälchen, die in einem großen Bronzeeimer lagen, den eine ›Vogelsonnenbarke‹ ziert, offenbar ein Kultgeschirr-Ensemble (Abb. 35–36; Taf. 56). Am überzeugendsten äußert sich die Sonnensymbolik in den nordeuropäischen Goldscheiben, deren berühmteste der ›Sonnenwagen‹ von Trundholm (Dänemark) trägt, ein 60 cm langes, von einem Bronzepferdchen gezogenes Gefährt – wohl der aufregendste Fund der gesamten Bronzezeit, der deren Mythologie enthüllt.

In dieser Mythologie sind auch die Kegel verankert, ob sie nun in einem Heiligtum aufgestellt waren oder auf einem Wagen in Prozessionen mitgeführt wurden – einer Mythologie, die im Zeichen des Wassers und der Sonne stand, antagonistischer Zeichen eines weiblich beziehungsweise eines männlich gedachten Kosmos (S. 46), der vom 13.–8. Jahrhundert v. Chr. von Griechenland bis Skandinavien durch gleichartige Sinnbilder überliefert ist: durch Pferd und Vogel, Wagen und Schiff, vor allem aber durch Kreise, Räder und Spiralen – und Gold. Im Glanz des Goldes entfaltete sich zu allen Zeiten das Strahlen der Sonne. Hinter der explosionsartigen Ausbreitung dieser Symbolwelt glaubte man eine Auswirkung des revolutionären Sonnenkultes des Pharao Echnaton (1365–1348 v. Chr.) zu sehen: die Verehrung der personifizierten vergöttlichten Sonnenscheibe (Aton), eine monotheistische Abstraktion mit politischem Hintergrund. Der neue zentralistische Staatskult sollte die Macht der Priesterschaft schwächen.

Das eine wie das andere kann über die archaische Zivilisation Mitteleuropas nur einen Schatten geworfen haben, und die Sonnenverehrung als solche war bereits tief in alteuropäischem patriarchalen Gedankengut verwurzelt (S. 38). Über die religiösen Inhalte der daraus sprießenden bronzezeitlichen Sonnenkulte lassen sich höchstens Vermutungen anstellen. Aber immerhin fassen wir ihre geistesgeschichtliche Wirkung in der aufs äußerste reduzierten Symbolik, wenn sie so wie auf dem Kegel jede figürliche Darstellung verweigerte. Diese Zeichenhaftigkeit war Ausdruck einer in Technik, Kriegswesen und politischer Organisation zweifellos nach Aufklärung strebenden Zeit, die gleichzeitig noch ganz von emotionalen Reaktionen beherrscht wurde (wie selbst noch die Helden Homers); einer Zeit, die das Symbol bereits als abstraktes Zeichen verstand und gleichzeitig noch psychisch vom Inhalt des Mythos abhängig war. »Sie stehen in der Mitte zwischen Magie und Logos, und ihr Instrument, mit dem sie sich zurechtfinden, ist das Symbol.« (Warburg 1988)

Goldkegel von Ezelsdorf (LAU), Ausschnitt (vgl. Abb. 37), 12.–11. Jahrhundert v. Chr. Durchmesser der Rädchen 1,8 cm; Germanisches Nationalmuseum Nürnberg.

45 Fürsten und Priester

Die Archäologie hält immer wieder Überraschungen bereit und nicht nur in fernen Ländern. Einer der sensationellsten Funde der letzten Jahrzehnte aus bayerischem Boden war das ›Fürstengrab von Acholshausen‹, das 1970 zufällig in einer Baugrube entdeckt wurde.
Der Tote, ein 40–50 Jahre alter Mann, war verbrannt, wie in der Späten Bronzezeit üblich, und die Leichenasche in einer Steinkammer bestattet worden. Zu seiner Ausstattung fürs Jenseits gehörten unter anderem über zwei Dutzend Tongefäße und die Beigabe von Schweinefleisch; zwei Lanzen, die seinen militärischen Rang unterstrichen; bronzenes Trinkgeschirr, bestehend aus Eimer und Tasse; zwei bronzene Schmuckscheiben, die vielleicht auf einem Lederpanzer befestigt waren; zwei zu dieser Zeit seltene amuletthafte Glasperlen; und schließlich der Miniaturwagen mit beweglichen Rädern, dessen Fahrgestell vier Wasservögel bilden, die ein Gefäß tragen.
Auf griechischen Münzen des 4. Jahrhunderts v. Chr. ist ein solcher Kesselwagen mit Vogel abgebildet. Nach der Überlieferung begleiteten zwei Raben diesen heiligen Wagen in einem Fruchtbarkeitskult, denn *»diesen (Kessel) versetzen sie immer, wenn Dürre herrscht, in Schwingungen und bitten auf diese Weise den Gott um Wasser.«*
Die Idee heiliger Kessel im Mittelpunkt religiöser Riten reicht zurück bis in die Zeit der ältesten Ackerbauern und ihrer Verehrung einer göttlichen Gefäßträgerin, die das lebenspendende Wasser gewährte.
Andere zeitgleiche Kesselwagen in Miniaturform wurden als Totenurnen verwendet. Auf Tod und Auferstehung deuten die Wasservögel, ursprünglich kosmische Zeichen für Schöpfung und Begleiter der großen alten Göttinnen, zu denen zum Beispiel auch Juno zählte, deren Gänse das Kapitol in Rom hüteten. Wie alle heiligen Tiere aus vorpatriarchaler Zeit behielten Vögel ihren doppeldeutigen Charakter bei, vereinten stets den Lebens- und Todesgedanken in sich und wurden ein klassisches Symbol der Wiedergeburt, das als ›Seelenvogel‹ in der Vogelsonnenbarke von Ägypten bis Skandinavien Verbreitung fand (Taf. 56).
Diese sinnbildhafte Reise ins Jenseits verbindet die Kesselwägelchen mit vierrädrigen prunkvollen Pferdewagen, die im 13./12. Jahrhundert v. Chr. erstmals in Mitteleuropa in Originalgröße ins Grab mitgegeben werden. Einer der besterhaltenen Wagen jener Zeit fand sich in einer 2 × 4 m großen Grabkammer im Chiemgau, bei Hart a. d. Alz. Der Tote – Wagengräber zeichnen nur Männer aus – war auf dem Gefährt liegend verbrannt worden mitsamt seinen Statussymbolen Schwert, Pfeil und Bogen, Messer und einem Goldring. Der Mann muß auf der sozialen Rangleiter ganz oben gestanden haben, ob man ihn nun als Fürst oder Priester bezeichnen will oder besser noch als beides in einem, denn der Wagen besaß ursprünglich kultische Funktion. Darauf weisen die bronzenen Vogelkopfaufsätze hin – wie am Acholshausener Miniaturwagen – und die Tatsache, daß das schwere, etwa 2,50 m lange Gefährt auf instabilen vierspeichigen Rädern für praktische Zwecke gänzlich ungeeignet war. Durch die engen Kontakte mit Südosteuropa hatte die einheimische Oberschicht den leichten einachsigen Streitwagen kennengelernt, der seit mykenischer Zeit rund um das östliche Mittelmeer zum Inventar des Adels gehörte (S. 72), aber sie übernahm nur das Speichenrad und blieb bei ihren vierrädrigen Bauernwagen. Der Wagen von Hart a. d. Alz rumpelte wohl noch ziemlich unbeholfen dahin, aber reich mit Bronzebeschlägen geschmückt, die in der Sonne blinkten und laut klapperten, von einem Pferdegespann gezogen, hat dieser »fahrbare Thron« (Torbrügge 1968) Untertanen wie Gläubige zweifellos beeindruckt. Im Wagen von Acholshausen setzte sich diese Tradition fort – gleichgültig, ob damit nun eine Totenreise oder ein realer Prozessionswagen gemeint war, er stand für frühe Macht und Heiligkeit.

Kultwagen von Acholshausen (WÜ), um 1000 v. Chr. Bronze; Höhe 12 cm; Mainfränkisches Museum, Würzburg.

46 Begegnung mit der Natur

Im Ursprung des Universums, in den vier Elementen, suchten die Griechen den Ursprung der Metalle. Aus festem oder flüssigem Stoff, in der Erde, im Wasser oder im Feuer sollten sie sich gebildet haben, nicht ohne *»das Walten himmlischer Götter und überirdischer Mächte«*.
Mit der Entdeckung der Metalle entdeckte der Mensch die Elemente neu. Keinem Ackerbauern wurde der Umgang damit so vertraut wie dem Bergmann, der die Erzgänge aufspürte, untertage das Feuer setzte, von Wassereinbrüchen bedroht war und ohne Luftzufuhr erstickt wäre. Auf der Suche nach den Metallen begegnete der Mensch auch der Natur auf neue Weise, ihrer Schönheit, ihren Geheimnissen und ihrer Gewalt. Im Gebirge umfingen ihn schroffe Felswände und freie Gipfel, von denen der Blick weiter reichte über dunkel bewaldete Täler, durch die sich silberne Flüsse schlängelten, Gipfel, um die sich rascher ein Unwetter zusammenbraute, das sich heftiger entlud als in den Ebenen. Kosmische Kräfte schienen überall zu walten. Der Mensch, der in Symbolen dachte, rationalisierte seine Ängste durch Erklärungen für das Unerklärliche, durch die Benennung von festen Orten für die nicht ortbare allgegenwärtige Bedrohung, die von der Natur und ihren Elementen ausging, eine Bedrohung, die durch magische Handlungen abgewehrt, beschworen, entmachtet werden mußte.
Für den Bauern stand im Mittelpunkt seiner Religion der ewige Jahreskreislauf. Auf Ernte folgte Aussaat, und in jedem Frühjahr vermehrten sich die Herden von neuem. Der Mensch, der die Erde ausspähte nach Metallen, Erzen, Salz, Graphit, Gesteinen, wurde zum reinen Ausbeuter – er nahm, aber es wuchs nichts nach. Das begann ganz sachte schon in der Jungsteinzeit mit der Suche nach kostbaren Mineralien, steigerte sich mit Beginn der Metallurgie in der Frühen Bronzezeit und erreichte im 12.–8. Jahrhundert v. Chr. in einem Produktionsprozeß sondergleichen einen ersten Höhepunkt – zur selben Zeit wie gewisse Naturheiligtümer. Warum sollte hier kein Zusammenhang bestehen – auch wenn die Kultstätten selbst darüber schweigen?
Wasser und Erde, Feuer und Luft scheinen sie geweiht. Nicht nur im Wasser, am Grunde der Flüsse häuften sich jetzt die Waffen (Taf. 35). Auch im Innern der Erde, in abgelegenen Felspalten und Schachthöhlen verschwanden massenhaft Opferreste von Feuerbränden und Gefäßen, von Tier und Mensch; verbrannte Knochen und Tötungsschläge verweisen auf kannibalische Riten. Den Felsspalten der Frankenalb standen in Südbayern die Brandopferplätze gegenüber. Diese einst oft meterhohen Aschenaltäre aus Zehntausenden von Scherben zertrümmerter Gefäße und Tierknochen künden von blutigen Brandopfern und gemeinsamen Mahlzeiten großer Gemeinschaften. Menschen und Wildtiere fehlen unter den Opfern, so daß hier wohl andere Gebete zu anderen Göttern aufstiegen im Schein der weithin lodernden Feuer. Die Altäre krönen zuweilen imposante Höhen wie den Stätteberg bei Neuburg a. d. Donau; andere liegen eher beschaulich im weiten Talkessel, vergleichbar dem Zeusaltar in Olympia, der 6,50 m hoch war, als Pausanias ihn um 160 n. Chr. besichtigte.
Die Nähe zur Ober- und Unterwelt wurde überall gesucht, selbst in bescheidenen Gruben mitten in den Dörfern, gleichsam künstlichen Schächten, die meist vollständige Gefäße, manchmal sogar Menschenopfer bergen. Umgekehrt wurde der Gedanke des Brandopferaltars in der Alb wieder an den Felstürmen aufgegriffen. Am Fuße der Schellnecker Wänd bei Essing im unteren Altmühltal, einem markanten Felsen, lagen Scherben und Tierknochen in dicht gepacktem Haufen. Sie scheinen im rituellen Akt von oben hinabgeworfen worden zu sein, so wie von den luftigen Gipfeln der Felstürme.
Keiner von diesen strahlt eine solche Faszination aus wie der 40 m hohe kahle weiß schimmernde Rabenfelsen, den eine Plattform krönt, die nur Bergsteiger erklimmen. Selbst dort oben fanden sich winzige Scherben. Die windige Höhe gewährt keinen weiten Blick – das Tal ist eng und gewunden – aber es atmet sich frei dort oben ...

Der Rabenfelsen bei Krottensee (LAU), ein Kultplatz der Frankenalb um 1000 v. Chr.

Der Adel hält hof

FRÜHE EISENZEIT (750–400 v. Chr.)

Gegen 750 v. Chr. erreichte die Welt der Späten Bronzezeit eine Bewegung, die von Reiternomaden Innerasiens ausging und über den Balkan bis Bayern spürbar wurde. Wie viele Krieger damals tatsächlich donauaufwärts kamen, ist unbekannt. Faßbar wird nur eine neue geistige Welt: Fahren und Reiten als Ideal gehobener Lebensweise; andere Mythen, andere Riten; die Selbstdarstellung des Menschen in der bildenden Kunst. Eine selbstbewußte Oberschicht läßt sich mit Pferdegeschirr und Wagen in großen Holzkammern wieder unter Grabhügeln bestatten.

Aus dem Osten kam auch die Kenntnis der Eisenverhüttung, die das wirtschaftlich-politische Gefüge nachhaltig erschütterte. Weil Eisen fast überall zu gewinnen ist, verloren die Kontrollstationen über den Kupferhandel ihr Monopol. Fast jede Region konnte ihren Metallbedarf nun weitgehend selbst decken. Waffen und Geräte wurden billiger und haltbarer, die landwirtschaftliche Produktion stieg. Eine breite Schicht wohlhabender Hofbauern prägte das gesellschaftliche Bild.

Das änderte sich um 600 v. Chr. Die griechische Kolonie Massilia (Marseille) und die Etrusker suchten den Handel mit den Nordländern, den »Kelten«, wie man sie nannte. Rasch erlagen diese der Faszination des südlichen Luxus. Ehemalige Dorfhäuptlinge, die entsprechende Gegenangebote machen konnten – »einen Sklaven für eine Amphore Wein« (Diodor) – kamen zu fürstlichem Reichtum. Im ostfranzösisch-schweizerisch-südwestdeutschen Raum vereinigte sich alle Macht in den Händen weniger Familien. Sie verschanzten sich in Burgen und hielten Hof, zunehmend auf Kosten der bäuerlichen Bevölkerung. Anders in Bayern, an dem die neuen Handelsrouten offenbar vorbeiführten. Kleine Burgen und zahlreiche ›Herrenhöfe‹ sprechen hier eher für eine Zersplitterung der wirtschaftlichen Macht.

Die intensive Berührung mit der politischen und religiösen Ideenwelt des Südens führte zu einschneidenden Veränderungen in der Hallstatt-Kultur (750–450 v. Chr.). Um 450 v. Chr. scheint eine Krise auszubrechen. Sie äußert sich in der radikal neuen frühkeltischen Kunst. Eine neue Oberschicht mit Zentrum im Mittelrheingebiet zog Macht und Reichtum an sich; die alten Fürstenhöfe verfielen. Der bäuerliche Landadel in Bayern erwies sich als stabiler. Erst die Keltenwanderungen um 400 v. Chr. unterbrachen hier jäh das beschauliche Leben.

47 Eisen, der neue Wirtschaftsfaktor

Eisen war am Anfang genau so kostbar wie einst Bronze. Ein halbes Jahrtausend lang hatten die Hochkulturen des Vorderen Orients sorgfältig das Herstellungsgeheimnis gehütet, um ihr Monopol zu halten. Über Griechen und Etrusker gelangten die Kenntnisse der Verarbeitung im 8. Jahrhundert v. Chr. endlich nach Mitteleuropa. Bereits im 7. Jahrhundert v. Chr. begann die systematische Produktion von Waffen und Geräten. Eisen wurde in Lehmöfen unter Zugabe von Holzkohle erschmolzen. Die Qualität eines Schwertes oder eines Dolches – scharf und biegsam, hieb- und stichfest – hing weniger vom Schmelzvorgang als vom Rohmaterial und der Erfahrung des Schmiedes ab (Abb. 42 und 44).

Die Eisenverhüttung erschütterte das wirtschaftlich-politische Gefüge schneller und nachhaltiger als die Entdekkung des Kupfers. Weil Eisen fast überall leicht zu gewinnen war, verlor das Kontrollsystem über den Kupfer- und Zinnhandel an Bedeutung. Fast jede Region konnte ihren Metallbedarf nun weitgehend selbst decken. Waffen wurden billiger und Geräte haltbarer. Wälder waren schneller zu roden, Äcker leichter zu pflügen, die landwirtschaftliche Produktion stieg, und ein allgemeiner wirtschaftlicher Aufstieg begann. Größere Machtkonzentrationen gab es nicht mehr, die Handelsstationen auf befestigten Höhen wurden aufgegeben. »Eine breite Schicht mehr oder minder wohlhabender Hofbauern prägte das Bild« des 7. Jahrhunderts v. Chr. (Pauli 1980).

Es war die Zeit der Hallstatt-Kultur (750–450 v. Chr.), benannt nach einem Fundort im Salzkammergut (Taf. 50). Sie schloß ein Gebiet von Ostfrankreich bis Westungarn ein, das aber in zwei deutlich unterschiedliche Bereiche zerfiel, deren Grenze durch Bayern lief und die in der Bewaffnung am augenfälligsten werden: Im Osten herrschte das Streitbeil, im Westen das Schwert vor, das um 600 v. Chr. vom Dolch abgelöst wurde. Wechsel in der Bewaffnung bedeutete Wechsel in der Kampftechnik. Mit dem Verschwinden des Langschwertes (und dem damit verbundenen Einzelkämpfertum) schnellte die Lanzenbeigabe in den Gräbern hoch. Wieder könnte der Süden als Vorbild gedient haben – die griechische Phalanx, die geschlossene Schlachtreihe der Lanzenträger, muß die Hallstatt-Leute fasziniert haben. Die unbedingt zugehörigen Schutzwaffen Helm, Panzer und Schild fehlen in den bayerischen Gräbern, weil sie allesamt aus vergänglichem organischen Material, aus Geflecht, Leder und Holz, waren. Aber auf den Friesen der ostalpinen Bronzeeimer marschieren die Krieger in kompletter Hallstatt-Bewaffnung eindrucksvoll im Gleichschritt auf (Abb. 86).

91 % der südbayerischen Gräber enthielten eine oder mehrere Lanzen, nur 7 % den Dolch. Zweifellos war er den Anführern vorbehalten, weniger als Kampfwaffe, eher als Rangabzeichen, oft von kostbarer Ausführung. Der Dolch von Etting mit komplizierter Griffgestaltung (die Holzteile sind verloren) und gerippter Eisenscheide, die in einer hohlen (!) Kugel endet (links im Bild), stellt einen Höhepunkt damaliger Schmiedetechnik dar.

Im Laufe der Zeit wurden Dolche eine immer seltenere Grabbeigabe, die schließlich auf einen kleinen Kreis der Oberschicht beschränkt blieb. Das waren diejenigen, die durch die Kontakte mit den Mittelmeerländern zu neuem Reichtum gekommen waren, die erneut Handels- und Machtzentren schufen (Abb. 47). Bayern, mit Ausnahme von Mainfranken, blieb davon ausgeschlossen, weil es in einem handelspolitischen Vakuum lag. Nur der Landadel entlang der Verkehrsadern entfaltete vergleichsweise bescheidenen Luxus, zum Beispiel die Herren zwischen Isar und Lech, die hier den Salzhandel quer durchs Alpenvorland kontrollierten und ihre Stellung durch Dolche, Pferdegespanne und kostbare Bronzegefäße betonten.

Bewaffnung der Frühen Eisenzeit, 6.–5. Jahrhundert v. Chr. Dolch mit Eisenscheide (links) aus Etting (WM); eiserne Lanzenspitze aus Pfofeld (WUG), Länge 35 cm. Prähistorische Staatssammlung München.

48 Fahren und Reiten

Unter dem Druck der Skythen Innerasiens stießen gegen 750 v. Chr. Reiternomaden aus dem südrussischen Raum nach Westen vor, die »Kimmerier«, die ihrerseits Stämme des nördlichen Balkans mitrissen, aus dem Land der »Thraker«. Die Spuren der Zerstörung reichen bis in die ungarische Tiefebene.
Fremdlinge in der Pose des Siegers werden, ungeachtet ihrer Eroberungswut, stets auch bewundert und nachgeahmt. »Thrako-kimmerische« Kulturelemente haben direkt oder indirekt durch Vermittlung des Balkans nachhaltig auf die geistige Welt der Späten Bronzezeit nördlich der Alpen eingewirkt. Plötzlich tauchen in der bildenden Kunst Reiter auf (Abb. 87, 1); plötzlich gibt es in Mitteleuropa »thrako-kimmerisches« Pferdegeschirr. Und plötzlich ändert sich das Grabritual nach östlicher Sitte – eine reiche Oberschicht läßt sich in großen Holzkammern wieder unter Grabhügeln bestatten, zusammen mit Wagen und Zaumzeug. Pferd, Wagen und Grabhügel werden *die* Statussymbole des neuen Adels der Hallstatt-Kultur.
Inzwischen sind in Europa knapp 250 Wagengräber bekannt geworden. Stets handelte es sich um vierrädrige Prunkwagen mit etwa 80 cm Raddurchmesser. Es waren gewiß keine bequemen Reisefahrzeuge, weil sie nur aus dem kleinen flachen Wagenkasten – im Schnitt 70 × 170 cm groß und 10 cm hoch – bestanden, aber allemal fahrtüchtige Konstruktionen, die offenbar »eine wichtige und vielleicht strapaziöse Funktion zu erfüllen hatten« (Pare 1987). Sie mag halb kultischer, halb profaner Art gewesen sein, sich auf Prozessionen ebenso wie auf Amtsgeschäfte bezogen haben. Keinesfalls waren es reine Totenwagen, symbolische Gefährte ins Jenseits, wie man früher dachte. Dazu hätte es nicht einer Wagenbaukunst von hoher technischer Fertigkeit bedurft, die ein- und mehrteilige Holzfelgen kannte, geschweißte eiserne Radreifen und die lenkbare Vorderachse. Erhalten hat sich wie immer nur das Metallzubehör: zum Beispiel Trensen, bestehend aus zweiteiligem Mundstück und Seitenstangen, zuerst noch aus Bronze (Bildmitte unten), später aus Eisen (im Vordergrund); verschiedenartigste Stifte und Beschläge vom hölzernen Joch (oben links); durchbrochen gearbeitete Schmuckplatten vom Wagenkasten, die beweglich aufgehängt waren und unheilabwehrend klapperten (rechts oben).
Eingehende Untersuchungen haben gezeigt, daß diese vierrädrigen Repräsentationsfahrzeuge auf einheimischen spätbronzezeitlichen Traditionen beruhten (Taf. 45), daß technische Verbesserungen im Wagenbau aus Italien kamen, und daß das kaukasische Zaumzeug des Reitpferds umfunktioniert wurde zum Geschirr der Zugtiere.
Der Wagenbau enthüllt ein vielschichtiges Beziehungsnetz, in das bezeichnenderweise auch die darstellende Kunst eingebunden ist (Taf. 53). Nur diese bezeugt die kultische Verehrung des Pferdes wie auch das Ansehen, das der Reiter genoß – die Grabsitten verraten davon nichts. Die Tötung des Pferdes war mit Tabu belegt.

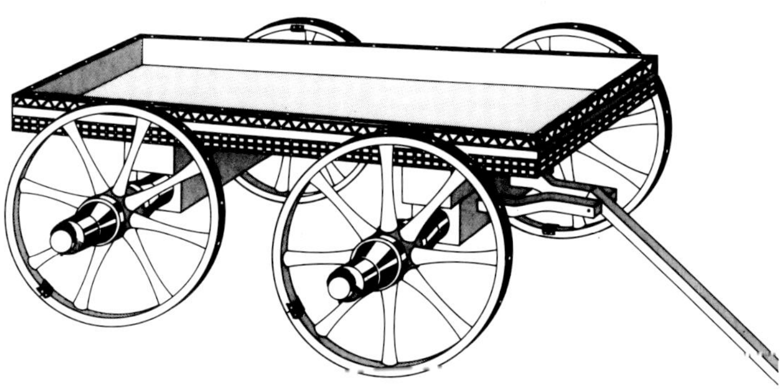

Abb. 84 Schematische Rekonstruktion eines bronzebeschlagenen Wagens aus Repperndorf (KT); (nach Wamser 1981).

Pferdegeschirr, Joch- und Wagenbeschläge aus Gräbern der Mittleren Frankenalb, 8.–7. Jahrhundert v. Chr. Länge der eisernen Trense 21 cm; Museum der Stadt Regensburg und Prähistorische Staatssammlung München.

49 Glänzend, klirrend, gewichtig

Trotz der technischen Vorzüge des Eisens blieb Bronze weiterhin begehrt. Man verstand sich noch nicht darauf, feingliedrigen Schmuck oder dünne Bleche aus dem neuen Element auszuschmieden. Von Ausnahmen abgesehen funkelten Zierat und Tracht deshalb nach wie vor goldfarben und – soweit es die Frauen betraf – üppiger und abwechslungsreicher als jemals zuvor, je nach Landschaft, Stand und Vermögen. Das ungewöhnlich reiche Frauengrab von Schrotzhofen enthielt: zwei ›Brillenfibeln‹, die rechts und links auf der Schulter ein Kleidungsstück befestigten, einen Halsringsatz mit separatem Verschluß und einen seltenen Blechgürtel. Er ist 11 cm breit und über 1 m lang, verziert mit geometrischen Mustern und Vögelchen, offenbar ein Produkt aus Hallstatt selbst. Solche Gürtel wurden wahrscheinlich über einem dicken oder stoffreichen Überwurf getragen, sicherlich eine höchst unbequeme Festtagstracht. Immerhin ließ sie sich ablegen so wie der Halsschmuck; im Gegensatz zu vielen der in Nordbayern damals so beliebten Hals-, Arm- oder Beinringsätze, die Tag und Nacht, lebenslang getragen werden mußten und deren Klirren ihre Besitzerin bei jedem Schritt verriet (Abb. 85, links). Den gewichtigsten Schmuck stellten die über Tonkern gegossenen Bronzehohlringe dar, die zumindest in Unterfranken am Gürtel hingen und zusammen ein bis zwei Kilogramm wogen (Abb. 85, rechts).

Die geräuschvollen Ringsätze, der monströse Gürtelbehang, die überbreiten Metallgürtel mit Vogel- oder Pferdesymbolik – hinter all diesen Übertreibungen stand ein magischer Zweck, der die Unannehmlichkeiten offenbar aufhob. Gürtel aus Stoff oder Leder waren seit jeher in Gebrauch gewesen, hatten aber nie eine so prächtige Ausstattung erfahren wie jetzt in der Blüte des Bronzeblechhandwerks. Ring und Gürtel, alles was rund in sich geschlossen ist, sichert das Glück und wehrt das Unheil ab: soweit die Überlieferung zurückreicht, ranken sich Mythen und Sagen um den Gürtel als Symbol der Kraft, der Herrschaft, der Erotik. In der Frühen Eisenzeit stand er sowohl Männern wie Frauen in prachtvoller Ausführung zu.

Im Hügel von Schrotzhofen mag eine jener verheirateten Hofbesitzerinnen begraben worden sein, die sich in

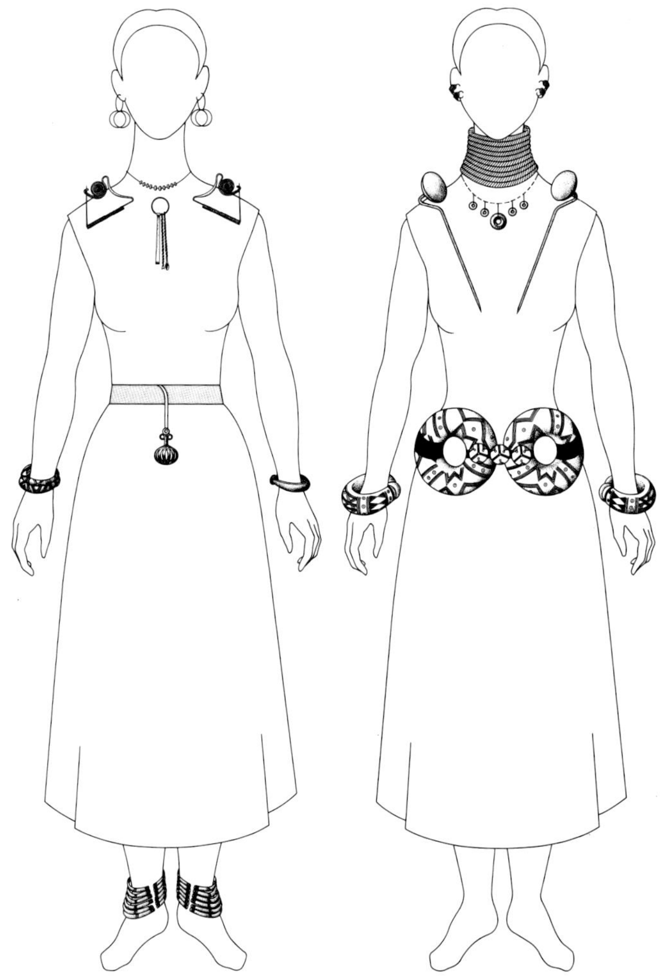

Abb. 85 Rekonstruktion der Frauentracht des 7.–6. Jahrhunderts v. Chr. aus Unterfranken nach Grabfunden aus Birkenfeld (MSP) und Großeibstadt (RG). Nach: Schätze aus Bayerns Erde (1983).

Nordwürttemberg anhand ihrer reglementierten Tracht und der Bestattungssitten zu erkennen geben und die dort eine zentrale Stellung einnahmen. Grabfunde aus Mittelfranken bestätigen dieses Gesellschaftsbild, und das sind »Indizien für eine matrilineare Familienstruktur« (Pauli 1985), die mehr als eine landschaftliche Eigenheit war (S. 39). An den Grundfesten des Patriarchats der damaligen Zeit rüttelt diese Erkenntnis nicht. Aber bei den Barbaren nördlich der Alpen scheinen jungsteinzeitliche Traditionen gesellschaftlich noch wirksam gewesen zu sein, als dieselben Traditionen in den Hochkulturen des Südens nur noch im Schatten der Tempel weiterlebten.

Bronzeschmuck aus dem Grab von Schrotzhofen (R), 6. Jahrhundert v. Chr. Museum der Stadt Regensburg.

50 Das Gold des Nordens und das weiße Gold

Bernstein entstand vor Millionen Jahren aus dem Harz von Nadelhölzern, die im Laufe der Erdgeschichte im Meer versanken. Umgelagert und in riesigen Mengen an die Küsten geschwemmt, wurde der leuchtend honiggelbe oder dunkelrote Bernstein, der sich leicht schnitzen läßt, bald zum begehrten Rohstoff für Schmuck – zum ›Gold des Nordens‹. Gegen Ende der Jungsteinzeit entwickelte sich bereits ein intensiver Tauschhandel, vergleichbar dem mit Kupfer, dem Bernstein nicht unähnlich sah. Die reichsten Bernsteinvorkommen lagen und liegen im ehemaligen Ostpreußen, wo sie noch heute im Tagebau gewonnen werden. Der Handel mit Bernstein blühte in der Frühen Bronzezeit auf und erstreckte sich bald bis Griechenland, wie sich mit Hilfe von Infrarotspektroskopie-Analysen bestätigen ließ.

Die ältesten bayerischen Bernsteinperlen stammen aus Glockenbecher-Gräbern (Taf. 29); der schönste bayerische Bernsteinschmuck ist die Kette aus Aubstadt im Grabfeldgau. Das prachtvolle Kollier besteht aus insgesamt 62 Perlen, deren größte einen Durchmesser von 5,2 cm besitzt. Die Kette lag im Grab einer Frau, die zu einer Bevölkerungsgruppe im Raum Großeibstadt (RG) gehörte, die durch ungewöhnliche Besitztümer auffällt. In Großeibstadt selbst wurden insgesamt 13 Bestattungen einer Elite ausgegraben, 11 Männer und 2 Frauen (Abb. 85), die alle in schachtartig eingetieften Grabkammern beigesetzt worden waren, welche einst ein Hügel bedeckt hatte. Jeder Tote führte Wagen oder Pferdegeschirr mit sich, Keramiksätze, einige auch Waffen und – Gipfel des Wohlstands – Bronzegefäße (Taf. 51). Der Friedhof markiert einen alten Verkehrsweg, der Mainfranken über das Werratal mit dem Norden verbindet. Der plötzliche Reichtum des Grabfeldgaus beruhte auf dieser Verkehrslage in Verbindung mit der damals einsetzenden Ausbeutung salzführender Quellen. Die heutigen umliegenden Ortschaften wie Bad Königshofen, Bad Neuhaus oder Sulzfeld hängen ja alle irgendwie mit dem Mineralreichtum des dortigen Wassers zusammen.

Auch Salz ist ein Stoff, der – durch die Verdunstung der Urmeere – vor Jahrmillionen entstand. Solesalz, das aus Quellen durch Versiedung gewonnen wird, ist schon seit der Jungsteinzeit genutzt und gehandelt worden. Der legendäre Reichtum der ›Häuptlingsgräber‹ der Frühen Bronzezeit in Thüringen (Leubingen, Helmsdorf, Dieskau), die mit Gold prunken, kann nur auf dem Handel mit Salz beruht haben, das damals um Halle herum erzeugt wurde. Ortsnamen auf *hal-* weisen immer auf Salzgewinnung hin – so wie Bad Reichenhall (Oberbayern), Hallein-Dürrnberg (Salzburg) und das namengebende Hallstatt (Oberösterreich). Um Reichenhall herum hat erst in spätkeltischer Zeit eine Soleproduktion eingesetzt. Dagegen ist in Österreich das Steinsalz in der Frühen Eisenzeit untertage abgebaut worden.

Die Erforschung dieses Bergbaus erlaubt eine recht gute Vorstellung: Die Bergleute mußten erst monatelange Vortriebsarbeit leisten, bis sie auf den Salzstock stießen, in den sie ihre Stollen legten, bis zu 450 Meter lang und bis in eine Tiefe von 330 m! Im flackernden Licht der Kienspäne schlugen zwei Häuer das Salz los, der eine mit dem Holzschlegel auf den Metallpickel des anderen, ständig bedroht von der Gefahr des Stolleneinsturzes oder einbrechenden Wassers. Tatsächlich sind drei mumifizierte Leichen gefunden worden sowie eine Fülle von organischen Materialien, die das Salz konserviert hat: Kienspäne, Ledersäcke, Fellkappen und -stiefel, Kleider und Kleiderläuse und Exkremente, die von starkem Wurmbefall zeugen.

Die Lebensqualität war erschreckend gering – die Salzbergleute bezahlten für den Glanz, der sich in ihren Gräbern entfaltet. Denn Salz war ein kostbares Gut, dessen zeitraubende Förderung die steigende Nachfrage kaum befriedigen konnte. Salz diente weniger zum Würzen als zum Konservieren und Häutegerben. Vielleicht hatte die um 750 v. Chr. spürbar werdende Klimaverschlechterung zur Folge, daß die Viehzucht zunahm, daß mehr Salz zum Einpökeln und zum Verarbeiten der Häute notwendig wurde? Einige Jahrhunderte lang war Salz das ›weiße Gold‹.

Bernsteinkette aus Aubstadt (RG), Frühe Eisenzeit (750–400 v. Chr.); Prähistorische Staatssammlung München. Im Vordergrund Steinsalzbrocken.

51 Heile Welt

Das Gefunkel und Geklapper der bronzebeschlagenen Wagen, schnaubende Rösser und stolze Reiter, die großen Herren in fein gewebter bunter Kleidung, Musikanten, die die Leier schlagen, Knechte, die gefüllte Bronzekessel heranschleppen, das Geschrei von Opfertieren und der Lärm der Menge, der Geruch nach gebratenem Fleisch und Alkohol ...

Für die Hallstatt-Kultur sind solche Phantasien statthaft, auch in Bayern. Die Grabbeigaben der Oberschicht – der ›großen Männer‹, ›Häuptlinge‹ oder wie immer man diesen Landadel titulieren muß (Taf. 54) – weisen auf ähnlich festliche Anlässe hin, wie sie die ›Situla-Kunst‹ so herrlich plastisch schildert. Auf den Situlen, verzierten Bronzeeimern des 6.–5. Jahrhunderts v. Chr., die von der Adria bis in den Ostalpenraum verbreitet waren, entfaltet sich eine farbige Szenerie: Kriegerumzüge, Prozessionen, Opferhandlungen, Kampfspiele, Trinkgelage, Musik und Tanz – eine bunte Mischung des gesellschaftlichen Lebens. In ihrer Gesamtheit illustriert sie nicht private Orgien, sondern religiös-politisches Brauchtum, ein ›Großes Fest‹ im Rahmen eines Fruchtbarkeitskultes »anläßlich regelmäßiger Zusammenkünfte auf Stammesebene« (Pauli 1984). Gemeinsames Trinken und der gemeinsame Genuß von Drogen, also auch Alkohol, spielten dabei die Rolle eines gesellschaftlichen Gleitmittels – um Ehepartner zu finden, Verträge zu schließen, Streitigkeiten beizulegen. Deshalb tragen auf den Situlen geschäftige Diener (Situla-artige) Gefäße herbei, und immer wieder wird ausgeschenkt, an die Häuptlinge wie an die Musikanten.

Die Herren in Südbayern übernahmen die Form der Bronzeeimer (Bildmitte) aus dem Ostalpenraum für ihr Bier, kostbaren Met (Honigwein) oder noch kostbareren Wein aus der Fremde. In jedem Fall brauchten sie auch eine Schöpftasse (links) oder die kleine Kanne mit rindergehörntem Henkel (rechts). Im übrigen sind die bayerischen Metallgefäße mit Ausnahme einiger geometrischer Dekorationen unverziert. Ihre technische Kunstfertigkeit steht aber außer Zweifel; sie wurden nach Bedarf vernietet, verhämmert, gewalzt und gedreht. Auch solche handwerklichen Kenntnisse konnten auf gemeinsamen Kultfesten – die es in irgendeiner Form, ob groß oder klein, überall gegeben hat – ausgetauscht werden.

Privat waren die Bronzegefäße Statussymbole einer festlichen Männerwelt, die es dem Gastgeber erlaubten, seinen Gastmählern internationales Flair zu verleihen. Und wie er es im Leben gehalten hatte, so wird bei seinem Tode gefeiert worden sein, und so wurde er auch für das Jenseits ausgestattet. So gesehen währte die heile Welt der sinnenfrohen Feste ewig.

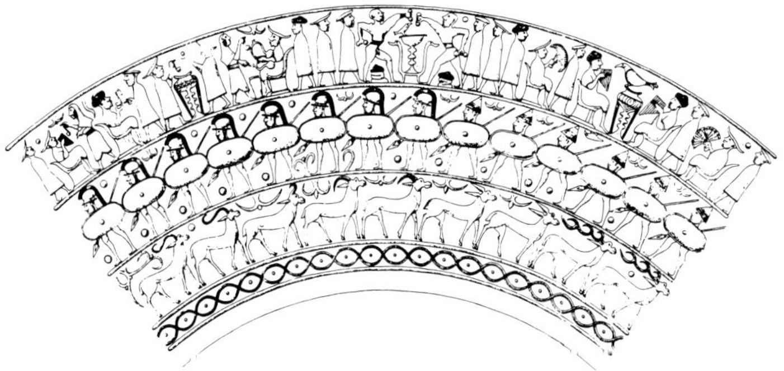

Abb. 86 Das ›Große Fest‹ auf dem Fries einer Situla; Fundort unbekannt (Umzeichnung nach Lucke/Frey 1962).

Bronzegeschirr aus Gräbern bei Wielenbach (WM), Uffing (GAP) und Rehling (AIC), 6. Jahrhundert v. Chr. Höhe des Eimers 37 cm; Prähistorische Staatssammlung München.

52 Rot, schwarz, weiß

»Am farbigen Abglanz haben wir das Leben« ... Selbst die Keramik, in Bayern die erste vielfarbige Töpferware, scheint Ausdruck eines neuen Lebensgefühls zu sein – zumal daran nicht nur der Adel, sondern auch die breite Schicht der Hofbesitzer (und -besitzerinnen!) teil hatten. Sie erhielten das feinste Geschirr mit ins Grab, das festlichen Gelegenheiten vorbehalten oder extra für das Leben im Jenseits angefertigt worden war. Unter dem gewöhnlichen Haushaltsgeschirr der Siedlungen findet es sich jedenfalls nicht.

Zu den Standardformen im Grab zählen große Behälter für Rauschgetränke oder Fleischbrühe (laut einer chemischen Analyse), dazu kleine Schöpfgefäße und Trinkbecher und für feste Speisen große Schüsseln und kleine Teller. Die geometrischen Ornamente – Dreieck, Viereck, Zackenmuster, Hakenkreuz – besaßen irgendeinen Symbolwert, der ihre ständige Wiederholung erzwang. Innerhalb dieses Kanons herrschte trotzdem Abwechslung.

Ein dunkler Vorratsbehälter aus Bastheim (RG) in Unterfranken, im Bild hinten rechts, vertritt die regionale Vorliebe für schwarz schimmernde Keramik. Das Gefäß ist im oberen Teil mit Graphit überzogen, darunter mit Bündeln aus Graphitlinien verziert, so fein und exakt wie mit dem Bleistift gezogen.

Graphitzeichnung war im Grunde nichts Neues, sie wurzelte in spätbronzezeitlichen Techniken. Gefäßbemalung dagegen kann als echte Erfindung der Eisenzeit gelten, nicht zufällig, denn alle Rottöne beruhen auf eisenhaltigen Mineralien. Schwarz entstand durch Beimengung von Manganerz in den Malschlicker. Eine Spezialität oberpfälzischer Werkstätten bildeten weißgrundige Gefäße mit rot-schwarzer Bemalung wie auf dem umgestülpten Teller aus Schirndorf (R) im Bild vorne links.

Aus Südbayern, aus Straßkirchen (SR) im Donautal, stammt der Vorratsbehälter hinten links: zu leuchtend roter Farbe und dunklen Graphitstreifen treten Felder mit Stempelmustern, die ursprünglich weiß inkrustiert waren. Die Einlagen bestanden aus einer Paste aus Knochenasche, die aber im Boden üblicherweise zerstört worden ist.

Durch besondere Umstände blieben diese Einlagen auf dem Deckel aus Donauwörth (DON), im Bild ganz rechts, erhalten. Das steigert seine Wirkung fraglos. Aber auch unabhängig davon stellt die bayerisch-schwäbische Töpferkunst mit deutlichen Anklängen an die südwestdeutsche Alb-Keramik einen handwerklichen Höhepunkt dar.

Einige exotische Formen – Ritualgefäße – fallen aus dem Rahmen. Bei Griechen und Römern leiteten Trankopfer aus eigenen Trankopferschalen das Gelage ein, und ähnlich werden nördlich der Alpen Essen und Trinken im festlichen Rahmen von Ritualen begleitet worden sein, die ihre eigenen Gefäßtypen oder -verzierungen erforderten. Einheitlich wirken diese nicht; offenbar war es jeder Gemeinschaft überlassen, sich aus dem mythologischen Vorrat zu bedienen. Die Konservativen hingen der alten Vogel-Symbolik an (Schalen mit Tonvögelchen aus Unterfranken), die Progressiven wandten sich der Pferde-Symbolik zu (Abb. 87).

Eine sehr alte Tradition stellt das Gefäß »nach seiner Grundfunktion mit Darbringen, Empfangen oder Austeilen« in Beziehung (Torbrügge 1986); in dieser Funktion erscheint es vielfach zusammen mit der göttlichen Kesselträgerin, schon seit dem 6. Jahrtausend v. Chr. In der Schale auf drei menschlichen Füßchen aus Prächting (LIF) in Oberfranken wirkt dieses Bild der Kesselträgerin aufs äußerste abstrahiert, so wie es der zeichenhaften Formensprache der Hallstatt-Kunst entsprach (Taf. 53). Die Idee der Füßchenschale stammte offenbar von Leuten im Raum Österreich-Ungarn-Slowakei. Man wüßte gerne, durch welche Art Kontakte die religiöse Vorstellung dieser Leute nach Nordbayern kam ...

Tongeschirr aus Unterfranken, Oberpfalz, Niederbayern, Bayerisch-Schwaben und Oberfranken des 8.–6. Jahrhunderts v. Chr. Höhe der Füßchenschale 11 cm; Prähistorische Staatssammlung München.

53 Die Schwierigkeit, von Kunst zu sprechen

Nach langer Unterbrechung setzt in unserem Raum zögernd eine Kunst ein, die ein über 3000 Jahre altes Tabu bricht: die Darstellung des Menschen.
Die Späte Bronzezeit hatte sich nicht über schematische Symbolfiguren hinausgewagt (Abb. 33). Jetzt plötzlich tauchen in Nordbayern Gefäßzeichnungen und Tonfiguren von Mensch und Pferd auf, vom Hirsch als Opfertier,

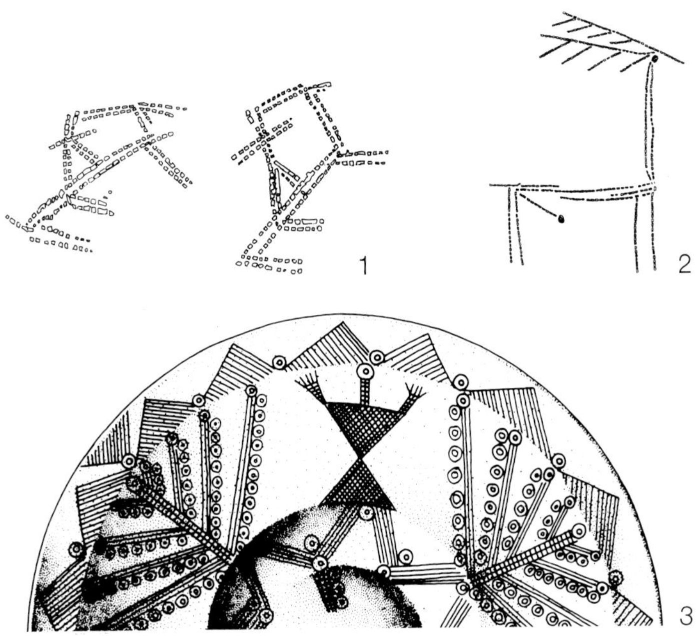

Abb. 87 Figürliche Darstellungen auf Tongefäßen, 8.–7. Jahrhundert v. Chr.: 1 Reiterumzug, Beilngries (EI). – 2 Hirsch, Schirndorf (R). – 3 Menschen mit erhobenen Armen, Dietldorf (SAD); (nach Reichenberger 1988).

vom Wagen, von Reitern und ganzen Prozessionen. Oft ist die Stilisierung zum äußersten getrieben, oft enthüllt sich erst in der Wiederholung der erzählerische Gehalt. Denn im Gegensatz zur bronzezeitlichen Symbolanhäufung, die nur eine magische Verstärkung bezweckte, meint Wiederholung hier etwas Wirkliches wie einen Reiterumzug. Diese Hallstatt-Kunst erzählt keine Mythen nach wie die Felsbildkunst, sie zeigt »Ausschnitte realer Kulte und Rituale« (Torbrügge 1985). Sie ist – bei aller Unbeholfenheit – der Versuch, das Leben abzubilden.

Die Anstöße dazu kamen von außen. Die Begegnung mit der Welt der Reiternomaden stachelte die Oberschicht zu Formen der Selbstdarstellung an, die sich nicht im Gesellschaftlichen erschöpfte – im Reiten und Fahren, in Bestattungen mit Waffen und Wagen unter Grabhügeln, sondern die auch einen religiösen Aspekt gewann. In neuen Kulten huldigte der Mensch Göttern und Göttinnen, in deren Dienst er es wagte, sich selbst abzubilden (Taf. 44). Ein zweiter Impuls kam aus Griechenland. Dessen geometrischer Kunststil ist allenthalben spürbar, im Formalen der Pferdeplastik wie im Sujet des Leierspielers. Von Westungarn (Abb. 46 b) über Böhmen bis Nordbayern finden sich nun gleichartige Darstellungen, die Mensch und Pferd im Mittelpunkt heiliger Handlungen zeigen, die mit sparsamsten Mitteln angedeutet werden – der konzeptionelle Gegensatz zur genrehaften Situla-Kunst 100 Jahre später (Abb. 86).
Denn die »Strichmännchen« wie von Kinderhand (Uenze 1982) sind nur scheinbar naiv. Nach naturalistischer Abbildung herrschte (immer noch) kein Bedarf. Das Objekt war unwesentlich; wesentlich war die Idee. Eine Idee läßt sich im Bild ausdrücken – und durch das Wort. Die Griechen hatten damals gerade die Schrift erlernt, und im selben Maße, in dem sie sich das erzählerische Wort aneigneten, traten sie mit immer großartigeren Kunstwerken hervor. Das »Aufkommen von Bild und Schrift« (Werner 1966) stand auch 1000 Jahre später bei den Germanen in innerem Zusammenhang – als eine Folge sozialer, religiöser Veränderungen, vermittelt durch eine selbstbewußte Aristokratie. Etwas ganz Ähnliches spielte sich um 700 v. Chr. ab, als die Menschen an die Stelle des bronzezeitlichen Symbolguts die Idee des Bildes setzten. Aber die Idee blieb stecken. Die Strichmännchen sind die Bildsprache der Schriftlosen.

Leierspieler, Innenverzierung einer Tonschale. Grabfund aus Schirndorf (R), 8.–7. Jahrhundert v. Chr. Höhe der Figur 6,3 cm; Prähistorische Staatssammlung München.

Abb. 88 Ausgrabung in Osterhofen-Linzing 1981–82. Nur knapp unter dem Humus heben sich Gräben und Gruben klar vom hellen Lößlehm ab, die höchstens 20 cm tiefen Pfostenlöcher der Häuser (rechte Hofecke) dagegen nur sehr schwach. Der Innengraben war ursprünglich etwa 2,50 m tief und 6 m breit.

Es gibt in Bayern Tausende von Grabhügeln der Bronze- und Eisenzeit. Unser Wissen verdanken wir diesen Stätten der Toten. Die Stätten der Lebenden – ihre Häuser, Höfe, Dörfer, Burgen – kennen wir kaum. Obwohl gerade Lage, Größe, Form, Struktur der Siedlungen die Beurteilung wirtschaftlicher und politischer Entwicklungen entscheiden.

Die Hallstatt-Kultur blendet allenfalls durch die Fürstensitze im Westen (Abb. 47; S. 89). Seit Mitte der siebziger Jahre ist aber nun in Bayern die Erforschung einer Denkmälergruppe im Gange, deren Zeugnisse – oft nur einige dunkle Streifen im Boden, ein paar Scherben – vergleichsweise bescheiden wirken, aber in ihrer Fülle einen mindestens ebenso wichtigen Blick in die Geschichte erlauben: es sind die befestigten Höfe der wohlhabenden bäuerlichen Bevölkerung des 8.–5. Jahrhunderts v. Chr. Burgen im wehrhaften Sinne waren es meist nicht; die Anlagen stellten an erster Stelle den sozialen Rang einer Familie zur Schau. Nur in Einzelfällen, wenn es sich um Kontrollstationen an beherrschender Stelle im Verkehrsnetz handelte, könnte der fortifikatorische Wert Vorrang besessen haben. Da aber die neuen Handelsrouten an Bayern offenbar vorbeiliefen, entwickelten sich aus diesen Umschlagplätzen keine zentralen Fürstensitze mit solcher Machtfülle wie in Südwestdeutschland. Nur im Maindreieck um den Marienberg von Würzburg siedelte eine hochfeudale Gesellschaft. »Im Donauraum und im Alpenvorland überwog bäuerliches Mittelmaß, herrschte (der) Landadel« (Christlein 1982).

Diese Erkenntnis wird der Luftbildarchäologie verdankt. Nur aus Flugzeugabstand sind im Humus oder im Getreidefeld die typischen Rechteckanlagen auszumachen, von Palisaden oder Gräben umzogen, im Schnitt 50 × 60 m groß, und in ihrem Inneren die Verfärbungen der Hauspfosten, Vorrats- und Abfallgruben. Großflächige Ausgrabungen fanden in Niedererlbach bei Landshut statt, einem Adelssitz von einiger wirtschaftlicher Bedeutung mit eigener Metallfabrikation, sowie in Osterhofen-Linzing, einem eher ›mittelständischen‹, etwas abgeschieden gelegenen Betrieb ohne jegliche Anzeichen von Luxus. Solch feine Unterschiede zwischen den Hofherren zu erkennen, bedarf es allerdings nach wie vor der mühseligen Arbeit mit Spaten, Kelle und Zeichenstift.

Herrenhof der Frühen Eisenzeit von Osterhofen-Linzing (DEG) im Luftbild. Im unbewachsenen Humus zeichnen sich zwei Gräben um ein etwa 45 × 50 m großes Areal ab. Es liegt auf dem Ausläufer eines kleinen Höhenrückens, dessen Westrand (im Bild links) von Lehmgruben angenagt worden ist.

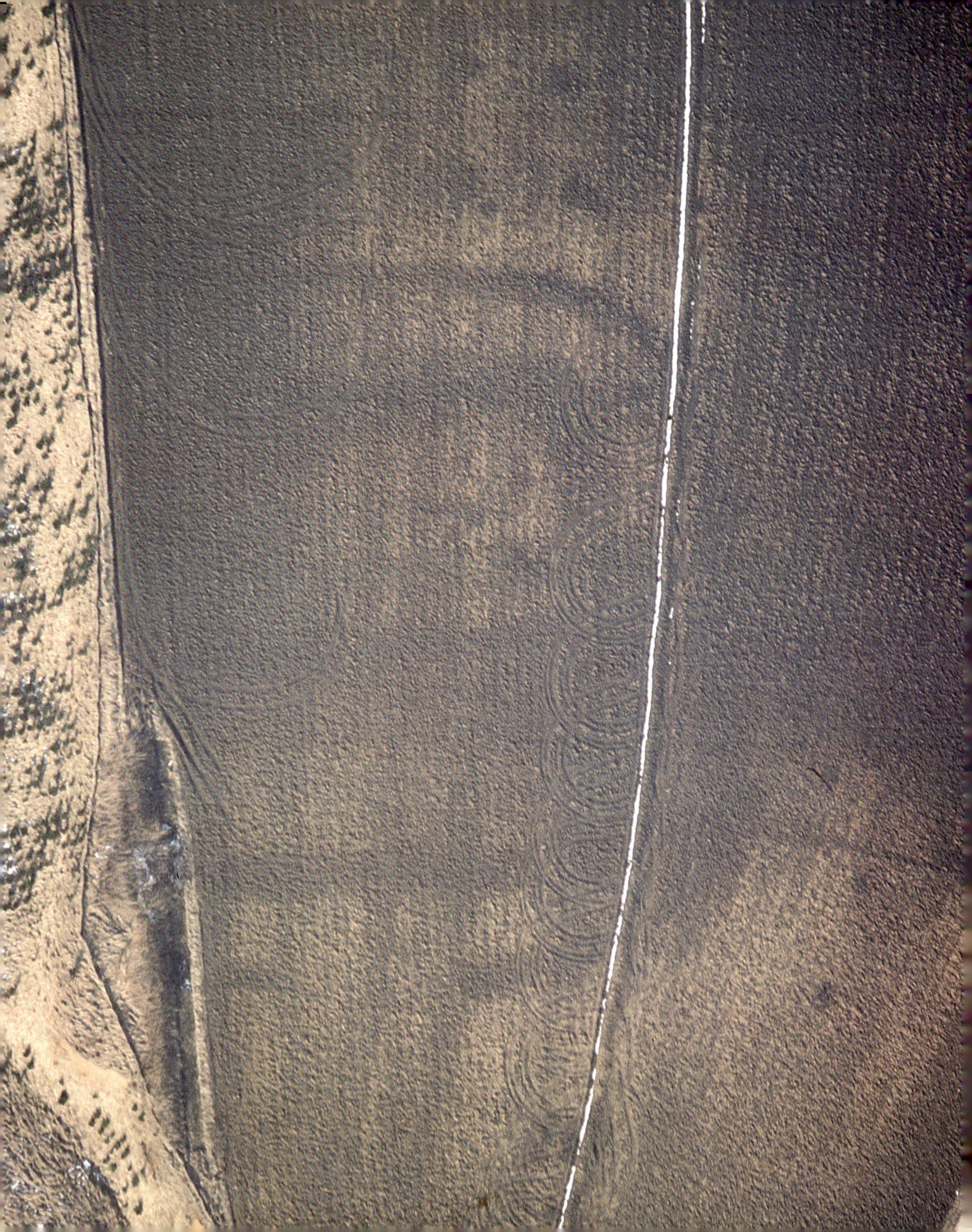

55 Der lebende Leichnam

Abb. 89 Das Gräberfeld von Landersdorf während der Ausgrabung 1984.

Zu keiner Zeit waren die Bestattungssitten so vielfältig, die Grenzen zwischen Totenkult und Opfer so unscharf wie in der Eisenzeit. Brand- und Körperbestattung wechselten einander ab, kamen auch im selben Friedhof, ja sogar im selben Grab zusammen vor. Dabei ist im Einzelfall kaum zu entscheiden, ob Religion, gesellschaftlicher Rang, der Unterschied zwischen den Geschlechtern oder das Lebensalter die entscheidende Rolle spielten.
Nur eine Regel zeichnet sich ab: Die soziale Stellung des Toten bestimmte die Qualität der Beigaben und den Aufwand für die Grabanlage. Eigens aufgeschüttete Grabhügel oder nachträgliche Beisetzung in deren Zentrum blieben dem Landadel und den Hofbesitzern vorbehalten; Mitglieder der Sippe oder des Gefolges wurden am Rande oder zwischen den Hügeln bestattet; und eine große Zahl ärmster oder unfreier Leute fand überhaupt keinen Platz im Friedhof (S. 89). Je höher das Ansehen, desto höher das Monument. Der Hügel von Riedenheim (WÜ), der nach seiner Ausgrabung wieder aufgeschüttet worden ist, war von einem 8 m breiten Graben wie von einem Bannkreis umgeben; sein Durchmesser betrug 40 m, seine stattliche Höhe 12 m! Um 530 v. Chr. waren – nach Schätzungen – mindestens 15 Mann mindestens drei Monate, vielleicht ein Jahr lang mit dem Bau dieser ›Pyramide‹ beschäftigt!
Die Toten lagen nicht ungeschützt unter ihren Hügeln, sondern – wie bei östlichen Steppenvölkern üblich – in großen hölzernen Kammern (Abb. 45), die nichts anderes waren als Abbilder des Hauses. Nie wieder wurde die Idee vom ›lebenden Leichnam‹ so realistisch nachvollzogen: wie in einem Haushalt stapelte sich das Geschirr in den Kammern, die mit Teppichen ausgelegt und – in sehr reichen Gräbern – mit Möbeln bestückt wurden; die Toten trugen ihre Festtagstracht, waren mit Schmuck behängt, mit Waffen ausgerüstet; und den adligen Herren folgten manchmal auch Gefolgsleute oder Frauen in den Tod. Diese ›Totenfolge‹ gehört zu den Abstrusitäten, die sich in Gräbern wie an Kultplätzen dieser Zeit offenbaren – als Leichenzerstückelung, Schädelverbrennung, Menschenopfer oder Kannibalismus.
Das Gräberfeld von Landersdorf in Mittelfranken bestand aus den typisch wabenförmig aneinandergebauten Hügeln, in denen die Mitglieder vornehmer Familien ruhten. Die Grabkammern selbst waren entweder von Steinen bedeckt und von Steinkränzen eingefaßt (Abb. 89 im Bild unten), oder von einer die ganze Hügelfläche einnehmenden Steindecke geschützt (Abb. 89, oben). Den Hügelfuß säumten kleine Mäuerchen. Einmal zog sich eine Pfostenreihe um die heilige Stätte einer sehr reichen Frau (im Vordergrund). Zwischen den Hügeln war das ›Fußvolk‹ bestattet worden – oft nur die Asche in einfachen Urnen, die allenfalls ein senkrecht gestellter Stein oberirdisch kennzeichnete. So unterschieden sich Reich und Arm auch über den Tod hinaus deutlich voneinander.

Grabhügel von Thalmässing-Landersdorf (RH), 6.–5. Jahrhundert v. Chr. Rekonstruktion nach der Ausgrabung. Oben links ein Hügel ›im Bau‹ mit Markierung der Grabkammer.

56 Sonnenvogel, Sonnenschiff

Wo Neues einbricht, klammert sich das Alte fest. In Kunst und Religion der Hallstatt-Kultur blieb spätbronzezeitliches Symbolgut noch lange lebendig.

Allerlei Klappergerät gehörte dazu, das vor einer dämonisch bevölkerten Welt schützen und dessen Wirkung durch symbolträchtige Heilszeichen gesteigert werden sollte. Vogel – Sonne – Schiff hatten sich zu einem dieser Zeichen verbunden, das in solch üppigen Gehängen wie aus Kirchenreinbach überlebte. Hier klapperte alles: die eingehängten großen Ringe, die kleinen Bleche, die menschenähnlichen Figürchen. Gekrönt wird das ganze von der ›Vogelsonnenbarke‹: eigentlich ein Schiff, das die Sonnenscheibe trug und dessen Bug und Steven Vogelköpfe bildeten (Abb. 36). Von der ursprünglichen Symbolkraft ist in dem Hallstatt-Gehänge allerdings nicht mehr viel zu spüren. Die frühere Eleganz der Wasservögel ist verloren gegangen (Taf. 45). Der Bronzegießer hatte nur irgendein Federvieh vor Augen; und das Sonnenrad, das er auf vier kleine Ösen reduzierte, an denen der Schmuck einst hing – wahrscheinlich am Gürtel einer Frau –, war bedeutungslos für ihn geworden.

Die Vogelsonnenbarke tritt seit etwa 1000 v. Chr. von Ungarn bis Schweden in Erscheinung, aber ihre Ursprünge reichen zurück ins 2. Jahrtausend v. Chr. und bis ins östliche Mittelmeergebiet. Hier im griechisch-orientalisch-ägyptischen Kulturbereich finden sich ihre Bildelemente einzeln wieder: die seit jeher heiligen Wasservögel (Taf. 45), das Schema der entgegengesetzt blikkenden Tiere (die eigentlich eine Götterfigur, die ›Herrin‹ oder den ›Herrn der Tiere‹ einrahmten), die Totenbarke. Im Sonnenkult verschmolzen diese Elemente schließlich miteinander – zu einem Zeitpunkt, als das Schiff durch die Entwicklung des Seewesens eine neue Bedeutung gewonnen hatte.

Am Ende des 2. Jahrtausends v. Chr. kreuzten im offenen Meer zwischen Kreta und der Levante die ersten wirklich hochseegängigen Schiffe. Sie besaßen Ruder und ein quadratisches Segel, richtige Takelage und einen hochaufragenden Bug – Prototypen der griechischen Kriegsschiffe, die im 7. Jahrhundert v. Chr. die Küsten vom Schwarzen Meer bis Marseille besetzt hatten. Ihre Erfolge verdankten sie der revolutionären Erfindung des Rammsporns, einer neuen Waffe im Kampf Schiff gegen Schiff. Aber trotz dieser Erfolge herrschte nirgends so viel abergläubische Angst wie in der Seeschiffahrt – zu groß war die (berechtigte) Furcht vor Schiffbruch und der damit verbundenen unerträglichen Vorstellung, zu ertrinken und nicht ordnungsgemäß bestattet zu werden, umherzuirren als eine zur ewigen Ruhelosigkeit verdammte Seele. Deshalb häuften sich religiöse Vorschriften und Symbolgut nirgends so wie in der Seeschiffahrt. Und konnte ein Wasserfahrzeug ein größeres Heilszeichen finden als das des Wasservogels, eines heiligen Lebewesens, das schwamm wie ein Schiff und niemals unterging?

Aber das war nur die eine, die magische Seite. Die neue politisch-wirtschaftliche Macht der Flotte verlieh dem Schiffsymbol auch eine neue mythische Qualität überall dort, wo seit jeher Wasser floß: am Ende der Welt, wo die Sonne auf- und unterging und das Reich der Toten lag. Sonnenkult und der Glaube an die Reise ins Jenseits bemächtigten sich ziemlich unvermittelt und weithin in Europa des Schiffes als zeitgemäßem glücksverheißenden Bild. Am radikalsten reagierte das meerumflossene Skandinavien. Wasservögel und Schiff verdrängten hier Pferd und Wagen geradezu. Die Totenreise übers Wasser blieb bis in die Zeit der Wikinger und ihrer schifförmigen Grabstätten im Kult verankert.

Die Bewohner des Donauraumes – die die Sonne hinter den nächsten Hügeln untergehen sahen – benützten das Vogelsonnenschiff nur sehr begrenzt. Bayern hatte daran kaum noch Anteil. Und der fast »barbarische Schwulst« (Torbrügge 1968) des Hallstatt-Klapperschmucks erinnert nur noch von ferne an die einstige Würde des Zeichens Vogel – Sonne – Schiff.

Klapperschmuck aus Kirchenreinbach (AS) der Frühen Eisenzeit, 8.–6. Jahrhundert v. Chr. Bronze; Höhe 22 cm; Museum der Naturhistorischen Gesellschaft Nürnberg.

57 Reiter und Reiterinnen

Wo und wann der Mensch das Pferd zum Reiten abgerichtet hat, ist eine umstrittene, für die Frühzeit aber eher belanglose Frage. Von Sumer bis Mykene konzentrierte sich das Augenmerk der Herrscher von Anbeginn auf den Streitwagen (Taf. 45). Natürlich ritten Hirten und Pferdeburschen, natürlich gab es berittene Spähtrupps und Botschafter und im Vorderen Orient seit dem 13. Jahrhundert auch berittene Bogenschützen. Aber auf griechischen Schlachtfeldern sah man noch in homerischer Zeit keine Reiter, und kein griechischer Gott erscheint zu Pferde. Erst nach dem Einbruch südrussischer Reiternomaden entstand im Osthallstattkreis eine ritterliche Oberschicht, die zunächst nur in Nordbayern zu erkennen ist. Der männliche Adel erschien nun hoch zu Roß; aber erst in den Unruhen der Keltenwanderungen wurde aus dem adligen Vergnügen bitterer Ernst. Von da an war die Geschichte des Pferdes eine Geschichte des Krieges.

Der Glanz der feudalen Hallstatt-Welt verschwand im 5. Jahrhundert v. Chr. Mit ihr verschwand auch ihr religiöses Symbolgut (Vogel, Sonne, Schiff – Abb. 36) oder wandelte sich in seinem Sinngehalt, wie im Falle des Pferdes. Die Pferdchenfibeln des 5. Jahrhunderts entstanden vor einem neuen gesellschaftlichen Hintergrund, aus einer anderen Weltsicht heraus, mit der eine neue Kunst aufblühte, die den Beginn der Latène-Kultur markiert (S. 93). Aus dieser Zeit stammt die Pferdchenfibel von Sengkofen. Im Gegensatz zum geometrischen Stil der Hallstatt-Kultur (Taf. 53) hat der Künstler hier versucht, auf naturalistische Weise – angezogener Kopf, gespitzte Ohren, vorgewölbte Brust – das Pferd im Dressurakt darzustellen. Die abstrakte Reliefierung des Leibes ist noch dem alten Schema verhaftet, aber die mandelförmigen Augen und die plastische Schulterpartie kündigen schon den neuen Latène-Stil an.

Für die Frau, die diese kleine Brosche trug, wird das Motiv kaum die gesellschaftliche Bedeutung wie einst für den ritterlichen Stand, sondern eher religiösen Inhalt besessen haben. Das Pferd als Symbol für Zeugungskraft und Fruchtbarkeit von Tieren und Pflanzen war das heilige Tier der Epona, eine der zentralen keltischen Muttergöttinnen. Sie ist erst aus Bildnissen der keltisch-römischen Spätzeit bekannt, besitzt aber zweifellos eine alte Tradition, weil sie, wie alle urzeitlichen Göttinnen, in dreifacher Gestalt und in Verbindung mit der Unterwelt erscheint (S. 38). Ihre Ahnherrin ist die ›Herrin der Pferde‹. Deren Spuren lassen sich über Darstellungen auf alpenländischem Klapperschmuck, Miniaturkultbildern der vorrömischen Göttin »Reitia« (Raetia), bis in das Artemis-Heiligtum von Sparta verfolgen. Und die mit dem Bogen bewaffnete Tierherrin Artemis bewahrte ihrerseits die Erinnerung an altorientalische Göttinnen – die als erste zu Pferde *saßen!* Auch Epona wird üblicherweise als Reiterin dargestellt; aber sie hat die Waffen mit den Zeichen der Fruchtbarkeit vertauscht – mit Füllhorn, Früchten, Korn. Manchmal führt sie zwei Fohlen – unverkennbar die Allegorie der nährenden Mutter im krassen Unterschied zu dem reitenden Kriegs- oder Himmelsgott, dem Nachfahren eines keltischen Pferdegottes. Der Gegensatz zwischen diesen beiden mythischen Welten prägte die Religiosität der Kelten, die um 450 v. Chr. ins Licht der Geschichte traten (S. 97 f.).

Woher kamen die Kelten? Die Frage ist falsch gestellt, denn im Nebel einer grauen Vorzeit läßt sich nach beliebig vielen Daten stochern. Man begnügt sich besser damit, seit dem 6. Jahrhundert v. Chr. von einem Kerngebiet der Kelten zu sprechen (Abb. 48), das der westlichen Hallstatt-Kultur zwischen Ostfrankreich und Böhmen entsprach und auf das sich die dürftigen antiken Schriftquellen beziehen. Sie sind zweifellos nur ein schwacher Widerschein der intensiven Begegnungen – der Handelskontakte, Tributzahlungen und Söldnerdienste – zwischen mediterranen Hochkulturen und den Barbaren im Norden, in denen diese Begegnungen ein entscheidendes neues Bewußtsein geweckt haben müssen: nämlich etwas anderes, Eigenes zu sein, eine zusammengehörige Gemeinschaft – ein Volk.

Frühkeltische Pferdchenfibel. Brosche aus Bronze, Nadel verloren. Aus einem Frauengrab bei Sengkofen (R), 450–400 v. Chr. Länge 4,8 cm; Museum der Stadt Regensburg.

Im Bannkreis des Südens

DIE KELTEN (450–15 v. Chr.)

Die Welt der Kelten kennzeichnet dreierlei: die intensive Berührung und geistige Auseinandersetzung mit der mittelmeerischen Welt, eine Kunstauffassung wie sie weder vorher noch hinterher zu beobachten ist, und schließlich die Anfänge städtischen Lebens nördlich der Alpen.
Von einem Kerngebiet der Kelten kann man seit dem 6. Jahrhundert v. Chr. in dem Raum zwischen Seine und Moldau sprechen, einem archäologisch einheitlichen Gebilde, auf das sich die ersten spärlichen Notizen griechischer Schriftsteller über die »keltoi« beziehen. Gegen 450 v. Chr. nahm die nördliche Randzone dieses Raumes – von der Champagne über das Mittelrheingebiet und Nordbayern bis Böhmen – einen plötzlichen Aufschwung. Charakterisiert wird diese Zone durch einen eigenwilligen und bildfreudigen Kunststil, der in phantasievoller Weise mittelmeerische Ornamente umformte, Masken und Fratzen erfand und damit Schmuck- und Gebrauchsgegenstände verzierte. Diese radikal neue keltische Kunst und die dahinter verborgene neue ›Religion‹ kennzeichnen die Latène-Kultur (so benannt nach dem Schweizer Fundort La Tène). Beides scheint in den alten Zentren der Macht, den Fürstenhöfen der westlichen Hallstatt-Kultur, als etwas Revolutionäres empfunden und abgelehnt worden zu sein. Diese ideologischen und politischen Gegensätze stürzten damals viele Menschen in eine Unsicherheit, die sich in regelrechter Amulettsucht äußerte.
Eine Möglichkeit, auf die Krise zu reagieren, war die Auswanderung. Tatsächlich sind die keltischen Wanderungen gegen 400 v. Chr. schriftlich und archäologisch bezeugt. Ziel waren die Mittelmeerländer, und die Eroberungen richteten sich vor allem auf Landgewinn. Oberitalien wurde keltisch, aber beutelüsterne Scharen drängten noch weiter, und selbst Rom brannte 387 v. Chr. nieder. Damals war es allerdings nur ein kleiner Stadtstaat; 200 Jahre später eroberte die neue Großmacht Oberitalien zurück. Wer nicht römisch werden wollte, flüchtete zurück nach Norden.
Damit begann nördlich der Alpen eine neue Entwicklung. Nach südlichem Vorbild entstanden die ersten Städte, befestigte Stammesmittelpunkte für Kult und Märkte, die Künstler und Handwerker anzogen. Aus ehemaligen Heerführern wurden adelige Herrscher, unter deren Schutz die Wirtschaft aufblühte. Doch wachsende Ungleichheit zwischen Volk und Adel und dessen Streitigkeiten untereinander schwächten die keltische Macht. Unter dem Ansturm der Römer und Germanen im 1. Jahrhundert v. Chr. zerbrach sie endgültig.

58 Masken und Fratzen

Nicht von ungefähr entstand im 5. Jahrhundert v. Chr. auf dem unterfränkischen Knetzberg, in beherrschender Lage über dem Maintal, eine jener neuen Burgen, deren Gründer sich in ideologischer wie politischer Sicht von der konservativen Hallstatt-Kultur losgesagt hatten. Das setzte allerdings wirtschaftliche Unabhängigkeit voraus. Und das bot der verkehrsgeographisch günstig und nahe den Eisenerzvorkommen des Steigerwaldvorlandes gelegene Knetzberg offenbar in ausreichendem Maße. »Wirtschaftliche Interessen zeigten ihnen die Richtung, aber das religiöse Motiv gab den Anstoß« (Trevor-Roper 1967) – so stellen sich die Verhältnisse im Zeitalter der Reformation dar, und so könnte es auch im 5. Jahrhundert v. Chr. gewesen sein (S. 99). Denn vor allem im Kunstbegriff jener Gründergeneration spiegelt sich das neue »Verhältnis der Kelten zu Gott und Welt« (Jacobsthal 1944), das sich am besten mit ›Religion‹ in ihrer weitesten Bedeutung umschreiben läßt.

Beides, die neue Religion und die radikal andere Kunst der Latène-Kultur (450–15 v. Chr.), kommt zuerst am eindrucksvollsten in der Ausgestaltung von Fibeln zum Ausdruck – in fratzenhaft-grotesken Fabelwesen, halb Mensch, halb Tier (Abb. 49 a). Der Bruch mit der starren Bildwelt der Hallstatt-Kultur ist offensichtlich (Taf. 53). Formale Anregungen holten sich die Kunsthandwerker aus dem Süden. Doch ob etruskische, griechische, skythische oder gar persische Vorbilder – die Kelten formten daraus etwas Eigenes, Unverwechselbares. Sie erfanden komplizierte Zirkelkonstruktionen, lösten Tier- und Pflanzenmotive in wirbelnde Ornamente auf und fügten verschlungenes Linienspiel zu rätselhaften Zwitterwesen zusammen. Szenische Darstellungen fanden keine Nachahmung; Mensch und Tier erscheinen isoliert, meist sogar nur ihre Köpfe, eingebettet in eine poetisch-vieldeutige Pflanzenwelt. Im 4. Jahrhundert v. Chr. wurde figürlicher Schmuck seltener. Die groteske Übersteigerung wich einer vollendeten Beherrschung der südlichen Vorlagen; gleichzeitig lösten sich die Künstler von dem fremden Diktat. Es entstand jene unverkennbare Ornamentik, beherrscht vom Linienspiel einer komplexen dreifachen Symmetrie, die die römische Kunst nie besessen hat (Taf. 61).

Durch die römische Eroberung wurden die keltischen Traditionen zwar unterdrückt, aber sie rissen nicht ab. In Religion und Kunst blieb das einheimische Erbe lebendig, oft über Generationen hinweg ›im Untergrund‹. Gegen Ende des 2. Jahrhundert n. Chr. brach an Rhein und Donau eine regelrechte ›keltische Renaissance‹ aus, die sich in Schmuckstücken, Steinplastik und in der Wiederbelebung alter Göttergestalten äußerte. Diese Renaissance war die Folge eines wiedererwachten Wir-Bewußtseins unter dem Druck der germanischen Angriffe auf die nördliche Reichsgrenze. Ein, zwei Generationen genügten, um ein Kunsthandwerk aufblühen zu lassen, das sich vom römischen Firnis befreit und endlich zu einer echten Verschmelzung von keltischer Abstraktion und mediterranem Klassizismus gefunden hatte. Die Völkerwanderung beendete diesen Prozeß unvermittelt; nur in England hat die Kraft des keltischen Stils bis in die christliche Buchmalerei hinein nachgewirkt. Am lebendigsten blieb das Keltische im nie eroberten Irland. Mit der irischen Mission kehrten gewisse Stilelemente schließlich wieder auf den Kontinent zurück und wurden hier in der romanischen Kunst spürbar. Das mag erklären, weshalb uns zuweilen ein Werk bayerisch-christlicher Frömmigkeit von ferne an unsere keltische Vergangenheit erinnert (Abb. 49 d).

Frühkeltische Fibeln, die nach Art unserer Sicherheitsnadeln funktionierten, von der Befestigung Kleiner Knetzberg (HAS), 450–370 v. Chr. Bronze; Länge 4,6 cm; Prähistorische Staatssammlung München.

59 Keltischer Volksglaube

Nicht überall verdrängten die neuen Ideen die alten Traditionen. In Nordostbayern, in den Fundlandschaften um Obermain und Fränkische Alb, fand der Latène-Stil zwar rasch Eingang, aber die politisch-sozialen Verhältnisse blieben vorläufig stabil. Der bäuerliche Landadel reagierte anscheinend offener als die konservativen Fürstenhöfe im Westen und konnte sich behaupten. Burgen und Bauerndörfer wurden bruchlos weiterbewohnt, die Toten am alten Platz bestattet, selbst die Heiligtümer unverändert aufgesucht. In der klassischen Höhlenlandschaft waren das die unzugänglichen Schachthöhlen (Taf. 20), in die man Opfer für die Götter versenkte, darunter nach wie vor auch Menschen, nicht selten wohl nach kannibalischen Mahlzeiten.

Ein Schauplatz dieser blutigen Zeremonien war der Eingang vor dem Dietersbergschacht bei Egloffstein. Hier waren etwa 35 Menschen getötet, zerstückelt und Teile der Leichen in die Höhle geworfen worden, in deren Tiefe Skelettreste beiderlei Geschlechts und jeden Alters lagen, darunter auch Säuglinge und selbst Ungeborene. Dazwischen fanden sich auffällig viele exotische Kaurimuscheln und gelbe Glasperlen – gewiß kein gewöhnlicher Schmuck, sondern Amulette, deren magische Kräfte die Opfer bannen und die Opfernden schützen sollten. Solche ›Augenperlen‹ wurden auch Kindern umgehängt oder gefährlichen Toten (S. 36) ins Grab mitgegeben, offensichtlich im Vertrauen auf die unheilabwehrende Wirkung des ›Augenzaubers‹ und der ›schützenden‹ Farbe Blau, beides im Volksglauben in hunderterlei Gestalt bis heute lebendig.

Amulette sollen Krankheit, Tod und alle Übel fernhalten, sollen gute und böse Geister beschwören. Um sich zu schützen, schrieben die Kelten nicht nur Tierzähnen, Hirschhorn, Muscheln, Bernstein und Koralle geheimnisvolle Kräfte zu, sondern neben Glasperlen auch Klappergeräten, Spinnwirteln und allerlei Symbolen wie Axt-, Rad- und Schuhanhängern, selbst kuriosen Ton- und Steingebilden – kurzum alles, was durch Form, Farbe und Beschaffenheit auffiel, taugte als Amulett.

Es gibt eine Theorie des Aberglaubens, derzufolge »der Glaube an die Wirksamkeit von Amuletten und magischen Praktiken immer dann besonders blühte, wenn Perioden der äußeren und inneren Unsicherheit die Menschen nach Mitteln zu deren Bewältigung greifen ließen, die außerhalb der jeweils herrschenden . . . Religion samt ihrem Lehrgebäude lagen« (Pauli 1980). In »Perioden schwindenden Autoritätsglaubens«, als Reaktion auf »Phasen zweipoliger Religiosität« und das »Absinken alter Eliten« (Hansmann 1966) scheinen in den Menschen dunkle Sehnsüchte und zwanghafte Heilserwartungen zu erwachen. Aus diesem Grund häufen sich Amulette im 16. und 17. Jahrhundert, als Reformation, Bauernaufstände und dreißigjähriger Krieg die Menschen erschütterten; und das gleiche gilt für das Frühmittelalter, die Zeit der Völkerwanderung und der Spaltung in Heiden und Christen. Auch die Amulettsucht vom späten 6. bis zum frühen 4. Jahrhundert v. Chr. ist deshalb wohl als Ausdruck einer Krise zu werten – als politische und religiöse Ideen aus dem Mittelmeerraum nach Norden vordrangen (S. 98), als eine neue Elite aufstieg und eine neue Religion verkündete, die in der Latène-Kunst offenbar wird.

P. S.: Unter der Überschrift »Der Aberglaube hat wieder Hoch-Zeit« zitierte eine große Tageszeitung 1988 die Inhaberin eines »Astro-Shops«, die ihren guten Umsatz so erklärte: Viele Menschen, die an etwas glauben wollten, vermißten bei den Amtskirchen etwas; diese seien zu rational geworden . . .

Glasperlen aus einem Opferschacht beim Dietersberg bei Egloffstein (FO), 5. Jahrhundert v. Chr. Etwa natürliche Größe; Museum der Naturhistorischen Gesellschaft Nürnberg.

Es war ein glückliches Zusammentreffen: wohlhabende Auftraggeber, ein blühendes Handwerk und neugierige Künstler. Als diese im 5. Jahrhundert v. Chr. von Griechen und Etruskern die schnelldrehende Töpferscheibe kennenlernten (Abb. 43), ließen sie ihrer Phantasie freien Lauf. Sie schufen exotische Gebilde für nicht weniger exotische Bedürfnisse einer Oberschicht, die in ihren Tisch- und Trinksitten stets nach Süden schielte. Die aus dieser Zeit stammenden langhalsigen Flaschen mit breitem, linsenförmigem Körper dienten als Karaffen für Wasser oder Rauschgetränke, entweder die einheimischen Beerenweine oder den begehrten Saft der Rebe, die zu dieser Zeit bereits im Ostalpenraum gezogen wurde.

Direkt auf Vorbildern von dort beruht die einzigartige Verzierung, der Tierfries auf der ›Linsenflasche‹ von Matzhausen in der Oberpfalz: im Vordergrund Hund oder Wolf, der einen Hasen verfolgt, darum herum vier Paare von Wildtieren – Hirsch und Hindin, balzende Auerhähne (oder Wildgänse in Drohhaltung?), Eber und Sau, Rehbock und Ricke. In der ornamentalen Musterung ihrer Leiber klingen noch alte Traditionen an (Taf. 57), aber neu ist der sichere Strich, mit dem der Künstler die Natur der äsenden, balzenden, jagenden Tiere erfaßt, und ungewöhnlich das Motiv, das er um Wildschwein und Vögel aus eigener Anschauung erweitert hat. Mit dieser genrehaften Darstellung ist er über seine Vorbilder hinausgegangen, die Tierfriese auf oberitalienisch-ostalpinen Bronzeeimern – die Situlen, die das ›Große Fest‹ schildern (Abb. 86). Bei ähnlich feierlicher Gelegenheit wird auch die Flasche von Matzhausen Verwendung gefunden haben, die zugleich ein letzter Nachklang der Situla-Kunst ist und noch an die feudalen alten Zeiten erinnert.

Denn die nordbayerische Tonkaraffe gehört bereits in die neue Zeit der beginnenden Keltenwanderungen, und es ist auch nicht anders denkbar, als daß ihr Hersteller einen der schönen Bronzeeimer selbst gesehen hat. Bezeichnenderweise glaubten auch die Römer, daß die Keltenwanderungen durch solch persönliche Kontakte ausgelöst worden seien: *»Man erzählt, Gallien . . . habe zuerst zum Anlaß genommen, Italien zu überfluten, als der Helvetier Helico, der sich in Rom als Handwerker aufgehalten hatte, bei seiner Rückkehr eine trockene Feige und eine Traube sowie Proben von Öl und Wein mitbrachte. Deswegen mag man es entschuldigen, daß man sich diese Erzeugnisse sogar durch Kriege zu verschaffen suchte.«* (Plinius der Ältere, Naturalis historia XII 5). Mit diesen Kriegen begann ein neuer Abschnitt der keltischen Geschichte: die Zeit der Wanderung.

Abb. 90 Tierfries auf der Tonkaraffe von Matzhausen (nach Pauli 1984b).

Tonkaraffe mit Tierfries, Grabbeigabe aus Matzhausen (NM), 400–350 v. Chr. Höhe 23,8 cm; Museum für Vor- und Frühgeschichte Berlin. (Das Foto zeigt eine Nachbildung im Museum der Stadt Regensburg mit weiß ausgemalter Zeichnung).

61 Der Exodus

Die glanzvolle frühkeltische Welt des 6. und 5. Jahrhunderts v. Chr. fand ein plötzliches, ja gewaltsames Ende, als Spannungen im Inneren und Erschütterungen von außen zusammentrafen. Einerseits wuchs die Rivalität zwischen konservativen und progressiven (nicht demokratischen!) Eliten, andererseits verschärften sich die Gegensätze zwischen Potentaten und ihren Untertanen, die Befestigungen zu bauen, Grabhügel aufzuschütten, Naturalien heranzuschaffen hatten. Im Süden trugen indessen Griechen, Karthager und Etrusker ihre Machtkämpfe aus, unter denen das wirtschaftliche Gefüge litt. Die großen Handelsrouten verschoben sich – *Massilia* verlor seine Bedeutung, und Oberitalien wurde etruskisch; der Peloponnesische Krieg (431–404) zog den gesamten Mittelmeerhandel in Mitleidenschaft. Was auch immer den Ausschlag gab, das Herrschaftssystem im Norden brach zusammen.

Eine Möglichkeit, auf wirtschaftliche Not und politischen Druck zu reagieren, ist seit jeher die Auswanderung, die Hoffnung auf ein besseres, freieres Leben. Tatsächlich sind die keltischen Wanderungen gegen 400 v. Chr. schriftlich und archäologisch bezeugt. Lockendes Ziel wurden die Mittelmeerländer, aus denen seit 200 Jahren Luxusartikel nach Norden gelangt waren. Was als »kleiner Grenzraubverkehr« (Dobesch 1983) begonnen hatte, schlug um in reine Eroberungszüge. Von Burgund bis Böhmen wurden Fürstensitze, Herrenhöfe, Burgen und Dörfer verlassen und die Stätten der Toten aufgegeben (S. 93).

Familien, Sippen, ganze Stämme machten sich auf den Weg nach Süden über die Alpen oder die Donau abwärts nach Osten. Im fremden Land bahnten Krieger den Weg; wer Widerstand leistete, wurde niedergemacht; wo Land leicht zu erobern war, ließ man sich nieder. Auf diese Weise wurde Oberitalien keltisch. Beutelüsterne Scharen drängten weiter. 387 brannte Rom nieder, das diesen *»schwarzen Tag«* nie verwunden hat: Mit 1000 Pfund Gold mußte sich die Stadt den Abzug der Barbaren schmählich erkaufen! Noch mehr Schätze versprach ein Raubzug zum reichsten griechischen Heiligtum von Delphi. Apollo, der Gott selbst, soll es gerettet haben; vor allem aber zwang der hereinbrechende Winter 279/278 v. Chr. die Kelten zum Rückzug. Damit waren der Höhepunkt und zugleich das Ende der Expansion erreicht; die Scharen lösten sich auf und hinterließen kaum archäologische Spuren. Ausnahmen sind zwei typisch keltische ›Buckelringe‹, die als Votivgaben in einem Heiligtum beim Isthmus von Korinth zurückblieben, einfache unverzierte Stücke, die zum Schmuck der Frau gehörten und mit einem Paar aus Straubing vollkommen übereinstimmen. Dort wurde 1981 ein weiteres Buckelringpaar entdeckt, ebenfalls mit Scharnierkonstruktion, aber von klassisch keltischer Pracht: in virtuoser Verfremdung formt der Wirbel der Linien das ›dreifache Auge‹. Magische Zahl, magisches Symbol – Zufall?

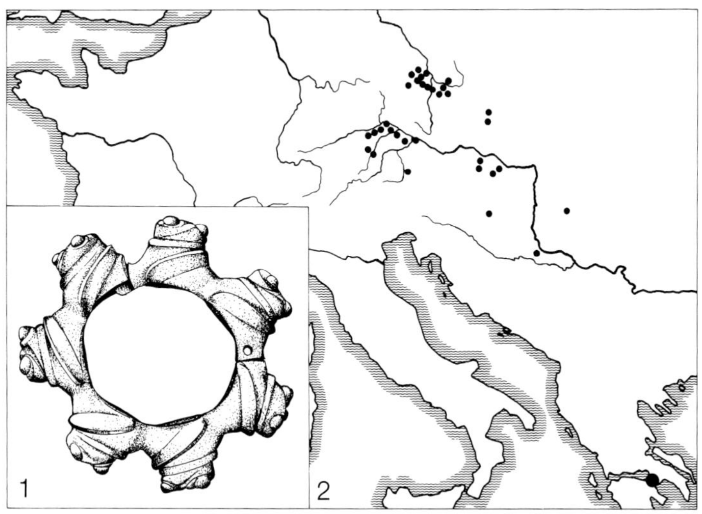

Abb. 91 1 Fußring von Straubing-Alburg mit Scharnierkonstruktion. Zum Anlegen des Schmuckes ließ sich der Ring auseinander nehmen. 2 Verbreitung der Buckelringe mit Scharnierkonstruktion (nach Krämer 1961).

Fußring aus dem keltischen Frauengrab IV von Straubing-Alburg, 3. Jahrhundert v. Chr. Bronze; Durchmesser 6,8 cm; Gäubodenmuseum Straubing.

62 Zerbrechliche Schönheit

Erfindungen werden selten ›über Nacht‹ gemacht, so wie Plinius, der Naturforscher (23–79 n. Chr.) berichtet: Als einst phönizische Kaufleute am Strand des Libanon nächtigten, hätten sie als Herdsteine am Lagerfeuer ein paar Sodabrocken ihrer Schiffsladung benützt. Am nächsten Morgen waren Sand und Soda in der Glut miteinander verschmolzen, und in der Asche lag eine durchsichtig-hellblaue erstarrte Masse: das erste Glas.
Nun war das sicher nicht das allererste Glas, denn das war in Mesopotamien schon seit dem 4. Jahrtausend v. Chr. bekannt, zunächst als Schmuckmaterial, seit etwa 1500 v. Chr. auch in Gefäßform. Aber der Kern der romantischen Geschichte ist richtig, denn die Phönizier haben es zur Meisterschaft in diesem Handwerk gebracht, und das lag offenbar an der speziellen Beschaffenheit ihres Sandes, dem wichtigsten Rohstoff. Die weitere Geschichte des Glases ist weniger romantisch, sondern zeugt vom kaufmännischen Talent der Phönizier, die eine regelrechte Industrie aufbauten und schließlich auch das Glasblasen erfanden.
Im 6. Jahrhundert v. Chr. begann in Mitteleuropa, angeregt durch südliche Importe, zögernd die eigene Glasherstellung. Das Grundrezept war einfach (und hat sich bis heute nicht geändert), wenn die nötigen Substanzen vorhanden waren: möglichst reiner Sand, schmelzfördernde Alkalien wie Soda oder sogenannte Pottasche (in waldreichen Regionen aus Buchenasche), dazu Kalk, der Festigkeit und Glanz verlieh, sowie färbende Zusätze aus Mineralien oder Metalloxyden. Am Anfang beschränkte sich die Produktion auf Perlen (Taf. 59), die mit Hilfe eines Stabes aus der zähflüssigen Glasschmelze herausgedreht wurden. Daraus entwickelte sich die Technik der nahtlosen Glasarmringe, eine keltische Spezialität. Mit der »konisch verdickten Spitze eines lanzenähnlichen Gerätes« wurde dem Ofen ein Glasklumpen entnommen, zu einem Ring aufgedreht und, immer in Nähe des Feuers, »ein dünner Eisenstab in die Ringöffnung geführt«, um die gewünschte Weite zu erhalten; ein Vorgang, der insgesamt nicht einmal eine Minute dauerte (Korfmann 1966). Einen zusätzlichen Arbeitsgang erforderten plastische Muster (links) mit Hilfe einer Matrize oder Zange und aufgeschmolzene Glasfäden (rechts). Transparenz und Farbwirkung der keltischen Glasarmringe erreichten rasch eine neue beispiellose Qualität.
Mit den Keltenwanderungen waren politische Umwälzungen einhergegangen, die die sozialen Unterschiede verringert hatten. Statt massiver Befestigungen bestimmten nun offene Dörfer und Weiler das Bild der Landschaft. Kleine Gemeinschaften, die zurückgeblieben waren, konzentrierten sich im Bereich guter Ackerböden wie in der unterfränkischen Gäulandschaft oder im Donautal. In solchen Gebieten entwickelte sich wohl – wie am Schmuck der Keltin aus Straubing-Alburg ersichtlich – bäuerliche Wohlhabenheit (vgl. Taf. 61). Aber die Zeit der prunkenden Fürstengräber und monumentalen Grabhügel war endgültig vorbei; die ohne Aufwand in den Boden eingetieften Gräber lassen eine eintönige Grundausstattung in Tracht und Bewaffnung erkennen. Gerade in Bayern bildeten sich stets nur kleine Friedhöfe; nach kurzer Zeit scheint die zugehörige Siedlung wieder verlassen worden zu sein (S. 103). Das unstete Leben verhinderte für etwa 200 Jahre die Machtkonzentration in den Händen einiger weniger.

Glasarmringe aus dem keltischen Frauengrab IV von Straubing-Alburg, 3. Jahrhundert v. Chr. Durchmesser links 7 cm; Gäubodenmuseum Straubing.

63 »Ihr Aussehen ist furchterregend ...«

»Die Kelten haben einen hohen Wuchs, einen mächtigen Körper und eine weiße Haut. Ihre Haare sind nicht nur von Natur aus gelb, sondern sie suchen diese eigentümliche Farbe durch künstliche Mittel noch zu verstärken. Sie behandeln es ständig mit Kalklauge und kämmen es von der Stirn zurück ... Manche scheren den Bart ab; andere, vor allem die Vornehmen, rasieren die Backen, lassen aber einen mächtigen Schnurrbart stehen, der über den Mund hängt ... Ihr Aussehen ist furchterregend, der Ton ihrer Stimme tief und äußerst rauh. Im Gespräch drücken sie sich kurz und rätselhaft aus. ... Sehr auffallend ist die Kleidung der Kelten. Sie tragen bunte Hemden, mit allerlei Farben gemustert, und lange Hosen, die sie Brakes nennen. Mit Fibeln befestigen sie darüber gestreifte Mäntel, im Winter aus wolligem, im Sommer aus dünnem Stoff, vielfach und sehr bunt gewürfelt.« (Diodor, 1. Jahrhundert v. Chr.)

Über Leben und Wesen der Kelten wird in der antiken Literatur viel Seltsames berichtet, beeinflußt von beliebten Klischees über die »Barbaren«. Aber einmütig verurteilen alle antiken Schriftsteller die Unbeherrschtheit der Kelten; ebenso einmütig rühmen sie aber auch deren Mut und Todesverachtung. Im Krieg kam Griechen und Römern beides gelegen: gegen ihre gedrillten Heere erzielten die blindwütigen Angriffe der Kelten nur einige Überraschungserfolge. Andererseits schätzte man den Kampfgeist: keltische Söldner waren überall begehrt, bis nach Kleinasien (S. 102).

Die keltische Gesellschaft war geprägt vom Ideal des unabhängigen und wehrhaften Mannes, ein Ideal, das sich in einem personengebundenen Gefolgschaftswesen verwirklichte, wie es in Wanderungszeiten entsteht. Diesen sozialen Wandel spiegelt die Bewaffnung am deutlichsten. In der Umbruchsstimmung des 5. Jahrhunderts v. Chr. kam von neuem das Schwert des Einzelkämpfers in Gebrauch. Es wurde zur wichtigsten Nahwaffe jener Krieger, die – jetzt aus freiem Entschluß – im Gefolge ihrer Anführer, der kühnsten Haudegen, im Süden um Land und Beute kämpften. Schwert, Lanze, Schild – ohne sie galt ein Mann nichts, ihm folgten sie ins Grab, gleichförmig von der Atlantikküste bis ins Karpatenbekken. Nur Metallhelme, mit und ohne Aufsätze, blieben Anführern vorbehalten.

Die hitzigen blonden Riesen kannten ihre Wirkung. Als Alexander der Große Abgesandte der Kelten fragte, was sie am meisten auf der Welt fürchteten, erhielt er die bemerkenswerte Antwort, *»sie fürchteten höchstens, daß der Himmel ihnen auf den Kopf fallen könnte.«*

Abb. 92 Bewaffnung des keltischen Kriegers. Rekonstruktion nach Funden des 2.–1. Jahrhunderts v. Chr. Grafik B. Pfeifroth.

Lanzenspitze und Schwert mit Scheide, absichtlich verbogene Grabbeigaben aus München-Obermenzing, 250–170 v. Chr. Eisen; Länge des Schwertes 95 cm; Prähistorische Staatssammlung München.

64 Das nötige Kleingeld

Im 3. Jahrhundert v. Chr. erreichte die keltische Vorherrschaft in Europa ihren Höhepunkt, und gleichzeitig regte sich Widerstand dagegen. Rom, die neue Großmacht, drängte nach Norden, griff auf Oberitalien über, nahm 222 v. Chr. Mailand ein, das *Mediolanum* der Kelten (das diese einst den Etruskern entrissen hatten). Hannibals legendärer Alpenübergang 218 v. Chr. weckte neue Hoffnung und riß die »Gallier« – wie man die Kelten in Rom nannte – mit, aber die Hochstimmung nach dem Sieg am Trasimenischen See verflog rasch. Um 190 v. Chr. war das Schicksal Oberitaliens besiegelt; wer nicht römisch werden wollte, flüchtete zurück nach Norden.

Die Kelten, die im Süden mit städtischer Zivilisation in Berührung gekommen waren, lösten im Norden soziale Veränderungen aus, die durch das Hin und Her keltischer Söldner im Keim schon vorhanden waren. Zu Tausenden hatten diese an Schlachten rund um das Mittelmeer teilgenommen, hatten etruskische Festungen und griechische Mauerringe, römische Verwaltung und orientalische Hofhaltung kennengelernt – und die Vorteile ihrer Besoldung, das Münzwesen. Nach südlichem Vorbild entstanden hierzulande die ersten ›Städte‹, befestigte Stammesmittelpunkte, in denen sich ehemalige Heerführer aufgrund ihrer persönlichen Tüchtigkeit, der Zahl ihrer Gefolgschaft und nicht zuletzt ihres Reichtums wieder zu adligen Herrschern aufschwangen – und ihre eigenen Münzen prägten.

Naturaltausch, Gerätegeld und Barrenverkehr (Taf. 31; 34) hatten im Wirtschaftssystem seßhafter bäuerlicher Gemeinschaften seit rund 2000 Jahren ihren festen Platz und wurden gewiß nicht von heute auf morgen abgeschafft. Als erste lernten diejenigen, die sich auf Wanderschaft oder in Söldnerdienste begeben hatten, den prall gefüllten Beutel schätzen, in dem sie ihren Reichtum in handlicher Form mit sich tragen konnten. Die keltischen Prägungen, die im 3. Jahrhundert v. Chr. begannen, ahmten griechische Münzen nach und verfolgten den gleichen Zweck, nämlich die Bezahlung der Krieger. Erst im 2. Jahrhundert v. Chr. wurde ein entscheidender Schritt vom Tauschhandel zur Geldwirtschaft getan, als in Städten und Dörfern Münzgeld kursierte, das regelrechtes Kleingeld einschloß. Diese Erkenntnis ist noch nicht alt, sondern erst durch Ausgrabungen der letzten Jahre gewonnen worden wie in Berching-Pollanten (Taf. 68), wo jede Schaufel Erde durchs Sieb gestrichen wurde. Auf diese Weise ging nichts verloren, auch keine der winzigen Silbermünzen von durchschnittlich nur 8 mm Durchmesser und einem halben Gramm Gewicht. Es sind Viertelstücke zu den Großmünzen, den sogenannten Quinaren (die auf die römische Silberwährung, den Denar, zurückgehen). Ein bis dahin unbekannter, wohl in Pollanten selbst geprägter Quinar-Typ ist in der Bildmitte zu sehen: im Perlkreis ein Pferdchen mit Punktmähne. Unter den zahlreichen lokalen Kleinsilberprägungen aus Pollanten erscheint am häufigsten die Münze mit halbmondförmigem Kopf mit spitzer Nase, Punktauge, Henkelohr und Kraushaar (oben rechts).

Erst diese Stückelung der keltischen Währung machte die Münze zum allgemein gültigen Zahlungsmittel und schuf die Voraussetzung für den wirtschaftlichen Aufschwung im 2. Jahrhundert v. Chr. Zentren des neuen Handelssystems waren die Städte, die *oppida*, wie Cäsar sie nannte.

Silbermünzen aus der keltischen Siedlung von Berching-Pollanten (NM), 2.–1. Jahrhundert v. Chr. Durchmesser unten 1,3 cm; Museum der Stadt Regensburg.

65 Die ersten Städte

Der Staffelberg, auf einem Ausläufer der Fränkischen Alb hoch über dem Maintal gelegen, spiegelt so recht die wechselvolle keltische Geschichte auf bayerischem Boden: Seit dem 5. Jahrhundert v. Chr. war das immerhin über 100 m breite und 300 m lange Gipfelplateau rundherum mit steinernen Mauerzügen umwehrt, ein stolzer frühkeltischer Adelssitz. Er fiel, wie so viele, um 400 v. Chr. den politischen Unruhen der Wanderungszeit zum Opfer und ging in Flammen auf. Erst nach dem Rückstrom der Kelten erlebte der von Natur für ein *oppidum* wie geschaffene Platz im 2. und 1. Jahrhundert v. Chr. eine zweite Blüte, bis er in der Zeit der Germaneneinfälle erneut verödete (Abb. 56).

Das *»oppidum Menosgada«*, die spätkeltische »Stadt am Main«, womit der Geograph Ptolemaios (um 100–170 n. Chr.) nur den Staffelberg gemeint haben kann, erfüllte alle Anforderungen an Größe und Schutzlage solcher Burgstädte: über steilen Abhängen das akropolisartige Gipfelplateau, von erhabener Wirkung und durch eine Befestigung geschützt, vor allem aber die Großräumigkeit der eigentlichen Stadt auf der vorgelagerten Hochfläche, ein rund 700 × 900 m großes Areal. Dessen Umwehrung bedeutete für Hunderte von Menschen monatelange Plackerei. Parallel zur Hangkante errichteten sie auf einer in den Felsen eingemeißelten Geländestufe eine Steinmauer von rund 5 m Breite und 3 m Höhe, die noch um etwa 2 m von einer hölzernen Brustwehr überragt worden sein muß; und dort, wo die Mauer die Hochfläche überquerte und aus einer 13 m breiten Holz-Erde-Konstruktion bestand, hatte man einen 10 m breiten Graben 1 m tief in den anstehenden Felsen getrieben. In diesem Graben fanden die Archäologen eine Münze, eine Drachme des Königs Ariarathes IV. von Kappadokien (Zentraltürkei). Mag es auch sein, daß der Kelte, der sie einst verloren hat, nie über das Maintal hinausgekommen ist – nichts könnte den mediterranen Einfluß auf den Festungsbau jener Zeit besser verdeutlichen, dessen technische Dimensionen weder ältere noch jüngere Wehrbauten besitzen und die noch die Ausdehnung mittelalterlicher Stadtmauern übertreffen können.

Nach Cäsars Kriegsbericht *De bello Gallico* (S. 105) handelte es sich bei einem Oppidum um *»... eine von Natur und durch Kunst wohlbefestigte Stadt ...«*, den Mittelpunkt eines Stammesgebietes mit vielfältigen Funktionen: Sitz von Verwaltung und Rechtssprechung; Stammesheiligtum; ein wirtschaftlicher Knotenpunkt, der an einem wichtigen Verkehrsweg lag, Stapel- und Umschlagplatz war, Stätte der Münzprägung und das Zentrum des lokalen Marktes; Wohnsitz des Adels; Fluchtburg für die Bewohner des umliegenden Landes – und nicht zuletzt Versammlungsplatz für ein Heer. In der Praxis unterschieden sich die Städte allerdings erheblich nach Lage, Größe und Bedeutung.

Die Dimensionen der Oppida signalisieren den Wandel der gesellschaftlichen Verhältnisse, der im 2. Jahrhundert v. Chr. eingetreten war. In den Städten konzentrierten sich wirtschaftliche und politische Macht in den Händen des Adels, und eifersüchtig wachten die neuen Herren übereinander, um sich gegebenenfalls zur Wehr zu setzen oder selbst zu bereichern. Als Cäsar 58 v. Chr. nach Gallien kam, in das Keltenland westlich des Rheins, fand er seine künftigen Gegner erschöpft von »inneren Kämpfen und Bruderkriegen« (Kruta 1979).

Der Staffelberg (LIF), eine keltische Stadt. In der Bildmitte das akropolisartige Gipfelplateau, das die Hochfläche noch um durchschnittlich 50 m überragt.

66 Manching – die bayerische ›Keltenhauptstadt‹

Selbst der weitgereiste Polybios (um 200–120 v. Chr.) äußerte sich abschätzig über die Kelten: »*Sie wohnten in unbefestigten Dörfern, in Häusern ohne Inneneinrichtung. Denn da sie auf der Streu schliefen, in der Hauptsache Fleisch aßen und keine andere Tätigkeit trieben als Krieg und Ackerbau, war ihr Leben sehr einfach. Andere Kenntnisse und technische Fähigkeiten waren ihnen völlig unbekannt.*«
Das war ein Klischee, das zu Lebzeiten des Historikers gewiß nicht mehr zutraf. Umfassende Kenntnisse über die spätkeltische Zeit werden vor allem den Ausgrabungen in Manching bei Ingolstadt verdankt, im zentralen Oppidum der südbayerischen Stämme (Abb. 56). Es lag ursprünglich – im Unterschied zur »Stadt am Main« (Taf. 65) – mitten im Donautal, von Wasser und Sümpfen auf allen Seiten schützend umgeben. Gegen 130 v. Chr. erhielt die Stadt eine 7 km lange Stadtmauer, einen *murus gallicus* nach gallischem (westkeltischem) Vorbild, der 380 Hektar Innenfläche einschloß. Die Mauer bestand im Kern aus einem vernagelten, mit Erde verfüllten Holzgerüst, das außen mit einer Steinfront verkleidet und rückwärtig mit einer Erdrampe hinterschüttet war, alles in allem eine etwa 7 m hohe und 13 m breite Konstruktion, die nicht nur riesigen Materialbedarf, sondern auch eine perfekte Organisation erforderte. Das Bauwerk verschlang ganze Wälder, Zigtausende von Wagenladungen mit Erde und Steinen und Tonnen von Erz zur Herstellung der Eisennägel (S. 106).
Wo heute Militärflugzeuge dröhnen, war die Luft einst erfüllt von Geräuschen geschäftigen städtischen Treibens. Die Bebauung konzentrierte sich in der Mitte des ummauerten Gebietes. Höfe, Häuser und Speicher – Fachwerkbauten aus Holz und Lehm – folgten regelmäßig angelegten Straßenzügen, bildeten unterschiedliche Viertel aus bäuerlichen oder handwerklichen Betrieben. Zu den wichtigsten Werkstätten gehörten die Töpfereien, die jetzt ›mechanisiert‹ worden waren: nur ein Viertel der Keramik aus Manching ist noch reine Handarbeit, und erstmals kam die schnell drehende Töpferscheibe zum vollen Einsatz, vor allem für das feine Eß- und Trinkgeschirr – Schüsseln für feste und breiartige Speisen, Flaschen und Becher für Getränke. Sie bestehen aus einem außerordentlich geschmeidigen Ton, der sich rasch hochziehen und zu besonders dünnwandigen, regelmäßig geschwungenen Gefäßen formen ließ. Die dunkle Ware ist vor dem Brand sorgfältig poliert, speziell das Trinkgeschirr auch bemalt worden. Die Farben beschränkten sich auf Weiß, Rot und einen Braunton, aber durch unterschiedlich deckende oder transparente Maltechniken erzeugte man vielfältige Hell-Dunkel-Wirkungen. Ähnlich wurde eine auf geometrische Grundfiguren reduzierte Dekoration aus Streifen, Linienbündeln und Gittermustern immer wieder neu variiert. Es ist verblüffend, wie souverän die keltischen Töpfer alle technischen Raffinessen zu nutzen verstanden, um eine Keramik herzustellen, die sich rasch und serienweise produzieren ließ, dabei qualitativ hochwertig, aber künstlerisch anspruchslos blieb, ein typisches Erzeugnis für den städtischen Alltag. Dieser künstlerische Niedergang ist auf dem Kontinent allenthalben zu beobachten, und da die keltische Welt zu diesem Zeitpunkt einen bis dahin unbekannten Wohlstand erreicht hatte, konnte das nicht wirtschaftliche, sondern nur gesellschaftliche Gründe haben. Vorbei die Zeit des Aufbruchs! Vorbei die Zeit, als der Handwerker ein Künstler war und die Kunst ein religiöses Programm! Wie einst an den Fürstensitzen der Hallstatt-Kultur sank das Volk zur rechtlosen Masse herab, an dem sich ein kleiner aristokratischer Kreis bereicherte, der diesen Reichtum durch Statussymbole zur Schau stellte, die er lieber von fremden Kaufleuten aus Italien und Südfrankreich erwarb: zierliches schwarzes Service, buntes Glas, bronzenes Trinkgeschirr und Amphoren mit Wein. So bewirtete nur der Adel sein Gefolge, und ihre Gelage werden sich nicht von denen der irischen Helden unterschieden haben – man protzte, stritt, betrank sich und schwor sich im Rausch ewige Treue ...

Flasche, Humpen, Tonne – tönernes Trinkgeschirr für Wein und Bier aus Manching (PAF), 2.–1. Jahrhundert v. Chr. Höhe der weißen Flasche 19,4 cm; Prähistorische Staatssammlung München.

67 Von Kochtöpfen und Knochen

Wo auch immer die großen Siedlungen in Bayern liegen, ob in Manching, Pollanten oder Altendorf – etwa ein Drittel der Keramik besteht aus Graphitton. Die Ware ist leicht zu erkennen: mit einer Scherbe läßt sich schreiben wie mit einem Bleistift. Die in großen Mengen obertägig gewonnene Graphiterde stammte aus Vorkommen bei Passau, die noch heute genutzt, inzwischen allerdings bergmännisch abgebaut werden.

Graphit war seit der Jungsteinzeit in Gebrauch. Rohe Brocken in Gräbern der bandkeramischen Kultur gehörten wohl eher zum ›Tätowierbesteck‹, aber auch oberflächliche Graphitierung als Gefäßschmuck war damals schon bekannt und fand im Laufe der Jahrtausende immer wieder einmal Verwendung (Taf. 52). Die serienmäßige Herstellung reiner Graphittongefäße begann dagegen erst im 5. Jahrhundert v. Chr. Graphit ist zwar ein sehr weiches Material, aber chemisch schwer angreifbar und ein guter Wärmeleiter. Die Vorteile der Graphittongefäße liegen auf der Hand: Graphit macht den Ton wasserundurchlässig, beständig gegen Temperaturwechsel und erhöht die Wärmeleitfähigkeit – ideale Eigenschaften für Kochtöpfe. Deren Anfertigung stellte allerdings einige technische Anforderungen. Graphittongefäße müssen in geschlossenen Öfen ohne Sauerstoffzufuhr möglichst zwischen 700 ° und 750 ° gebrannt werden. Wahrscheinlich war das erst in frühkeltischer Zeit möglich, als man im Zuge verbesserter Eisenverhüttungstechnologien gelernt hatte, entsprechend große widerstandsfähige Öfen zu bauen und die Brenntemperatur genauer zu regulieren.

Wenn man antiken Autoren Glauben schenken will, brutzelte in den keltischen Kochtöpfen unentwegt Fleisch, das sie *»in einer ordentlichen, aber löwenähnlichen Art (essen), indem sie ganze Gliedmaßen in beide Hände nehmen und das Fleisch abreißen ...«* (Poseidonios). Auf Anhieb scheinen die Massen der Tierknochen aus den Siedlungen das zu bestätigen – über 500 000 sind allein in Manching gefunden worden! Hochrechnungen zur Anzahl der Tiere und der Schlachtausbeute – zu 60 % Rind, 25 % Schwein und 15 % Lamm – zeigen aber, daß die schätzungsweise 2000–3000 Einwohner damit »noch nicht einmal 10 % des erforderlichen Bedarfs« an Kalorien decken konnten (Lorenz 1986). Den Hauptanteil der Ernährung bildete deshalb nach wie vor Getreide, in welcher Form auch immer. Brot spielte vor dem Mittelalter ganz allgemein nur eine untergeordnete Rolle gegenüber ungesäuerten Fladen und breiartigen Speisen. Auch auf die Tische der Kelten kam deshalb wohl meistens Grütze!

Kochtopf aus Graphitton. Links zweizinkiges Hirschgeweihgerät, vielleicht ein Töpferwerkzeug zum Anbringen der Rillen. Rechts Spielwürfelchen aus Knochen. Berching-Pollanten (NM), 2.–1. Jahrhundert v. Chr. Länge des kleinen Würfels 1,6 cm; Museum der Stadt Regensburg.

68 Eisenindustrie im Altmühlrevier

Fährt man durch die gigantisch umgestaltete Landschaft entlang des Rhein-Main-Donau-Kanals, das Altmühltal aufwärts bis Beilngries, um dann nach Norden ins Sulztal hinein abzubiegen, trifft man auf ein vergleichsweise idyllisch anmutendes Gewässer, den Ludwig-Donau-Main-Kanal des 19. Jahrhunderts. Etwa auf der Höhe von Pollanten teilen sich die Trassen, und die moderne Wasserstraße biegt nach Nordwesten ab. Die Streckenführung des alten Kanals nutzte dagegen dieselben natürlichen verkehrsgeographischen Vorzüge, die schon in keltischer Zeit die Oppida in Süd und Nord miteinander verbunden hatten, den südbayerischen mit dem mainfränkischen und mitteldeutschen Raum (Abb. 56). Die keltische Eisengewinnung im Sulztal um Pollanten herum, direkt an diesem Verkehrsstrang gelegen, muß daher rasch überregionale Bedeutung erlangt haben.

Das bestätigten die Ausgrabungen. Die keltische Siedlung zog sich über einen Kilometer die Sulz entlang, im engeren Siedlungsbereich Werkstatt an Werkstatt. Zu den Nachweisen der Eisenverarbeitung gehören zahlreiche Werkzeuge wie Meißel, Punzen und Zangen, des weiteren Barren, Abfälle und Halbfertigprodukte der Feinschmiede, besonders der Fibelhersteller, außerdem Ofenreste und zentnerweise Schlacken. In der Masse handelt es sich um Schmiedeschlacken, die beim Ausheizen von Roheisen entstehen. Die Gewinnung dieses Roheisens, das heißt der Verhüttungsprozeß fand wohl wie üblich außerhalb der Siedlung statt, worauf Fundstellen mit Rennofenschlacke in 2–5 km Entfernung weisen. Um Pollanten herum standen reiche und leicht zugängliche Lagerstätten zur Verfügung: die am Talhang austretenden Doggererze, die sich sekundär auch im Tal selbst als Fladen oberflächennah angereichert haben, sowie oben auf der Alb das Bohnerz, das in Form rundlicher Körner ebenfalls obertägig zu finden ist.

Die Geologie rund um das Handelszentrum Manching ließ, großräumig betrachtet, nur genau die Wahl, die sich im heutigen Fundbild spiegelt: in Manching selbst stand nur das lokale Rasen-(oder Sumpf-)Eisenerz zur Verfügung, so daß nachweislich Roheisen importiert werden mußte. Mit der Ausbeutung der nächstgelegenen Eisenreviere in rund 30 km Entfernung hängt die Entstehung des Oppidums von Kelheim auf dem Michelsberg zusammen; die keltischen Schürfgruben dort lassen sich heute noch im Gelände ausmachen. Das 35 km weiter liegende obere Sulztal zwischen Berching und Sulzbürg bildete die nächste Ausbaustufe. Das über den Wasserweg leicht zu erreichende Gebiet entwickelte sich zu einem regelrechten Eisengewinnungs- und verarbeitungsrevier.

Gab es mehrere solcher ›Industriesiedlungen‹ wie Pollanten? Wurde das Revier von Manching aus verwaltet oder verpachtet wie in Gallien die Zölle oder wie in Rom die Bergwerke? Wie weit reichte der Fernhandel mit den Produkten aus Pollanten? Die hier gewonnenen neuen Erkenntnisse zur keltischen Wirtschaftsgeschichte haben auch neue Fragen aufgeworfen, die noch der Beantwortung harren.

Schlacken und Werkzeuge aus Eisen. Von links hinten nach rechts vorne: Tüllenkreuzmeißel, Stemmeisen, Stecheisen, Laubmesser (mit modern ergänzten Holzgriffen), Punzen, Federzange und Meißel, Länge 13 cm. Aus der Siedlung von Berching-Pollanten (NM), 2.–1. Jahrhundert v. Chr. Museum der Stadt Regensburg.

69 Eulenschrei und Rabengekrächz

Wer den Eisenhandel im Altmühlrevier beherrschte (Taf. 68), zählte zur Spitze der Gesellschaft, über die *Gaius Iulius Caesar* (100–44 v. Chr.) schrieb: *»In ganz Gallien gibt es nur zwei Stände, die etwas zu bedeuten haben und Achtung genießen. Denn der gemeine Mann wird fast wie ein Sklave behandelt ... Die meisten werden unter dem Druck von Schulden oder infolge hoher Abgaben oder durch Übergriffe der Mächtigeren gezwungen, sich in Knechtschaft bei den Adligen zu begeben, die ihnen gegenüber ganz dieselben Rechte haben wie bei uns die Herren gegenüber ihren Sklaven ... Jene beiden Stände sind die Druiden und die Ritter ... Je einflußreicher ein Ritter durch seine Abkunft und sein Vermögen ist, um so mehr ›Sklaven‹ und ›Gefolgsleute‹ hat er.«* (Cäsar, Der Gallische Krieg VI, 13–15).

Der kleine Kreis der ›Ritter‹, der über Politik und Wirtschaft entschied, kam aus den reichen, vornehmen Familien, denen die Viehherden, sicherlich auch Grund und Boden gehörten, die die höchsten Beamten stellten und wahrscheinlich den Ältestenrat bildeten. Nur diese Elite und ihr engstes Gefolge brachte die Zeit für *»die tägliche Übung«* auf, die der zweirädrige Renn- oder Streitwagen erforderte. Dessen strategischen Wert schätzten die Römer nicht allzu hoch ein, aber das *»Getöse von Rossen und Rädern«* brachte sie zunächst doch aus der Fassung, weil sie *»solches Getümmel nicht kannten«*. Cäsar bewunderte auf seinem Feldzug in Britannien die Gewandtheit der rollenden Geschwader, die aus zweirädrigen Kampfwagen bestanden, vor die je zwei Pferde gespannt und die mit zwei Mann besetzt waren, dem Wagenlenker und dem Speerträger.

Aus den süddeutschen Oppida stammen eine Anzahl von Achsnägeln solcher Wagen, darunter ein halbes Dutzend mit prunkvoll gestalteter Kappe. Offenbar gingen diese massiven Steckbolzen, die Radnabe und Achse zusammenhalten sollten, oft verloren. Die beiden prächtigsten Exemplare – die Eisenstifte enden in goldfarbenen bronzenen Vogelköpfen, auf dem Scheitel des linken leuchtet eine Einlage aus ›Blutemail‹ – waren allerdings absichtlich vergraben worden.

Wenn sich auch nicht mehr klären ließ, in welchem Zusammenhang, ruft doch allein die Tatsache als solche den religiösen Charakter der Vögel ins Gedächtnis. Wie alle bildhaften Schmuckstücke der Kelten enthalten sie – im Unterschied zum bloßen magischen Zierat an Wagen und Pferdegeschirr vorangegangener Epochen (Taf. 48) – die Anspielung auf ein mythisch-mystisches Ganzes, das wir nur in Bruchstücken fassen. Offenkundig blickt uns das rechte Vogelwesen mit den großen, nach vorne gerichteten Augen an, die nur die Eule besitzt. Dieses Motiv übernahmen die Kelten von den Griechen, die in der Eule ein der Göttin Athena – der gewaltigen Streitwagenlenkerin vor Troja! – heiliges Tier verehrten, dem sie prophetische Kräfte zuschrieben. Solche Kräfte konnten auch bedrohlich werden. Vor allem der Uhu, dessen unheimlicher nächtlicher Schrei dem des Menschen ähnelt, war als Unheilsbote gefürchtet.

Auch der Rabe schien, weil er sprechen lernen konnte und als ebenso geschwätzig wie klug galt, die Zukunft zu kennen. Zwei Raben waren es deshalb, die Odin, dem germanischen Gott der Toten, Nachrichten aus aller Welt zutrugen. In irischen Heldensagen (deren Überlieferung bis in keltische Vorzeit zurückreicht) bringen Raben – Aasfresser, die sie sind – Krieg und Tod: Kriegsgöttinnen verwandeln sich in Raben und sagen blutige Schlachten voraus. Ein Rabe begleitet Lug, einen keltischen Gott des Krieges. Doch so fest der Platz des Raben in der keltischen Mythologie verankert ist, so wenig fest umrissen ist seine äußere Gestalt, und so unbestimmbar bleibt das linke Vogelwesen. Aber ob Eule, Rabe oder Geier ... letztlich scheint das für die Kelten nicht von Belang gewesen zu sein, weil ihre Vögel mehr waren als nur Attribut einer Gottheit. Sie waren Wesen aus der ›Anderen Welt‹ und als solche vielgesichtige Symbole für die dunklen wie die hellen Seiten der Natur.

Achsnägel vom Streitwagen aus Manching (PAF), um 200 v. Chr. Links Höhe 11,4 cm; Prähistorische Staatssammlung München.

70 Rätsel um das Viereck

»Viereck für das Vieh?« – so rätselte jüngst ein Zeitungsartikel, der wieder einmal dem Thema »Menschenopfer der Kelten« gewidmet war:
»Das ganze Volk der Gallier hält viel von rituellen Handlungen und Magie. Wenn sie an einer schweren Krankheit leiden oder sich im Krieg oder sonst einer Lebensgefahr befinden, dann nämlich opfern sie Menschen statt der Tiere ...«, schreibt Cäsar, fügt aber gleich hinzu, daß den Göttern in diesen Fällen (einsichtigerweise könnte man sagen) Verbrecher am liebsten seien. Mit anderen Worten, der religiöse Mord an Unschuldigen blieb bei den Kelten die große Ausnahme. Griechen und Römer sahen darin allerdings keinen Unterschied. Mit Abscheu überliefert Strabon, Historiker im 1. Jahrhundert v. Chr., eine schaurige Zeremonie der Germanen: Priesterinnen der Kimbern hätten Kriegsgefangenen über einem großen Kessel die Kehle durchgeschnitten und aus dem Blut geweissagt. Wie eine Illustration dazu wirkt die berühmte Szene auf dem keltischen Silberkessel von Gundestrup (Abb. 53). Dargestellt ist ein festlicher Kriegerumzug, bei dem ein Baum mitgeführt (?) und ein Opferritual vollzogen wird. Links steht ein Gott oder Priester (Druide), der einen Menschen kopfüber in einem Faß ertränkt – oder in einen Schacht wirft? Anlaß zu dieser Deutung boten Ausgrabungen in den ›Kelten‹- oder (wissenschaftlich neutral) ›Viereckschanzen‹, vor allem in Holzhausen (TÖL) in Bayern, in denen bis zu 35 m tiefe Schächte entdeckt wurden, die solche Bäume oder Holzpfähle enthielten, Überreste von Feuerbränden und phosphatreiche Ablagerungen wie von Fleisch und Blut. Man glaubte nun, diese Anlagen zu verstehen: als heilige Orte und Opferplätze mit Kultschächten und Holztempeln, eingehegt von Wall und Graben, um das Heiligtum von der Außenwelt abzugrenzen. In diesen vergleichsweise schwach bewehrten Vierecken Festungsbauten zu sehen – mit einer Seitenlänge zwischen 35 und 140 m, oft zu mehreren in unmittelbarer Nachbarschaft und ungeschützt im offenen Gelände gelegen – hatte ohnehin nie recht eingeleuchtet, wenn man die Oppida dagegen hielt.
Gleichzeitig erklärte die ›Kultplatz-Theorie‹ sinnreich, weshalb die zahlreichen Viereckschanzen zwischen Paris und Prag, allein in Bayern über 200, von so einheitlicher Gestalt sind und ihr Innenraum so gut wie unbebaut war. Die Rituale müssen sich also unter freiem Himmel vollzogen haben, über die Lucanus, römischer Dichter im 1. Jahrhundert n. Chr., im Stil einer ›horror picture show‹ schrieb: *»Da stand ein Hain, seit Menschengedenken nie entweiht. Mit verschränkten Ästen bildete er einen Bezirk von Dunkelheit und Schattenkühle ... Hier hatte kein bäuerlicher Pan ... keine Nymphe ihre Stätte, sondern ein barbarischer Götterkult: die Altäre waren mit gräßlichen Schlachtbänken versehen und alle Bäume mit Menschenblut geweiht ... Dazu floß überall aus dunklen Quellen Wasser, und düster standen, ohne Kunst und roh aus Holz gehauen, Götterbilder da. Bereits der Moder und die Geisterfarbe des faulen Holzes erregten Entsetzen ...«* Im Alpenraum sind solche »Schlachtplätze« tatsächlich gefunden worden. Aber im keltischen Süddeutschland ist bisher nicht einmal eine kultische Handlung einwandfrei nachgewiesen; statt dessen entpuppte sich ein jüngst ausgegrabener Schacht als Brunnen und seine Phosphatanreicherung als Rückstand vom Stallmist. Welch spektakuläre Entdeckungen ein ›echtes‹ Heiligtum bietet, bewiesen indessen die Ausgrabungen bei Gournay, 90 km nördlich von Paris. Hier waren Hunderte von zerstörten Waffen – Schwertern, Lanzen, Schilden – und geopferten Tieren, auch einige Menschen, über Generationen hinweg und unter sich wandelnden Vorschriften den Göttern dargebracht worden.
Vielleicht liegt die Wahrheit in der Mitte; vielleicht verbergen sich unter den Vierecken nicht nur Kultplätze, sondern zum Teil auch ganz gewöhnliche Gehöfte wie in der Frühen Eisenzeit (Taf. 54); vielleicht birgt schon die nächste Ausgrabung des Rätsels Lösung. Inzwischen kann man zumindest den Zeitungsartikel und die Theorie mit den Viehgehegen, mit dem »personalsparenden« gemeinschaftlichen »Almbetrieb« getrost ad acta legen.

›Viereckschanze‹, keltischer Kultplatz. Deutlich zeichnet sich ein Wall mit Zugang im Osten in der Schneelandschaft ab. Bei Laibstadt (RH) in Mittelfranken.

71 »Wie Heuschreckenschwärme« – die Wanderungen der Germanen

Eine Sturmflut soll um 120 v. Chr. den Norden der dänischen Halbinsel Jütland verwüstet und die Kimbern und Teutonen zur Auswanderung getrieben haben, berichten antike Schriftsteller. Ob Naturkatastrophe, Klimaverschlechterung oder Bevölkerungsdruck – fest steht, daß sich um diese Zeit die Germanen in Bewegung gesetzt hatten. Ziel waren die reichen keltischen Städte und der Süden, wohl in Erinnerung an die glanzvollen Eroberungen der Kelten. Aber das Blatt hatte sich gewendet, jetzt wurden die Kelten selbst heimgesucht, denn die Germanen kämpften nicht um Macht oder Land, sondern suchten nach Beute: Gold, Vieh, Menschen. Sie plünderten das Land wie ein »Heuschreckenschwarm ... der alles kahl frißt und hierauf zu noch unberührten Gebieten weiterzieht« (Dobesch 1982). Auch die keltische Stadt Manching erlitt dieses Schicksal (Abb. 55).

Erst 101 v. Chr. machten Disziplin und Schlagkraft der römischen Armee dem »teutonischen Wüten« ein Ende. Aber die Unruhen im Norden hielten an. Zwischen 72 und 58 v. Chr. stießen die Sueben unter ihrem Heerkönig Ariovist und mitgerissene Scharen aus Mitteldeutschland nach Süden und Westen vor (Abb. 56). *»120 000 Germanen«* (Cäsar) ließen sich jenseits des Rheins nieder, eine Art Besatzungsmacht, die Angst und Not verbreitete. Die Kelten riefen um Hilfe, und Cäsar *»kam, sah und siegte«* – aber nicht nur über die Germanen. In sieben Jahren eroberte er Gallien bis zum Rhein. Trotz blutiger Kriege erholte sich die Provinz unter römischer Herrschaft verhältnismäßig rasch wieder, und in wenigen Jahrzehnten blühte eine neue gallo-römische Kultur auf.

Das keltische Noricum, etwa das heutige Österreich, rettete sich auf dem Verhandlungsweg. Ariovist erhielt die Schwester des Königs zur Frau, deren Mitgift beachtlich gewesen sein muß, so daß der Germane auf Raubzüge verzichten konnte. Weil die Noriker später ähnlich geschickt mit den Römern verhandelten, die das Land 15 v. Chr. auf friedlichem Wege annektierten, verlief die Entwicklung hier ungebrochen.

Nur Süddeutschland erlebte den völligen Zusammenbruch. Die Germanen überfielen und plünderten die blühenden keltischen Städte und Dörfer, trieben das Vieh weg und verwüsteten die Äcker. Die Bevölkerung floh oder kam um; zurück blieben wenige arme Leute und brachliegende Felder. Einige Germanen wurden in Südostbayern seßhaft; der große Haufen aber machte kehrt und zog dorthin, wo das gallische Gold lockte. Wer von diesen Draufgängern hätte fürchten sollen, daß ihm dort der Untergang bevorstand? (S. 110)

Ungefähr eine Generation später kamen elbgermanische Gefolgschaften aus der norddeutschen Tiefebene erneut in Bewegung. Auf der Suche nach Land schoben sie sich bis Thüringen und Böhmen vor. Diesmal zogen nur kleine Gruppen – solche, denen der Sinn nicht nach Bauernarbeit stand, und vor allem diejenigen, die zu Flüchtlingen geworden waren – weiter nach Süden. Ihre Spuren verlieren sich aber rasch, bis auf die derjenigen, die in Südostbayern hängen blieben.

Aber trotz dieses Zuzugs – unter ständiger Bedrohung blüht kein neues Leben aus Ruinen ... Ein Dutzend Gräber und Weiler sind bisher bekannt, dürftige Zeugnisse, die zugleich verwirren. Germanen und Kelten – Töpferware oder Trachtzubehör der einen oder anderen finden sich zusammen in einem Grab oder in einem Haus und künden von einer unruhigen Zeit, in der sich die Grenzen verwischten. Die politischen Ereignisse rollten über die Menschen hinweg und verschlugen sie hierhin und dorthin; jeder archäologische Fund birgt ein individuelles Schicksal, das wir nicht aufzuhellen vermögen. Das Dunkel lichtet sich erst wieder mit dem Einmarsch der Römer 15 v. Chr. Ob Kelte, ob Germane – für Süddeutschland bedeutete dieses Jahr unwiderruflich das Ende der Freiheit.

Tracht und Gerät der Germanen: zwei eiserne Fibeln (Broschen) und eine Eisenschere aus Brandgräbern von Kronwinkl (LA), zusammengebogener Bronzegürtelhaken mit Tierkopf aus Eining (KEH), um 40/30 v. Chr. Länge der Schere 17,8 cm; Prähistorische Staatssammlung München.

72 Letzter Glanz

Zu den letzten, wahrhaft glanzvollen Zeugnissen keltischer Kultur in Bayern gehören einige Schatzfunde. Sie bestehen ausschließlich aus Geld, aus Silber- und Goldmünzen. »Regenbogenschüsselchen« nannte der Volksmund die kleinen goldenen Näpfchen, von denen erzählt wurde, daß ein Sonntagskind sie dort findet, wo der Regenbogen die Erde berührt hat – und genau da lagen sie ja auch, mitten im Acker, vom Regen frei gewaschen und blinkend ...

Denn soweit bekannt, waren die meisten Schatzfunde tatsächlich nicht sehr tief verborgen, derjenige von Hohenfels zum Beispiel nur knapp 20 cm unter der Oberfläche. Insgesamt 367 Münzen, über zwei Kilogramm Gewicht, umfaßt dieser 1987 ins Museum gelangte größte Goldschatz Bayerns. Denn die Schätze von Gaggers (DAH) mit etwa 1400 und von Irsching (PAF) mit über 1000 Münzen, der erste schon 1751, der zweite 1858 entdeckt, sind bis auf wenige Stücke verloren gegangen – veruntreut und eingeschmolzen.

Das knappe Dutzend keltischer Münzschätze in Südbayern scheint Ereignisse zu spiegeln, vergleichbar denen des 3.–4. Jahrhunderts n. Chr., als die römische Bevölkerung unter den Einfällen der Germanen litt und viele Menschen ihr Hab und Gut eilig vergruben. Wie und wo hing von mancherlei Umständen ab, und nicht anders wird es in jenen unruhigen Zeiten zwischen 120 und 60 v. Chr. gewesen sein, von den ersten Raubzügen der Kimbern bis zu jenen der Sueben (Taf. 71). Silberschätze aus Manching, aus der keltischen Stadt selbst, deuten auf Privatvermögen hin, mehrere Kilogramm Gold dagegen, an abgelegener Stelle vergraben (und deshalb nur wenigen Eingeweihten bekannt?) eher auf ›Staatskasse‹ oder ›Tempelschatz‹. Solche ›Stammesschätze‹ sind aus der antiken Literatur bekannt, und der Goldreichtum der Kelten war sprichwörtlich: *»(Die Gallier) tragen Bänder um Handgelenke und Arme, dicke Halsringe von purem Gold und große Fingerringe ... In den Tempeln und an den heiligen Stätten ... liegt viel Gold umher, das den Göttern geweiht ist. Die Furcht vor diesen ist aber so groß, daß niemand dieses Gold anrührt, obgleich die Kelten sonst äußerst geldgierig sind«* (Diodor). Die Römer kannten diese Scheu begreiflicherweise nicht; Cäsar scheffelte ungeheuren Reichtum aus den gallischen Heiligtümern.

An erster Stelle steht die profane Kaufkraft der Goldmünze, was allein schon ihre Stückelung in Viertel und Vierundzwanzigstel beweist. Unberührt davon sind der einzelnen Münze, zumal der goldenen, auch magische Kräfte eigen, die in Symbolen beschworen werden, die ein ganzes Programm bilden. Im Falle der süddeutschen Statere besteht es vor allem aus Kreuzen, Punkten, Vogelkopf und immer wieder dem Torques, dem Halsring mit kugeligen Enden. Ihn trugen nur Göttergestalten und ›geweihte‹ Personen (zum Beispiel die Krieger der vordersten Schlachtreihe). Seine kultische Bedeutung ist offenkundig, und in diesem Sinne ist er ein Zeichen für ›heiliges‹ Geld, aber der Sinn selbst bleibt uns so verschlossen wie das ganze Bildprogramm, und nicht nur das des Goldes. Keltische Münzbilder künden von einer ebenso faszinierenden wie rätselhaften Kunst, die immer wieder zu ebenso kühnen wie anfechtbaren Deutungen reizt.

Solche Deutungen sind der Wissenschaft nicht eben dienlich, aber ein Beweis dafür, welche Anziehungskraft die irrationale und poetische Spiritualität der Kelten auf das aufgeklärte Denken ausübt. Der wissenschaftliche Rationalismus, der die Phantasie als taugliches Mittel verschmäht und deshalb gerne Mythen und Kunst aus der historischen Betrachtung ausspart, wird dieser Faszination nicht gerecht. Nicht nur griechische Philosophen und römische Juristen, auch keltische Magier und Künstler haben ihren unverwechselbaren Beitrag zur Geschichte Europas geleistet.

Schatzfund mit spätkeltischen Goldmünzen aus Hohenfels (NM), 2.–1. Jahrhundert v. Chr. Durchmesser einer Münze etwa 2 cm; Prähistorische Staatssammlung München.

Literatur

Diese Zusammenstellung ist keine Bibliographie der bayerischen Archäologie, sondern eine Auswahl nach bestimmten Gesichtspunkten. Aufgenommen wurden vor allem neuere Arbeiten, die auch dem Leser ohne Fachkenntnisse eine Einführung ins Thema bieten, sowie Spezialuntersuchungen, soweit diese Verwendung fanden oder zitiert werden. Den besten Überblick über alle wichtigen Neufunde bietet die Zeitschrift »Das Archäologische Jahr in Bayern. Herausgegeben vom Bayerischen Landesamt für Denkmalpflege und von der Gesellschaft für Archäologie in Bayern«, die seit 1981 jährlich erscheint. Um das Literaturverzeichnis knapper zu halten, werden diese Fundberichte nicht einzeln aufgeführt.

Allgemeines

Björn-Uwe Abels, Archäologischer Führer Oberfranken. Führer zu archäologischen Denkmälern in Bayern. Franken 2 (1986).

Achse, Rad und Wagen. Fünftausend Jahre Kultur- und Technikgeschichte (1986).

Archäologie in Württemberg, Ergebnisse und Perspektiven archäologischer Forschung von der Altsteinzeit bis zur Neuzeit (1988).

Archäologische Denkmalpflege in Niederbayern. 10 Jahre Außenstelle des Bayerischen Landesamtes für Denkmalpflege in Landshut 1973–1983. Arbeitsheft des Bayerischen Landesamtes für Denkmalpflege 26, 1985.

Steffen Berg/R. Rolle/H. Seemann, Der Archäologe und der Tod. Archäologie und Gerichtsmedizin (1981).

Jörg Biel, Vorgeschichtliche Höhensiedlungen in Südwürttemberg–Hohenzollern (1987).

Lewis R. Binford, Die Vorzeit war ganz anders (1984).

Reinhard Bollmus, Das Amt Rosenberg und seine Gegner. Zum Machtkampf im nationalsozialistischen Herrschaftssystem (1970).

Otto Braasch, Luftbildarchäologie in Süddeutschland. Spuren aus römischer Zeit. Kleine Schriften zur Kenntnis der römischen Besetzungsgeschichte Südwestdeutschlands 30 (1983).

Patricia und Don Brothwell, Manna und Hirse. Eine Kulturgeschichte der Ernährung (2. Aufl. 1983).

Ingrid Burger, Archäologisches Museum der Stadt Kelheim (o. J.).

Peter Caselitz, Ernährungsmöglichkeiten und Ernährungsgewohnheiten prähistorischer Bevölkerungen (1986).

Lionel Casson, Ships and Seamanship in the Ancient World (1971).

Rainer Christlein/O. Braasch, Das unterirdische Bayern. 7000 Jahre Geschichte und Archäologie im Luftbild (1982).

Chronologie. Archäologische Daten der Schweiz. Veröffentlichung der Schweizerischen Gesellschaft für Ur- und Frühgeschichte. Antiqua 15 (1986).

Mark N. Cohen, The Food Crisis in Prehistory. Overpopulation and the Origins of Agricultur (1977).

John Coles, Erlebte Steinzeit. Experimentelle Archäologie (1976).

Hermann Dannheimer/R. Fink, Fundort Bayern (1968).

Das archäologische Jahr in Bayern. Hrsg. vom Bayerischen Landesamt für Denkmalpflege und von der Gesellschaft für Archäologie in Bayern 1980 (1981) ff.

Simon J. M. Davis, The Archaeology of Animals (1987).

Alfred Dieck, Vorläufige Mitteilungen über Moorleichen in Bayern. Archäologisches Korrespondenzblatt 3, 1973, 463–468.

Gerhard Dobesch, Historische Fragestellungen in der Urgeschichte. In: Griechenland, die Ägäis und die Levante während der ›Dark Ages‹ vom 12. bis zum 9. Jahrhundert v. Chr. Akten des Symposiums von Stift Zwettl (Nö) 1980. Sitzungsber. österr. Akad. der Wiss., phil.-hist. Klasse 418, 1983, 179–230.

Hans P. Duerr, Sedna oder die Liebe zum Leben (1984).

Detlev Ellmers, Fellboote, Einbäume, Schiffe. 11 000 Jahre Schiffbau. Archäologie in Deutschland 2, 1986, 28–37.

Bernd Engelhardt, Ausgrabungen am Main-Donau-Kanal. Archäologie und Geschichte im Herzen Bayerns (1987).

C. I. Gulian, Mythos und Kultur. Zur Entwicklungsgeschichte des Denkens (1971).

Joachim Herrmann, Der Aufstieg der Menschheit zwischen Naturgeschichte und Weltgeschichte (2. Aufl. 1983). Ders. (Hrsg.), Griechische und lateinische Quellen zur Frühgeschichte Mitteleuropas bis zur Mitte des 1. Jahrhunderts u. Z. Von Homer bis Plutarch (1988).

Maria Hopf/B. Blankenhorn, Kultur- und Nutzpflanzen aus vor- und frühgeschichtlichen Grabungen Süddeutschlands. Bericht der Bayerischen Bodendenkmalpflege 24/25, 1983/84, 76–111.

Jahresbericht der Bayerischen Bodendenkmalpflege 1, 1960 ff.

Irene Kappel (Red.), Die ersten Bauernkulturen. Jungsteinzeit in Nordhessen. Vor- und Frühgeschichte im Hessischen Landesmuseum Kassel 2 (1988).

Udelgard Körber-Grohne, Nutzpflanzen in Deutschland. Kulturgeschichte und Biologie (1987).

Hansjörg Küster (Hrsg.), Der prähistorische Mensch und seine Umwelt (1988).

Idole. Frühe Götterbilder und Opfergaben. Prähistorische Staatssammlung München. Ausstellungskatalog (1985).

Jens Lüning, Zum Kulturbegriff im Neolithikum. Praehistorische Zeitschrift 47, 1972, 145–173.

Thoms H. Macho, Todesmethapern (1987).

Günter Mansfeld, Gräber mit Wagenbeigaben vom Frühdynastikum des Vorderen Orients bis zur Hallstattzeit Mitteleuropas. In: Keltski voz. Keltische Wagengräber (1984) 9–29.

Bronislaw Malinowski, Argonauts of the Western Pacific (1922).

Memento Mori. Der Tod als Thema der Kunst vom Mittelalter bis zur Gegenwart. Ausstellungskatalog Darmstadt (1984).

Sigrid Metken (Hrsg.), Die letzte Reise. Sterben, Tod und Trauersitten in Oberbayern. Ausstellungskatalog München (1984).

Renate Meyer-Orlac, Mensch und Tod. Archäologischer Befund, Grenzen der Interpretation (1982).

Manfred Moser, Schachthöhlen als Kult- und Opferstätten. Die Höhle 19, 1968, 6–20.

Hans-Jürgen Müller-Beck/R. Rottländer (Hrsg.), Naturwissenschaftliche Untersuchungen zur Ermittlung prähistorischer Nahrungsmittel. Ein Symposionsbericht. Archaeologica Venatoria (1983).

Hermann Müller-Karpe, Funde von bayerischen Höhensiedlungen (1959). Ders. (Hrsg.), Zur geschichtlichen Bedeutung der frühen Seefahrt. Kolloquien zur Allgemeinen und Vergleichenden Archäologie 2 (1982). Ders. (Hrsg.), Zur frühen Mensch-Tier-Symbiose. Kolloquien zur Allgemeinen und Vergleichenden Archäologie 4 (1983).

Erich Ploss, Ein Buch von alten Farben (1967).

Johannes Prammer, Gäubodenmuseum Straubing. Abteilung Vorgeschichte (1987).

Colin Renfrew (Ed.), The Explanation of Culture Change: Models in

Prehistory (1973). DERS. (Ed.), Problems in European Prehistory (1979). DERS./J. F. Cherry (Ed.), Peer polity interaction and socio-political change (1986).

Rolf C. A. ROTTLÄNDER (Hrsg.), Einführung in die naturwissenschaftlichen Methoden in der Archäologie (1983).

Sabine RIECKHOFF-PAULI, Archäologisches Museum im BMW Werk Regensburg. Führer durch die Ausstellung (1987).

SCHÄTZE aus Bayerns Erde. 75 Jahre archäologische Denkmalpflege in Bayern. Ausstellungskatalog Würzburg (1983) (Arbeitsheft des Bayerischen Landesamtes für Denkmalpflege 17, 1983).

Friedrich SCHLETTE (Hrsg.), Urgeschichtliche Besiedlung in ihrer Beziehung zur natürlichen Umwelt (1980).

Karl SCHMOTZ, Archäologie im Landkreis Deggendorf 1979–1981. Ausstellungskatalog Deggendorf (1982).

Andrew SHERRATT (Hrsg.), Die Cambridge Enzyklopädie der Archäologie (1980).

Günter SMOLLA, Das Kossinna-Syndrom. Fundberichte aus Hessen 19/20, 1979/80, 1–9.

Walter TORBRÜGGE/H. P. Uenze, Bilder zur Vorgeschichte Bayerns (1968). DERS., Europäische Vorzeit. Kunst im Bild (1968). DERS., Vorzeit bis zum Ende der Keltenreiche. In: Handbuch der bayerischen Geschichte 1 (1981) 3–64.

Jocelyn M. C. TOYNBEE, Animals in Roman Life and Art (1973).

R. F. TYLECOTE, The early history of metallurgy in Europe (1987).

Gisela VÖLGER/K. v. Welck (Hrsg.), Die Braut. Geliebt, verkauft, getauscht, geraubt. Zur Rolle der Frau im Kulturvergleich. Ausstellungskatalog Köln (1985).

Joseph WIESNER, Fahren und Reiten (1968).

Stefan WINGHART, Vorgeschichtliche Deponate im ostbayerischen Grenzgebirge und im Schwarzwald. Zu Horten und Einzelfunden in Mittelgebirgslandschaften. Bericht der Römisch-Germanischen Kommission 67, 1986, 89–201.

Altsteinzeit (800 000–8000 v. Chr.) und Mittelsteinzeit (8000–5500 v. Chr.)

Elisabeth BADINTER, Ich bin Du. Die neue Beziehung zwischen Mann und Frau oder die androgyne Revolution (1987).

O. N. BAHDER, Eine ungewöhnliche Bestattung in Mittelrußland. Quartär 18, 1967, 191–193. DERS., Das zweite Grab in der paläolithischen Station Sungir im mittleren Rußland. Quartär 21, 1970, 103–104.

Hermann BEHRENS, Das Sozialverhalten des Urmenschen (homo erectus). Praehistorische Zeitschrift (im Druck).

A. BOHMERS, Die Höhlen von Mauern. Palaeohistoria I, 1951, 3–107.

Gerhard BOSINSKI, Die mittelpaläolithischen Funde im westlichen Mitteleuropa (1967). DERS., Der Neandertaler und seine Zeit. Führer des Rheinischen Landesmuseums Bonn Nr. 118 (1985).

Hermann DANNHEIMER, »Neue« Gravierungen der Altsteinzeit aus Bayern. Archäologisches Korrespondenzblatt 3, 1973, 7–10.

Lutz FIEDLER, Jäger und Sammler der Frühzeit. Alt- und Mittelsteinzeit in Nordhessen. Vor- und Frühgeschichte im Hessischen Landesmuseum in Kassel 1 (1983).

Gisela FREUND, Die ältere und mittlere Steinzeit in Bayern. Jahresbericht der Bayerischen Bodendenkmalpflege 4, 1963, 9–167. DIES., Der Übergang vom Alt- zum Mittelpaläolithikum in Süddeutschland. In: A. Ronen (Ed.), The Transition from Lower zu Middle Palaeolithic and the Origin of Modern Man. International Symposium Haifa 1980 (1982) 151–163. DIES., Die Sesselfelsgrotte im unteren Altmühltal. In: S. Rieckhoff-Pauli/W. Torbrügge (Hrsg.), Regensburg – Kelheim – Straubing II. Führer zu archäologischen Denkmälern in Deutschland 6 (1984) 79–89.

John A. J. GOWLETT, Auf Adams Spuren. Die Archäologie des frühen Menschen (1984).

Rudolf GRAHMANN/H. Müller-Beck, Urgeschichte der Menschheit (1952).

Joachim HAHN, Kraft und Aggression. Die Botschaft der Eiszeitkunst im Aurignacien Süddeutschlands? (1986).

F. Clark HOWELL, Der Mensch der Vorzeit (deutsch 1975).

Brigitte KAULICH, Das Mesolithikum im untersten Altmühltal. In: S. Rieckhoff-Pauli/W. Torbrügge (Hrsg.), Regensburg – Kelheim – Straubing II. Führer zu archäologischen Denkmälern in Deutschland 6 (1984) 90–97.

Georg KLEEMANN, Feig aber glücklich. Eine boshafte Anthropologie (1981).

Wighart von KOENIGSWALD/H. Müller-Beck/E. Pressmar, Die Archäologie und Paläontologie in den Weinberghöhlen bei Mauern (Bayern). Grabungen 1937–1967 (1974).

Wighart von KOENIGSWALD/H. Müller-Beck, Das Pleistozän der Weinberghöhlen bei Mauern (Bayern). Nachtrag 1975. Quartär 26, 1975, 107–118.

André LEROI-GOURHAN, Die Religionen der Vorgeschichte. Paläolithikum (1964; deutsch 1981).

Richard LEAKEY/R. Lewin, Die Menschen vom See. Neueste Entdekkungen zur Vorgeschichte der Menschheit (1979).

Dietrich MANIA/A. Dietzel, Begegnung mit dem Urmenschen (1980).

Hansjürgen MÜLLER-BECK, Weinberghöhlen (Mauern) und Speckberg (Meilenhofen) 1964–1972. Archäologische Informationen 2/3, 1973/74, 29–36. DERS. (Hrsg.), Urgeschichte in Baden-Württemberg (1983). DERS./G. Albrecht (Hrsg.), Die Anfänge der Kunst vor 30 000 Jahren. Ausstellungskatalog Tübingen (1987).

Hermann MÜLLER-KARPE, Handbuch der Vorgeschichte, Band I Altsteinzeit (1966).

Hugo OBERMAIER/J. Fraunholz, Der skulpierte Rengeweihstab aus der mittleren Klausenhöhle bei Essing (Niederbayern). Jahrbuch für prähistorische und ethnographische Kunst 1927, 1–9.

Ernst PROBST, Deutschland in der Urzeit. Von der Entstehung des Lebens bis zum Ende der Eiszeit (1986).

Max RAPHAEL, Wiedergeburtsmagie in der Altsteinzeit. Zur Geschichte der Religion und religiöser Symbole (1979).

Ludwig REISCH, Eine spätjungpaläolithische Freilandstation bei Barbing, Lkr. Regensburg. Quartär 25, 1974, 53–72.

Karl Heinz RIEDER, Das Schuttertal als Lebensraum für den frühen Menschen. In: Nassenfels. Beiträge zur Natur- und Kulturgeschichte des mittleren Schuttertales (1986) 83–106.

Anne SCHEER, Versuch einer Rekonstruktion gravettienzeitlicher Kleidung. Archäologisches Korrespondenzblatt 14, 1984, 239–245.

Friedrich SCHLETTE (Hrsg.), Die Entstehung des Menschen und der menschlichen Gesellschaft (1980).

Werner SCHÖNWEISS, Mittelsteinzeit in Franken. Abhandlungen der Naturhistorischen Gesellschaft Nürnberg 34, 1967, 7–57.

Werner SCHÖNWEISS/H. Werner, Mesolithische Wohnanlagen von Sarching, Ldkr. Regensburg. Bayerische Vorgeschichtsblätter 39, 1974, 1–29. DIES., Mesolithische Wohngrundrisse von Friesheim (Donau). In: Festschrift 75 Jahre Anthropologische Staatssammlung München 1902–1977 (1977) 57–66. DIES., Ein Fundplatz des Szeletien in Zeitlarn bei Regensburg. Archäologisches Korrespondenzblatt 16, 1986, 7–12.

Peter SCHRÖTER, Ein Knochenartefakt beim »jungpaläolithischen«

Skelettfund aus der Mittleren Klause bei Neuessing (Niederbayern). Archäologisches Korrespondenzblatt 9, 1979, 155–158. Ders., Präsapiens- und Sapiens-Menschen der Späteiszeit. In: Der Mensch. Kindlers Enzyklopädie Bd. II (1982) 95–146. Ders., Zum Schädel vom Kaufertsberg bei Lierheim (Gem. Appetshofen, Lkr. Donau-Ries). Quartär 33/34, 1983, 99–107.

Eckhard Supp, Australiens Aborigines. Ende der Traumzeit? (1985).

Wolfgang Taute, Ausgrabungen zum Spätpaläolithikum und Mesolithikum in Süddeutschland. In: Ausgrabungen in Deutschland. Ausstellungskatalog Mainz (1975) 64–73.

Jürgen Weiner, Praktische Versuche zur Herstellung und Verwendung von Birkenpech. Archäologisches Korrespondenzblatt 18, 1988, 329–354.

Wolfgang Weissmüller, Vorbericht über die Ausgrabung in der neuentdeckten paläolithischen Fundstelle von Regensburg, Florian Seidl-Straße. Archäologisches Korrespondenzblatt 17, 1987, 429–436. Ders., Eine Freilandfundstelle des mittleren Jungpaläolithikums (Périgordien-Gravettien) am Südrand der Straubinger Senke bei Salching, Ldkr. Straubing-Bogen. Quartär 37/38, 1987, 109–134.

Lothar F. Zotz/G. Freund, Die mittelpaläolithische Geröllgeräteindustrie aus der Umgebung von Kronach in Oberfranken (1973).

Christian Züchner, Die Alt- und Mittelsteinzeit im Ries. In: Nördlingen, Bopfingen, Oettingen, Harburg I. Führer zu vor- und frühgeschichtlichen Denkmälern 40 (1979) 20–57.

Jungsteinzeit (5500–3200 v. Chr.)

Corrie Bakels, Pflanzenreste aus Niederbayern – Beobachtungen in rezenten Ausgrabungen. Bericht der Bayerischen Bodendenkmalpflege 24/25, 1983/84, 157–166.

Lawrence Barfield, Patterns of North Italian Trade 5000–2000 b.c. In: G. Barker and R. Hodges (Ed.), Archaeology and Italian Society (1981) 27–51.

Peter M. Bayerlein, Die Gruppe Oberlauterbach (1985).

Günter Behm-Blancke, Bandkeramische Erntegeräte. Zur Typologie der ältesten Sicheln und Erntemesser. Alt-Thüringen 6, 1962/63, 104–175.

Hermann Behrens, Die Jungsteinzeit im Mittelelbe-Saale-Gebiet (1973). Ders., Wirtschaft und Gesellschaft im Neolithikum des Mittelelbe-Saale-Gebietes. Praehistorische Zeitschrift 50, 1975, 141–160. Ders., Die neolithisch-frühmetallzeitlichen Tierskelettfunde der Alten Welt (1964).

Karl Böhm/K. Schmotz, Die vorgeschichtliche Besiedlung des Donautales nordwestlich Straubing und ihre geologischen Voraussetzungen. Jahresbericht des Historischen Vereins für Straubing und Umgebung 81, 1979, 39–88.

Karl Böhm/H. Brink, Das jungsteinzeitliche Siedlungsareal »Sallmansberg« bei Landshut, Niederbayern. In: B. Engelhardt/K. Schmotz (Hrsg.), Vorträge des 4. Niederbayerischen Archäologentages (1986) 51–63.

Nicholas David/H. David-Hennig, Zur Herstellung und Lebensdauer von Keramik. Untersuchungen zu den sozialen, kulturellen und ökonomischen Strukturen am Beispiel der Ful aus der Sicht des Prähistorikers. Bayerische Vorgeschichtsblätter 36, 1971, 289–317.

Frank D. David, Die Hornsteingeräte des älteren und mittleren Neolithikums im Donauraum (1975).

Jürgen Driehaus, Die Altheimer Gruppe und das Jungneolithikum in Mitteleuropa (1960).

Bernd Engelhardt/K. Schmotz, Grabenwerke des älteren und mittleren Neolithikums in Niederbayern. Mitteilungen der österreichischen Arbeitsgemeinschaft für Ur- und Frühgeschichte 13–14, 1983/84, 27–63. Ders., Der linienbandkeramische Friedhof von Essenbach-Ammerbreite, Lkr. Landshut, Ndb. In: Ausgrabungen und Funde in Altbayern 1985/86. Ausstellungskatalog Straubing (1986a) 11–14. Ders., Die mittelneolithische Kultanlage (Rondell) von Künzing-Unternberg, Lkr. Deggendorf, Ndb. In: Ausgrabungen und Funde in Altbayern 1985/86. Ausstellungskatalog Straubing (1986b) 15–17. Ders./A. Binstein, Vorbericht über die Ausgrabungen 1984–1986 im neolithischen Feuersteinabbaurevier von Arnhofen, Ldkr. Kelheim. Germania 66, 1988, 1–29.

Wolfgang Fauth, Artemis. In: Der kleine Pauly, Band 1 (1979) Sp. 618–624.

Alex Furger/F. Hartmann, Vor 5000 Jahren ... So lebten unsere Vorfahren in der Jungsteinzeit (1983).

Gretel Gallay/R. Schweitzer, Das bandkeramische Gräberfeld von Rixheim. Archäologisches Korrespondenzblatt 1, 1971, 15–22.

Marija Gimbutas, The Goddesses and Gods of Old Europe 6500–3500 BC. Myths and Cult images (1982).

Heide Goettner-Abendroth, Die Göttin und ihr Heros. Die matriarchalen Religionen in Mythos, Märchen und Dichtung (1980).

Majorie E. Th. de Grooth/G. J. Verwers, Op goede gronden. Ausstellungskatalog Leiden (1984).

Alexander Häusler, Die Bestattungssitten des Früh- und Mittelneolithikums und ihre Interpretation. In: F. Schlette (Hrsg.), Evolution und Revolution im Alten Orient und in Europa. Das Neolithikum als historische Erscheinung (1971) 101–119.

Peter Hanser, Dimensionen des Handels in rezenten Stammeskulturen: Ethnographische Beispiele aus Neuguinea. Archäologische Informationen 10, 1987, 30–41.

Wolfgang Helck, Betrachtungen zur großen Göttin und den ihr verbundenen Gottheiten. Religion und Kultur der alten Mittelmeerwelt in Parallelforschungen 2 (1971).

Olaf Höckmann, Andeutungen zu Religion und Kultus in der bandkeramischen Kultur. In: Aktuelle Fragen der Bandkeramik. Akten der Pannonia Konferenzen I (1972) 187–209. Ders., Zur Verteilung von Männer- und Frauengräbern auf Gräberfeldern des Frühneolithikums und des älteren Mittelneolithikums. Jahrbuch des Römisch-Germanischen Zentralmuseums Mainz 29, 1982, 13–74.

Rainer Hofmann, Die vegetabilischen vor- und frühgeschichtlichen Funde aus Niederbayern und der Oberpfalz südlich der Donau im Rahmen der Siedelgeschichte. Bericht der Bayerischen Bodendenkmalpflege 24/25, 1983/84, 112–156.

Dietrich Kahlke, Die Bestattungssitten des Donauländischen Kulturkreises der jüngeren Steinzeit, Teil I Linienbandkeramik (1954).

Claus-Joachim Kind, Die bandkeramische Siedlung von Ulm-Eggingen. Archäologisches Korrespondenzblatt 18, 1988, 159–168.

Ulrich Köhler, Formen des Handels in ethnologischer Sicht. In: Untersuchungen zu Handel und Verkehr der vor- und frühgeschichtlichen Zeit in Mittel- und Nordeuropa I (1985) 13–55.

Georg Kossack/H. Schmeidl, Vorneolithischer Getreideanbau im bayerischen Alpenvorland. Jahresbericht der Bayerischen Bodendenkmalpflege 15/16, 1974/75, 1–23.

Otto Kunkel, Die Jungfernhöhle bei Tiefenellern. Eine neolithische Kultstätte auf dem Fränkischen Jura bei Bamberg (1955).

Jens Lüning, Die Michelsberger Kultur. Ihre Funde in zeitlicher und räumlicher Gliederung. Bericht der Römisch-Germanischen Kommission 48, 1967, 3–350. Ders., Zur Rohstoffversorgung der Schussenrieder Siedlung Ludwigsburg bei Stuttgart. Archäologisches

Korrespondenzblatt 8, 1978, 269–274. DERS./J. Meurers-Balke, Experimenteller Getreideanbau im Hambacher Forst, Gemeinde Elsloo, Kr. Bergheim/Rheinland. Bonner Jahrbücher 180, 1980, 305–344. DERS., Eine Siedlung der mittelneolithischen Gruppe Bischheim in Schernau, Ldkr. Kitzingen (1981). DERS., Zur Verbreitung und Datierung bandkeramischer Erdwerke. Archäologisches Korrespondenzblatt 18, 1988, 155–158.

Rudolf A. MAIER, Naturalien in schmuck-, amulett- und idolhafter Verwendung. Vortrag, gehalten am 14. März 1961 in Tutzing (Selbstverlag der Deutschen Forschungsgemeinschaft o. J.). DERS., Die jüngere Steinzeit in Bayern. Jahresbericht der Bayerischen Bodendenkmalpflege 5, 1964, 9–197. DERS., »Michelsberg-Altheimer« Skelettgruben von Inningen bei Augsburg in Bayerisch-Schwaben. Germania 43, 1965, 8–15. DERS., Jäger und Gerber in der Neolithstation Polling im Alpenvorland. Jahresbericht der Bayerischen Bodendenkmalpflege 15/16, 1974/75, 24–32.

Johannes MARINGER, Menschenopfer im Bestattungsbrauch Alteuropas (1944).

James MELLAART, Çatal Hüyük, Stadt aus der Steinzeit (1967).

P. J. R. MODDERMAN, Die neolithische Besiedlung bei Hienheim, Ldkr. Kelheim I (1977). DERS., Die neolithische Siedlung bei Hienheim, Ldkr. Kelheim II und III (1986).

Klaus E. MÜLLER, Grundzüge der agrarischen Lebens- und Weltanschauung. Paideuma. Mitteilungen zur Kulturkunde 19/20, 1973/74, 54–124.

Hermann MÜLLER-KARPE, Die spätneolithische Siedlung von Polling (1961). DERS., Handbuch der Vorgeschichte, Band II Jungsteinzeit (1968).

Martin NADLER, Beobachtungen zur Herstellung mittelneolithischer Kalksteinperlen. Natur und Mensch. Jahresmitteilungen der Naturhistorischen Gesellschaft Nürnberg 1985, 129–133.

Erich NEUMANN, Die große Mutter. Eine Phänomenologie der weiblichen Gestaltungen des Unbewußten (1985).

Waldemar NITSCHKE, Eine verzierte Trommel der Salzmünder Kultur von Gerstewitz, Ortsteil von Zorbau, Kr. Hohenmölsen. Ausgrabungen und Funde 31, 1986, 150–152.

Udo OSTERHAUS/R. Pleyer, Ein bandkeramisches Gräberfeld bei Sengkofen, Ldkr. Regensburg. Archäologisches Korrespondenzblatt 3, 1973, 399–402. DERS., Das bandkeramische Gräberfeld von Aiterhofen, Lkr. Straubing-Bogen. Jahresbericht des Historischen Vereins für Straubing und Umgebung 77, 1975, 3–16.

Margarita PRIMAS, Fingerabdrücke auf Keramik der Eisenzeit im Tessin. Archäologisches Korrespondenzblatt 5, 1975, 129–131.

Robert von RANKE-GRAVES, Die weiße Göttin (1948).

Colin RENFREW (with N. Shackleton), Neolithic Trade Routes Realigned by Oxygen Isotope Analyses. In: Colin Renfrew, Problems in European Prehistory (1979) 183–189.

Michael M. RIND (Hrsg.), Feuerstein: Rohstoff der Steinzeit – Bergbau und Bearbeitungstechnik. Ausstellungskatalog Kelheim (1987).

Edward SANGMEISTER, Die ersten Bauern. In: H. Müller-Beck (Hrsg.), Urgeschichte in Baden-Württemberg (1983) 429–471.

Helmut SCHLICHTHERLE/B. Wahlster, Archäologie in Seen und Mooren. Den Pfahlbauten auf der Spur (1986).

Burchard SIELMANN, Zum Verhältnis von Ackerbau und Viehzucht im Neolithikum Südwestdeutschlands. Archäologisches Korrespondenzblatt 1, 1971, 65–68.

Peter SCHRÖTER, Der Beitrag Niederbayerns zur Anthropologie der Steinzeiten in Bayern. Jahresbericht des Historischen Vereins für Straubing und Umgebung 80, 1977/78, 5–20.

Berta STJERNQUIST, Methodische Überlegungen zum Nachweis von Handel aufgrund archäologischer Quellen. In: Untersuchungen zu Handel und Verkehr der vor- und frühgeschichtlichen Zeit in Mittel- und Nordeuropa (1985) 56–83.

Christian STRAHM, Zur Einführung. Das Forschungsvorhaben »Siedlungarchäologische Untersuchungen im Alpenvorland«. Archäologische Nachrichten aus Baden 38/39, 1987, 4–9.

St. TABACZYŃSKI, Gesellschaftsordnung und Güteraustausch im Neolithikum Mitteleuropas. In: Neolithische Studien I (1972) 31–96.

Walter TORBRÜGGE, Oberpöring. Katalog zur Vorgeschichte einer Ortsmarkung (1963).

Peter UCKO, The Interpretation of Prehistoric Anthropomorphic Figurines. Journal of the Royal Anthropological Institute 92, 1962, 38–54.

Hans P. UENZE, Steinzeit. In: Archäologie in Bayern. Prähistorische Staatssammlung (1982) 11–60.

S. VENCL, Parure en Spondylus dans le néolithique danubien. Archeologické rozhledy 11, 1959, 699–742.

Emil VOGT, Geflechte und Gewebe der Steinzeit (1937).

Ludwig WAMSER, Eine gefäßhaltende Idolfigur der frühen Linearbandkeramik aus Mainfranken. Jahresbericht der Bayerischen Bodendenkmalpflege 21, 1980, 26–38.

Jürgen WEINER, Beile und Dechsel aus der Jungsteinzeit. Originalgetreue Nachbildungen steinzeitlicher Gerätschaften (I). Das Rheinische Landesmuseum Bonn, Berichte aus der Arbeit des Museums 1986, H. 3/4, 38–42.

Achim WERNER, Experimentelle Untersuchungen zur Rekonstruktion neolithischer Kuppelbacköfen. Archäologische Informationen 9, 1986, 155–157.

Uwe WESEL, Der Mythos vom Matriarchat. Über Bachofens Mutterrecht und die Stellung von Frauen in frühen Gesellschaften (1980).

Ulrich WILLERDING, Zum ältesten Ackerbau in Niedersachsen. In: Frühe Bauernkulturen in Niedersachsen (1983) 179–220.

Christoph WILLMS, Neolithischer Spondylusschmuck. Hundert Jahre Forschung. Germania 63, 1985, 331–343.

Milan ZÁPOTOCKÝ, Streitäxte und Streitaxtkulturen. Památky Archeologické 57, 1966, 172–209. DERS., Die Lengyel- und Trichterbecherkultur – ihr gegenseitiges Verhältnis im Lichte der Streitäxte. In: Internationales Symposium über die Lengyel-Kultur 1984 (1986) 347–356.

Übergang Steinzeit – Metallzeit (3200–1600 v. Chr.) (Chamer Kultur, Becherkulturen, Frühe Bronzezeit)

Björn-Uwe ABELS, Die Randleistenbeile in Baden-Württemberg, dem Elsaß, der Franche-Comté und der Schweiz (1972).

Lawrence BARFIELD, Burials and Boundaries in Chalcolithic Italy. In: C. Malone/S. Stoddart (Ed.), Papers in Italian Archaeology IV. The Cambridge Conference (1985) 152–176. DERS., Chalcolithic Burial Ritual in Northern Italy: Problems of Social Interpretation. Dialoghi di Archeologia 2, 1986, 241–248.

W. BARNER, Von Kultäxten, Beilzauber und rituellem Bohren. Die Kunde N. F. 8, 1957, 175–186.

Ingrid BURGER, Die Siedlung der Chamer Gruppe von Dobl, Gemeinde Prutting, Landkreis Rosenheim und ihre Stellung im Endneolithikum Mitteleuropas (1988).

Andreas Busch, Tierknochenfunde aus einer endneolithischen Siedlung bei Riekofen, Ldkr. Regensburg. Diss. München (1985).
Evgenij N. Černych, Die ältesten Bergleute und Metallurgen Europas. Das Altertum 28, 1982, 5–15.
Rainer Christlein, Neue Funde der Glockenbecherkultur aus Niederbayern. Jahresbericht des Historischen Vereins für Straubing und Umgebung 79, 1976, 35–76.
D. V. Clarke u. a., Symbols of Power at the Time of Stonehenge. Ausstellungskatalog Edinburgh (1985).
Werner Coblenz, Straubing und Aunjetitz. Bayerische Vorgeschichtsblätter 50, 1985, 113–126.
Gerrit Confurius, Essay. In: Isolde Ohlbaum, Denn alle Lust will Ewigkeit (1986).
Angela von den Driesch, Haus- und Jagdtiere im vorgeschichtlichen Thessalien. Praehistorische Zeitschrift 62, 1987, 1–21.
Clemens Eibner, Kupfererzbergbau in Österreichs Alpen. Südosteuropa zwischen 1600 und 1000 v. Chr. Prähistorische Archäologie in Südosteuropa 1, 1982, 399–408.
Alexandrine Eibner, Die Frau mit Spindel. Zum Aussagewert einer archäologischen Quelle. In: Hallstatt Kolloquium Veszprém 1984 (1986) 39–48.
Marija Gimbutas, The Three Waves of the Kurgan People into Old Europe, 4500–2500 B. C. Archives suisses d'anthropologie générale 43, 1979, 113–137. Dies., The Kurgan Wave No. 2, 3400–3200, into Europe and the Following Transformation of Culture. The Journal of Indo-European Studies 8, 1980, 273–317.
Gisela Grupe/B. Herrmann, Die Skelettreste aus dem neolithischen Kollektivgrab von Odagsen, Stadt Einbeck, Ldkr. Northeim. Rekonstruktion der Bevölkerung und deren Bestattungssitte. Nachrichten aus Niedersachsens Urgeschichte 55, 1986, 41–92.
Andreas Hauptmann/G. Weisgerber, Vom Kupfer zur Bronze: Beiträge zum frühesten Berg- und Hüttenwesen. Archäologische Bronzen, antike Kunst, moderne Technik. Ausstellungskatalog Berlin (1985).
Jürgen Hoika, Das Mittelneolithikum zur Zeit der Trichterbecherkultur in Nordostholstein. Untersuchungen zu Archäologie und Landschaftsgeschichte (1987).
Lothar Kilian, Zum Ursprung der Indogermanen (2. Auflage 1988).
Gustav Kossinna, Die indogermanische Frage archäologisch beantwortet. Zeitschrift für Ethnologie 34, 1902, 161–222. Ders., Die Herkunft der Germanen. Zur Methode der Siedlungsarchäologie (1911).
Rüdiger Krause, Die endneolithischen und frühbronzezeitlichen Gräber der Nordstadtterrasse von Singen am Hohentwiel (1988).
Jaroslav Kudrnáč/J. Michálek, Archäologische Forschungen zur Erhellung der Anfänge der Goldgewinnung in Südböhmen. Ostbairische Grenzmarken 29, 1987, 9–19.
J. N. Lanting/J. D. van der Waals (Hrsg.), Glockenbecher-Symposion Oberried 1974 (1976).
Jan Lichardus, Zur Funktion der Geweihspitzen des Typus Ostendorf. Germania 58, 1980, 1–24.
Ruth Löffler, Die Rohmaterialien des Töpfers. Archäologische Informationen 10, 1987, 166–174.
Macht, Herrschaft und Gold. Das Gräberfeld von Varna (Bulgarien) und die Anfänge einer neuen europäischen Zivilisation. Ausstellungskatalog Saarbrücken (1988).
Rudolf A. Maier, Neolithische Tonspinnwirtel aus Ufersiedlungen des Bodensees. Germania 37, 1959, 35–52. Ders., Einige lanzettförmige Stein-Doppeläxte aus Bayern. Germania 42, 1964, 19–27.
Ders., Zur Jungsteinzeit im Ries. In: Nördlingen, Bopfingen, Oettingen, Harburg I. Führer zu vor- und frühgeschichtlichen Denkmälern 40 (1979) 58–85.
Irenäus Matuschik, Eine befestigte Siedlung des Endneolithikums aus Riekofen-Kellnerfeld, Lkr. Regensburg. Bericht der Bayerischen Bodendenkmalpflege 22/23, 1981/82 (1986) 37–55.
Manfred Menke, Studien zu den frühbronzezeitlichen Metalldepots Bayerns. Jahresbericht der Bayerischen Bodendenkmalpflege 19/20, 1978/79, 5–305.
Fritz Moosleitner, Vier Spangenbarrendepots aus Obereching, Land Salzburg. Germania 66, 1988, 29–67.
Hermann Müller-Karpe, Handbuch der Vorgeschichte, Band III Kupferzeit (1974).
Martin Nadler, Die neolithischen und bronzezeitlichen Funde aus dem Großen Schulerloch. In: E. und H. Gruber (Hrsg.), Das Große Schulerloch. Die Tropfsteinhöhle im Altmühltal (1984) 47–67.
Karl J. Narr, Die Indogermanenfrage und die archäologischen Quellen. In: K. J. Narr (Hrsg.), Handbuch der Urgeschichte, Band II Jüngere Steinzeit und Steinkupferzeit (1975) 690–703.
Johannes W. Neugebauer, Die Bronzezeit im Osten Österreichs (1987).
Eckhard Neumann, Herrschafts- und Sexualsymbolik. Grundlagen einer alternativen Symbolforschung (1980).
Günter Neumann, Frühe Indogermanen und benachbarte Sprachgruppen. In: K. J. Narr (Hrsg.), Handbuch der Urgeschichte, Band II Jüngere Steinzeit und Steinkupferzeit (1975) 673–689.
Evžen Neustupný, Mobilität der äneolithischen Populationen. Slovenská Archeológia 29, 1981, 111–119.
Barbara Ottaway, Modelle des Kupferhandels im Äneolithikum Europas. Slovenská Archeológia 29, 1981, 139–148. Dies., Eine befestigte Siedlung der Chamer Gruppe. Vorbericht der Ausgrabungen (1981) Am Galgenberg. Bericht der Bayerischen Bodendenkmalpflege 22/23, 1981/82 (1986a) 19–36. Dies., Neue Radiocarbondaten Altheimer und Chamer Siedlungsplätze in Niederbayern. Archäologisches Korrespondenzblatt 16, 1986, 141–148 (1986b).
Wolfgang Pape, Eine Serpentinaxt aus Südbaden. Archäologische Nachrichten aus Baden 25, 1980, 6–11.
Ludwig Pauli, Einige Anmerkungen zum Problem der Hortfunde. Archäologisches Korrespondenzblatt 15, 1985, 195–206.
Stuart Piggott, The Earliest Wheeled Transport from the Atlantic Coast to the Caspian Sea (1983).
Manfred Rech, Opferfunde der Stein-/Kupferzeit in Nordeuropa. Archäologisches Korrespondenzblatt 4, 1974, 307–312.
Colin Renfrew, Archaeology and Language. The Puzzle of Indo-European Origins (1987).
Karl-Friedrich Rittershofer, Grabraub in der Bronzezeit. Bericht der Römisch-Germanischen Kommission 68, 1987, 5–23.
Walter Ruckdeschel, Die frühbronzezeitlichen Gräber Südbayerns (1978). Ders., Das frühbronzezeitliche Gräberfeld von Mintraching, Ldkr. Regensburg. Bayerische Vorgeschichtsblätter 50, 1985, 127–182.
J. Rulf, Naturmilieu und Kulturen des böhmischen Neolithikums und Äneolithikums. Památky Archeologické 74, 1983, 35–95.
Hilmar Schickler, Aufnahme und Ablehnung der Metallurgie bei frühbronzezeitlichen Kulturen Europas. Germania 46, 1968, 11–19.
Peter Schröter, Die Funde der Glockenbecherkultur im Landkreis Regensburg. Beiträge zur Oberpfalzforschung 2, 1966, 39–54.
Eckehart Schubert, Zur Frage der Arsenlegierungen in der Kupfer-

und Frühbronzezeit Südosteuropas. In: Studien zur Bronzezeit. Festschrift W. A. von Brunn (1981) 447–455.
Winrich SCHWELLNUS, Wartberg-Gruppe und hessische Megalithik (1979).
Andrew SHERRATT, Plough and pastoralism: aspects of the secondary products revolution. In: I. Hodder (Ed.), Pattern of the past: studies in honour of David Clarke (1981) 261–305.
Ernst SPROCKHOFF, Die Kulturen der jüngeren Steinzeit in der Mark Brandenburg (1926).
Armin STROH, Einheimische Scherben der Kugelamphorenkultur vom Goldberg, O. A. Neresheim (Württemberg). Germania 22, 1938, 219–220.
Dmitry Y. TELKIN, Dereivka. A Settlement and Cemetery of Copper Age Horse Keepers on the Middle Dnieper (1986).
Walter TORBRÜGGE, Grabhügel der frühen Bronzezeit in Süddeutschland. Abhandlungen der Naturhistorischen Gesellschaft Nürnberg 39, 1982, 65–82. DERS., Die Landschaft um Regensburg in vor- und frühgeschichtlicher Zeit. In: S. Rieckhoff-Pauli/W. Torbrügge (Hrsg.), Regensburg – Kelheim – Straubing I. Führer zu archäologischen Denkmälern in Deutschland 5 (1984) 28–121.
Hans P. UENZE, Die endneolithische befestigte Siedlung von Dobl, Ldkr. Rosenheim. Bayerische Vorgeschichtsblätter 46, 1981, 1–36.
William H. WALDREN/R. C. Kennard (Ed.), Bell Beakers of the Western Mediterranean (1987).
Ludwig WAMSER, Begräbnisplätze der Becherkultur im Main-Tauber-Gebiet und ihr Bezug zur Schnurkeramik. Jahresschrift für mitteldeutsche Vorgeschichte 64, 1981, 143–165. DERS., Untersuchung dreier Kollektivgräber Walternienburg-Bernburger Art südlich des Thüringer Waldes. Zeitschrift für Archäologie 1990 (im Druck).
Eugen WOYTOWITSCH, Die ersten Wagen der Schweiz: die ältesten Europas. Helvetia archaeologica 61, 1985, 2–45.
J. P. ZEITLER, Die frühbronzezeitliche Siedlung am Hirtenacker bei Zirndorf, Lkr. Fürth. Abhandlungen der Naturhistorischen Gesellschaft Nürnberg 39, 1982, 83–146.

Mittlere und Späte Bronzezeit (1600–750 v. Chr.)

Björn-Uwe ABELS, Ein urnenfelderzeitliches Adelsgrab von Eggolsheim, Landkreis Forchheim (Oberfranken). Archäologisches Korrespondenzblatt 13, 1983, 345–354.
Arthur BERGER, Die Bronzezeit in Ober- und Mittelfranken (1984).
Wilhelm A. von BRUNN, Zur Deutung spätbronzezeitlicher Hortfunde zwischen Elbe und Weichsel. Bericht der Römisch-Germanischen Kommission 61, 1980, 91–150.
Hans-Günther BUCHHOLZ, Ägäische Bronzezeit (1987).
John M. COLES, Metallurgy and Bronze Age Soiety. In: Studien zur Bronzezeit. Festschrift W. A. von Brunn (1981) 95–107.
DIE Urnenfelderkulturen Mitteleuropas. Symposium Liblice 1985 (Prag 1987).
Detlev ELLMERS, Frühe Schiffahrt in West- und Nordeuropa. In: H. Müller-Karpe (Hrsg.), Zur geschichtlichen Bedeutung der frühen Seefahrt. Kolloquien zur Allgemeinen und Vergleichenden Archäologie 2 (1982) 163–190.
Fritz FELGENHAUER, Kultkontinuität von der Urzeit bis zur Gegenwart? Ein hallstattzeitlicher »Brand«-Opferplatz in Traunkirchen, Oberösterreich. Bayerische Vorgeschichtsblätter 51, 1986, 91–118.
Klaus GOLDMANN, Guß in verlorener Sandform – das Hauptverfahren alteuropäischer Bronzegießer? Archäologisches Korrespondenzblatt 11, 1981, 109–116.
Bernard HÄNSEL, Mykene und Europa. In. Das mykenische Hellas. Heimat der Helden Homers. Ausstellungskatalog Berlin (1988) 62–64.
Hilke HENNIG, Die Grab- und Hortfunde der Urnenfelderkultur aus Ober- und Mittelfranken (1970). DIES., Das Donautal bei Regensburg vor 3000 Jahren. Ausstellungskatalog München (1980).
Alix HOCHSTETTER, Die Hügelgräberbronzezeit in Niederbayern (1980).
Rainer HOFMANN, Das Schwert von Nassenfels. Abhandlungen der Naturhistorischen Gesellschaft Nürnberg 39, 1982, 147–162.
Friedrich HOLSTE, Ein westeuropäisches Vollgriffschwert aus Süddeutschland. Germania 26, 1942, 4–12.
Hans-Jürgen HUNDT, Ein Textilrest aus dem urnenfelderzeitlichen Depotfund von Sublaines. Archäologisches Korrespondenzblatt 18, 1988, 261.
Albrecht JOCKENHÖVEL, Eine Bronzeamphore des 8. Jahrhunderts v. Chr. von Gevelinghausen, Kr. Meschede (Sauerland). Germania 52, 1974, 16–47.
Harald KOSCHIK, Die Bronzezeit im südwestlichen Oberbayern (1981).
Georg KOSSACK, Studien zum Symbolgut der Urnenfelder- und Hallstattzeit Mitteleuropas (1954).
Werner KRÄMER, Prähistorische Brandopferplätze. In: Helvetia Antiqua. Festschrift Emil Vogt (1966) 111–122.
Ludwig KREINER, Die Grabhügelnekropole von Wallersdorf-Haunersdorf, Lkr. Dingolfing-Landau und Deggendorf. In: K. Schmotz (Hrsg.), Vorträge des 6. Niederbayerischen Archäologentages (1988) 83–100.
Janet E. LEVY, Social and Religious Organization in Bronze Age Denmark. An Analysis of Ritual Hoard Finds (1982).
Rudolf A. MAIER, Urgeschichtliche Opferreste aus einer Felsspalte und einer Schachthöhle der Fränkischen Alb. Germania 55, 1977, 21–32. DERS., Schachthöhlen und Felstürme als urgeschichtliche Opferplätze. In: S. Rieckhoff-Pauli/W. Torbrügge (Hrsg.), Regensburg – Kelheim – Straubing I. Führer zu archäologischen Denkmälern in Deutschland 5 (1984) 204–211.
Wilfried MENGHIN/P. Schauer, Der Goldkegel von Ezelsdorf. Kultgerät der späten Bronzezeit (1983).
Hermann MÜLLER-KARPE, Das urnenfelderzeitliche Wagengrab von Hart a. d. Alz. Bayerische Vorgeschichtsblätter 21, 1956, 46–75. DERS., Handbuch der Vorgeschichte, Band IV Bronzezeit (1980).
Christopher F. E. PARE, Der Zeremonialwagen der Bronze- und Urnenfelderzeit: seine Entstehung, Form und Verbreitung. In: Vierrädrige Wagen der Hallstattzeit (1987) 25–67.
Christian PESCHECK, Katalog Würzburg I (1958). DERS., Ein reicher Grabfund mit Kesselwagen aus Unterfranken. Germania 50, 1972, 29–56.
Renate PIRLING/U. Wels-Weyrauch/H. Zürn, Die mittlere Bronzezeit auf der Schwäbischen Alb (1980).
Emma PRESSMAR, Elchinger Kreuz, Ldkr. Neu-Ulm. Siedlungsgrabung mit urnenfelderzeitlichem Töpferofen (1979).
Margarita PRIMAS, Die Sicheln in Mitteleuropa, I Österreich, Schweiz, Süddeutschland (1986).
Michael M. RIND, Die urnenfelderzeitliche Siedlung von Dietfurt/Oberpfalz (1987). DERS., Kanalarchäologie im Altmühltal (1988).
Karl-Friedrich RITTERSHOFER, Der Hortfund von Bühl und seine Beziehungen. Bericht der Römisch-Germanischen Kommission 64, 1983, 139–415.
Peter SCHAUER, Forschungen zur Geschichte der Bronzezeit in

Deutschland. In: Ausgrabungen in Deutschland. Ausstellungskatalog Mainz (1975) 121–124. DERS., Urnenfelderzeitliche Opferplätze in Höhlen und Felsspalten. In: Studien zur Bronzezeit. Festschrift W. A. von Brunn (1981) 403–418.
Karl SCHMOTZ, Das bronzezeitliche Gräberfeld von Deggendorf-Fischerdorf. Bayerische Vorgeschichtsblätter 51, 1986, 39–90.
Peter SLOTERDIJK, Kritik der zynischen Vernunft (1983).
Lothar SPERBER, Untersuchungen zur Chronologie der Urnenfelderkultur im nördlichen Alpenvorland von der Schweiz bis Oberösterreich (1987).
Konrad SPINDLER, Die Archäologie des Frauenberges von den Anfängen bis zur Gründung des Klosters Weltenburg (1981).
Peter F. STARY, Das spätbronzezeitliche Häuptlingsgrab von Hagenau, Kr. Regensburg. In: K. Spindler (Hrsg.), Vorzeit zwischen Main und Donau. Neue archäologische Forschungen und Funde aus Franken und Altbayern. Erlanger Forschungen Reihe A, Band 26 (1980) 46–97.
Frauke STEIN, Bronzezeitliche Hortfunde in Süddeutschland (1976).
Marie Louise STIG SØRENSEN/R. Thomas (Ed.), The Bronze Age-Iron Age Transition in Europe. Aspects of continuity and change in European societies c. 1200 to 500 B. C. (1989).
Armin STROH, Der Maximiliansfelsen im Landkreis Eschenbach (Oberpfalz). Zu einer neuen Gattung obertägiger Bodendenkmäler. In: Aus Bayerns Frühzeit. Festschrift Friedrich Wagner (1962) 45–49.
Walter TORBRÜGGE, Die Bronzezeit in der Oberpfalz (1959). DERS., Die bayerischen Inn-Funde. Bayerische Vorgeschichtsblätter 25, 1960, 16–69. DERS., Vollgriffschwerter der Urnenfelderzeit. Bayerische Vorgeschichtsblätter 30, 1965, 71–105. DERS., Vor- und frühgeschichtliche Flußfunde. Bericht der Römisch-Germanischen Kommission 50/51, 1970/71, 1–146. DERS., Über Horte und Hortdeutung. Archäologisches Korrespondenzblatt 15, 1985, 17–24.
Joachim und Susanne WAHL, Zur Technik der Leichenverbrennung: I. Verbrennungsplätze aus ethnologischen Quellen. Archäologisches Korrespondenzblatt 13, 1983, 513–520. DIES., Zur Technik der Leichenverbrennung: II. Vorbereitung der Leiche und Behandlung der Knochenreste anhand ethnologischer Quellen. Archäologisches Korrespondenzblatt 14, 1984, 443–451.
Aby M. WARBURG, Schlangenritual. Ein Reisebericht (1988).
Otto M. WILBERTZ, Die Urnenfelderkultur in Unterfranken (1982).

Frühe Eisenzeit (750–400 v. Chr.)

Björn-Uwe ABELS, Spuren von Anthropophagie an hallstattzeitlichen Skelettresten. In: Festschrift 75 Jahre Anthropologische Staatssammlung München 1902–1977 (1977) 113–116.
Björn-Uwe ABELS, Vorbericht zu einer Grabung hallstattzeitlicher Grabhügel in Prächting, Ldkr. Lichtenfels, Oberfranken. Archäologisches Korrespondenzblatt 8, 1978, 203–207. DERS., Zur Eisenzeit in Oberfranken. Historischer Verein Bamberg 120, 1984, 13–47.
Horst ASPÖCK u. a., Parasitäre Erkrankungen des Verdauungstraktes bei prähistorischen Bergleuten von Hallstatt und Hallein (Österreich). Mitteilungen der Anthropologischen Gesellschaft in Wien 103, 1973, 41–47.
Jörg BIEL, Der Keltenfürst von Hochdorf (1985).
Ingrid BURGER, Analyseergebnisse zur Frage der Inkrustierung und Bemalung hallstattzeitlicher Gefäße von Riedenburg. Archäologische Denkmalpflege in Niederbayern. Arbeitshefte des Bayerischen Landesamtes für Denkmalpflege 26, 1985, 121–123.
DIE Hallstattkultur. Frühform europäischer Einheit. Ausstellungskatalog Steyr (1980).
DIE Hallstattkultur. Symposium Steyr 1980 (1981).
E. EBELING, Bruchstücke einer mittelassyrischen Vorschriftensammlung für Akklimatisierung und Training von Wagenpferden (1951).
Markus EGG, Die »Herrin der Pferde« im Alpengebiet. Archäologisches Korrespondenzblatt 16, 1986, 69–78.
Manfred K. H. EGGERT, Riesentumuli und Sozialorganisation: Vergleichende Betrachtungen zu den sogenannten »Fürstenhügeln« der späten Hallstattzeit. Archäologisches Korrespondenzblatt 18, 1988, 263–274.
Bernd ENGELHARDT, Das hallstattzeitliche Gräberfeld von Riedenburg-Haidhof, Lkr. Kelheim. Archäologische Denkmalpflege in Niederbayern. Arbeitshefte des Bayerischen Landesamtes für Denkmalpflege 26, 1985, 74–120.
Paul GLEIRSCHER, Stilisierte Frauenfigürchen aus Südtirol und dem Trentino. »Reitia«, die Göttin der »Räter«? Der Schlern 60, 1986, 178–190.
Heinrich HÄRKE, Höhensiedlungen im Westhallstattkreis – Ein Diskussionsbeitrag. Archäologisches Korrespondenzblatt 13, 1983, 461–477.
Hans-Georg HÜTTEL, Altbronzezeitliche Pferdetrensen. Jahresbericht des Instituts für Vorgeschichte der Universität Frankfurt 1977, 65–86.
Imma KILIAN-DIRLMEIER, Die hallstattzeitlichen Gürtelbleche und Blechgürtel Mitteleuropas (1972).
Wolfgang KIMMIG, Die griechische Kolonisation im westlichen Mittelmeergebiet und ihre Wirkung auf die Landschaften des westlichen Mitteleuropa. Jahrbuch des Römisch-Germanischen Zentralmuseums Mainz 30, 1983a, 5–78. DERS., Die Heuneburg an der oberen Donau. Führer zu archäologischen Denkmälern in Baden-Württemberg 1 (1983b). DERS., Eisenzeitliche Grabstelen in Mitteleuropa. Fundberichte aus Baden-Württemberg 12, 1987, 251–297.
Georg KOSSACK, Pferdegeschirr aus Gräbern der älteren Hallstattzeit Bayerns. Jahrbuch des Römisch-Germanischen Zentralmuseums Mainz 1, 1954, 111–178. DERS., Südbayern während der Hallstattzeit (1959). DERS., Gräberfelder der Hallstattzeit an Main und Fränkischer Saale (1970).
Karl KROMER, Das östliche Mitteleuropa in der frühen Eisenzeit (7.–5. Jh. v. Chr.) – seine Beziehungen zu den Steppenvölkern und antiken Hochkulturen. Jahrbuch des Römisch-Germanischen Zentralmuseums Mainz 33, 1986, 1–93.
Klaus LEIDORF, Südbayerische »Herrenhöfe« der Hallstattzeit. Archäologische Denkmalpflege in Niederbayern. Arbeitshefte des Bayerischen Landesamtes für Denkmalpflege 26, 1985, 129–142.
Erich LESSING, Hallstatt. Bilder aus der Frühzeit Europas (1980).
W. LUCKE/O.-H. Frey, Die Situla in Providence (Rhode Island). Ein Beitrag zur Situlenkunst des Osthallstattkreises (1962).
Hartmut MATTHÄUS, Mykenische Vogelbarken. Antithetische Tierprotomen in der Kunst des östlichen Mittelmeerraumes. Archäologisches Korrespondenzblatt 10, 1980, 319–330.
Claus OEFTIGER, Mehrfachbestattungen im Westhallstattkreis (1984).
Christopher F. E. PARE, Wagenbeschläge der Bad Homburg-Gruppe und die kulturgeschichtliche Stellung des hallstattzeitlichen Wagengrabes von Wehringen, Kreis Augsburg. Archäologisches Korrespondenzblatt 17, 1987, 467–482.
Ludwig PAULI, Der Goldene Steig. In: Studien zur vor- und frühgeschichtlichen Archäologie. Festschrift Joachim Werner (1974) 115–139. DERS., Der Dürrnberg bei Hallein III. Auswertung der Grabfunde (1978).

Hartmut POLENZ, Gedanken zu einer Fibel vom Mittellatèneschema aus Kâyseri in Anatolien. Bonner Jahrbücher 178, 1978, 181–216.
Alfred REICHENBERGER, Figurale Darstellungen der Hallstattzeit in und auf Ton. Ms. Diss. (Regensburg 1988).
Konrad SPINDLER, Die frühen Kelten (1983).
Ernst SPROCKHOFF, Nordische Bronzezeit und frühes Griechentum. Jahrbuch des Römisch-Germanischen Zentralmuseums Mainz 1, 1954, 28–110.
Walter TORBRÜGGE, Figürliche Zeichnungen der Hallstattzeit aus Nordostbayern und ihre Beziehungen zur antiken Welt. In: Festschrift Max Spindler (1969) 1–24. DERS., Hallstattzeitliche Terrakotten von Fischbach-Schirndorf in der Oberpfalz. In: Studien zur vor- und frühgeschichtlichen Archäologie. Festschrift Joachim Werner (1974) 57–72. DERS., Die Hallstattzeit in der Oberpfalz (1979). DERS., Untersuchungen zum Schalenpferd oder zur Pferdchenschale aus der Beckerslohe. Abhandlungen der Naturhistorischen Gesellschaft Nürnberg 40, 1986, 13–22.
Hans P. UENZE, Vor- und Frühgeschichte im Landkreis Schwabmünchen (1971). DERS., Hügelgräber der Hallstatt- und Latènezeit bei Höresham. In: Studien zur vor- und frühgeschichtlichen Archäologie. Festschrift Joachim Werner (1974) 73–113. DERS., Frühe Kelten. Neufunde der Hallstattzeit aus Bayern. Ausstellungsführer München (1987).
VIERRÄDRIGE Wagen der Hallstattzeit. Untersuchungen zur Geschichte und Technik (1987).
Ludwig WAMSER, Wagengräber der Hallstattzeit in Franken. Frankenland, Zeitschrift für Fränkische Landeskunde und Kulturpflege N. F. 33, 1981, 225–261. DERS., Sepulkralgefäße der Hallstattzeit aus dem Grabfeld (Unterfranken): Trennwandschalen mit aufgesetzten Schwimmvogelterrakotten. Bericht der Bayerischen Bodendenkmalpflege 22/23, 1981/82 (1986) 56–71.
Joachim WERNER, Das Aufkommen von Bild und Schrift in Nordeuropa. Bayer. Akad. d. Wiss., phil.-hist. Klasse, Sitzungsberichte Heft 4, 1966.
John P. ZEITLER, Chronologie und Wirtschaftsweise zweier hallstattzeitlicher Siedlungen aus Mittelfranken (1987).

Kelten (450–15 v. Chr.)

Wilfried AUER, Die frühlatènezeitlichen Schichtaugenperlen in Nordbayern. Abhandlungen der Naturhistorischen Gesellschaft Nürnberg 39, 1982, 215–252.
Kurt BITTEL u. a. (Hrsg.), Die Kelten in Baden-Württemberg (1981).
Michael CRAWFORD, Die römische Republik (dtv 1984).
Rainer CHRISTLEIN, Zu den jüngsten keltischen Funden Südbayerns. Bayerische Vorgeschichtsblätter 47, 1982, 275–292.
Gerhard DOBESCH, Die Kelten in Österreich nach den ältesten Berichten der Antike (1980). DERS., Die Kimbern in den Ostalpen und die Schlacht bei Noreia. Mitteilungen der österreichischen Arbeitsgemeinschaft für Ur- und Frühgeschichte 32, 1982, 51–78.
Josef ERL, Die Dietersberghöhle bei Egloffstein. Abhandlungen der Naturhistorischen Gesellschaft zu Nürnberg 26, 1953, 219–310.
Christiane ELUÈRE, Das Gold der Kelten (1987).
Géza FACSAR/E. Jerem, Zum urgeschichtlichen Weinbau in Mitteleuropa. Wissenschaftliche Arbeiten aus dem Burgenland 71, 1985, 121–144.
Thomas FISCHER, Archäologische Ausgrabungen und Funde in der Oberpfalz 1980/1981. Verhandlungen des Historischen Vereins für Oberpfalz und Regensburg 122, 1982, 193–254. DERS./S. Rieckhoff-Pauli/K. Spindler, Grabungen in der spätkeltischen Siedlung im Sulztal bei Berching-Pollanten, Landkreis Neumarkt, Oberpfalz. Germania 62, 1984, 311–372. DERS./U. Hauner, Die spätkeltische Industriesiedlung Berching-Pollanten aus archäologischer und geowissenschaftlicher Sicht. In: Die Oberpfalz, ein europäisches Eisenzentrum. Ausstellungskatalog Theuern (1987) 39–59.
Otto-Hermann FREY, Die Bedeutung der Gallia Cisalpina für die Entstehung der Oppida-Kultur. In: Studien zu Siedlungsfragen der Latènezeit (1984) 1–38.
Andres FURGER-GUNTI, Der »Goldfund von Saint-Louis« bei Basel und ähnliche keltische Schatzfunde. Zeitschrift für Schweizerische Archäologie und Kunstgeschichte 39, 1982, 2–47.
Andres FURGER, Die Helvetier (3. Auflage 1988).
Liselotte HANSMANN/L. Kriss-Rettenbeck, Amulett und Talisman. Erscheinungsform und Geschichte (1966).
Gerhard HERM, Die Kelten (1975).
Miranda GREEN, The Gods of the Celts (1986).
Mitja GUSTIN/L. Pauli (Hrsg.), Keltski voz. Keltische Wagengräber (1984).
Gerhard JACOBI, Werkzeug und Gerät aus dem Oppidum von Manching (1974a). DERS., Zum Schriftgebrauch in keltischen Oppida nördlich der Alpen. Hamburger Beiträge zur Archäologie 4, 1974b, 171–179.
Paul JACOBSTHAL, Early Celtic Art (1944).
Irene KAPPEL, Die Graphittonkeramik von Manching (1969).
Erwin KELLER, Die frühkaiserzeitlichen Körpergräber von Heimstetten (1984).
Hans-Jörg KELLNER, Latènezeit. In: Archäologie in Bayern (1982) 116–153. DERS., Keltische Münzen. Bemerkungen zur Situation der Forschung. Ostbairische Grenzmarken 26, 1984, 60–75. DERS., Neue keltische Münztypen aus Bayern. In: Mélanges offerts au Docteur J.-B. Colbert de Beaulieu (1987) 497–500.
Manfred KORFMANN, Zur Herstellung nahtloser Glasringe. Bonner Jahrbücher 166, 1966, 48–61.
Harald KOSCHIK (Hrsg.), Die Houbirg im Nürnberger Land (1985).
Georg KOSSACK, Südbayern im 5. Jahrhundert v. Chr. Zur Frage der Überlieferungskontinuität. Bayerische Vorgeschichtsblätter 47, 1982, 9–25.
Werner KRÄMER, Keltische Hohlbuckelringe vom Isthmus von Korinth. Germania 39, 1961, 32–42. DERS./F. Schubert, Die Ausgrabungen in Manching 1955–1961 (1970). DERS./F. Schubert, Zwei Achsnägel aus Manching. Jahrbuch des Deutschen Archäologischen Instituts 94, 1979, 366–389. DERS., Die Grabfunde von Manching und die latènezeitlichen Flachgräber in Südbayern (1985).
Venceslas KRUTA, Die Kelten (1979).
Amei LANG, Noch sind die Raeter Herren des Landes. In: Veldidena. Ausstellungskatalog Innsbruck (1985) 45–67.
Ferdinand LEJA, Vorgeschichtliche Funde aus dem Kleebergschacht im Bärnhofer Wald, Lkr. Amberg-Sulzbach (Oberpfalz). Abhandlungen der Naturhistorischen Gesellschaft Nürnberg 41, 1987, 1–72.
Herbert LORENZ, Rundgang durch eine keltische »Stadt« (1986).
Rudolf A. MAIER, Zu keltischen Würfelfunden aus dem Oppidum von Manching. Germania 39, 1961, 354–360.
Ferdinand MAIER, Die bemalte Spätlatène-Keramik von Manching (1970).

Ludwig PAULI, Keltischer Volksglaube (1975). DERS., Die Herkunft der Kelten. Sinn und Unsinn einer alten Frage. In: Die Kelten in Mitteleuropa. Ausstellungskatalog Hallein (1980a) 16–24. DERS., Das keltische Mitteleuropa vom 6. bis zum 2. Jahrhundert v. Chr. In: Die Kelten in Mitteleuropa. Ausstellungskatalog Hallein (1980b) 25–36. DERS., Die westliche Späthallstattkultur – Aufstieg und Niedergang einer Randkultur der antiken Welt. In: Archäologie und Kulturgeschichte 2. Beiträge zur Erforschung von Sozialstrukturen und Randkulturen. Symposium in Saerbeck 1984 (1984a) 46–61. DERS., Die frühkeltische Tonflasche aus Matzhausen. In: S. Rieckhoff-Pauli/W. Torbrügge (Hrsg.), Regensburg–Kelheim–Straubing I. Führer zu archäologischen Denkmälern in Deutschland 5 (1984b) 198–204. DERS., Early Celtic society: two centuries of wealth and turmoil in central Europe. In: T. C. Champion/J. V. S. Megaw (Ed.), Settlement and society: aspects of West European prehistory in the first millenium B. C. (1985) 23–43. DERS., La società celtica transalpina nel V secolo a. C. In: Gli Etruschi a nord del Po. Ausstellungskatalog Mantova 2 (1986) 18–30.

Karl PESCHEL, Anfänge germanischer Besiedlung im Mittelgebirgsraum. Sueben – Hermunduren – Markomannen (1978). DERS., Kelten und Germanen während der jüngeren vorrömischen Eisenzeit (2.-1. Jh. v. u. Z.). In: F. Horst/F. Schlette (Hrsg.), Frühe Völker in Mitteleuropa (1988) 167–200.

Volker PINGEL, Die glatte Drehscheiben-Keramik von Manching (1971).

Dieter PLANCK, Die Viereckschanze von Fellbach-Schmiden. In: Der Keltenfürst von Hochdorf. Methoden und Ergebnisse der Landesarchäologie. Ausstellungskatalog Stuttgart (1985) 340–353.

Sabine RIECKHOFF-PAULI, Das Ende der keltischen Welt: Kelten – Römer – Germanen. In: Die Kelten in Mitteleuropa. Ausstellungskatalog Hallein (1980) 37–47. DIES., Spätkeltische und frühgermanische Funde aus Regensburg. Bayerische Vorgeschichtsblätter 48, 1983, 63–128. DIES., Kelten und Germanen im Donaubogen. In: Regensburger Almanach 1988 (1987) 106–115.

Maria SCHÖNHAMMER, Römisch-autochthoner Synkretismus im Kölner Raum, dargestellt an Weihesteinen aus dem 1.–3. Jahrhundert u. Z. Ms. Mag. (Regensburg 1988).

Karl SCHMOTZ, Passauer Rohgraphit aus einer Siedlung der Spätlatènezeit in Stephansposching, Lkr. Deggendorf. Ostbairische Grenzmarken 29, 1987, 202–204.

Siegmar von SCHNURBEIN, Die Funde von Augsburg-Oberhausen und die Besetzung des Alpenvorlandes durch die Römer. In: Forschungen zur provinzialrömischen Archäologie in Bayerisch-Schwaben (1985) 15–43.

Klaus SCHWARZ, Die Geschichte eines keltischen Temenos im nördlichen Alpenvorland. In: Ausgrabungen in Deutschland. Ausstellungskatalog Mainz (1975) 324–358.

Sebastian SOMMER, Die römischen Zivilsiedlungen in Südwestdeutschland. In: Archäologie in Württemberg. Ergebnisse und Perspektiven (1988) 281–307.

Werner E. STÖCKLI, Die Grob- und Importkeramik von Manching (1979).

Dieter TIMPE, Der keltische Handel nach historischen Quellen. In: Untersuchungen zu Handel und Verkehr der vor- und frühgeschichtlichen Zeit in Mittel- und Nordeuropa I (1985) 258–284.

Howard TREVOR-ROPER, Religion, the Reformation and Social Change (1967).

Hans P. UENZE, Ein Friedhof der frühen Mittellatènezeit von Riekofen, Ldkr. Regensburg. Bayerische Vorgeschichtsblätter 47, 1982, 247–262. DERS., Zur Latènezeit im Augsburger Raum. In: Forschungen zur provinzialrömischen Archäologie in Bayerisch-Schwaben (1985) 9–13.

Joachim WERNER, Spätes Keltentum zwischen Rom und Germanien. Gesammelte Aufsätze zur Spätlatènezeit (1979).

Museen

Die in diesem Buch abgebildeten archäologischen Funde können in folgenden Museen besichtigt werden:

Städtische Kunstsammlungen Augsburg, Römisches Museum
Dominikanergasse 15
8900 Augsburg
Tel.: 0821/324 2180
Geöffnet: Dienstag mit Sonntag 10–17 Uhr

Archäologisches Museum der Stadt Kelheim
Lederergasse 11 (Herzogskasten)
8420 Kelheim
Tel.: 09441/70173
Geöffnet: April bis Oktober: Dienstag mit Sonntag 10–16 Uhr; November bis März nach Vereinbarung.

Germanisches Nationalmuseum Nürnberg
Kornmarkt 1
8500 Nürnberg
Tel.: 0911/13310
Geöffnet: Dienstag mit Freitag 9–17 Uhr; Samstag mit Sonntag 10–17 Uhr

Museum Natur und Mensch der Naturhistorischen Gesellschaft Nürnberg
Gewerbemuseumsplatz 4
8500 Nürnberg
Tel.: 0911/227970
Geöffnet: Montag, Dienstag, Freitag 10–13 Uhr und 14–16 Uhr; Donnerstag 14–19.30 Uhr; Samstag 10–12 Uhr

Prähistorische Staatssammlung München
Lerchenfeldstr. 2
8000 München 22
Tel.: 089/293911
Geöffnet: Dienstag mit Sonntag 9–16 Uhr; Donnerstag 9–20 Uhr.

Museum der Stadt Regensburg
Dachauplatz 2–4
8400 Regensburg
Tel.: 0941/5072944
Geöffnet: Dienstag mit Samstag 10–16 Uhr; Sonntag 10–13 Uhr.

Archäologisches Museum im BMW Werk Regensburg
Herbert Quandt-Allee
8400 Regensburg-Harting
Tel.: 0941/702012
Geöffnet: Dienstag von 9–12 Uhr; jeden zweiten Sonntag im Monat von 10–12 Uhr und nach Vereinbarung.

Gäubodenmuseum Straubing
Fraunhoferstr. 9
8440 Straubing
Tel.: 09421/16326
Geöffnet: Dienstag mit Sonntag 10–16 Uhr.

Mainfränkisches Museum Würzburg
Festung Marienberg
8700 Würzburg
Tel.:0931/43016
Geöffnet: Täglich 10–17 Uhr; November bis März 10–16 Uhr

Abkürzungsverzeichnis

Die Kennzeichnung der Verwaltungsbezirke erfolgt durch die Abkürzung des zugeordneten KFZ-Zulassungsbezirkes.

A	Augsburg, Schwaben
AB	Aschaffenburg, Unterfranken
AIC	Aichach-Friedberg, Schwaben
AN	Ansbach, Mittelfranken
AÖ	Altötting, Oberbayern
AS	Amberg-Sulzbach, Oberpfalz
BA	Bamberg, Oberfranken
BGL	Berchtesgadener Land, Oberbayern
BT	Bayreuth, Oberfranken
CHA	Cham, Oberpfalz
CO	Coburg, Oberfranken
DAH	Dachau, Oberbayern
DEG	Deggendorf, Niederbayern
DGF	Dingolfing-Landau, Niederbayern
DLG	Dillingen an der Donau, Schwaben
DON	Donau-Ries, Schwaben
EBE	Ebersberg bei München, Oberbayern
ED	Erding, Oberbayern
EI	Eichstätt, Oberbayern
ERH	Erlangen-Höchstadt, Mittelfranken
FFB	Fürstenfeldbruck, Oberbayern
FO	Forchheim, Oberfranken
FRG	Freyung-Grafenau, Niederbayern
FS	Freising, Oberbayern
FÜ	Fürth, Mittelfranken
GAP	Garmisch-Partenkirchen, Oberbayern
GZ	Günzburg, Schwaben
HAS	Haßberge, Unterfranken
HO	Hof an der Saale, Oberfranken
IN	Ingolstadt, Oberbayern
KC	Kronach, Oberfranken
KEH	Kelheim, Niederbayern
KG	Bad Kissingen, Unterfranken
KT	Kitzingen, Unterfranken
KU	Kulmbach, Oberfranken
LA	Landshut, Niederbayern
LAU	Nürnberger Land, Mittelfranken
LI	Lindau, Schwaben
LIF	Lichtenfels, Oberfranken
LL	Landsberg am Lech, Oberbayern
M	München, Oberbayern
MB	Miesbach, Oberbayern
MIL	Miltenberg, Unterfranken
MSP	Main-Spessart, Unterfranken
MÜ	Mühldorf am Inn, Oberbayern
ND	Neuburg an der Donau-Schrobenhausen, Oberbayern
NEA	Neustadt an der Aisch-Bad Windsheim, Mittelfranken
NEW	Neustadt an der Waldnaab, Oberpfalz
NM	Neumarkt, Oberpfalz
NU	Neu-Ulm, Schwaben
OA	Oberallgäu, Schwaben
OAL	Ostallgäu, Schwaben
PA	Passau, Niederbayern
PAF	Pfaffenhofen an der Ilm, Oberbayern
PAN	Rottal-Inn, Niederbayern
R	Regensburg, Oberpfalz
REG	Regen, Niederbayern
RG	Rhön-Grabfeld, Unterfranken
RH	Roth, Mittelfranken
RO	Rosenheim, Oberbayern
SAD	Schwandorf, Oberpfalz
SR	Straubing-Bogen, Niederbayern
STA	Starnberg, Oberbayern
SW	Schweinfurt, Unterfranken
TR	Tirschenreuth, Oberpfalz
TÖL	Bad Tölz-Wolfratshausen, Oberbayern
TS	Traunstein, Oberbayern
UAL	Unterallgäu, Schwaben
WM	Weilheim-Schongau, Oberbayern
WÜ	Würzburg, Unterfranken
WUG	Weißenburg-Gunzenhausen, Mittelfranken
WUN	Wunsiedel im Fichtelgebirge, Oberfranken

Ortsregister

Namen- und Sachregister

Bildnachweis

Fotos: Taf. 1–9; 11–45; 47–53; 56–64; 66–69; 71; Abbildung 18, 22, 24, 33, 46c, 46d, 52, 67, 78, 79: Wolfram Schmidt.
Taf. 46: Ulrich Hesse; Taf. 72: Prähistorische Staatssammlung München; Abbildung 14, 63, 81: Bayerisches Landesamt für Denkmalpflege; Abbildung 15, 49a, 49d: L. Wagmüller, Regensburg; Abbildung 32: Gäubodenmuseum Straubing; Abbildung 35, 37: Germanisches Nationalmuseum Nürnberg; Abbildung 43: Badisches Landesmuseum Karlsruhe; Abbildung 44, 49c, 54: J. Herzig, Kelheim; Abbildung 53: Römisch-Germanisches Zentralmuseum Mainz (nach Kopie).

Luftbilder: Bayerisches Landesamt für Denkmalpflege, Abtlg. Luftbildarchäologie: Aufnahmen: Otto Braasch.
S. 114: 8132/001:4251–5; Freigegeben durch die Reg. von Obb.: Nr. GS 300/9119–82.
Taf. 10: 7142/014:3865–39; Freigegeben durch die Reg. von Obb.: Nr. GS 300/9266–82.
Taf. 54: 7342/037:1199–10; Freigegeben durch die Reg. von Obb.: Nr. GS 300/8970–81.
Taf. 55: 6932/065:4379–20; Freigegeben durch die Reg. von Obb.: Nr. GS 300/9992–84.
Taf. 65: 5932/001:3702–4; Freigegeben durch die Reg. von Obb.: Nr. GS 300/9119–82.
Taf. 70: 6932/002:4262b–16; Freigegeben durch die Reg. von Obb.: Nr. GS 300/0060–87.
Abb. 6: 7138/499:2284–20; Freigegeben durch die Reg. von Obb.: Nr. GS 300/9119–82.
Abb. 88a: 7342/037:1313–23a; Freigegeben durch die Reg. von Obb.: Nr. GS 300/8970–81.
Abb. 89: 6932/065:2654–35a; Freigegeben durch die Reg. von Obb.: Nr. GS 300/9992–84.

Grafiken: Abbildung 2, 8, 9, 13, 16, 17, 21, 23, 25, 26, 27, 28, 29, 30, 31, 34, 47, 55, 56, 59, 60, 62, 64, 68, 69, 71, 72, 74, 76, 77, 83, 88b, 91: Werner Villbrandt; Abbildung 39: Sieglinde Barta; Abbildung 57, 58, 72: Sabine Rieckhoff; Abbildung 92: Burkard Pfeifroth.

Karten: Grundlage der Karten Abbildung 16, 23, 26, 31, 47, 55, 56, 64, 74, 91 ist die Stumme Karte von Mitteleuropa nach dem Entwurf des Instituts für Vor- und Frühgeschichte der Universität Tübingen (1988). Kartengrundlage für Vorsatz: Karte Bundesrepublik Deutschland 1:1 Mio–0–. Mit Genehmigung des Instituts für Angewandte Geodäsie-Außenstelle Berlin Nr. 160/90 vom 22. 01. 90.

ZEIT	ARCHÄOLOGISCHE GLIEDERUNG		KULTURBEZEICHNUNG
800 000 – 8 000 v. Chr.	Altsteinzeit (Paläolithikum)	Frühe Altsteinzeit	Acheuléen (vor 500 000 Jahren)
		Mittlere Altsteinzeit	Micoquien Moustérien
		Späte Altsteinzeit	Blattspitzen-Technik (vor 40 000 Jahren) Aurignacien (vor 35 000–28 000 Jahren) Gravettien (vor 27 000–20 000 Jahren) Magdalénien (vor 15 000–11 500 Jahren)
8 000 – 5 500 v. Chr.	Mittelsteinzeit (Mesolithikum)		
5 500 – 3 200 v. Chr.	Jungsteinzeit (Neolithikum)	(früh)	Linienbandkeramik (5 500–4 900 v. Chr.) Stichbandkeramik Oberlauterbach (4900–4500 v. Chr.) (Südwest- und Mitteldeutschland: Rössen)
		(mittel)	Münchshöfen (4500–3800 v. Chr.) (Norddeutschland: Trichterbecher)
		(spät)	Altheim (3800–3200 v. Chr.) (Südwestdeutschland: Michelsberg)
3 200 – 1 600 v. Chr.	Übergang Steinzeit-Metallzeit		Cham (3200–2300 v. Chr.) (Südwestdeutschland und Schweiz: Horgen) Schnurkeramik (2800–2300 v. Chr.) Glockenbecher (2600–2300 v. Chr.)
		Frühe Bronzezeit	Straubing (früh: 2300–2000 v. Chr.) Straubing (spät: 2000–1600 v. Chr.)
1 600 – 750 v. Chr.	Bronzezeit	Mittlere Bronzezeit	Hügelgräber (1600–1200 v. Chr.)
		Späte Bronzezeit	»Urnenfelder« (1200–750 v. Chr.)
750 – 15 v. Chr.	Eisenzeit	Frühe Eisenzeit	Hallstatt (750–450 v. Chr.) KELTEN
		Späte Eisenzeit	Frühlatène (450–400 v. Chr.) Mittellatène (400–170 v. Chr.) Spätlatène (170–15 v. Chr.)
15 v. Chr. – 480 n. Chr.	Römische Kaiserzeit		RÖMER
480 n. Chr.	Frühes Mittelalter	Merowingerzeit	BAJUWAREN
700 n. Chr.		Karolingerzeit	